21世纪全国应用型本科土木建筑系列实用规划教材

有限单元法(第2版)

主　编　丁　科　殷水平

北京大学出版社
PEKING UNIVERSITY PRESS

内容简介

本书主要介绍了有限单元法的基本理论和方法。全书按照由浅入深、由简单到复杂的原则，介绍了连续体结构、杆系结构、薄板弯曲问题、动力学问题的有限单元法，并对有限元分析中的一些问题，如形函数构造的几何方法、有限元分析结果的精度、不同单元的组合、约束条件的处理等问题进行了介绍。书中附有适当的计算函数（用C/C++语言编写），以方便读者学习时编写计算程序。此外，为了便于对相关知识的回顾与应用，书后附录还介绍了弹性力学的基本知识以及线性方程组的求解方法。

本书可以作为土木、水利、机械、力学等专业本科学生学习有限单元法的教材，也可作为相关专业研究生和科技工作者的参考资料。

图书在版编目(CIP)数据

有限单元法/丁科，殷水平主编. —2版. —北京：北京大学出版社，2012.5
(21世纪全国应用型本科土木建筑系列实用规划教材)
ISBN 978-7-301-20591-4

Ⅰ. ①有… Ⅱ. ①丁…②殷… Ⅲ. ①有限单元法—高等学校—教材 Ⅳ. ①O241.82

中国版本图书馆CIP数据核字(2012)第083058号

书　　名： 有限单元法(第2版)
著作责任者： 丁　科　殷水平　主　编
策 划 编 辑： 吴　迪　卢　东
责 任 编 辑： 伍大维
标 准 书 号： ISBN 978-7-301-20591-4/TU·0233
出　版　者： 北京大学出版社
地　　址： 北京市海淀区成府路205号　100871
网　　址： http://www.pup.cn　http://www.pup6.cn
电　　话： 邮购部62752015　发行部62750672　编辑部62750667　出版部62754962
电 子 邮 箱： pup_6@163.com
印　刷　者： 北京鑫海金澳胶印有限公司
发　行　者： 北京大学出版社
经　销　者： 新华书店
787毫米×1092毫米　16开本　15.5印张　359千字
2006年1月第1版
2012年5月第2版　2013年12月第2次印刷(总第4次印刷)
定　　价： 30.00元

第 2 版前言

本书自 2006 年出版以来，经有关院校教学使用，反映良好。考虑到目前 C/C++语言在高校较普及的情况，本书用 C/C++语言编写了有关计算函数，与理论知识的介绍紧密结合，使学生在掌握基本理论的前提下，通过实际应用加深对理论的理解。

这次修订主要做了以下工作：

(1) 在内容体系上进行了重新组织，将弹性力学平面问题、空间轴对称问题、等参单元合并为一章，并增加了空间体单元的介绍；

(2) 增加了有限元分析中一些特殊问题的介绍，包括形函数几何构造法、有限元分析结果的精度、不同单元的组合、约束条件的处理；

(3) 用 C/C++语言编写了有关计算函数；

(4) 对全书的框架进行了全新的编排，增加了基本概念、引例和本章小结。

经修订，本书具有以下特点：

(1) 编写体例新颖。借鉴优秀教材特点的写作思路、写作方法以及章节安排，编排新颖活泼、图文并茂、深入浅出，适合当代大学生使用。

(2) 注重与相关课程的关联融合。明确知识点的重点和难点以及与其他课程的关联性，做到新旧知识内容的融合和综合运用。

(3) 注重知识拓展应用可行。强调锻炼学生的思维能力以及运用概念解决问题的能力。在编写过程中有机地融入最新的实例以及操作性较强的案例，并对实例进行有效的分析，以应用实例或生活类比案例来引出全章的知识点，从而提高教材的可读性和实用性。在提高学生学习兴趣和效果的同时，培养学生的职业意识和职业能力。

(4) 注重知识体系实用有效。以学生就业所需的专业知识和操作技能为着眼点，在适度的基础知识与理论体系覆盖下，着重讲解应用型人才培养所需的内容和关键点，知识点讲解顺序与实际设计程序一致，突出实用性和可操作性，使学生学而有用，学而能用。

本书由中南林业科技大学丁科、殷水平修订，其中丁科修订第 1 章、第 2 章、第 4 章、第 6 章、附录 A 和附录 B；殷水平修订第 3 章、第 5 章。

由于编者水平有限，对于本书存在的不足和疏漏之处，欢迎读者批评指正。对使用本书、关注本书以及提出修改意见的同行们表示深深的感谢。

编　者

2012 年 1 月

第1版前言

有限元方法作为一种数值计算方法已经在土木、机械、航空航天、热传导、电磁场、原子工程、生物医学工程等众多学科领域得到了广泛应用，成为人们进行科学研究、工程计算、工程设计等的重要手段。

本书可以作为土木、水利、机械等工科专业本科学生学习有限元方法的教材。本书依次介绍了杆系结构、平面问题、空间轴对称问题、平板弯曲问题、结构振动问题的有限元方法。在编写时力求概念清晰、简明扼要、系统性强，遵循由简单到复杂、由浅入深的原则。

本书第1章主要介绍有限单元法的概念，利用有限单元法分析问题的基本思想，有限单元法的历史发展过程和发展趋势，有限单元法在实践工作中的应用，并对目前常用的有限单元分析软件进行简单的介绍。

本书第2章以杆系结构为例，介绍了有限单元法的分析步骤。主要分析单元刚度矩阵的建立方法，局部坐标系下的单元矩阵转换为整体坐标系下单元矩阵的方法，如何由单元刚度矩阵集成整体刚度矩阵，等效结点荷载的求取方法，如何用计算机实现对平面结构的有限单元分析。

本书第3章结合平面三角形单元和矩形单元这两种基本单元对弹性力学平面问题的有限元方法进行了介绍。从位移场的选取、单元刚度矩阵的建立、等效结点荷载的计算、整体分析等方面详细介绍了有限元方法的分析过程。同时，对平面问题的程序设计方法进行了介绍，对程序结构进行了分析。

本书第4章简单介绍了运用三角形单元对空间轴对称问题进行有限元分析的方法和过程，包括位移函数的选取、单元刚度矩阵的建立等。

本书第5章介绍了平面等参单元和空间轴对称等参单元。

本书第6章就平板弯曲问题的有限元分析进行了介绍。分别运用三角形单元、矩形单元、八结点四边形等参单元等单元划分形式对平板弯曲问题进行介绍，包括位移模式、单元分析、整体分析、等效结点荷载计算等方面。

本书第7章是介绍结构的振动问题，包括结构振动方程的建立、结构振动的特性与应用、结构动力响应的有限元分析等。

为了便于学生对以往知识的回顾与应用，本书最后还介绍了矩阵的基本知识、线性方程组的计算方法以及弹性理论的有关知识。

根据教学实践的需要，全部讲授本书大约需要60学时(包括约16学时的上机实验)。各学校可以根据自己的实际情况和结合各专业的特点讲授其中的部分内容。

由于编者水平有限，书中缺点、错误在所难免，恳切期望读者予以批评指正，在此深表感谢！

编　者

2006年1月

目　　录

第1章 绪论

教学目标

本章主要讲述有限单元法分析问题的基本思想，有限单元法的发展过程和发展趋势，有限单元法的基本分析过程及其应用。通过本章的学习，应达到以下目标。

(1) 了解有限单元法的基本思想、有限单元法的历史发展过程和发展趋势。

(2) 熟悉有限单元法的应用领域。

(3) 掌握有限单元法分析问题的基本过程。

教学要求

知识要点	能力要求	相关知识
基本思想	(1) 理解有限单元法的基本思想 (2) 了解有限单元法的发展过程和发展趋势 (3) 了解有限单元法的特点	(1) 有限单元法的实质和基本思想 (2) 有限单元法的发展历史和发展趋势 (3) 有限单元法的特点
应用领域	(1) 了解常用的有限单元法分析软件 (2) 熟悉有限单元法的应用领域	(1) 静力平衡问题 (2) 结构的固有频率和振型 (3) 动态响应分析
基本分析过程	掌握有限单元法分析问题的基本过程	(1) 结构物的离散 (2) 单元分析 (3) 整体分析 (4) 求解与结果分析

基本概念

有限单元法、结点、单元、离散、单元分析。

引例

在工程技术领域中，许多问题尽管可以得到其基本方程和边界条件，但仍得不到解析解。于是在一定的假设条件下，将复杂问题简单化，求得问题在简化状态下的近似解，这种近似解往往导致误差过大甚至是错误的结论。此外，还存在许多无法得到其控制方程和边界条件的问题，如汽车碰撞问题等。这样，需要运用数值计算方法来进行分析，有限单元法是目前应用最为广泛的一种数值计算方法。

如1990年10月，美国波音公司开始在计算机上对新型客机B-777进行无纸化设计，仅用三年多的时间，于1994年4月成功试飞第一架B-777飞机。在B-777的结构设计和评判过程中，大量采用了有限单元法这一重要手段，其在设计过程中起到了极为关键的作用。

1.1 概　述

有限单元法(Finite Element Method，FEM)是力学、数学物理学、计算方法、计算机技术等多种学科综合发展和结合的产物。在人类研究自然界的三大科学研究方法(理论分析、科学实验、科学计算)中，对大多数新型领域来说，由于科学理论和科学实验的局限性，科学计算成为一种重要的研究手段。在大多数工程研究领域，有限单元法是进行科学计算的极为重要的方法之一。利用有限单元法几乎可以对任意复杂的工程结构进行分析，获取结构的各种机械性能信息，对工程结构进行评判，对工程事故进行分析。

人们对各种力学问题进行分析、求解，其方法归结起来可以分为解析法(Analytical Method)和数值法(Numeric Method)。如果给定一个问题，通过一定的推导可以用具体的表达式来获得问题的解答，这样的求解方法就称为解析法。但由于实际结构物的复杂性，除了少数非常简单的问题外，绝大多数科学研究和工程计算问题用解析法求解是非常困难的。因此，数值法求解已成为一种不可替代的广泛应用的方法，并得到了不断发展。

目前，在工程技术领域常用的数值计算方法有：有限单元法、有限差分法、边界元法、离散单元法等。其中，有限单元法应用最为广泛，在工程计算领域得到了广泛的应用。有限单元法是20世纪中期伴随着计算机技术的发展而迅速发展起来的一种数值分析方法，它数学逻辑严谨，物理概念清晰，应用非常广泛，能灵活处理和求解各种复杂问题，它采用矩阵形式表达基本公式，便于计算机编程，这些优点赋予了它强大的生命力。

有限单元法的实质是将复杂的连续体划分为有限多个简单的单元体(图1.1)，化无限自由度问题为有限自由度问题，将连续场函数的(偏)微分方程的求解问题转化成有限个参数的代数方程组的求解问题。用有限单元法分析工程结构问题时，将一个理想体离散化后，如何保证其数值解的收敛性和稳定性是有限元理论讨论的主要内容之一，而数值解的收敛性与单元的划分及单元形状有关。在求解过程中，通常以位移为基本变量，使用虚位移原理或最小势能原理来求解。

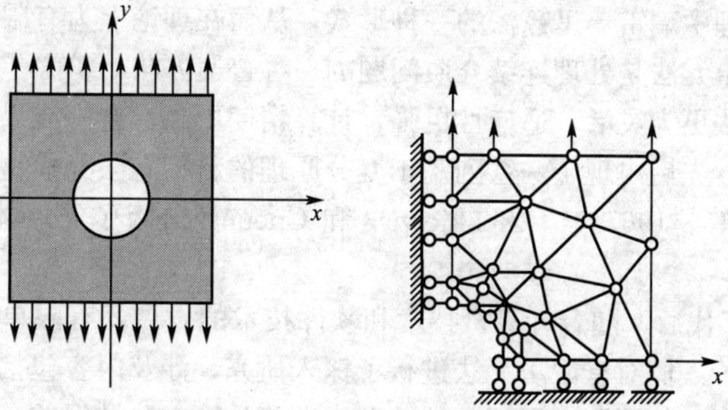

图 1.1　单元划分示意图

有限单元法的基本思想是先化整为零，再集零为整，也就是把一个连续体人为地分割成有限个单元，即把一个结构看成由若干通过结点相连的单元组成的整体，先进行单元分析，然后再把这些单元组合起来代表原来的结构进行整体分析。从数学的角度来看，有限单元法是将一个偏微分方程化成一个代数方程组，利用计算机求解。由于有限元法是采用矩阵算法，故借助计算机这个工具可以快速地算出结果。

1.2 有限单元法的发展

有限单元法基本思想的提出，通常认为起源于 20 世纪 40 年代，其实早在公元 3 世纪的时候，我国数学家刘徽提出的用“割圆术”求圆周长的方法即是有限元基本思想的体现。经典结构力学求解刚架内力的位移法，将刚架看成是由有限个在结点处连接的杆件单元组成，先研究每个杆件单元，最后将其组合进行综合分析，这种先离散、后整合的方法便是有限单元法的基本思想。

1941 年，雷尼柯夫(Hrenikoff)首次提出用框架方法求解力学问题，但这种方法仅限于用杆系结构来构造离散模型。1943 年，柯兰特(Courant)发表了一篇使用三角形区域的多项式函数来求解扭转问题的论文，第一次假设挠曲函数在一个划分的三角形单元集合体的每个单元上为简单的线性函数。这是第一次用有限单元法来处理连续体问题。

20 世纪 50 年代，航空事业的飞速发展对飞机结构提出了越来越高的要求，这样需要更精确地设计和计算。1956 年，特纳(Turner)、克拉夫(Clough)、马丁(Martin)和托普(Top)等将刚架分析中的位移法扩展到弹性力学平面问题中，并用于飞机的结构分析和设计，系统地研究了离散杆、梁、三角形的单元刚度表达式，并求得了平面应力问题的正确解答。他们的研究工作开始了利用电子计算机求解复杂弹性力学问题的新阶段。1955 年，德国斯图加特大学的 J. H. Argyris 教授发表了一组关于能量原理与矩阵分析的论文，奠定了有限单元法的理论基础。

1960 年，克拉夫(Clough)在处理剖面弹性问题时，第一次提出并使用“有限单元法”的名称，使人们进一步认识到这一方法的特性和功效。此后，大量学者、专家开始使用这一离散方法来处理结构分析、流体分析、热传导、电磁学等复杂问题。从 1963 年到 1964 年，贝塞林(Besseling)、卞学璜(T. H. Pian)等人的研究工作表明，有限单元法实际上是弹性力学变分原理中瑞雷－里兹法的一种形式，从而在理论上为有限单元法奠定了数学基础，确认了有限单元法是处理连续介质问题的一种普遍方法，扩大了有限单元法的应用范围。但有限单元法更为灵活，适应性更强，计算精度更高，这一成果也大大刺激了变分原理的研究和发展，先后出现了一系列基于变分原理的新型有限元模型，如混合元、非协调元、广义协调元等。1967 年，Zienkiewicz 和 Cheung 出版了第一本关于有限元分析的专著。

20 世纪 70 年代后，随着计算机技术和软件技术的发展，有限单元法进入了发展的高速期。这一时期，人们对有限单元法进行了深入研究，涉及内容包括数学和力学领域所依据的理论，单元划分的原则，形函数的选取，数值计算方法及误差分析、收敛性和稳定性研究，计算机软件开发，非线性问题，大变形问题等。1972 年，Oden 出版了第一本关于处理非线性连续体的专著。

我国著名力学家、教育家徐芝纶院士首次将有限元法引入中国。他于 1974 年编写了我国第一部关于有限元法的专著——《弹性力学问题的有限单元法》，从此开创了我国有限元应用及发展的历史。其他的一些科技工作者，如胡昌海提出了广义变分原理，钱伟长最先研究了拉格朗日乘子法与广义变分原理之间的关系，冯康研究了有限单元法的精度和收敛性问题，钱令希研究了余能原理等，他们的研究成果得到了国际学术界的认可。

近年来，有限单元法的发展主要表现在以下两方面：一方面，新的单元类型不断出现，如等参元、高次元、不协调元、拟协调元、杂交元、样条元、边界元、罚单元等，此外还有半解析的有限条等不同单元；另一方面，求解方法不断改进，如半带宽与变带宽消去法、超矩阵法、波前法、子结构法、子空间迭代法等。同时，能解决各种复杂耦合问题的软件和软件系统不断涌现，对网格自动划分和网格自适应过程的研究，也大大加强了有限单元法的解题能力，使有限单元法逐渐趋于成熟。

1.3 有限单元法的分析过程及应用

有限单元法从 20 世纪 40 年代发展至今，经过 70 多年的发展和创新，它已经成为科学计算必不可少的工具。其应用已由弹性力学平面问题扩展到空间问题、板壳问题，由静力平衡问题扩展到稳定问题、动力问题和波动问题。其分析的对象从弹性材料扩展到塑性、粘弹性、粘塑性和复合材料等，从固体力学扩展到流体力学、渗流与固结理论、热传导与热应力问题、磁场问题以及建筑声学与噪声问题。不仅涉及稳态场问题，而且涵盖材料非线性、几何非线性、时间问题和断裂力学问题等。

1.3.1 有限单元法的特性

(1) 对复杂几何形态构件的适应性。由于有限单元法的单元划分在空间上可以是一维的，也可以是二维、三维的，并且可以有不同的形状，如二维单元可以为三角形、四边形，三维单元可以是四面体、五面体、六面体等，同时各种单元可以有不同的连接形式。因此，工程实际中遇到的任何复杂结构或构造都可以离散为有限个单元组成的集合体。

(2) 对各种构型问题都有可适应性。有限单元法分析的研究范围已由最初杆件结构问题发展到目前的弹塑性问题、粘弹塑性问题、动力问题，可以应用于流体力学、热力学、电磁学、空气动力学问题，并且可以解决复杂的非线性问题。

(3) 理论基础的可靠性。有限单元法的理论基础(变分原理、能量守恒原理)在数学上、物理上得到了可靠的证明，只要研究问题的数学模型建立适当，实现有限元方程的算法稳定收敛，则求得的解是真实可靠的。

(4) 计算精度的可信性。只要所研究问题本身是有解的，在相同条件下随着单元数目的增加，其计算的精度不断提高，近似解不断趋近于精确解。

(5) 计算的高效性。由于有限元分析的各个步骤可用矩阵形式表示，最终的求解归结为标准的矩阵代数问题，将许多复杂的微分、偏微分方程的求解问题转化为求解代数方程组问题，特别适合于计算机编程实现。

1.3.2 有限单元法的分析过程

有限单元法的基础思想是化整为零，分散分析，再集零为整，也就是将连续的变形固体离散成有限个单元组成的结构，单元与单元之间仅在结点处连接。利用变分原理或其他方法，建立联系结点位移和结点荷载的代数方程组，求解这些方程组，得到未知结点位移，再求得各单元内的其他物理量，包括以下三个步骤。

1. 结构物的离散化

对一个结构物进行有限元分析的第一步是对其进行离散，根据求解问题的不同精度要求、效能要求等诸多因素，将整个结构划分为有限个单元，单元与单元之间、单元与边界之间通过结点连接。在进行离散时，必须注意以下几点。

(1) 单元类型的选择，包括单元形状、结点数、结点自由度数等几个方面。

(2) 单元划分应有一定的规律性，便于计算机自动生成网格，并且有利于以后对网格进行加密处理，同一单元应由同一种材料组成等问题。

2. 进行单元分析

单元分析就是将离散化后的每个单元看做一个研究对象，研究结点位移与结点力之间的关系，包括以下两方面的内容。

1) 确定单元的位移模式

对于位移型有限单元法，将单元中任意一点的位移用单元的结点位移来表示，而单元位移是结点位移的函数。位移函数的假设是否合理，直接影响到有限元分析的计算精度、效率和可靠度。

2）单元特性分析

在建立了单元的位移函数之后，可以根据应力、应变、位移之间的关系，利用虚位移原理或最小势能原理，建立单元结点力和结点位移之间的关系，得到单元刚度矩阵。这一步还必须将单元上的荷载等效为结点荷载，进行单元分析的过程实际上是建立单元刚度矩阵和等效结点荷载矩阵的过程。

3. 整体分析

在确定了每个单元的单元刚度方程之后，可以将各单元集成整体结构进行分析，建立起表示整个结构结点平衡的方程组，即整体刚度方程，然后引入结构的边界条件，对方程组进行求解，得出结点位移，进而求出各单元的内力和变形。

1.3.3 有限单元法的应用

经过60多年的发展，有限单元法的应用范围已由杆状构件问题发展到弹性力学平面问题，并进一步扩展到空间问题、板壳问题，由静力平衡问题扩展到稳定问题、动力问题、波动问题、接触问题。其研究的对象从弹性材料扩展到弹塑性、粘弹性、粘塑性复合材料问题，从研究小变形问题到研究大变形问题，从简单的线性问题到复杂的非线性问题，从固体力学扩展到流体力学、热传导、电磁学等连续介质领域。可以说，有限单元法作为一门数值计算方法已渗透到了科学、工程的方方面面，成为人们进行科学研究、工程计算、工程设计等的重要手段。

有限单元法的应用不只局限在固体力学领域。可以这么说，有限单元法可以解决几乎所有的连续介质和场的问题，在机械工程、土木工程、航空结构、热传导、电磁场、流体力学、流体动力学、地质力学、原子工程和生物医学工程等各个领域中得到了越来越广泛的应用。根据有限元求解问题的性质可以把它在应用中解决的问题分为以下三类。

(1) 平衡问题——不依赖时间的问题，即稳态问题。

(2) 特征值问题——固体力学和流体力学的特征值问题是平衡问题的推广。

(3) 瞬态问题——随时间变化的问题。

在工程实践中，有限元分析软件与CAD系统的集成应用使设计水平发生了质的飞跃，主要表现在以下几个方面：增加设计功能，减少设计成本；缩短设计和分析的循环周期；增加产品和工程的可靠性；采用优化设计，降低材料的消耗或成本；在产品制造或工程施工前预先发现潜在的问题；模拟各种试验方案，减少试验时间和经费；进行机械事故分析，查找事故原因。在大力推广CAD技术的今天，从自行车到航天飞机，所有的设计制造都离不开有限元分析计算，FEA在工程设计和分析中将得到越来越广泛的重视。

在结构工程、航空工程等方面，人们常用有限单元法对梁、板壳进行结构分析，对各种复杂结构进行二维、三维应力分析，研究应力波的传播特性和各种结构对非周期荷载的动态响应，并对结构进行稳定性分析、研究结构的固有频率和振型等。

在土力学、岩石力学、基础工程学等领域，常用有限单元法研究填筑和开挖问题、边坡稳定性问题、土壤与结构的相互作用，坝、隧洞、钻孔、涵洞、船闸等的应力分析，土壤与结构的动态相互作用，应力波在土壤和岩石中的传播问题。

在流体力学、水利工程学等领域，常用有限单元法研究流体的势流、流体的粘性流动、蓄水层和多孔介质中的定常(非定常)渗流、水工结构和大坝分析，流体在土壤和岩石中的稳态渗流，波在流体中传播，污染的扩散问题。

在电磁学、热传导领域，常用有限单元法研究固体和流体中的稳态温度分布、瞬态热流问题，对二维、三维时变、高频电磁场进行分析等。

1.4 常用工程应用软件简介

随着现代科学技术的发展，人们正在不断建造更为快速的交通工具、更大规模的建筑物、更大跨度的桥梁、更大功率的发电机组和更为精密的机械设备。这一切都要求工程师在设计阶段就能精确地预测出产品和工程的技术性能，需要对结构的静、动力强度以及温度场、流场、电磁场和渗流等技术参数进行分析计算。例如，分析计算高层建筑和大跨度桥梁在地震时所受到的影响，看看是否会发生破坏性事故；分析计算核反应堆的温度场，确定传热和冷却系统是否合理；分析涡轮机叶片内的流体动力学参数，以提高其运转效率。这些都可归结为求解物理问题的控制偏微分方程式，这些问题的解析计算往往是不现实的。因此，有限元软件应运而生。有限元软件的应用极大地提高了力学学科解决自然科学和工程实际问题的能力，进一步促进了有限单元法的发展。

有限元软件可以分为通用软件和专用软件两类。通用软件适应性广，规格规范，输入方法简单，有比较成熟齐全的单元库，大多提供二次开发的接口。即使通用软件的功能再强，对于一些比较专业的问题，尤其是处于研究阶段的内容，也往往显得无能为力。因此，针对某些特定领域、特定问题开发的专用软件，在解决专有问题时显得更为有效。不管是通用软件还是专用软件，其分析过程都包括前处理、分析计算、后处理三个步骤。目前常用的有限元软件有：ANSYS、MARC、ABQUS、NASTRAN、ADINA、ALGOR、SAP、STRAND、FEPG等。

1. ANSYS

ANSYS软件是融结构、流体、电场、磁场、声场分析于一体的大型通用有限元分析软件，目前最新版本为14.0。它是由世界上最大的有限元分析软件公司之一的美国ANSYS公司开发出来的软件，能与多数CAD软件接口，实现数据的共享和交换，如Pro/Engineer、UG、NASTRAN、Alogor、I-DEAS、AutoCAD等，是现代产品设计中的高级CAD工具之一。该软件主要包括三个部分：前处理模块、分析计算模块和后处理模块。前处理模块提供了一个强大的实体建模及网格划分工具，用户可以方便地构造有限元模型；分析计算模块包括结构分析(可进行线性分析、非线性分析和高度非线性分析)、流体动力学分析、电磁场分析、声场分析、压电分析以及多物理场的耦合分析，可模拟多种物理介质的相互作用，具有灵敏度分析及优化分析能力；后处理模块可将计算结果以彩色等值线显示、梯度显示、矢量显示、粒子流迹显示、立体切片显示、透明及半透明显示(可看到结构内部)等图形方式显示出来，也可将计算结果以图表、曲线形式显示或输出。软件提供了100种以上的单元类型，用来模拟工程中的各种结构和材料。该软件有多种不同版本，可以运行在从个人机到大型机的多种计算机设备上，如PC、SGI、HP、SUN、DEC、IBM、CRAY等。

2. MARC

MARC具有极强的结构分析能力，可以处理各种线性和非线性结构分析，包括线性/非线性静力分析、模态分析、简谐响应分析、频谱分析、随机振动分析、动力响应分析、自动的静/动力接触、屈曲/失稳、失效和破坏分析等。它提供了丰富的结构单元、连续单元和特殊单元的单元库，几乎每种单元都具有处理大变形几何非线性、材料非线性和包括接触在内的边界条件非线性以及组合的高度非线性的超强能力。

3. ABQUS

ABQUS是美国HKS公司的产品，它是一套先进的通用有限元系统，也是功能最强的有限元软件之一，可以分析复杂的固体力学和结构力学系统。ABAQUS有两个主要分析模块：ABAQUS/Standard提供了通用的分析能力，如应力和变形、热交换、质量传递等；ABAQUS/Explicit应用对时间进行显示积分求解，为处理复杂接触问题提供了有力的工具，适合于分析短暂、瞬时的动态事件。

4. NASTRAN

NASTRAN是世界上功能最全面、应用最广泛的大型通用结构有限元分析软件之一，同时也是工业标准的FEA原代码程序及国际合作和国际招标中工程分析和校验的首选工具，可以解决各类结构的强度、刚度、屈曲、模态、动力学、热力学、非线性、声学、流体-结构耦合、气动弹性、超单元、惯性释放及结构优化等问题。通过MSC/NASTRAN的分析，可确保各个零部件及整个系统在合理的环境下正常工作。此外，程序还提供了开放式用户开发环境和DMAP语言及多种CAD接口，以满足用户的特殊需要。MSC/DYTRAN主要用于求解高度非线性、瞬态动力学、流体及流固耦合等问题，其先进的技术可解决广泛复杂的工程问题，如金属成型、爆炸、碰撞、搁浅、冲击、穿透、安全气囊(带)、液-固耦合、晃动、安全防护等。程序采用有限单元法及有限体方法，并可二者混合使用。MSC/FATIGUE是专用的耐久性疲劳寿命分析软件系统，可用于零部件的初始裂纹分析、裂纹扩展分析、应力寿命分析、焊接寿命分析、随机振动寿命分析、整体寿命预估分析、疲劳优化设计等各种分析。同时该软件还拥有丰富的与疲劳断裂有关的材料库、疲劳载荷和时间历程库等，使分析的最终结果具有可视化特点。MSC/Construct是基于MSC/PATRAN和MSC/NASTRAN用于拓扑及形状优化的概念化设计软件系统。MSC/MARC是功能齐全的高级非线性结构有限元分析系统，体现了有限元分析的理论方法和软件实践的完美结合，它具有极强的结构分析能力，可以处理各种线性和非线性结构分析问题，包括线性/非线性静力分析、模态分析、简谐响应分析、频谱分析、随机振动分析、动力响应分析、自动的静/动力接触、屈曲/失稳、失效和破坏分析等；可以解决各种高度复杂的结构非线性、动力、耦合场及材料等工程问题，尤其适用于冶金、核能、橡胶等领域。

5. ADINA

ADINA是美国ADINA R&D Inc. 开发的一套大型通用有限元分析软件，被广泛应用于各个行业的工程仿真分析，包括机械制造、材料加工、航空航天、汽车、土木建筑、电子电器、国防军工、船舶、铁道、石化、能源等各个工业领域，能真正实现流场、结构、热的耦合分析。

6. ALGOR

ALGOR作为世界著名的大型通用工程仿真软件，被广泛应用于各个行业的设计、有限元分析、机械运动仿真中，包括静力、动力、流体、热传导、电磁场、管道工艺流程设计等，能够帮助设计分析人员预测和检验在真实状态下的各种情况，快速、低成本地完成更安全更可靠的设计项目。ALGOR以其分析功能齐全、使用操作简便和对硬件的要求低等特点，在从事设计、分析的科技工作者中享有盛誉。作为中高档CAE分析工具的代表之一，ALGOR在汽车、电子、航空航天、医学、日用品生产、军事、电力系统、石油、大型建筑以及微电子机械系统等诸多领域中均有广泛的应用。工程师们通过使用ALGOR进行设计，虚拟测试和性能分析，缩短了产品投入市场的时间，并能以更低的成本制造出优质可靠的产品。

7. SAP

SAP是结构分析程序(Structural Analysis Program)的英文缩写。SAP程序作为一个大型的结构分析有限元通用程序，是由美国加州大学伯克利分校首先开发研制的，其第一个版本完成于1970年，至今已发行到了SAP 2000版。它除了能求解三维桁杆单元、三维梁单元、三维块体单元、薄板薄壳单元、平面应力、平面应变外，还能同时进行历程响应分析、响应谱分析、频率响应及塑性分析，并且有完善的图形前后处理功能，支持网格的自动生成、结点带宽优化及图形显示等多种功能。

8. STRAND

STRAND是由澳大利亚G&D Computing公司开发的大型有限元程序系统，具有功能齐全、操作方便、性能/价格比高等特点。精心设计的交互界面直观明了，用户只需要很短的时间就能学会软件的使用方法，并用来解决实际工程问题。其Strand 7的网格自动生成器可读取各种CAD数据，直接快速地将几何模型转换成有限元模型。Strand 7的高效求解器可在几十分钟内完成具有数百万自由度模型的分析计算，从而在计算机上就可以对体育场馆、超高层建筑、车体、大型机械等大型结构进行准确的三维模拟，使结构设计更合理、更可靠。其应用领域包括土木工程、岩土工程、结构工程、机械工程、交通工程、重工业工程、材料处理工程、航空工程、汽车工程等。

9. FEPG

北京飞箭软件有限公司开发的有限元程序自动生成系统FEPG(Finite Element Program Generator)是一套有限元分析和计算机辅助工程分析(CAE)的软件平台。用户只需输入有限单元法所需的各种表达式和公式，即可由FEPG自动产生所需的全部有限元计算的源程序，包括单元子程序、算法程序等，免去了大量的、烦琐的有限元编程劳动，保证了程序的正确性和统一性。FEPG的开发思想是采用元件化的程序设计方法和人工智能技术，根据有限单元法统一的数学原理及其内在规律，以类似于数学公式推理的方式，由微分方程表达式和算法表达式自动产生有限元源程序。

本章小结

本章主要介绍了有限单元法的基本思想，有限单元法的发展过程和发展趋势，有限单元法的基本分析过程及其应用，并对目前常用的一些有限单元法分析软件进行了介绍。有限元方法的基本思想是先化整为零，再集零为整。有限单元法从出现至今不过 70 多年的历史，但其应用领域已渗透到科学研究和工程计算的各个方面，已成为科技工作者进行科学研究、解决工程技术问题的强有力的工具。

有限单元法的分析过程包括结构物的离散、单元分析、整体分析三步。一般的有限单元法计算软件包括前处理、分析计算、后处理，其中前处理是进行几何建模和单元划分，后处理部分主要是对计算结果进行处理，以图形或动画的形式显示结果。

习题

1.1 简述有限单元法的基本思想。

1.2 简述有限单元法的基本分析过程。

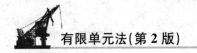

第2章 连续体结构的有限单元法

教学目标

本章主要讲述连续体结构有限单元法分析的基本原理，包括平面问题、空间问题、空间轴对称问题和等参单元。通过本章的学习，应达到以下目标。

(1) 了解位移函数应满足的条件。

(2) 掌握单元分析的基本过程。

(3) 掌握整体分析的方法。

(4) 掌握约束条件的处理方法。

(5) 能够运用计算机语言编制连续体结构的有限单元法计算程序。

教学要求

知识要点	能力要求	相关知识
平面问题有限元分析	(1) 了解有限单元法分析的基本步骤 (2) 掌握单元的分析过程 (3) 有限单元法的特点 (4) 掌握整体分析的方法 (5) 掌握约束条件的处理方法	(1) 位移函数满足的条件 (2) 平面3结点三角形单元分析 (3) 平面4结点矩形单元分析 (4) 面积坐标的表示方法 (5) 平面6结点三角形单元分析 (6) 整体刚度矩阵形成方法 (7) 约束条件处理方法
空间问题有限元分析	(1) 了解体积坐标的表示方法 (2) 掌握空间轴对称单元分析 (3) 掌握空间四面体单元的分析 (4) 掌握空间正六面体单元的分析 (5) 了解其他高阶单元形函数的构造	(1) 空间轴对称单元分析 (2) 体积坐标的表示方法 (3) 空间4结点四面体单元的分析 (4) 空间8结点正六面体单元的分析 (5) 空间10结点四面体单元的分析 (6) 其他高阶单元
等参单元	(1) 了解等参单元的概念 (2) 掌握坐标变换方法	(1) 等参单元的概念 (2) 坐标变换 (3) 平面等参单元 (4) 空间轴对称等参单元
数值积分	(1) 了解 Newton - Cotes 积分方法 (2) 掌握高斯积分方法	(1) Newton - Cotes 积分方法 (2) 高斯积分方法

基本概念

位移函数、形函数、面积坐标、体积坐标、等参单元、数值积分、刚度集成法。

引例

在工程实际中经常需要对比较复杂的结构进行分析，以了解结构物在特定荷载作用下的变形和应力分布情况，为工程设计和材料选择提供依据。这种分析通常是基于有限单元法进行的。那么如何将一个复杂的结构体离散成有限个单元呢？通常我们需要根据实际情况选择不同的单元类型，经常用到的平面单元有三角形单元、矩形单元、直四边形等参单元、曲四边形等参单元等；而空间问题的单元有四面体单元、正六面体单元以及对应的等参单元；对于轴对称问题同样有三角形单元、矩形单元以及四边形等参单元等。同一个问题可以选择不同类型的单元进行分析，其计算精度也会不一样。实际中我们必须根据多方面的因素来选择单元类型。

2.1 概　　述

2.1.1 有限单元法的分析步骤

有限单元法的基本思想是将一个连续的求解区域离散成有限个形状简单的单元，单元之间通过结点相连，以结点的某个物理参数(如结构分析中的位移、热分析中的温度)作为基本未知量进行求解分析。首先了解一下有限单元法分析问题的基本步骤。

第一步，对结构物进行离散化，划分为有限个单元。根据分析对象和求解精度的不同，需要选择不同类型的单元。有限单元法分析的基本单元有以下几种情况：一维单元、二维单元、三维单元(图 2.1)。其中一维单元主要用于杆系结构的分析，主要有 2 结点和 3 结点两种类型的单元；二维单元主要用于平面连续体问题分析，其单元形状通常有三角形和四边形；三维单元主要用于空间连续体问题分析，主要有四面体和六面体两种形状。单元划分的多少，则需根据求解问题的精度和计算效益来决定。对于线性静力分析，单元划分得越多，则精度越高，但所需要的计算费用也随之越高。但对于非线性分析，单元的多少还涉及求解的收敛问题，并不是单元越多精度越高。因为单元太多有可能引起求解时不收敛。此外，单元划分时应注意各边长度尽量相等。

第二步，对各结点和单元进行编码。在对单元进行划分完后，为了便于编程计算，必须按一定的规律对各结点和单元进行编码。通常对结点的编码以自然数 1、2、3…表示，而对单元采用①、②、③…表示，编码时每个单元的结点编号尽量连续。如图 2.2 所示为连续体的网络划分。

第三步，建立坐标系。我们知道，求解任何力学问题都必须建立坐标系，各种矢量(如位移、力、力矩等)的正负只有在特定的坐标系下才有意义。离开特定的坐标系，各种矢量只有方向的区别，而不能谈正负的概念。因此进行有限元分析时，对于整个系统，我们必须建立整体坐标系，通常以 Oxy 表示。结点的位置以坐标来表示。

第四步，对已知参数进行准备和整理。对于各单元，如杆单元需要准备的数据包括单元截面积 A、单元长度 l、单元弹性模量 E、单元剪切模量 G、单元惯性矩 I 等。二维单元需要弹性模量 E、泊松比 μ、单元厚度 h 等。

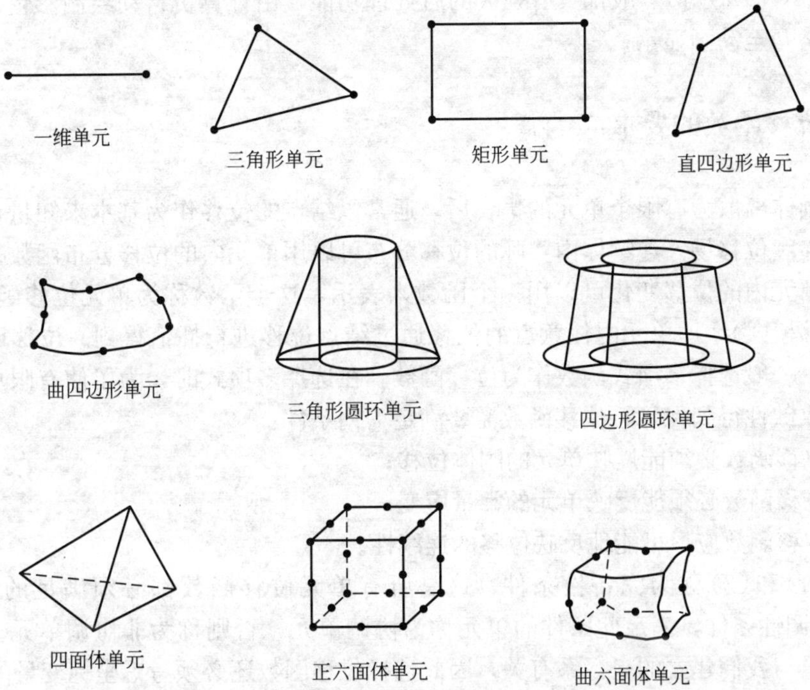

图 2.1　各种形状的单元

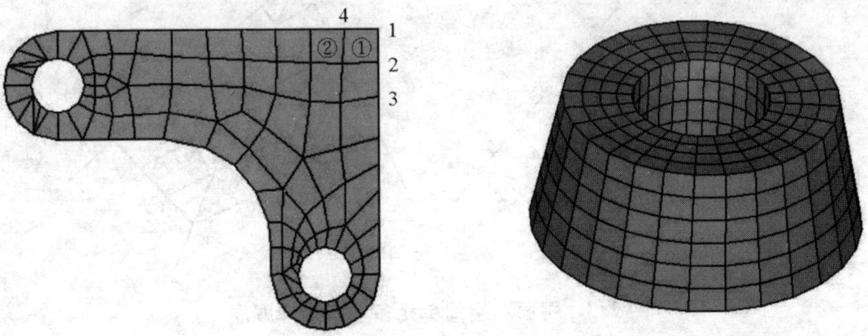

图 2.2　连续体的网格划分

第五步，进行单元分析，形成单元刚度矩阵。通常运用虚位移原理或最小势能原理来进行单元分析，建立单元刚度矩阵 $\boldsymbol{k}^{ⓔ}$ 和荷载矩阵 $\boldsymbol{F}^{ⓔ}$。

第六步，进行整体分析，形成整体刚度矩阵 $\boldsymbol{K}$ 和整体荷载矩阵 $\boldsymbol{F}$。我们进行单元分析的最终目的是要对结构进行整体分析，因此必须由单元特性矩阵构成整体特性矩阵。

第七步，引入边界条件。边界条件的引入可以使问题具有解的唯一性，否则我们的问题就是不适定的。

第八步，求解方程组，计算结构的整体结点位移矩阵 $\boldsymbol{\delta}$，并进一步计算各单元的位移、应力、应变等物理量。

第九步，对计算成果进行整理、分析，用表格、图线示出所需的位移及应力。大型商业软件(如 ANSYS 等)一般都具有强大的后处理功能，由计算机自动绘制彩色云图，制作图线、表格乃至动画显示。

2.1.2 位移函数的要求

将连续体离散为有限个单元的集合后，通常以结点的位移作为基本未知量，以离散位移场代替连续位移场。连续体内实际的位移分布可以用单元内的位移分布函数来分块近似地描述。单元内的位移变化可以用一个函数来表示，这个函数称为单元位移函数(有时称为单元位移模式)，即单元内任意点的位移通过结点位移进行插值得到。位移函数的选取是灵活的，一般选择多项式函数作为位移函数。在选择多项式时，为了使有限单元法的计算精度和收敛性得到保障，位移函数需要满足下列条件：

(1) 位移函数必须能反映单元的刚体位移；

(2) 位移函数必须能反映单元的常量应变；

(3) 位移函数应尽可能地反映位移的连续性。

其中(1)和(2)称为完备性条件，这是所有单元位移函数都必须满足的两个条件，(3)称为协调性条件，满足此条件的单元称为协调单元，否则称为非协调单元。此外，因为坐标变量与我们建立的坐标系有关，因此选择位移函数还必须考虑坐标变量的对称性。

根据上述位移函数的要求，一般按照帕斯卡(Pascal)三角形(图 2.3)来选择多项式的阶数。

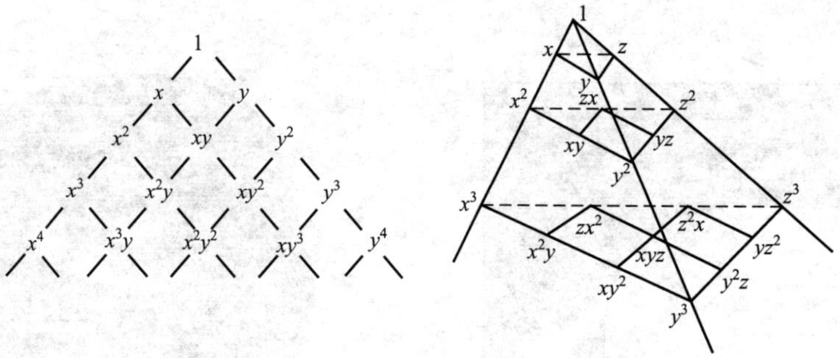

图 2.3 平面和空间单元多项式选择顺序

对于二维单元，其位移函数形式如下：

$$
\begin{aligned}
u &= a_1 + a_2 x + a_3 y + a_4 x^2 + a_5 xy + a_6 y^2 + \cdots \\
v &= b_1 + b_2 x + b_3 y + b_4 x^2 + b_5 xy + b_6 y^2 + \cdots
\end{aligned} \tag{2-1}
$$

对于三维单元，其位移函数的形式如下：

$$
\begin{aligned}
u &= a_1 + a_2 x + a_3 y + a_4 z + a_5 x^2 + a_6 y^2 + a_7 z^2 + a_8 xy + a_9 yz + a_{10} zx + \cdots \\
v &= b_1 + b_2 x + b_3 y + b_4 z + b_5 x^2 + b_6 y^2 + b_7 z^2 + b_8 xy + b_9 yz + b_{10} zx + \cdots \\
w &= c_1 + c_2 x + c_3 y + c_4 z + c_5 x^2 + c_6 y^2 + c_7 z^2 + c_8 xy + c_9 yz + c_{10} zx + \cdots
\end{aligned} \tag{2-2}
$$

2.2 平面 3 结点三角形单元

平面 3 结点三角形单元是求解平面连续体问题的一种最简单的单元，它以三角形的三个顶点作为结点，对边界的适应性较强。这种单元本身的计算精度较低，使用时需要较细的网格，但仍然是一种较为常用的单元。通过这种单元，可以很好地理解有限单元法的本质特征，下面对这种单元进行分析。

2.2.1 单元位移函数

如图 2.4 所示的平面 3 结点三角形单元，结点 i、j、m 的坐标分别为(x_i，y_i)、(x_j，y_j)、(x_m，y_m)。结点位移分别为 u_i、v_i、u_j、v_j、u_m、v_m。记单元的结点位移矩阵 $\boldsymbol{\delta}^{ⓔ}$ 和结点荷载矩阵 $\boldsymbol{F}^{ⓔ}$ 为：

$$\boldsymbol{\delta}^{ⓔ}=[u_i \quad v_i \quad u_j \quad v_j \quad u_m \quad v_m]^{\mathrm{T}} \tag{2-3}$$

$$\boldsymbol{F}^{ⓔ}=[F_{xi} \quad F_{yi} \quad F_{xj} \quad F_{yj} \quad F_{xm} \quad F_{ym}]^{\mathrm{T}} \tag{2-4}$$

根据位移函数应满足的条件，选取 3 结点三角形单元的位移函数如下：

$$\begin{cases} u=a_1+a_2x+a_3y \\ v=b_1+b_2x+b_3y \end{cases} \tag{2-5}$$

式中，a_1、a_2、a_3、b_1、b_2、b_3 为待定系数。将 3 个结点 i、j、m 的坐标和结点位移分别代入式(2-5)就可以将六个待定系数用结点坐标和结点位移分量表示出来。

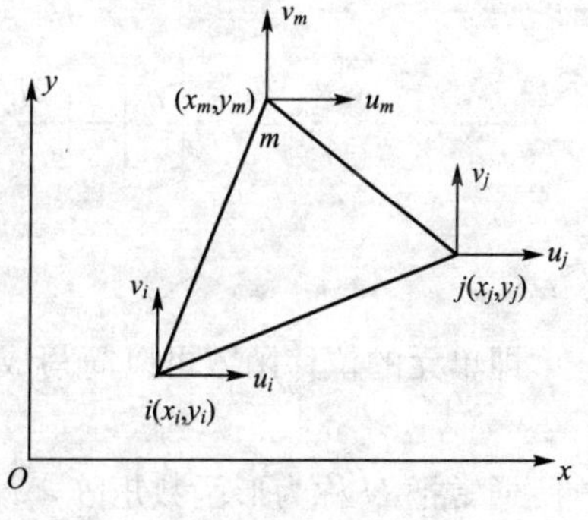

图 2.4 平面 3 结点平面三角形单元

如将水平位移分量和结点坐标分别代入式(2-5)中的第一式，得到：

$$\begin{cases} u_i=a_1+a_2x_i+a_3y_i \\ u_j=a_1+a_2x_j+a_3y_j \\ u_m=a_1+a_2x_m+a_3y_m \end{cases}$$

写成矩阵形式，有：

$$\begin{bmatrix} u_i \\ u_j \\ u_m \end{bmatrix}=\begin{bmatrix} 1 & x_i & y_i \\ 1 & x_j & y_j \\ 1 & x_m & y_m \end{bmatrix}\begin{bmatrix} a_1 \\ a_2 \\ a_3 \end{bmatrix} \tag{2-6}$$

设 $\det\begin{bmatrix} 1 & x_i & y_i \\ 1 & x_j & y_j \\ 1 & x_m & y_m \end{bmatrix}=2A$，$A$ 为三角形单元的面积。注意为了避免出现 $A<0$ 的情况，三个结点的排列顺序必须与坐标系的旋转方向一致。由式(2-6)可以得到：

$$\begin{bmatrix} a_1 \\ a_2 \\ a_3 \end{bmatrix} = \begin{bmatrix} 1 & x_i & y_i \\ 1 & x_j & y_j \\ 1 & x_m & y_m \end{bmatrix}^{-1} \begin{bmatrix} u_i \\ u_j \\ u_m \end{bmatrix} \tag{2-7}$$

同理，将竖向位移和结点坐标代入式(2-5)中的第二式，可以得到：

$$\begin{bmatrix} b_1 \\ b_2 \\ b_3 \end{bmatrix} = \begin{bmatrix} 1 & x_i & y_i \\ 1 & x_j & y_j \\ 1 & x_m & y_m \end{bmatrix}^{-1} \begin{bmatrix} v_i \\ v_j \\ v_m \end{bmatrix} \tag{2-8}$$

将式(2-7)、式(2-8)代入式(2-5)整理后可得：

$$\begin{cases} u=\dfrac{1}{2A}\left[(a_i+b_ix+c_iy)u_i+(a_j+b_jx+c_jy)u_j+(a_m+b_mx+c_my)u_m\right] \\ v=\dfrac{1}{2A}\left[(a_i+b_ix+c_iy)v_i+(a_j+b_jx+c_jy)v_j+(a_m+b_mx+c_my)v_m\right] \end{cases} \tag{2-9}$$

其中系数 $a_i=x_jy_m-x_my_j$，$b_i=y_j-y_m$，$c_i=-x_j+x_m$(下标 $i \to j \to m \to i$ 轮换)。设

$$N_r=\frac{1}{2A}(a_r+b_rx+c_ry) \qquad (r=i, j, m) \tag{2-10}$$

可得：

$$\begin{bmatrix} u \\ v \end{bmatrix} = \begin{bmatrix} N_i & 0 & N_j & 0 & N_m & 0 \\ 0 & N_i & 0 & N_j & 0 & N_m \end{bmatrix} \begin{bmatrix} u_i \\ v_i \\ u_j \\ v_j \\ u_m \\ v_m \end{bmatrix} \tag{2-11}$$

即单元的位移函数可以简写成：

$$\boldsymbol{d}^{ⓔ}=\boldsymbol{N}\boldsymbol{\delta}^{ⓔ} \tag{2-12}$$

通常把 **N** 称为形函数矩阵，N_r称为形函数。根据形函数的定义，N_r具有以下性质：

(1) $N_r(x_s, y_s)=\begin{cases} 1 & (r=s) \\ 0 & (r\neq s) \end{cases} \qquad (r, s=i, j, m)$

(2) $N_i(x, y)+N_j(x, y)+N_m(x, y)=1$

例 2-1 如图 2.5 所示三角形单元，求其形函数矩阵 **N**。

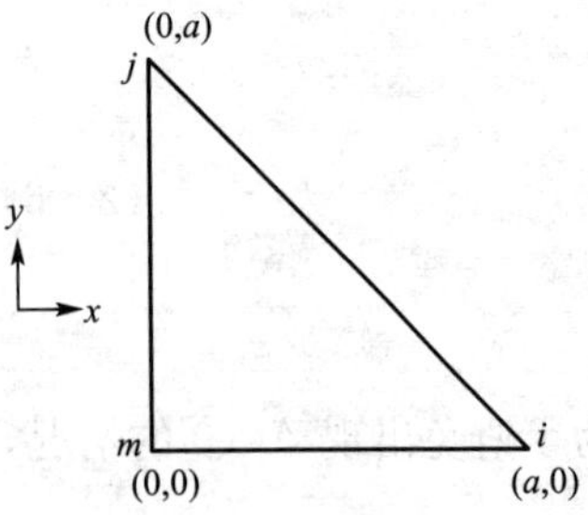

图 2.5 三角形单元

解： 由 $a_i=x_jy_m-x_my_j$，$b_i=y_j-y_m$，$c_i=x_m-x_j$

在公式中轮换下标可以计算得：

$a_i=x_jy_m-x_my_j=0\times0-0\times a=0$，$b_i=y_j-y_m=a-0=a$，

$c_i=x_m-x_j=0-0=0$

$a_j=x_my_i-x_iy_m=0\times0-a\times0=0$，$b_j=y_m-y_i=0-0=0$，

$c_j=x_i-x_m=a-0=a$

$a_m=x_iy_j-x_jy_i=a\times a-0\times0=a^2$，$b_m=y_i-y_j=0-a=-a$

$c_m=x_j-x_i=0-a=-a$

三角形面积为：$A=\frac{a^2}{2}$

形函数为：

$$N_i=\frac{1}{2A}(a_i+b_ix+c_iy)=\frac{1}{a^2}(0+ax+0)=\frac{x}{a}$$

$$N_j=\frac{1}{2A}(a_j+b_jx+c_jy)=\frac{1}{a^2}(0+0+ay)=\frac{y}{a}$$

$$N_m=\frac{1}{2A}(a_m+b_mx+c_my)=\frac{1}{a^2}(a^2-ax-ay)=1-\frac{x}{a}-\frac{y}{a}$$

则形函数矩阵为：

$$\boldsymbol{N}=\begin{bmatrix}\frac{x}{a} & 0 & \frac{y}{a} & 0 & 1-\frac{x}{a}-\frac{y}{a} & 0\\ 0 & \frac{x}{a} & 0 & \frac{y}{a} & 0 & 1-\frac{x}{a}-\frac{y}{a}\end{bmatrix}$$

2.2.2 单元应变场

根据单元位移函数表达式(2-11)，由位移与应变的关系，可以得到单元的应变场表达式为：

$$\boldsymbol{\varepsilon}=\begin{bmatrix}\frac{\partial u}{\partial x}\\ \frac{\partial v}{\partial y}\\ \frac{\partial u}{\partial y}+\frac{\partial v}{\partial x}\end{bmatrix}=\frac{1}{2A}\begin{bmatrix}b_i & 0 & b_j & 0 & b_m & 0\\ 0 & c_i & 0 & c_j & 0 & c_m\\ c_i & b_i & c_j & b_j & c_m & b_m\end{bmatrix}\begin{bmatrix}u_i\\ v_i\\ u_j\\ v_j\\ u_m\\ v_m\end{bmatrix} \tag{2-13}$$

记为：

$$\boldsymbol{\varepsilon}=\boldsymbol{B\delta}^{ⓔ} \tag{2-14}$$

其中，$\boldsymbol{B}$ 矩阵称为几何矩阵，它可以表示为分块矩阵的形式：

$$\boldsymbol{B}=[\boldsymbol{B}_i \quad \boldsymbol{B}_j \quad \boldsymbol{B}_m] \tag{2-15}$$

其中，
$$\boldsymbol{B}_r=\frac{1}{2A}\begin{bmatrix}b_r & 0\\ 0 & c_r\\ c_r & b_r\end{bmatrix} \quad (r=i,\ j,\ m)$$

2.2.3 单元应力场

根据应力与应变的关系及式(2-14)，可以得到单元的应力场表达式为：

$$\boldsymbol{\sigma}=\boldsymbol{D\varepsilon}=\boldsymbol{DB\delta}^{ⓔ}=\boldsymbol{S\delta}^{ⓔ} \tag{2-16}$$

其中 $\boldsymbol{S}=\boldsymbol{DB}$ 为应力矩阵，$\boldsymbol{D}$ 称为弹性矩阵，对于弹性力学平面应力问题，有

$$D=\frac{E}{(1-\mu^2)}\begin{bmatrix}1 & \mu & 0\\ \mu & 1 & 0\\ 0 & 0 & \frac{1-\mu}{2}\end{bmatrix} \tag{2-17}$$

将应力矩阵表示为分块矩阵的形式，有

$$\boldsymbol{S}=[\boldsymbol{S}_i \quad \boldsymbol{S}_j \quad \boldsymbol{S}_m] \tag{2-18}$$

其中，

$$\boldsymbol{S}_r=\boldsymbol{DB}_r=\frac{E}{2A(1-\mu^2)}\begin{bmatrix}b_r & \mu c_r\\ \mu b_r & c_r\\ \frac{1-\mu}{2}c_r & \frac{1-\mu}{2}b_r\end{bmatrix} \quad (r=i,\ j,\ m) \tag{2-19}$$

对于弹性力学平面应变问题，只需将 E 换为$\frac{E}{1-\mu^2}$，μ 换为$\frac{\mu}{1-\mu}$，本书以后只讨论平面应力问题，对于平面应变问题的处理类似。

由式(2-13)、式(2-19)可以看出，3 结点三角形单元内任意一点的应变和应力都只与 $\boldsymbol{B}_i$ 有关，而 $\boldsymbol{B}_i$ 中的元素又只与(x_i，y_i)相关，所以他们是常系数。因而求出的 $\boldsymbol{B}$ 和 $\boldsymbol{S}$ 为常系数矩阵，不随 x，y 变化，即三角形单元在单元内任意一点的应变和应力都相同。因此，3 结点三角形单元称为常应变单元。在应变梯度较大的部位，单元划分应适当密集，否则将不能反映应变的真实变化而导致较大的误差。

2.2.4 单元刚度矩阵

进行单元分析的主要目的是得到单元的刚度矩阵，得到单元刚度矩阵的方法通常可以利用虚位移原理或极小势能原理。下面我们利用虚位移原理来导出 3 结点三角形单元的刚度矩阵。

设结点产生的虚位移为：

$$\Delta\boldsymbol{\delta}^{ⓔ}=[\Delta u_i \quad \Delta v_i \quad \Delta u_j \quad \Delta v_j \quad \Delta u_m \quad \Delta v_m]^{\mathrm{T}}$$

则单元上任意一点的虚位移为：

$$\Delta\boldsymbol{d}^{ⓔ}=\boldsymbol{N}\Delta\boldsymbol{\delta}^{ⓔ}$$

单元上任意一点的虚应变为：

$$\Delta\boldsymbol{\varepsilon}=\boldsymbol{B}\Delta\boldsymbol{\delta}^{ⓔ}$$

单元的虚应变能为：

$$\Delta U=\int_V \Delta\boldsymbol{\varepsilon}^{\mathrm{T}}\boldsymbol{\sigma}\,\mathrm{d}V=\int_V \Delta\boldsymbol{\delta}^{ⓔ\mathrm{T}}\boldsymbol{B}^{\mathrm{T}}\boldsymbol{DB}\boldsymbol{\delta}^{ⓔ}\,\mathrm{d}V=\Delta\boldsymbol{\delta}^{ⓔ\mathrm{T}}\int_V \boldsymbol{B}^{\mathrm{T}}\boldsymbol{DB}\,\mathrm{d}V\boldsymbol{\delta}^{ⓔ}$$

若单元体内部作用有体积力 $\boldsymbol{p}_v$，单元边界上作用有面力 $\boldsymbol{p}_s$，加上单元的结点荷载，这些外力所做的虚功为：

$$\begin{aligned}\Delta W&=\Delta\boldsymbol{\delta}^{ⓔ\mathrm{T}}\boldsymbol{F}_d^{ⓔ}+\int_V \Delta\boldsymbol{d}^{\mathrm{T}}\boldsymbol{p}_v\mathrm{d}V+\int_S \Delta\boldsymbol{d}^{\mathrm{T}}\boldsymbol{p}_s\mathrm{d}S\\ &=\Delta\boldsymbol{\delta}^{ⓔ\mathrm{T}}\boldsymbol{F}_d^{ⓔ}+\int_V \Delta\boldsymbol{\delta}^{ⓔ\mathrm{T}}\boldsymbol{N}^{\mathrm{T}}\boldsymbol{p}_v\mathrm{d}V+\int_S \Delta\boldsymbol{\delta}^{ⓔ\mathrm{T}}\boldsymbol{N}^{\mathrm{T}}\boldsymbol{p}_s\mathrm{d}S\\ &=\Delta\boldsymbol{\delta}^{ⓔ\mathrm{T}}\left(\boldsymbol{F}_d^{ⓔ}+\int_V \boldsymbol{N}^{\mathrm{T}}\boldsymbol{p}_v\mathrm{d}V+\int_S \boldsymbol{N}^{\mathrm{T}}\boldsymbol{p}_s\mathrm{d}S\right)\end{aligned}$$

根据虚位移原理虚功方程，外力所做的虚功等于虚的应变能，即 $\Delta U=\Delta W$，有

$$\Delta\boldsymbol{\delta}^{ⓔ\mathrm{T}}\int_V \boldsymbol{B}^{\mathrm{T}}\boldsymbol{D}\boldsymbol{B}\,\mathrm{d}V\boldsymbol{\delta}^{ⓔ} = \Delta\boldsymbol{\delta}^{ⓔ\mathrm{T}}\left(\boldsymbol{F}_d^{ⓔ}+\int_V \boldsymbol{N}^{\mathrm{T}}\boldsymbol{p}_v\mathrm{d}V+\int_S \boldsymbol{N}^{\mathrm{T}}\boldsymbol{p}_s\mathrm{d}S\right) \tag{2-20}$$

由于结点虚位移的任意性，有

$$\int_V \boldsymbol{B}^{\mathrm{T}}\boldsymbol{D}\boldsymbol{B}\,\mathrm{d}V\boldsymbol{\delta}^{ⓔ} = \boldsymbol{F}_d^{ⓔ}+\int_V \boldsymbol{N}^{\mathrm{T}}\boldsymbol{p}_v\mathrm{d}V+\int_S \boldsymbol{N}^{\mathrm{T}}\boldsymbol{p}_s\mathrm{d}S \tag{2-21}$$

记

$$\int_V \boldsymbol{B}^{\mathrm{T}}\boldsymbol{D}\boldsymbol{B}\,\mathrm{d}V = \boldsymbol{k}^{ⓔ} \tag{2-22}$$

$$\boldsymbol{F}_d^{ⓔ}+\int_V \boldsymbol{N}^{\mathrm{T}}\boldsymbol{p}_V\mathrm{d}V+\int_S \boldsymbol{N}^{\mathrm{T}}\boldsymbol{p}_S\mathrm{d}S = \boldsymbol{F}_d^{ⓔ}+\boldsymbol{F}_E^{ⓔ} = \boldsymbol{F}^{ⓔ} \tag{2-23}$$

则式(2-21)可写为：

$$\boldsymbol{k}^{ⓔ}\boldsymbol{\delta}^{ⓔ}=\boldsymbol{F}^{ⓔ} \tag{2-24}$$

上式即为描述单元荷载和结点位移之间关系的平衡方程，其中 $\boldsymbol{k}^{ⓔ}$ 称为单元刚度矩阵，$\boldsymbol{F}_E^{ⓔ}$ 称为单元等效结点荷载矩阵。在 3 结点等厚三角形单元中 $\boldsymbol{B}$ 和 $\boldsymbol{D}$ 的分量均为常量，则单元刚度矩阵可以表示为：

$$\boldsymbol{k}^{ⓔ}=\boldsymbol{B}^{\mathrm{T}}\boldsymbol{D}\boldsymbol{B}hA \tag{2-25}$$

其中，h、A 分别为单元的厚度和面积。单元刚度矩阵 $\boldsymbol{k}^{ⓔ}$ 可以表示为分块矩阵的形式：

$$\boldsymbol{k}^{ⓔ}=\begin{bmatrix}\boldsymbol{k}_{ii} & \boldsymbol{k}_{ij} & \boldsymbol{k}_{im}\\ \boldsymbol{k}_{ji} & \boldsymbol{k}_{jj} & \boldsymbol{k}_{jm}\\ \boldsymbol{k}_{mi} & \boldsymbol{k}_{mj} & \boldsymbol{k}_{mm}\end{bmatrix} \tag{2-26}$$

其中，

$$\boldsymbol{k}_{rs}=\boldsymbol{B}_r^{\mathrm{T}}\boldsymbol{D}\boldsymbol{B}_s=\begin{bmatrix}k_{rx,sx} & k_{rx,sy}\\ k_{ry,sx} & k_{ry,sy}\end{bmatrix}\quad (r,\ s=i,\ j,\ m)$$

对于平面应力问题，其刚度矩阵的显式为：

$$\boldsymbol{k}_{rs}=\frac{Eh}{4A(1-\mu^2)}\begin{bmatrix}b_rb_s+\dfrac{1-\mu}{2}c_rc_s & \mu b_rc_s+\dfrac{1-\mu}{2}c_rb_s\\ \mu c_rb_s+\dfrac{1-\mu}{2}b_rc_s & c_rc_s+\dfrac{1-\mu}{2}b_rb_s\end{bmatrix}\quad (r,\ s=i,\ j,\ m) \tag{2-27}$$

对于平面应变问题，只需将 E 换为 $\dfrac{E}{1-\mu^2}$，μ 换为 $\dfrac{\mu}{1-\mu}$。

2.2.5 单元刚度矩阵的性质

从前面的分析可以看出，单元刚度矩阵具有以下的性质：

(1) 单元刚度矩阵 $\boldsymbol{k}^{ⓔ}$ 为对称矩阵。

(2) 单元刚度矩阵 $\boldsymbol{k}^{ⓔ}$ 中的每个元素代表单位杆端位移引起的杆端力。如 $k_{rx,sx}$ 表示 s 结点在 x 方向产生单位位移时，在结点 r 的 x 方向上需要施加的结点力。

(3) 一般单元的单元刚度矩阵 $\boldsymbol{k}^{ⓔ}$ 是奇异矩阵，它的元素组成的行列式等于零，即 $\det\boldsymbol{k}^{ⓔ}=0$。根据奇异矩阵的性质，$\boldsymbol{k}^{ⓔ}$ 没有逆矩阵。也就是说，如果给定单元结点位移 $\boldsymbol{\delta}^{ⓔ}$，根据式(2-24)可以求出结点荷载 $\boldsymbol{F}^{ⓔ}$ 的唯一解，但反过来，如果已知结点荷载 $\boldsymbol{F}^{ⓔ}$，则不

能根据$\boldsymbol{\delta}^{ⓔ}=(\boldsymbol{k}^{ⓔ})^{-1}\boldsymbol{F}^{ⓔ}$来确定杆端位移$\bar{\boldsymbol{\delta}}^{ⓔ}$的唯一解。因为单元无任何约束，因此除单元自身变形外，还可以发生任意的刚体位移。

(4) 单元刚度矩阵$\boldsymbol{k}^{ⓔ}$具有分块的性质，即可以用子矩阵表示$\boldsymbol{k}^{ⓔ}$，如式(2-26)所示。

2.2.6 等效结点荷载的计算

有限单元法分析时只考虑作用在结点上的荷载，因此如果在单元上作用有荷载，必须将其移置到结点上成为等效结点荷载。根据圣维南原理，进行移置时只要遵循静力等效的原则，就只会对应力分布产生局部影响。如果单元划分越来越密，这种影响会逐步降低。所谓静力等效是指原荷载与等效结点荷载在虚位移上所做的功相等。

1. 集中力的移置

若单元上$A(x, y)$点作用有集中荷载$\boldsymbol{Q}=[Q_x \quad Q_y]^{\mathrm{T}}$，如图2.6所示，则其等效结点荷载为：

$$\boldsymbol{F}_E^{ⓔ}=\boldsymbol{N}^{\mathrm{T}}\boldsymbol{Q}$$

2. 分布体力的移置

如图2.7所示，在均质、等厚的三角形单元ijm内作用有分布体力$\boldsymbol{p}_v=[p_x \quad p_y]^{\mathrm{T}}$，由式(2-23)可得其等效结点荷载为：

$$\boldsymbol{F}_E^{ⓔ}=\int_V \boldsymbol{N}^{\mathrm{T}}\boldsymbol{p}_v \mathrm{d}V = h\int_A \boldsymbol{N}^{\mathrm{T}}\boldsymbol{p}_v \mathrm{d}A$$

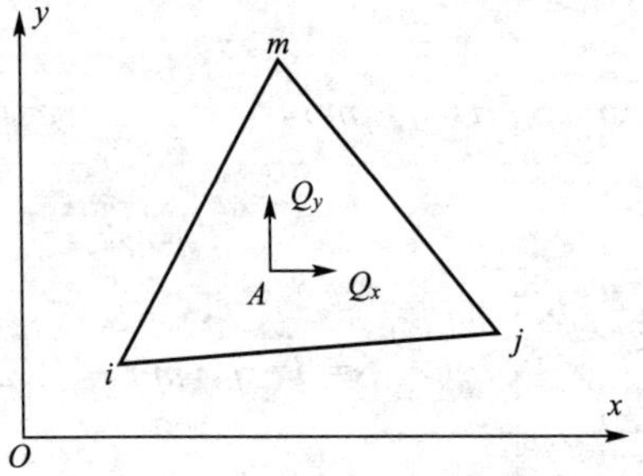

图2.6 三角形单元上的集中力移置

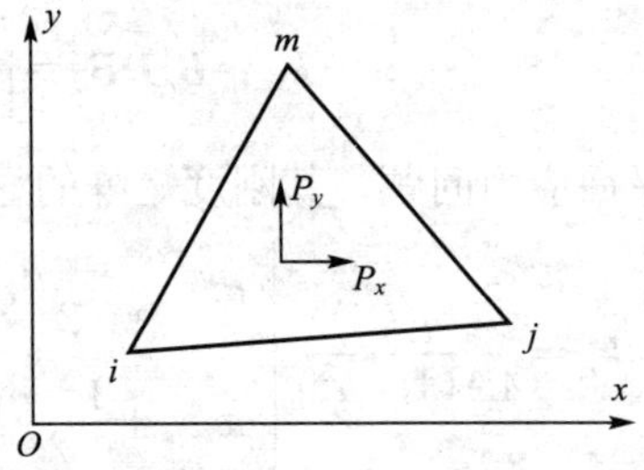

图2.7 三角形单元上的分布体力移置

例如三角形单元ijm受到分布体力是沿y轴负方向的重力荷载，即$\boldsymbol{p}_v=[0 \quad -\gamma]^{\mathrm{T}}$，这里$\gamma$为容重，则其等效结点荷载为：

$$\boldsymbol{F}_E^{ⓔ}=h\int_A \boldsymbol{N}^{\mathrm{T}}\boldsymbol{p}_v \mathrm{d}A = h\int_A \begin{bmatrix} N_i & 0 & N_j & 0 & N_m & 0 \\ 0 & N_i & 0 & N_j & 0 & N_m \end{bmatrix}^{\mathrm{T}} \begin{bmatrix} 0 \\ -\gamma \end{bmatrix} \mathrm{d}A$$

$$=-h\int A[0 \quad N_i\gamma 0 \quad N_j\gamma \quad 0 \quad N_m\gamma]^{\mathrm{T}}\mathrm{d}A$$

其中，

$$\iint N_i \mathrm{d}A = \iint \frac{1}{2A}(a_i+b_i x+c_i y)\mathrm{d}A$$

$$=\frac{1}{2A}[a_i A+b_i A x_c+c_i A y_c]=A\frac{1}{2A}(a_i+b_i x_c+c_i y_c)=\frac{1}{3}A$$

式中，(x_c, y_c)为三角形形心位置。故有

$$F_{yi} = -\frac{1}{3}\gamma A h$$

同理，$F_{yj} = -\frac{1}{3}\gamma A h$，$F_{ym} = -\frac{1}{3}\gamma A h$。因此其等效结点荷载为：

$$\boldsymbol{F}_E^{ⓔ} = -\frac{1}{3}\gamma A h \begin{bmatrix} 0 & 1 & 0 & 1 & 0 & 1 \end{bmatrix}^{\mathrm{T}}$$

3. 分布面力的移置

设在等厚的三角形单元 ijm 的边上分布有面力 $\boldsymbol{p}_s = [p_{sx} \quad p_{sy}]^{\mathrm{T}}$，同样可以得到其等效结点荷载为：

$$\boldsymbol{F}_E^{ⓔ} = \int_S \boldsymbol{N}^{\mathrm{T}} \boldsymbol{p}_s \mathrm{d}S = h\int_l \boldsymbol{N}^{\mathrm{T}} \boldsymbol{p}_s \mathrm{d}l$$

如图 2.8(a)中，ij 边上作用有沿 x 方向按三角形分布的荷载，其等效结点荷载为：

$$\boldsymbol{F}_E^{ⓔ} = \frac{qhl_{ij}}{2}\begin{bmatrix} \frac{1}{3} & 0 & \frac{2}{3} & 0 & 0 & 0 \end{bmatrix}^{\mathrm{T}}$$

式中，l_{ij} 为 ij 边的长度。

如图 2.8(b)中，jm 边上作用有沿 x 方向均布面力，其等效结点荷载为：

$$\boldsymbol{F}_E^{ⓔ} = qhl_{jm}\begin{bmatrix} 0 & 0 & \frac{1}{2} & 0 & \frac{1}{2} & 0 \end{bmatrix}^{\mathrm{T}}$$

式中，l_{jm} 为 jm 边的长度。

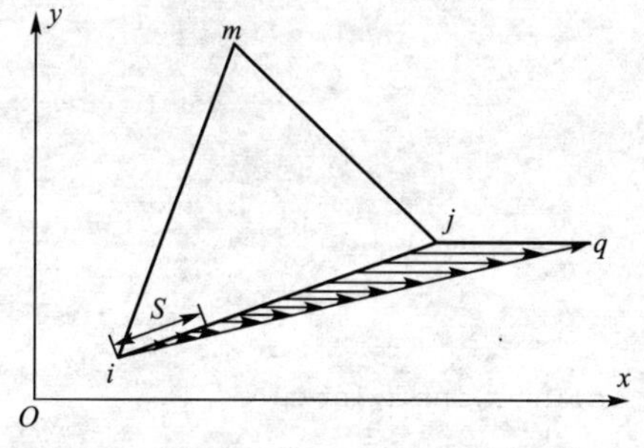

(a) 三角形分布荷载

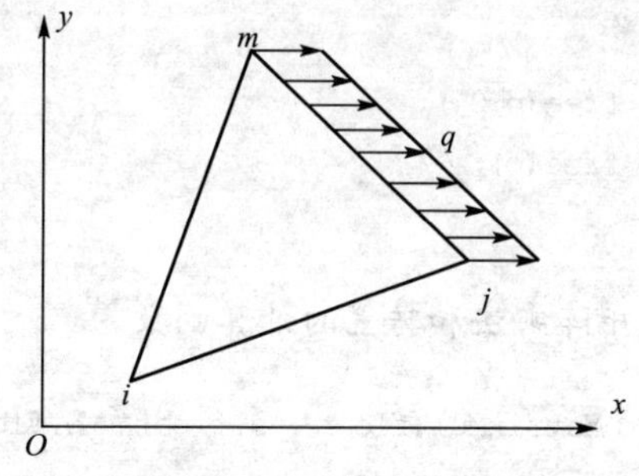

(b) 均布荷载

图 2.8　三角形单元上的分布面力移置

2.2.7　单元分析的有关计算函数

运用 C/C++语言编写有关平面 3 结点三角形单元的计算函数，本部分程序由两大部分组成，一部分是基本程序，本书所有程序都可以调用的函数，包括分配和释放二维数组

内存的函数、矩阵乘法和转置的计算函数；另一部分是专门针对平面3结点三角形单元的程序，包括几何矩阵、弹性矩阵、应力矩阵、单元刚度矩阵的计算函数。

1. 分配和释放二维数组内存的函数

```
float**Alloc2Float(int n1,int n2)
/*-----------------------------------------------------------------------------------------
    功能:分配二维实型数组存储空间,a[n1][n2]
-------------------------------------------------------------------------------------------
    输入:n1:二维数组的第一维,a[n1][n2]
         n2:二维数组的第二维,a[n1][n2]
    返回:指向二维数组空间的二维指针
-----------------------------------------------------------------------------------------*/
{
     int i,size;
     void**a1;
     if(n2<=0)  n2=n1;
     size=sizeof(float);
     a1=(void**)malloc(n1*sizeof(void*));
     a1[0]=(void*)malloc(n1*n2*size);
     for (i=0;i<n1;i++)
         a1[i]=(char*)a1[0]+size*n2*i;
     return (float**)a1;
}

void free2float(float **p)
{
    free(p[0]);
    free(p);
}
```

2. 矩阵乘法和转置的计算函数

```
void MatrixMul(float**a,float**b,float**c,int n,int k,int m)
/*-----------------------------------------------------------------------------------------
    功能:实现矩阵相加,a*b=c
-------------------------------------------------------------------------------------------
    输入:
          a:二维数组,a[n][k]
          b:二维数组,b[k][m]
          n:第一个矩阵的行数
          m:第二个矩阵的列数
          k:第一个矩阵的列数、第二个矩阵的行数
    输出:
```

```
        c:二维数组,c[n][m]
-------------------------------------------------------------------------------*/
{
    int i,j,l;

    for(i=0;i<n;i++){
        for(j=0;j<m;j++){
            c[i][j]=0.0;
            for(l=0;l<k;l++){
                c[i][j]+=a[i][l]*b[l][j];
            }
        }
    }
}

void MatrixTran(float**a,float**b,int n,int m)
/*-------------------------------------------------------------------------------
    功能:实现矩阵转置
---------------------------------------------------------------------------------
    输入:
        a:二维数组,a[n][m]
        n:矩阵的行数
        m:矩阵的列数
    输出:
        b:二维数组,存放转置后的矩阵,b[m][n]
-------------------------------------------------------------------------------*/
{
    int i,j;

    for(i=0;i<n;i++){
        for(j=0;j<m;j++){
            b[j][i]=a[i][j];
        }
    }
}
```

3. 几何矩阵的计算程序

```
void Plane3Node_B(float xi,float yi,float xj,float yj,float xm,float ym,float **B)
/*-------------------------------------------------------------------------------
    功能:计算平面3结点三角形单元的几何矩阵
---------------------------------------------------------------------------------
    输入:
      xi,yi,xj,yj,xm,ym:分别为三个结点的坐标
```

```
    输出:
      B:二维数组,存放几何矩阵,B[3][6],调用该程序前B必须分配内存
-------------------------------------------------------------------------------------------*/
{
    int i,j;
    float ai,aj,am,bi,bj,bm,ci,cj,cm;
    float A2;
    ai=xj*ym-xm*yj;aj=xm*yi-xi*ym;am=xi*yj-xj*yi;
    bi=yj-ym; bj=ym-yi; bm=yi-yj;
    ci=-xj+xm; cj=-xm+xi; cm=-xi+xj;
    A2=ai+aj+am;
    for(i=0;i<3;i++){
        for(j=0;j<6;j++) B[i][j]=0.0;
    }
    B[0][0]=bi/A2; B[0][2]=bj/A2; B[0][4]=bm/A2;
    B[1][1]=ci/A2; B[1][3]=cj/A2; B[1][5]=cm/A2;
    B[2][0]=ci/A2; B[2][2]=cj/A2; B[2][4]=cm/A2;
    B[2][1]=bi/A2; B[2][3]=bj/A2; B[2][5]=bm/A2;
}
```

4. 弹性矩阵的计算程序

```
void plane3Node_D(float E,float mu,float**D,int flag)
/*-------------------------------------------------------------------------------------------
    功能:计算平面单元的弹性矩阵(适应于所有平面弹性单元)
---------------------------------------------------------------------------------------------
    输入:
        E:弹性模量
       mu:泊松比
     flag:>0 平面应力问题;<= 0 平面应变问题
    输出:
      D:二维数组,存放弹性矩阵,B[3][3],调用该程序前D必须分配内存
-------------------------------------------------------------------------------------------*/
{
    int i,j;
    float E1,mu1,coef;

    if(flag>0){   //平面应力问题
        E1=E;
        mu1=mu;
    }else{          //平面应变问题
        E1=E/(1-mu*mu);
        mu1=mu/(1-mu);
    }
```

```
    D[0][0]=1.0; D[0][1]=mu1; D[0][2]=0.0;
    D[1][0]=mu1; D[1][1]=1.0; D[1][2]=0.0;
    D[2][0]=0.0; D[2][1]=0.0; D[2][2]=(1-mu1)/2.0;
    coef=E1/(1-mu1*mu1);
    for(i=0;i<3;i++){
        for(j=0;j<3;j++)D[i][j]*=coef;
    }
}
```

5. 应力矩阵的计算程序

```
void Plane3Node_S(float xi,float yi,float xj,float yj,float xm,float ym,float E,
                    float mu,float **S,int flag)
/*-----------------------------------------------------------------------
    功能:计算平面3结点三角形单元的应力矩阵 S=D*B
-------------------------------------------------------------------------
    输入:
         xi,yi,xj,yj,xm,ym:分别为三个结点的坐标
         E:弹性模量
         mu:泊松比
         flag:>0平面应力问题;<=0平面应变问题
         输出:
         S:二维数组,存放几何矩阵,S[3][6],调用该程序前S必须分配内存
-----------------------------------------------------------------------*/
{
     float**B=NULL;
     float**D=NULL;

     B=Alloc2Float(3,6);
     D=Alloc2Float(3,3);
     Plane3Node_B(xi,yi,xj,yj,xm,ym,B);
     Plane3Node_D(E,mu,D,flag);
     MatrixMul(D,B,S,3,3,6);
     Free2Float(B);
     Free2Float(D);
}
```

6. 单元刚度矩阵的计算程序

```
void Plane3Node_ke(float xi,float yi,float xj,float yj,float xm,float ym,float E0,
                    float mu0,float h,float**ke,int flag)
/*-----------------------------------------------------------------------
    功能:计算平面3结点三角形单元的单元刚度矩阵
-------------------------------------------------------------------------
```

```
    输入:
        xi,yi:单元 i 结点 x,y 坐标
        xj,yj:单元 j 结点 x,y 坐标
        xm,ym:单元 m 结点 x,y 坐标
        E0:材料弹性模量
        Mu0:泊松比
        h:单元厚度
        flag:>0 平面应力问题;<=0 平面应变问题
    输出:
        ke:二维数组,ke[6][6],单元刚度矩阵
----------------------------------------------------------------------------------------*/
{
    int i,j;
    float tmp,mu2;
    float bi,bj,bm,ci,cj,cm;
    float E,mu,A;
    bi=yj-ym;    bj=ym-yi;    bm=yi-yj;
    ci=-xj+xm;   cj=-xm+xi;   cm=-xi+xj;
    A=(bj*cm-bm*cj)/2.0;
    if(flag>0){              // 平面应力问题
        E=E0;      mu=mu0;
    }else{                   // 平面应变问题
        E=E0/(1-mu0*mu0);    mu=mu0/(1-mu0);
    }
    mu2=(1.0-mu)/2.0;
    ke[0][0]=   bi*bi+mu2*ci*ci;          ke[0][1]=mu*bi*ci+mu2*ci*bi;   //kii
    ke[1][0]=ke[0][1];                    ke[1][1]=    ci*ci+mu2*bi*bi;
    ke[0][2]=    bi*bj+mu2*ci*cj;         ke[0][3]=mu*bi*cj+mu2*ci*bj;   //kij
    ke[1][2]=mu*ci*bj+mu2*bi*cj;          ke[1][3]=    ci*cj+mu2*bi*bj;
    ke[0][4]=    bi*bm+mu2*ci*cm;         ke[0][5]= mu*bi*cm+mu2*ci*bm;  //kim
    ke[1][4]=mu*ci*bm+mu2*bi*cm;          ke[1][5]=    ci*cm+mu2*bi*bm;
    ke[2][2]=    bj*bj+mu2*cj*cj;         ke[2][3]=mu*bj*cj+mu2*cj*bj;   //kjj
    ke[3][2]=ke[2][3];                    ke[3][3]=    cj*cj+mu2*bj*bj;
    ke[2][4]=    bj*bm+mu2*cj*cm;         ke[2][5]=mu*bj*cm+mu2*cj*bm;   //kjm
    ke[3][4]=mu*cj*bm+mu2*bj*cm;          ke[3][5]=    cj*cm+mu2*bj*bm;
    ke[4][4]=   bm*bm+mu2*cm*cm;          ke[4][5]=mu*bm*cm+mu2*cm*bm;   //kmm
    ke[5][4]=ke[4][5];                    ke[5][5]=    cm*cm+mu2*bm*bm;

    tmp=E*h/(4*A*(1-mu*mu));
    for(i=0;i<6;i++){
        for(j=i;j<6;j++)ke[i][j]=tmp*ke[i][j];
    }
    for(i=1;i<6;i++){
```

```
        for(j=0;j<i;j++) ke[i][j]=ke[j][i];
    }
}
```

2.2.8 整体分析

整体分析的目的是将单元分析得到的结果进行综合，得到整个结构的平衡方程，包括将单元刚度矩阵集成为整体刚度矩阵，并形成整体荷载矩阵。

1. 整体刚度矩阵

将单元刚度矩阵的元素集成到整体刚度矩阵之中通常采用刚度集成法。首先求出各单元的贡献矩阵，然后将它们叠加起来形成整体刚度矩阵。但这样处理在实际中很少采用，因为在编程过程时需先将各单元的贡献矩阵储存起来，而各单元贡献矩阵的阶数与整体刚度矩阵的阶数相同，因此占用的空间非常巨大，不利于节约资源，并且在实际中有可能耗尽所有的资源。故在实际中并不是采用贡献矩阵法，而是利用各单元的定位数组，采用“边定位，边累加”的方法。

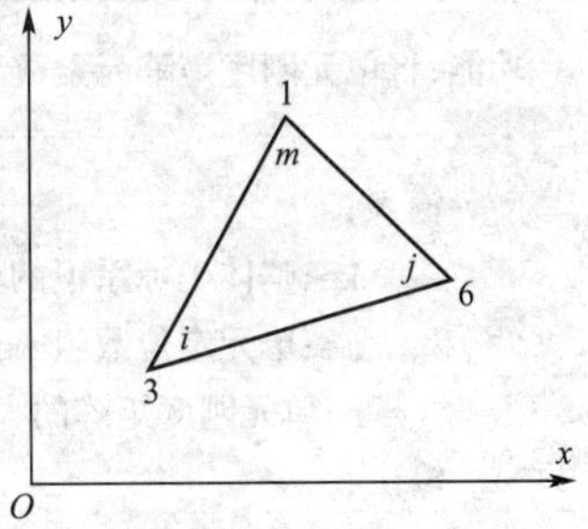

图 2.9 局部结点码与整体结点编号的对应关系

所谓单元的定位数组，就是将单元ⓔ的结点位移编码按照结点顺序排成一行形成的一个一维数组。如图 2.9 所示的三角形单元，其局部结点码与整体结点编号的对应关系为：$i\to3$、$j\to6$、$m\to1$，1 号结点位移码为 1、2，3 号结点的位移码为 5、6，6 号结点的位移码为 11、12，则单元定位数组可以写成如下的形式：

$$m^{ⓔ}=(5\quad 6\quad 11\quad 12\quad 1\quad 2)$$

设上述单元对应的单元刚度矩阵和定位数组的元素表示成如下的形式：

$$\begin{array}{c} \qquad\quad 5 \qquad\; 6 \quad\;\; 11 \quad\; 12 \qquad 1 \qquad 2 \\ \boldsymbol{k}^{ⓔ}=\left[\begin{array}{cc:cc:cc} k_{11} & k_{12} & k_{13} & k_{14} & k_{15} & k_{16} \\ k_{21} & k_{22} & k_{23} & k_{24} & k_{25} & k_{26} \\ \hdashline k_{31} & k_{32} & k_{33} & k_{34} & k_{35} & k_{36} \\ k_{41} & k_{42} & k_{43} & k_{44} & k_{45} & k_{46} \\ \hdashline k_{51} & k_{52} & k_{53} & k_{54} & k_{55} & k_{56} \\ k_{61} & k_{62} & k_{63} & k_{64} & k_{65} & k_{66} \end{array}\right]^{ⓔ} \begin{array}{c} 5 \\ 6 \\ 11 \\ 12 \\ 1 \\ 2 \end{array} \end{array}$$

则单元刚度矩阵的元素在整体刚度矩阵中的位置可以根据定位数组确定:右边的定位数组元素确定了该元素在整体刚度矩阵中所处的行号,上部的定位数组元素确定了该元素在整体刚度矩阵中所处的列号,集成时将该元素累加到整体刚度矩阵中对应元素上。上述单元刚度矩阵元素在整体刚度矩阵中的对应关系为:

$k_{11}^{\textcircled{e}}\rightarrow K_{55}$	$k_{12}^{\textcircled{e}}\rightarrow K_{56}$	$k_{13}^{\textcircled{e}}\rightarrow K_{5,11}$	$k_{14}^{\textcircled{e}}\rightarrow K_{5,12}$	$k_{15}^{\textcircled{e}}\rightarrow K_{51}$	$k_{16}^{\textcircled{e}}\rightarrow K_{52}$
$k_{21}^{\textcircled{e}}\rightarrow K_{65}$	$k_{22}^{\textcircled{e}}\rightarrow K_{66}$	$k_{23}^{\textcircled{e}}\rightarrow K_{6,11}$	$k_{24}^{\textcircled{e}}\rightarrow K_{6,12}$	$k_{25}^{\textcircled{e}}\rightarrow K_{61}$	$k_{26}^{\textcircled{e}}\rightarrow K_{62}$
$k_{31}^{\textcircled{e}}\rightarrow K_{11,5}$	$k_{32}^{\textcircled{e}}\rightarrow K_{11,6}$	$k_{33}^{\textcircled{e}}\rightarrow K_{11,11}$	$k_{34}^{\textcircled{e}}\rightarrow K_{11,12}$	$k_{35}^{\textcircled{e}}\rightarrow K_{11,1}$	$k_{36}^{\textcircled{e}}\rightarrow K_{11,2}$
$k_{41}^{\textcircled{e}}\rightarrow K_{12,5}$	$k_{42}^{\textcircled{e}}\rightarrow K_{12,6}$	$k_{43}^{\textcircled{e}}\rightarrow K_{12,11}$	$k_{44}^{\textcircled{e}}\rightarrow K_{12,12}$	$k_{45}^{\textcircled{e}}\rightarrow K_{12,1}$	$k_{46}^{\textcircled{e}}\rightarrow K_{12,2}$
$k_{51}^{\textcircled{e}}\rightarrow K_{15}$	$k_{52}^{\textcircled{e}}\rightarrow K_{16}$	$k_{53}^{\textcircled{e}}\rightarrow K_{1,11}$	$k_{54}^{\textcircled{e}}\rightarrow K_{1,12}$	$k_{55}^{\textcircled{e}}\rightarrow K_{11}$	$k_{56}^{\textcircled{e}}\rightarrow K_{12}$
$k_{61}^{\textcircled{e}}\rightarrow K_{25}$	$k_{62}^{\textcircled{e}}\rightarrow K_{26}$	$k_{63}^{\textcircled{e}}\rightarrow K_{2,11}$	$k_{64}^{\textcircled{e}}\rightarrow K_{2,12}$	$k_{65}^{\textcircled{e}}\rightarrow K_{21}$	$k_{66}^{\textcircled{e}}\rightarrow K_{22}$

实际计算时，从第1单元开始，计算其单元刚度矩阵，根据上面的规则将其元素累加到整体刚度矩阵中去，然后进行下一单元的计算，直至最后一个单元计算完成后就得到了整个结构的整体刚度矩阵。下面是将单元刚度矩阵集成为整体刚度矩阵的函数，注意C/C++语言的数组索引号是从0开始的。

```
void MakeAK(float**ke,int*me,int n,float**AK)
/*-------------------------------------------------------------------------------------------
功能:将单元刚度矩阵元素放到整体刚度矩阵中。该函数适应于所有类型的单元
---------------------------------------------------------------------------------------------
    输入:
        ke:整体坐标系下的单元刚度矩阵 ke[n][n]
        me:单元定位数组 me[n],位移编码从 1 开始
        n:单元刚度矩阵的大小
    输出:
        AK:整体刚度矩阵 AK[m][m]
-------------------------------------------------------------------------------------------*/
{
    int i,j;

    for(i=0;i<n;i++){
        if(me[i]<=0) continue;
        for(j=0;j<n;j++){
            if(me[j]<=0) continue;
            AK[me[i]-1][me[j]-1]+=ke[i][j];
        }
    }
}
```

从上面的分析可以看出，单元刚度矩阵中的四个元素$k_{11}^{\textcircled{e}}$、$k_{12}^{\textcircled{e}}$、$k_{21}^{\textcircled{e}}$、$k_{22}^{\textcircled{e}}$形成的子块矩阵$\boldsymbol{k}_{ii}$在整体刚度矩阵中依然在一起形成子块矩阵(其他元素具有类似形式)。因此若单元刚度矩阵用分块矩阵的形式表示，则集成时可以一次将子块累加到整体刚度矩阵对应的子块位置。

如图2.10所示的三角形板划分为四个3结点三角形单元，其单元结点的局部编号与整体编号的对应关系如图所示。单元刚度矩阵写成式(2-26)所示的3×3的子块矩阵形式，同时整体刚度矩阵也写成子块矩阵的形式，本例中其大小为6×6的子块，其元素用$\boldsymbol{K}_{rs}$表示。则可以根据单元的结点码将单元刚度矩阵的子块累加到整体刚度矩阵的对应子

块上。如第①单元的刚度矩阵写成如下形式：

$$\boldsymbol{k}^{\text{①}}=\begin{array}{c} \begin{array}{ccc} 3 & 1 & 2 \end{array} \\ \begin{bmatrix} \boldsymbol{k}_{ii} & \boldsymbol{k}_{ij} & \boldsymbol{k}_{im} \\ \boldsymbol{k}_{ji} & \boldsymbol{k}_{jj} & \boldsymbol{k}_{jm} \\ \boldsymbol{k}_{mi} & \boldsymbol{k}_{mj} & \boldsymbol{k}_{mm} \end{bmatrix}^{\text{①}} \end{array} \begin{array}{c} 3 \\ 1 \\ 2 \end{array}$$

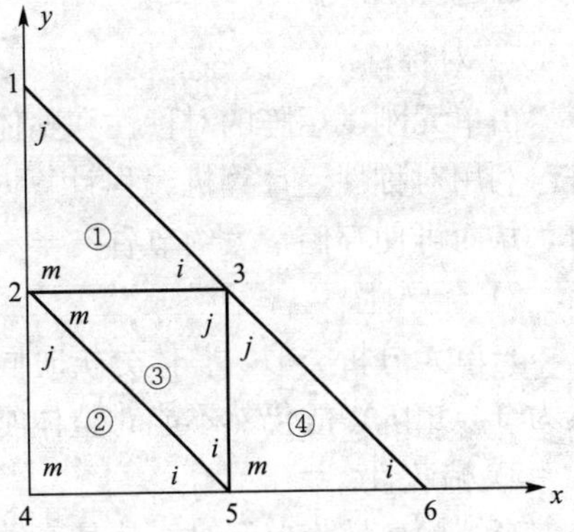

图 2.10　整体分析

则矩阵右边的结点码确定了对应元素在整体刚度矩阵中所处的行，上部的结点码确定了对应元素在整体刚度矩阵中所处的列。因此其子块元素在对应整体刚度矩阵中的位置如下：

$$\begin{array}{lll} \boldsymbol{k}_{ii}^{\text{①}}\rightarrow\boldsymbol{K}_{33} & \boldsymbol{k}_{ij}^{\text{①}}\rightarrow\boldsymbol{K}_{31} & \boldsymbol{k}_{im}^{\text{①}}\rightarrow\boldsymbol{K}_{32} \\ \boldsymbol{k}_{ji}^{\text{①}}\rightarrow\boldsymbol{K}_{13} & \boldsymbol{k}_{jj}^{\text{①}}\rightarrow\boldsymbol{K}_{11} & \boldsymbol{k}_{jm}^{\text{①}}\rightarrow\boldsymbol{K}_{12} \\ \boldsymbol{k}_{mi}^{\text{①}}\rightarrow\boldsymbol{K}_{23} & \boldsymbol{k}_{mj}^{\text{①}}\rightarrow\boldsymbol{K}_{21} & \boldsymbol{k}_{mm}^{\text{①}}\rightarrow\boldsymbol{K}_{22} \end{array}$$

第②、③、④单元的刚度矩阵写成如下形式：

$$\boldsymbol{k}^{\text{②}}=\begin{array}{c} \begin{array}{ccc} 5 & 2 & 4 \end{array} \\ \begin{bmatrix} \boldsymbol{k}_{ii} & \boldsymbol{k}_{ij} & \boldsymbol{k}_{im} \\ \boldsymbol{k}_{ji} & \boldsymbol{k}_{jj} & \boldsymbol{k}_{jm} \\ \boldsymbol{k}_{mi} & \boldsymbol{k}_{mj} & \boldsymbol{k}_{mm} \end{bmatrix}^{\text{②}} \end{array} \begin{array}{c} 5 \\ 2 \\ 4 \end{array} \quad \boldsymbol{k}^{\text{③}}=\begin{array}{c} \begin{array}{ccc} 5 & 3 & 2 \end{array} \\ \begin{bmatrix} \boldsymbol{k}_{ii} & \boldsymbol{k}_{ij} & \boldsymbol{k}_{im} \\ \boldsymbol{k}_{ji} & \boldsymbol{k}_{jj} & \boldsymbol{k}_{jm} \\ \boldsymbol{k}_{mi} & \boldsymbol{k}_{mj} & \boldsymbol{k}_{mm} \end{bmatrix}^{\text{③}} \end{array} \begin{array}{c} 5 \\ 3 \\ 2 \end{array} \quad \boldsymbol{k}^{\text{④}}=\begin{array}{c} \begin{array}{ccc} 6 & 3 & 5 \end{array} \\ \begin{bmatrix} \boldsymbol{k}_{ii} & \boldsymbol{k}_{ij} & \boldsymbol{k}_{im} \\ \boldsymbol{k}_{ji} & \boldsymbol{k}_{jj} & \boldsymbol{k}_{jm} \\ \boldsymbol{k}_{mi} & \boldsymbol{k}_{mj} & \boldsymbol{k}_{mm} \end{bmatrix}^{\text{④}} \end{array} \begin{array}{c} 6 \\ 3 \\ 5 \end{array}$$

第②单元子块元素在对应整体刚度矩阵中的位置如下：

$$\begin{array}{lll} \boldsymbol{k}_{ii}^{\text{②}}\rightarrow\boldsymbol{K}_{55} & \boldsymbol{k}_{ij}^{\text{②}}\rightarrow\boldsymbol{K}_{52} & \boldsymbol{k}_{im}^{\text{②}}\rightarrow\boldsymbol{K}_{54} \\ \boldsymbol{k}_{ji}^{\text{②}}\rightarrow\boldsymbol{K}_{25} & \boldsymbol{k}_{jj}^{\text{②}}\rightarrow\boldsymbol{K}_{22} & \boldsymbol{k}_{jm}^{\text{②}}\rightarrow\boldsymbol{K}_{24} \\ \boldsymbol{k}_{mi}^{\text{②}}\rightarrow\boldsymbol{K}_{45} & \boldsymbol{k}_{mj}^{\text{②}}\rightarrow\boldsymbol{K}_{42} & \boldsymbol{k}_{mm}^{\text{②}}\rightarrow\boldsymbol{K}_{44} \end{array}$$

第③单元子块元素在对应整体刚度矩阵中的位置如下：

$$\begin{array}{lll} \boldsymbol{k}_{ii}^{\text{③}}\rightarrow\boldsymbol{K}_{55} & \boldsymbol{k}_{ij}^{\text{③}}\rightarrow\boldsymbol{K}_{53} & \boldsymbol{k}_{im}^{\text{③}}\rightarrow\boldsymbol{K}_{52} \\ \boldsymbol{k}_{ji}^{\text{③}}\rightarrow\boldsymbol{K}_{35} & \boldsymbol{k}_{jj}^{\text{③}}\rightarrow\boldsymbol{K}_{33} & \boldsymbol{k}_{jm}^{\text{③}}\rightarrow\boldsymbol{K}_{32} \\ \boldsymbol{k}_{mi}^{\text{③}}\rightarrow\boldsymbol{K}_{25} & \boldsymbol{k}_{mj}^{\text{③}}\rightarrow\boldsymbol{K}_{23} & \boldsymbol{k}_{mm}^{\text{③}}\rightarrow\boldsymbol{K}_{22} \end{array}$$

第④单元子块元素在对应整体刚度矩阵中的位置如下：

$$\begin{array}{lll} \boldsymbol{k}_{ii}^{\text{④}}\rightarrow\boldsymbol{K}_{66} & \boldsymbol{k}_{ij}^{\text{④}}\rightarrow\boldsymbol{K}_{63} & \boldsymbol{k}_{im}^{\text{④}}\rightarrow\boldsymbol{K}_{65} \\ \boldsymbol{k}_{ji}^{\text{④}}\rightarrow\boldsymbol{K}_{36} & \boldsymbol{k}_{jj}^{\text{④}}\rightarrow\boldsymbol{K}_{33} & \boldsymbol{k}_{jm}^{\text{④}}\rightarrow\boldsymbol{K}_{35} \\ \boldsymbol{k}_{mi}^{\text{④}}\rightarrow\boldsymbol{K}_{56} & \boldsymbol{k}_{mj}^{\text{④}}\rightarrow\boldsymbol{K}_{53} & \boldsymbol{k}_{mm}^{\text{④}}\rightarrow\boldsymbol{K}_{55} \end{array}$$

这样，该三角形板的整体刚度矩阵为：

$$\begin{array}{c} \begin{array}{cccccc} 1 & 2 & 3 & 4 & 5 & 6 \end{array} \\ \begin{bmatrix} \boldsymbol{k}_{jj}^{\text{①}} & \boldsymbol{k}_{jm}^{\text{①}} & \boldsymbol{k}_{ji}^{\text{①}} & 0 & 0 & 0 \\ \boldsymbol{k}_{mj}^{\text{①}} & \boldsymbol{k}_{mm}^{\text{①}}+\boldsymbol{k}_{jj}^{\text{②}}+\boldsymbol{k}_{mm}^{\text{③}} & \boldsymbol{k}_{mi}^{\text{①}}+\boldsymbol{k}_{mj}^{\text{③}} & \boldsymbol{k}_{jm}^{\text{②}} & \boldsymbol{k}_{ji}^{\text{②}}+\boldsymbol{k}_{mi}^{\text{②}} & 0 \\ \boldsymbol{k}_{ij}^{\text{①}} & \boldsymbol{k}_{im}^{\text{①}}+\boldsymbol{k}_{jm}^{\text{③}} & \boldsymbol{k}_{ii}^{\text{①}}+\boldsymbol{k}_{jj}^{\text{③}}+\boldsymbol{k}_{jj}^{\text{④}} & 0 & \boldsymbol{k}_{ji}^{\text{③}}+\boldsymbol{k}_{jm}^{\text{④}} & \boldsymbol{k}_{ji}^{\text{④}} \\ 0 & \boldsymbol{k}_{mj}^{\text{②}} & 0 & \boldsymbol{k}_{mm}^{\text{②}} & \boldsymbol{k}_{mi}^{\text{②}} & 0 \\ 0 & \boldsymbol{k}_{ij}^{\text{②}}+\boldsymbol{k}_{im}^{\text{③}} & \boldsymbol{k}_{ij}^{\text{③}}+\boldsymbol{k}_{mj}^{\text{④}} & \boldsymbol{k}_{im}^{\text{②}} & \boldsymbol{k}_{ii}^{\text{②}}+\boldsymbol{k}_{ii}^{\text{③}}+\boldsymbol{k}_{mm}^{\text{④}} & \boldsymbol{k}_{mi}^{\text{④}} \\ 0 & 0 & \boldsymbol{k}_{ij}^{\text{④}} & 0 & \boldsymbol{k}_{im}^{\text{④}} & \boldsymbol{k}_{ii}^{\text{④}} \end{bmatrix} \end{array} \begin{array}{c} 1 \\ 2 \\ 3 \\ 4 \\ 5 \\ 6 \end{array}$$

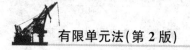

2. 整体刚度矩阵的性质

1）对称性

由单元刚度矩阵的对称性和整体刚度矩阵的集成规则，可知整体刚度矩阵必为对称矩阵。利用对称性，计算机编程计算时只需保存整体矩阵上三角(或下三角)部分的系数即可，从而可使存储量大约节省一半。

2）奇异性

与单元分析类似，整体分析时同样没有考虑结构的约束条件，因此其整体刚度矩阵依然为奇异矩阵，故仍然不能对整体刚度方程进行求解。

3）稀疏性

当结构离散为单元时，就某个结点而言，与其联系的结点数总比结点总数少很多。所以单元刚度矩阵的多数元素为零，非零元素的个数只占较小的部分。

4）带状性

整体刚度矩阵的非零元素分布在以对角线为中心的带形区域内，这种矩阵称为带形矩阵。在包括对角线元素的半个带形区域内，每行具有的元素个数叫做半带宽，用 D 表示。

$$D=(\text{单元结点编码的最大差值}+1)\times\text{结点自由度数}$$

利用单元刚度矩阵的带状性，可以进一步节约存储空间。如图 2.11 所示的网格划分相同，但结点编号不同，则其带宽不一样。图 2.11(a)其半带宽为 6，采用二维等带宽数组存储整体刚度矩阵只需要的二维数组。而图 2.11(b)其半带宽为 10，采用二维等带宽数组存储整体刚度矩阵需要 16×10 的二维数组。因此对结点进行编码时要尽量做到各单元的结点编码靠近。

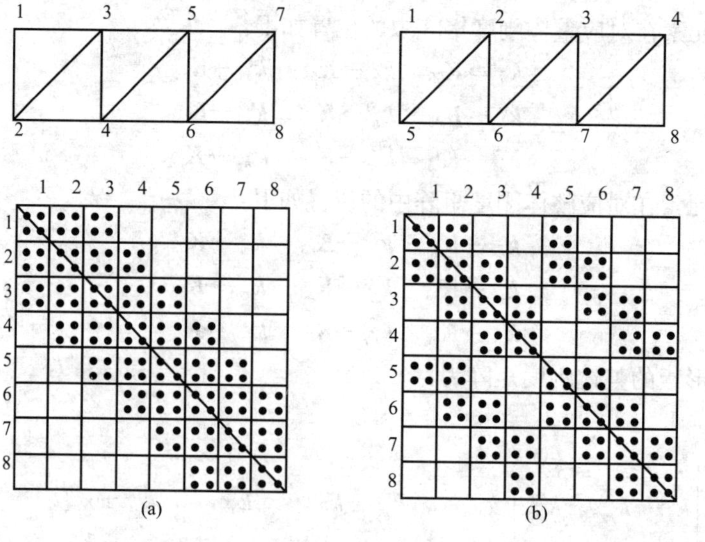

图 2.11　带宽计算

设整体刚度矩阵 $\boldsymbol{K}$ 为一个 $n\times n$ 的矩阵，最大半带宽为 m。进行存储时，把整体刚度矩阵 $\boldsymbol{K}$ 每行中的上半带元素取出，保存在另一个矩阵 $\boldsymbol{K}$ 的对应行中，得到一个 $n\times m$ 矩阵 $\boldsymbol{K}^*$。若把元素在 $\boldsymbol{K}$ 矩阵中的行、列编码记为 r、s，在矩阵 $\boldsymbol{K}^*$ 中的行、列编码记为 r^*、

s^*，对应关系如下：

$$r^*=r,\quad s^*=s-r+1$$

3. 整体荷载矩阵

整体荷载矩阵由两部分荷载组成：结点荷载和等效结点荷载。结点荷载可以根据荷载作用的结点位移方向对应的位移码放入整体荷载矩阵中，即荷载作用在第 n 个位移方向，则该荷载在整体荷载矩阵中的位置为第 n 个元素。如图 2.12 所示的结构作用有 3 个荷载，则其整体结点荷载矩阵为：

$$\boldsymbol{F}_d=[0\quad 0\quad 0\quad 0\quad P_1\quad P_2\quad 0\quad 0\quad 0\quad -P_3\quad 0\quad 0]^{\mathrm{T}}$$

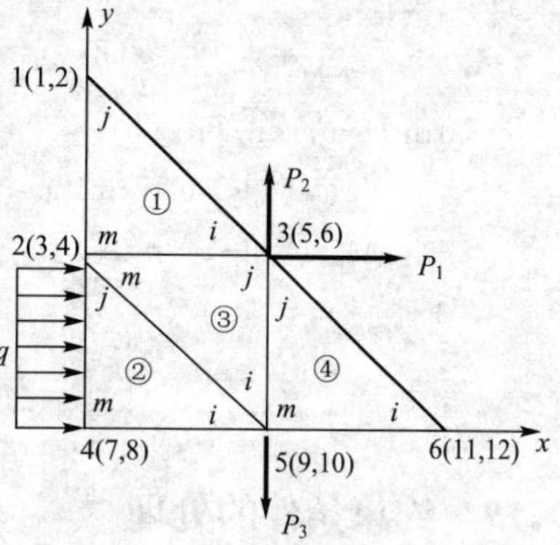

图 2.12　整体荷载矩阵计算

等效结点荷载可以根据定位数组将其元素累加到整体荷载矩阵中。设单元的等效结点荷载矩阵为：

$$\boldsymbol{F}_E^{ⓔ}=[F_{xi}\quad F_{yi}\quad F_{xj}\quad F_{yj}\quad F_{xm}\quad F_{ym}]^{\mathrm{T}}$$

其单元定位数组为：

$$m^{ⓔ}=(n_1\quad n_2\quad n_3\quad n_4\quad n_5\quad n_6)$$

则等效结点荷载矩阵的元素在整体荷载矩阵中的位置为：

$$F_{xi}\rightarrow F_E(n_1)\quad F_{yi}\rightarrow F_E(n_2)\quad F_{xj}\rightarrow F_E(n_3)$$

$$F_{yj}\rightarrow F_E(n_4)\quad F_{xm}\rightarrow F_E(n_5)\quad F_{ym}\rightarrow F_E(n_6)$$

如图 2.12 所示的结构在 24 边上作用有均布荷载 q，设其边长为 l，单元厚度为 h，则其等效结点荷载为：

$$\boldsymbol{F}_E^{②}=[0\quad 0\quad qhl/2\quad 0\quad qhl/2\quad 0]^{\mathrm{T}}$$

单元定位数组为：

$$m^{②}=(9\quad 10\quad 3\quad 4\quad 7\quad 8)$$

故其整体等效结点荷载矩阵为：

$$\boldsymbol{F}_E=[0\quad 0\quad qhl/2\quad 0\quad 0\quad 0\quad qhl/2\quad 0\quad 0\quad 0\quad 0\quad 0]^{\mathrm{T}}$$

整体荷载矩阵为：

$$\boldsymbol{F}=\boldsymbol{F}_d+\boldsymbol{F}_E=[0\quad 0\quad qhl/2\quad 0\quad P_1\quad P_2\quad qhl/2\quad 0\quad 0\quad -P_3\quad 0\quad 0]\mathrm{T}$$

4. 将等效结点荷载矩阵元素放入整体荷载矩阵中

将等效结点荷载矩阵元素放入整体荷载矩阵中的函数如下：

```
void  MakeAF(float*fe,int*me,int n,float*AF,int m)
/*-----------------------------------------------------------------------------------
    功能:将单元结点荷载矩阵元素放到整体荷载矩阵中
-------------------------------------------------------------------------------------
    输入:
        fe:整体坐标系下的单元结点荷载矩阵 fe[n]
        me:单元定位数组 me[n],位移编码从 1 开始
```

```
        n:单元结点荷载矩阵的大小
    输出:
        AF:整体结点荷载矩阵 AF[m]
------------------------------------------------------------------------------*/
{
    int i;

    for(i=0;i<n;i++){
        if(me[i]<=0)continue;
        AF[me[i]-1]+=fe[i];
    }
}
```

2.2.9 约束条件的处理

整体刚度矩阵 $\boldsymbol{K}$ 和整体荷载矩阵 $\boldsymbol{F}$ 求出后，就得到整个结构结点荷载与结点位移之间的关系式：

$$\boldsymbol{K\delta}=\boldsymbol{F} \tag{2-28}$$

显然，$\boldsymbol{F}$ 中结点力的个数和排列顺序应与 $\boldsymbol{\delta}$ 中的位移一一对应。由于整体刚度矩阵的奇异性，必须考虑边界约束条件，排除刚体位移，才能由式(2-28)求解结点位移。引入边界条件的处理方法通常有三种：对角线元素改 1 法、乘大数法、降阶法。

1. 对角线元素改 1 法

将整体刚度方程(2-28)展开为：

$$\begin{bmatrix} k_{11} & k_{12} & \cdots & k_{1r} & \cdots & k_{1n} \\ k_{21} & k_{22} & \cdots & k_{2r} & \cdots & k_{2n} \\ \vdots & \vdots & \ddots & \vdots & \vdots & \vdots \\ k_{r1} & k_{r2} & \cdots & k_{rr} & \cdots & k_{rn} \\ \vdots & \vdots & \vdots & \vdots & \ddots & \vdots \\ k_{n1} & k_{n2} & \cdots & k_{nr} & \cdots & k_{nn} \end{bmatrix}\begin{bmatrix} u_1 \\ u_2 \\ \vdots \\ u_r \\ \vdots \\ u_n \end{bmatrix}=\begin{bmatrix} F_1 \\ F_2 \\ \vdots \\ F_r \\ \vdots \\ F_n \end{bmatrix}$$

式中，n 为结构的总自由度数。若第 r 个自由度方向的位移分量已知，记为 u_r^*，则将整体刚度矩阵主对角线元素 k_{rr} 改为 1，第 r 行和第 r 列的元素其余元素均改为 0；同时将荷载矩阵中第 r 个元素 F_r 改为 u_r^*，其余元素在原来的基础上减去 $k_{ir}u_r^*$ $(i=1, 2, \cdots, n)$。用公式表达为：

$$F_i=\begin{cases} u_r^* & (i=r) \\ F_i-k_{ir}u_r^* & (i\neq r) \end{cases}$$

$$k_{ir}=k_{ri}=\begin{cases} 0 & (i\neq r) \\ 1 & (i=r) \end{cases}$$

修改后的整体刚度方程为：

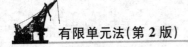

$$\begin{bmatrix} k_{11} & k_{12} & \cdots & 0 & \cdots & k_{1n} \\ k_{21} & k_{22} & \cdots & 0 & \cdots & k_{2n} \\ \vdots & \vdots & \ddots & \vdots & \vdots & \vdots \\ 0 & 0 & \cdots & 1 & \cdots & 0 \\ \vdots & \vdots & \vdots & \vdots & \ddots & \vdots \\ k_{n1} & k_{n2} & \cdots & 0 & \cdots & k_{nn} \end{bmatrix} \begin{bmatrix} u_1 \\ u_2 \\ \vdots \\ u_r \\ \vdots \\ u_n \end{bmatrix} = \begin{bmatrix} F_1 - k_{1r}u_r^* \\ F_2 - k_{2r}u_r^* \\ \vdots \\ u_r^* \\ \vdots \\ F_n - k_{nr}u_r^* \end{bmatrix}$$

当有 m 个约束条件时，可以依次进行处理，最终得到整个结构的整体方程进行求解。此法对于已知 $u_r^*=0$ 的情况显得比较简单，此时荷载矩阵只需要处理第 r 个元素。

2. 乘大数法

同样，若第 r 个自由度方向的位移分量已知，记为 u_r^*，则在整体刚度矩阵主对角线元素 k_{rr} 的前面乘以一个非常大的数 N($N=10^{20}\sim10^{30}$)，并将荷载矩阵中第 r 个元素 F_r 改为 $Nk_{rr}u_r^*$，整体刚度矩阵和荷载矩阵的其余元素不变。修改后的整体刚度方程为：

$$\begin{bmatrix} k_{11} & k_{12} & \cdots & k_{1r} & \cdots & k_{1n} \\ k_{21} & k_{22} & \cdots & k_{2r} & \cdots & k_{2n} \\ \vdots & \vdots & \ddots & \vdots & \vdots & \vdots \\ k_{r1} & k_{r2} & \cdots & Nk_{rr} & \cdots & k_{rn} \\ \vdots & \vdots & \vdots & \vdots & \ddots & \vdots \\ k_{n1} & k_{n2} & \cdots & k_{nr} & \cdots & k_{nn} \end{bmatrix} \begin{bmatrix} u_1 \\ u_2 \\ \vdots \\ u_r \\ \vdots \\ u_n \end{bmatrix} = \begin{bmatrix} F_1 \\ F_2 \\ \vdots \\ Nk_{rr}u_r^* \\ \vdots \\ F_n \end{bmatrix}$$

此方法修改更加简单，通常适应于已知位移约束不为 0 的情况。

3. 降阶法

若第 r 个自由度方向的位移分量为 0，则将整体刚度矩阵第 r 行和第 r 列的元素去掉，第 r 行后的元素上移一行，第 r 列右边的元素左移一列。同时，荷载矩阵和结点位移矩阵去掉第 r 个元素。这样，整体刚度矩阵的大小就减少了一阶，整个方程的未知数减少了一个，故该方法称为降阶法。由于在处理约束条件时需要不断调整整体刚度矩阵的大小，因此该方法不利于计算机处理，但对于手工计算简单的问题比较适应。

4. 对角线元素改 1 法、乘大数法的计算程序

```
void restrict_condition_AKF(float**AK,float*AF,float n,int r,float ur)
/*-----------------------------------------------------------------------------------
    功能:处理约束条件,ur=0时采用改1法,否则采用乘大数法
-------------------------------------------------------------------------------------
    输入:
        AK:整体刚度矩阵,AK[n][n]
        AF:整体荷载矩阵  AF[n]
        n:结构总自由度数
        r:约束条件的位置,r从1开始
        ur:已知位移大小
    输出:
        AK:修改后的整体刚度矩阵
```

```
        AF:修改后的整体荷载矩阵
-----------------------------------------------------------------------------------*/
{
    int i;
    int method;
    float N=1.0e30;

    if(r<1||r>n)return;
    if(ur==0.0f)method=1;
    else        method=0;
    if(method==1){  //对角线元素改1法
        AF[r-1]=ur;
        for(i=0;i<n;i++)  AK[i][r-1]=0.0;
        for(i=0;i<n;i++)  AK[r-1][i]=0.0;
        AK[r-1][r-1]=1.0;
    }else{                //乘大数法
        AK[r-1][r-1]=N*AK[r-1][r-1];
        AF[r-1]=AK[r-1][r-1]*ur;
    }
}
```

2.2.10 实例计算

如图2.13(a)所示的悬臂梁，自由端作用有均布力 P，设梁的厚度 $h=1m$，泊松比 $\mu=\frac{1}{4}$。试运用有限单元法进行应力分析。

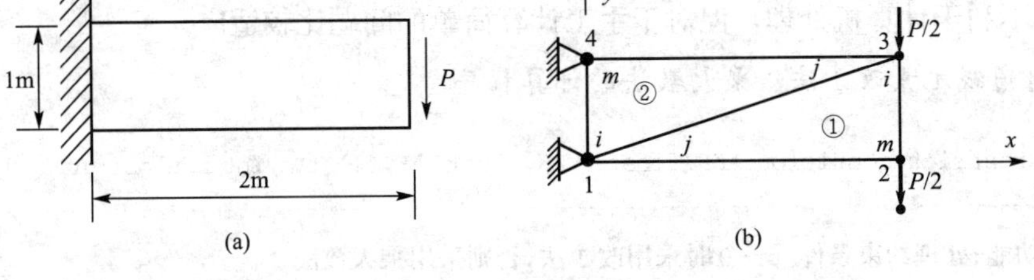

图2.13 悬臂梁的计算

1. 划分单元、建立坐标系、准备数据

为了计算简单，这里将其划分为2个三角形单元，建立如图2.13(b)所示的坐标系，并对结点进行编号，其局部编号和整体编号的对应关系见图。将均布荷载分配到2、3两个结点上。

2. 计算单元刚度矩阵

单元①：$b_i=y_j-y_m=0 \qquad b_j=y_m-y_i=-1 \qquad b_m=y_i-y_j=1$

$c_i=-x_j+x_m=2 \quad c_j=-x_m+x_i=0 \quad c_m=-x_i+x_j=-2$

单元②：$b_i=y_j-y_m=0 \quad b_j=y_m-y_i=1 \quad b_m=y_i-y_j=-1$

$c_i=-x_j+x_m=-2 \quad c_j=-x_m+x_i=0 \quad c_m=-x_i+x_j=2$

根据式(2-26)和式(2-27)，计算两个单元的单元刚度矩阵为：

(1)　　(3)　　(4)　←单元②

(3)　　(1)　　(2)　←单元①

$$
\boldsymbol{k}^{①}=\boldsymbol{k}^{②}=\frac{E}{30}\left[\begin{array}{cc:cc:cc}
12 & 0 & 0 & -6 & -12 & 6 \\
0 & 32 & -4 & 0 & 4 & -32 \\ \hdashline
0 & -4 & 8 & 0 & -8 & 4 \\
-6 & 0 & 0 & 3 & 6 & -3 \\ \hdashline
-12 & 4 & -8 & 6 & 20 & -10 \\
6 & -32 & 4 & -3 & -10 & 35
\end{array}\right]
\begin{array}{cc}
(3) & (1) \\ \\ (1) & (3) \\ \\ (2) & (4)
\end{array}
$$

3. 计算整体刚度矩阵

$$
\boldsymbol{K}=\frac{E}{30}\left[\begin{array}{cc:cc:cc:cc}
20 & 0 & -8 & 4 & 0 & -10 & -12 & 6 \\
0 & 35 & 6 & -3 & -10 & 0 & 4 & -32 \\ \hdashline
-8 & 6 & 20 & -10 & -12 & 4 & 0 & 0 \\
4 & -3 & -10 & 35 & 6 & -32 & 0 & 0 \\ \hdashline
0 & -10 & -12 & 6 & 20 & 0 & -8 & 4 \\
-10 & 0 & 4 & -32 & 0 & 35 & 6 & -3 \\ \hdashline
-12 & 4 & 0 & 0 & -8 & 6 & 20 & -10 \\
6 & -32 & 0 & 0 & 4 & -3 & -10 & 35
\end{array}\right]
$$

4. 计算荷载矩阵

整体荷载矩阵为：

$$
\boldsymbol{F}=\left[\begin{array}{cc:cc:cc:cc}
0 & 0 & 0 & -\dfrac{P}{2} & 0 & -\dfrac{P}{2} & 0 & 0
\end{array}\right]^{\mathrm{T}}
$$

这样，整体刚度方程为：

$$
\frac{E}{30}\left[\begin{array}{cc:cc:cc:cc}
20 & 0 & -8 & 4 & 0 & -10 & -12 & 6 \\
0 & 35 & 6 & -3 & -10 & 0 & 4 & -32 \\ \hdashline
-8 & 6 & 20 & -10 & -12 & 4 & 0 & 0 \\
4 & -3 & -10 & 35 & 6 & -32 & 0 & 0 \\ \hdashline
0 & -10 & -12 & 6 & 20 & 0 & -8 & 4 \\
-10 & 0 & 4 & -32 & 0 & 35 & 6 & -3 \\ \hdashline
-12 & 4 & 0 & 0 & -8 & 6 & 20 & -10 \\
6 & -32 & 0 & 0 & 4 & -3 & -10 & 35
\end{array}\right]
\left[\begin{array}{c}
u_1 \\ v_1 \\ \hdashline u_2 \\ v_2 \\ \hdashline u_3 \\ v_3 \\ \hdashline u_4 \\ v_4
\end{array}\right]
=
\left[\begin{array}{c}
0 \\ 0 \\ \hdashline 0 \\ -P/2 \\ \hdashline 0 \\ -P/2 \\ \hdashline 0 \\ 0
\end{array}\right]
$$

5. 引入约束条件，修改整体刚度方程

这里采用降阶法处理，因已知 $u_1=v_1=u_4=v_4=0$，对应于第1、2、7、8个位移分量，故修改后的整体刚度方程为：

$$\frac{E}{30}\begin{bmatrix}20 & -10 & -12 & 4\\ -10 & 35 & 6 & -32\\ -12 & 6 & 20 & 0\\ 4 & -32 & 0 & 35\end{bmatrix}\begin{bmatrix}u_2\\ v_2\\ u_3\\ v_3\end{bmatrix}=\begin{bmatrix}0\\ -P/2\\ 0\\ -P/2\end{bmatrix}$$

求解上述方程组，得到：

$$\begin{bmatrix}u_2\\ v_2\\ u_3\\ v_3\end{bmatrix}=\frac{P}{E}\begin{bmatrix}-1.75\\ -8.5\\ 1.5\\ -8.0\end{bmatrix}$$

6. 计算应力

单元①的结点位移矩阵为：

$$\boldsymbol{\delta}^{①}=\frac{P}{E}\begin{bmatrix}1.5 & -8.0 & 0 & 0 & -1.75 & -8.5\end{bmatrix}^{\mathrm{T}}$$

单元②的结点位移矩阵为：

$$\boldsymbol{\delta}^{②}=\frac{P}{E}\begin{bmatrix}0 & 0 & 1.5 & -8.0 & 0 & 0\end{bmatrix}^{\mathrm{T}}$$

由于单元材料相同，故其弹性矩阵相同，为：

$$\boldsymbol{D}=\frac{2E}{15}\begin{bmatrix}8 & 2 & 0\\ 2 & 8 & 0\\ 0 & 0 & 3\end{bmatrix}$$

单元①、②的几何矩阵分别为：

$$\boldsymbol{B}^{①}=\frac{1}{2}\begin{bmatrix}0 & 0 & -1 & 0 & 1 & 0\\ 0 & 2 & 0 & 0 & 0 & -2\\ 2 & 0 & 0 & -1 & -2 & 1\end{bmatrix}\quad \boldsymbol{B}^{②}=\frac{1}{2}\begin{bmatrix}0 & 0 & 1 & 0 & -1 & 0\\ 0 & -2 & 0 & 0 & 0 & 2\\ -2 & 0 & 0 & 1 & 2 & -1\end{bmatrix}$$

故其应力分别为：

$$\boldsymbol{\sigma}^{①}=P\begin{bmatrix}-0.8 & 0.3 & -0.4\end{bmatrix}^{\mathrm{T}}\qquad \boldsymbol{\sigma}^{②}=P\begin{bmatrix}0.8 & 0.2 & -1.6\end{bmatrix}^{\mathrm{T}}$$

2.3 平面4结点矩形单元

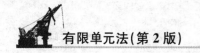

前面所述的3结点三角形单元由于是常应变单元，单元内部应力是一个常量，分析时

需要较密的网格，因此需要更多结点的单元。4 结点矩形单元就是其中最简单一种单元，也是实际中常用的单元之一，由于采用了比常应变三角形单元更高次数的位移模式，故可以更好地反映弹性体的位移状态和应力状态。

如图 2.14 所示 4 结点矩形单元，4 个结点依次为 i、j、m、k，记单元的结点位移向量 $\boldsymbol{\delta}^{ⓔ}$ 和结点力向量 $\boldsymbol{F}^{ⓔ}$ 为：

$$\boldsymbol{\delta}^{ⓔ}=[u_i \quad v_i \quad u_j \quad v_j \quad u_m \quad v_m \quad u_k \quad v_k]^{\mathrm{T}} \tag{2-29}$$

$$\boldsymbol{F}^{ⓔ}=[F_{xi} \quad F_{yi} \quad F_{xj} \quad F_{yj} \quad F_{xm} \quad F_{ym} \quad F_{xk} \quad F_{yk}]^{\mathrm{T}} \tag{2-30}$$

为了能推导出简洁的结果，在这里引入无量纲坐标：$\xi=\dfrac{x}{a}$，$\eta=\dfrac{y}{b}$

2.3.1 单元位移函数

从图 2.14 中可以看出，结点条件共有 8 个，依据帕斯卡三角形，考虑到边界上位移的线性关系，其二次项选取 xy，因此其单元的位移场函数为：

$$\left.\begin{aligned} u&=a_1+a_2x+a_3y+a_4xy \\ v&=b_1+b_2x+b_3y+b_4xy \end{aligned}\right\} \tag{2-31}$$

它们是具有完全一次项的非完全二次项。这里常数项和一次项的系数反映了单元的刚体位移和常量应变；单元边界上位移为 x 或 y 的线性函数，相邻单元公共点上有共同的结点位移值，可保证两个相邻单元在其公共边界上位移的连续性，这种单元的位移模式是完备和协调的，它的应变和应力为一次线性变化。

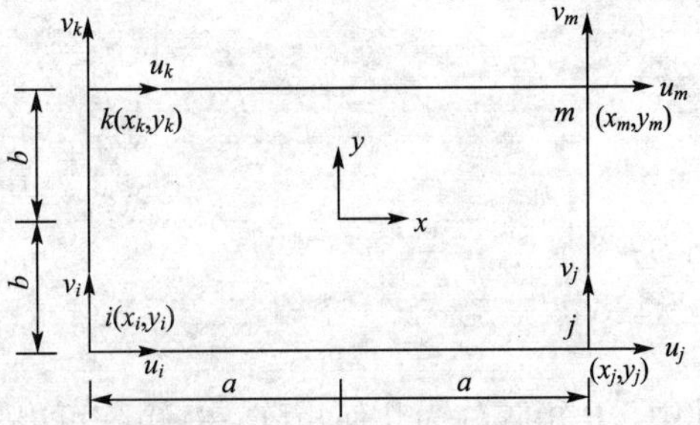

图 2.14 4 结点矩形单元

根据已知的结点条件，在 $x=x_r$，$y=y_r(r=i, j, m, k)$处，有

$$\begin{aligned} u(x_r,\ y_r)&=u_r \\ v(x_r,\ y_r)&=v_r \end{aligned} \qquad (r=i,\ j,\ k,\ m) \tag{2-32}$$

将式(2-32)代入式(2-31)中，可以求解出待定系数 $a_1 \sim a_4$、$b_1 \sim b_4$，然后再代入式(2-31)中经整理后，有

$$\begin{bmatrix} u \\ v \end{bmatrix}=\begin{bmatrix} N_i & 0 & N_j & 0 & N_m & 0 & N_k & 0 \\ 0 & N_i & 0 & N_j & 0 & N_m & 0 & N_k \end{bmatrix}\boldsymbol{\delta}^{ⓔ}=\boldsymbol{N}\boldsymbol{\delta}^{ⓔ} \tag{2-33}$$

其中，$\boldsymbol{N}$ 为单元的形函数矩阵，

$$\begin{aligned} N_i&=\frac{1}{4}\left(1-\frac{x}{a}\right)\left(1-\frac{y}{b}\right) \\ N_j&=\frac{1}{4}\left(1+\frac{x}{a}\right)\left(1-\frac{y}{b}\right) \\ N_m&=\frac{1}{4}\left(1+\frac{x}{a}\right)\left(1+\frac{y}{b}\right) \\ N_k&=\frac{1}{4}\left(1-\frac{x}{a}\right)\left(1+\frac{y}{b}\right) \end{aligned} \tag{2-34}$$

若以无量纲坐标系来表达$\left(\xi=\frac{x}{a},\ \eta=\frac{y}{b}\right)$，则式(2-34)可以写成

$$N_r=\frac{1}{4}(1+\xi_r\xi)(1+\eta_r\eta)\quad (r=i,\ j,\ m,\ k) \tag{2-35}$$

其中，

$$\xi_r=\frac{x_r}{a},\quad \eta_r=\frac{y_r}{b}\quad (r=i,\ j,\ m,\ k)$$

2.3.2 单元应变场

根据单元的位移场函数式(2-45)、式(2-47)，由几何方程可以得到单元的应变场表达式：

$$\boldsymbol{\varepsilon}=\begin{bmatrix}\frac{\partial u}{\partial x}\\ \frac{\partial v}{\partial y}\\ \frac{\partial u}{\partial y}+\frac{\partial v}{\partial x}\end{bmatrix}=\frac{1}{ab}\begin{bmatrix}b\frac{\partial u}{\partial \xi}\\ a\frac{\partial v}{\partial \eta}\\ a\frac{\partial u}{\partial \eta}+b\frac{\partial v}{\partial \xi}\end{bmatrix} \tag{2-36}$$

记为：

$$\boldsymbol{\varepsilon}=\boldsymbol{B}\boldsymbol{\delta}^{ⓔ} \tag{2-37}$$

其中，$\boldsymbol{B}$矩阵称为几何矩阵。$\boldsymbol{B}$矩阵可以表示为分块矩阵的形式：

$$\boldsymbol{B}=[B_i\quad B_j\quad B_m\quad B_k] \tag{2-38}$$

其中，

$$\boldsymbol{B}_r=\frac{1}{ab}\begin{bmatrix}b\frac{\partial N_r}{\partial \xi} & 0\\ 0 & a\frac{\partial N_r}{\partial \eta}\\ a\frac{\partial N_r}{\partial \eta} & b\frac{\partial N_r}{\partial \xi}\end{bmatrix}=\frac{1}{4ab}\begin{bmatrix}b\xi_r(1+\eta_r\eta) & 0\\ 0 & a\eta_r(1+\xi_r\xi)\\ a\eta_r(1+\xi_r\xi) & b\xi_r(1+\eta_r\eta)\end{bmatrix}\quad (r=i,\ j,\ m,\ k)$$

2.3.3 单元应力场

根据应力与应变的关系及式(2-37)，可以得到单元的应力场表达式：

$$\boldsymbol{\sigma}=\boldsymbol{D}\boldsymbol{\varepsilon}=\boldsymbol{D}\boldsymbol{B}\boldsymbol{\delta}^{ⓔ}=\boldsymbol{S}\boldsymbol{\delta}^{ⓔ} \tag{2-39}$$

这里$\boldsymbol{S}=\boldsymbol{D}\boldsymbol{B}$为应力矩阵，$\boldsymbol{D}$称为弹性矩阵［式(2-17)］。将应力矩阵表示为分块矩阵的形式：

$$\boldsymbol{S}=[\boldsymbol{S}_i\quad \boldsymbol{S}_j\quad \boldsymbol{S}_m\quad \boldsymbol{S}_k] \tag{2-40}$$

其中，

$$\boldsymbol{S}_r=\boldsymbol{D}\boldsymbol{B}_r=\frac{E}{4ab(1-\mu^2)}\begin{bmatrix} b\xi_r(1+\eta_r\eta) & \mu a\eta_r(1+\xi_r\xi) \\ \mu b\xi_r(1+\eta_r\eta) & a\eta_r(1+\xi_r\xi) \\ \frac{1-\mu}{2}a\eta_r(1+\xi_r\xi) & \frac{1-\mu}{2}b\xi_r(1+\eta_r\eta) \end{bmatrix} \quad (r=i,\ j,\ m,\ k)$$

对于平面应变问题，只需将 E 换为$\frac{E}{1-\mu^2}$，μ 换为$\frac{\mu}{1-\mu}$。

2.3.4 单元刚度矩阵

与 3 结点三角形单元的推导类似，可以根据虚位移原理或极小势能原理导出结点位移和结点力之间的关系：

$$\boldsymbol{k}^{ⓔ}\boldsymbol{\delta}^{ⓔ}=\boldsymbol{F}^{ⓔ}$$

其中单元刚度矩阵 $\boldsymbol{k}^{ⓔ}$ 如下：

$$\boldsymbol{k}^{ⓔ}=\begin{bmatrix} \boldsymbol{k}_{ii} & \boldsymbol{k}_{ij} & \boldsymbol{k}_{im} & \boldsymbol{k}_{ik} \\ \boldsymbol{k}_{ji} & \boldsymbol{k}_{jj} & \boldsymbol{k}_{jm} & \boldsymbol{k}_{jk} \\ \boldsymbol{k}_{mi} & \boldsymbol{k}_{mj} & \boldsymbol{k}_{mm} & \boldsymbol{k}_{mk} \\ \boldsymbol{k}_{ki} & \boldsymbol{k}_{kj} & \boldsymbol{k}_{km} & \boldsymbol{k}_{kk} \end{bmatrix}$$

其中，

$$\boldsymbol{k}_{rs}=\int_V \boldsymbol{B}_r^{\mathrm{T}}\boldsymbol{D}\boldsymbol{B}_s\mathrm{d}V \quad (r,s=i,j,m,k) \tag{2-41}$$

对于平面应力问题，如果单元厚度为常数 h，则得到式(2-42)：

$$\boldsymbol{k}_{rs}=\frac{Eh}{4ab(1-\mu^2)}\begin{bmatrix} k_{11} & k_{12} \\ k_{21} & k_{22} \end{bmatrix} \quad (r,\ s=i,\ j,\ m,\ k) \tag{2-42}$$

其中，

$$k_{11}=b^2\xi_r\xi_s\left(1+\frac{1}{3}\eta_r\eta_s\right)+\frac{1-\mu}{2}a^2\eta_r\eta_s\left(1+\frac{1}{3}\xi_r\xi_s\right)$$

$$k_{12}=ab\left(\mu\xi_r\eta_s+\frac{1-\mu}{2}\eta_r\xi_s\right)$$

$$k_{21}=ab\left(\mu\eta_r\xi_s+\frac{1-\mu}{2}\xi_r\eta_s\right)$$

$$k_{22}=a^2\eta_r\eta_s\left(1+\frac{1}{3}\xi_r\xi_s\right)+\frac{1-\mu}{2}b^2\xi_r\xi_s\left(1+\frac{1}{3}\eta_r\eta_s\right)$$

其显示表达式为：

$$\boldsymbol{k}^{ⓔ}=\frac{Eh}{ab(1-\mu^2)}\cdot$$

$$\left[\begin{array}{cc:cc:cc:cc}
\frac{1}{3}\left(b^2+\frac{1-\mu}{2}a^2\right) & \frac{1}{8}ab(1+\mu) & -\frac{1}{3}\left(b^2-\frac{1-\mu}{4}a^2\right) & -\frac{1}{8}ab(1-3\mu) & -\frac{1}{6}\left(b^2+\frac{1-\mu}{2}a^2\right) & -\frac{1}{8}ab(1+\mu) & \frac{1}{6}[b^2-(1-\mu)a^2] & \frac{1}{8}ab(1-3\mu) \\
 & \frac{1}{3}\left(a^2+\frac{1-\mu}{2}b^2\right) & \frac{1}{8}ab(1-3\mu) & \frac{1}{6}[a^2-(1-\mu)b^2] & -\frac{1}{8}ab(1+\mu) & -\frac{1}{6}\left(a^2+\frac{1-\mu}{2}b^2\right) & -\frac{1}{8}ab(1-3\mu) & \frac{1}{3}\left(-a^2+\frac{1-\mu}{4}b^2\right) \\ \hdashline
 & & \frac{1}{3}\left(b^2+\frac{1-\mu}{2}a^2\right) & -\frac{1}{8}ab(1+\mu) & \frac{1}{6}[b^2-(1-\mu)a^2] & -\frac{1}{8}ab(1-3\mu) & -\frac{1}{6}\left(b^2+\frac{1-\mu}{2}a^2\right) & \frac{1}{8}ab(1+\mu) \\
 & & & \frac{1}{3}\left(a^2+\frac{1-\mu}{2}b^2\right) & \frac{1}{8}ab(1-3\mu) & \frac{1}{3}\left(-a^2+\frac{1-\mu}{4}b^2\right) & \frac{1}{8}ab(1+\mu) & -\frac{1}{6}\left(a^2+\frac{1-\mu}{2}b^2\right) \\ \hdashline
 & \text{对称} & & & \frac{1}{3}\left(b^2+\frac{1-\mu}{2}a^2\right) & \frac{1}{8}ab(1+\mu) & -\frac{1}{3}\left(-b^2+\frac{1-\mu}{4}a^2\right) & -\frac{1}{8}ab(1-3\mu) \\
 & & & & & \frac{1}{3}\left(a^2+\frac{1-\mu}{2}b^2\right) & \frac{1}{8}ab(1-3\mu) & \frac{1}{6}[a^2-(1-\mu)b^2] \\ \hdashline
 & & & & & & \frac{1}{3}\left(b^2+\frac{1-\mu}{2}a^2\right) & -\frac{1}{8}ab(1+\mu) \\
 & & & & & & & \frac{1}{3}\left(a^2+\frac{1-\mu}{2}b^2\right)
\end{array}\right] \tag{2-43}$$

2.4 平面6结点三角形单元

前面所述的3结点三角形单元其位移模式为线性函数，应变与应力在单元内部为常量，其计算的精度比较低，计算时需要较密的网格。而4结点矩形单元则对边界的适应能力相对较差。因此，为了提高计算精度，需要增加单元的结点数。这样在3结点三角形单元各边的中点处增加一个结点，变成6结点三角形单元，其6个结点按照 i、j、m、1、2、3的顺序排列(图2.15)。其结点位移矩阵和荷载矩阵分别表示为：

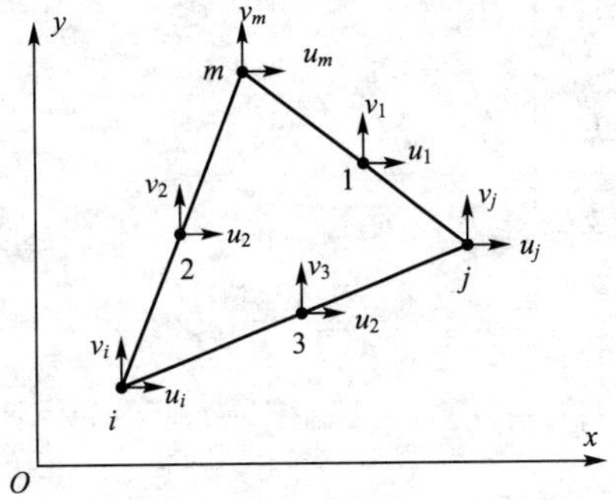

图2.15　平面6结点三角形单元

$$\boldsymbol{\delta}^{ⓔ}=[u_i \quad v_i \quad u_j \quad v_j \quad u_m \quad v_m \quad u_1 \quad v_1 \quad u_2 \quad v_2 \quad u_3 \quad v_3]$$

$$\boldsymbol{F}^{ⓔ}=[F_{xi} \quad F_{yi} \quad F_{xj} \quad F_{yj} \quad F_{xm} \quad F_{ym} \quad F_{x1} \quad F_{y1} \quad F_{x2} \quad F_{y2} \quad F_{x3} \quad F_{y3}]^{\mathrm{T}}$$

该类型单元共有12个自由度，根据帕斯卡三角形，其位移模式可以取完全的二次多项式：

$$\begin{cases} u=a_1+a_2x+a_3y+a_4x^2+a_5xy+a_6y^2 \\ v=b_1+b_2x+b_3y+b_4x^2+b_5xy+b_6y^2 \end{cases}$$

但由于位移函数次数较高，需要确定的系数较多。此时如果仍然按照前面的方法来确定系数，求取形函数，则计算非常复杂。为了计算方便，通常用面积坐标来代替直角坐标。

2.4.1 面积坐标

设三角形的顶点依次为 i、j、m，则三角形中任意一点 $P(x, y)$ 的位置可以用面积坐标来表示。如图 2.16 所示，$P(x, y)$点的面积坐标(L_i, L_j, L_m)定义为：

$$L_i=\frac{A_i}{A},\ L_j=\frac{A_j}{A},\ L_m=\frac{A_m}{A} \tag{2-44}$$

式中，A为三角形 ijm 的面积，A_i为三角形 Pjm 的面积，A_j为三角形 Pmi 的面积，A_m为三角形 Pij 的面积。显然有：

$$L_i+L_j+L_m=1 \tag{2-45}$$

根据面积坐标的定义，平行于 jm 边的直线上所有点具有相同的L_i值(如图 2.16 所示虚线)。三角形三个顶点的面积坐标分别为：

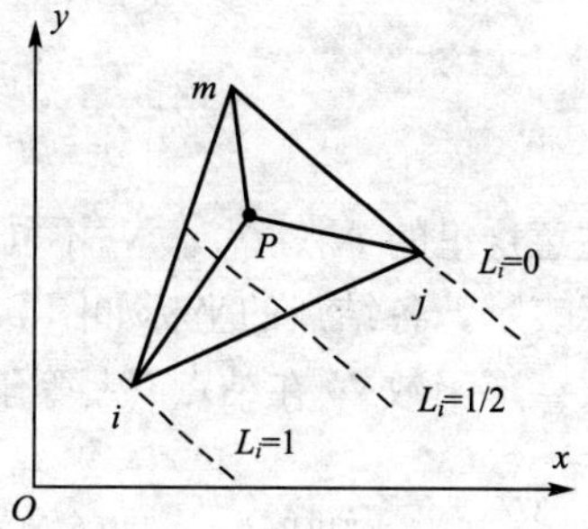

图 2.16 面积坐标

顶点 i：$L_i=1$，$L_j=0$，$L_m=0$

顶点 j：$L_i=0$，$L_j=1$，$L_m=0$

顶点 m：$L_i=0$，$L_j=0$，$L_m=1$

1. 用直角坐标表示面积坐标

三角形 Pjm 的面积A_i可以表示为：

$$A_i=\begin{vmatrix} 1 & x & y \\ 1 & x_j & y_j \\ 1 & x_m & y_m \end{vmatrix}=\frac{1}{2}[(x_jy_m-x_my_j)+(y_j-y_m)x+(-x_j+x_m)y] \qquad (i,\ j,\ m)$$

同样，记：$a_i=x_jy_m-x_my_j$，$b_i=y_j-y_m$，$c_i=-x_j+x_m$(下标 $i\to j\to m\to i$ 轮换)，则面积可表示为：

$$A_i=\frac{1}{2}(a_i+b_ix+c_iy)$$

将上式代入式(2-44)得：

$$\begin{cases} L_i=\dfrac{1}{2A}(a_i+b_ix+c_iy) \\ L_j=\dfrac{1}{2A}(a_j+b_jx+c_jy) \\ L_m=\dfrac{1}{2A}(a_m+b_mx+c_my) \end{cases} \tag{2-46}$$

将上式与平面 3 结点三角形单元的形函数进行比较可知：面积坐标与平面 3 结点三角形单元的形函数具有以下关系：

$$L_i=N_i,\ L_j=N_j,\ L_m=N_m$$

2. 用面积坐标表示直角坐标

根据式(2-46)，并结合式(2-45)，可以得到：

$$\begin{cases} x=x_iL_i+x_jL_j+x_mL_m \\ y=y_iL_i+y_jL_j+y_mL_m \end{cases} \tag{2-47}$$

2.4.2 面积坐标下的位移函数

平面 6 结点三角形单元共有 12 个位移分量，由前面的分析可知，若知道其形函数，则位移函数可以表示如下形式：

$$\begin{cases} u=N_iu_i+N_ju_j+N_mu_m+N_1u_1+N_2u_2+N_3u_3 \\ v=N_iv_i+N_jv_j+N_mv_m+N_1v_1+N_2v_2+N_3v_3 \end{cases} \tag{2-48}$$

注意这里的 N_i、N_j、N_m不同于 3 结点三角形单元的形函数，这里 6 个形函数是用面积坐标表示，各结点的坐标如图 2.17 所示。下面我们根据形函数的性质来确定上述 6 个形函数。形函数 N_i在结点 i 上等于 1，在其他结点上等于 0。

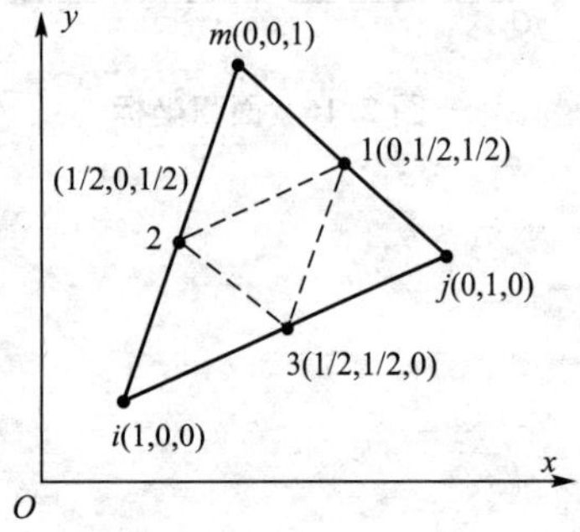

图 2.17　结点的面积坐标

(1) 在直线 $j1m$ 上，面积坐标 $L_i=0$，形函数 N_i在结点 j、1、m 为 0，故 N_i中应包含因子 L_i；

(2) 在直线 23 上，面积坐标 $L_i=1/2$，形函数 N_i在结点 2、3 为 0，故 N_i中应包含因子 $L_i-1/2$，因此可设 $N_i=\alpha L_i(L_i-1/2)$；

(3) 要满足形函数 N_i在结点 i 上等于 1 的条件，故有：

$$N_i=\alpha L_i(L_i-1/2)=1$$

得到参数 $\alpha=2$，即形函数 N_i的表达式为：

$$N_i=L_i(2L_i-1)$$

同理可得：$N_j=L_j(2L_j-1)$，$N_m=L_m(2L_m-1)$。

(4) 在结点 i、2、m 上，面积坐标 $L_j=0$，形函数 $N_1=0$，故 N_1应包含因子 L_j；在结点 i、3、j 上，形函数 $N_1=0$，故 N_1应包含因子 L_m，故可设 $N_1=\beta L_jL_m$。在结点 1 上，有 $N_1=1$，将结点 1 的坐标(0，1/2，1/2)代入可得：$\beta=4$，即

$$N_1=4L_jL_m$$

同理可得：$N_2=4L_iL_m$，$N_3=4L_iL_j$。

这样，6 结点三角形单元的形函数为：

$$\begin{cases} N_i=L_i(2L_i-1) & (i,\ j,\ m) \\ N_1=4L_jL_m & (1,\ 2,\ 3)\ \ (i,\ j,\ m) \end{cases} \tag{2-49}$$

2.4.3　单元应变场

将位移函数表达式(2-48)代入几何方程，可得：

$$\boldsymbol{\varepsilon}=\begin{bmatrix} \dfrac{\partial u}{\partial x} \\ \dfrac{\partial v}{\partial y} \\ \dfrac{\partial u}{\partial y}+\dfrac{\partial v}{\partial x} \end{bmatrix}=\begin{bmatrix} \dfrac{\partial N_i}{\partial x}u_i+\dfrac{\partial N_j}{\partial x}u_j+\dfrac{\partial N_m}{\partial x}u_m+\dfrac{\partial N_1}{\partial x}u_1+\dfrac{\partial N_2}{\partial x}u_2+\dfrac{\partial N_3}{\partial x}u_3 \\ \dfrac{\partial N_i}{\partial y}v_i+\dfrac{\partial N_j}{\partial y}v_j+\dfrac{\partial N_m}{\partial y}v_m+\dfrac{\partial N_1}{\partial y}v_1+\dfrac{\partial N_2}{\partial y}v_2+\dfrac{\partial N_3}{\partial y}v_3 \\ \dfrac{\partial N_i}{\partial y}u_i+\dfrac{\partial N_j}{\partial y}u_j+\dfrac{\partial N_m}{\partial y}u_m+\dfrac{\partial N_1}{\partial y}u_1+\dfrac{\partial N_2}{\partial y}u_2+\dfrac{\partial N_3}{\partial y}u_3+ \\ \dfrac{\partial N_i}{\partial x}v_i+\dfrac{\partial N_j}{\partial x}v_j+\dfrac{\partial N_m}{\partial x}v_m+\dfrac{\partial N_1}{\partial x}v_1+\dfrac{\partial N_2}{\partial x}v_2+\dfrac{\partial N_3}{\partial x}v_3 \end{bmatrix}$$

下面考虑第一个表达式，由于形函数 N_i 是面积坐标 L_i 的函数，形函数 N_1 是面积坐标 L_j、L_m 的函数，而面积坐标又是 x、y 的函数，所以这里涉及复合函数求偏导数的问题，其中，

$$\frac{\partial N_i}{\partial x}=\frac{\partial N_i}{\partial L_i}\frac{\partial L_i}{\partial x}=\frac{\partial}{\partial L_i}[L_i(2L_i-1)]\frac{\partial}{\partial x}\left[\frac{1}{2A}(a_i+b_ix+c_iy)\right]=\frac{(4L_i-1)b_i}{2A}$$

$$\begin{aligned}\frac{\partial N_1}{\partial x}&=\frac{\partial N_1}{\partial L_j}\frac{\partial L_j}{\partial x}+\frac{\partial N_1}{\partial L_m}\frac{\partial L_m}{\partial x}\\&=\frac{\partial}{\partial L_j}[4L_jL_m]\frac{\partial}{\partial x}\left[\frac{1}{2A}(a_j+b_jx+c_jy)\right]+\frac{\partial}{\partial L_m}[4L_jL_m]\frac{\partial}{\partial x}\left[\frac{1}{2A}(a_m+b_mx+c_my)\right]\\&=\frac{2(L_mb_j+L_jb_m)}{A}\end{aligned}$$

同理可得：

$$\frac{\partial N_j}{\partial x}=\frac{(4L_j-1)b_j}{2A},\qquad \frac{\partial N_m}{\partial x}=\frac{(4L_m-1)b_m}{2A}$$

$$\frac{\partial N_2}{\partial x}=\frac{2(L_mb_i+L_ib_m)}{A},\qquad \frac{\partial N_3}{\partial x}=\frac{2(L_ib_j+L_jb_i)}{A}$$

故：

$$\begin{aligned}\varepsilon_x=\frac{1}{2A}[&(4L_i-1)b_iu_i+(4L_j-1)b_ju_j+(4L_m-1)b_mu_m+\\&4(b_jL_m+b_mL_j)u_1+4(b_mL_i+b_iL_m)u_2+4(b_iL_j+b_jL_i)u_3]\end{aligned}$$

同理可得：

$$\begin{aligned}\varepsilon_y=\frac{1}{2A}[&(4L_i-1)c_iv_i+(4L_j-1)c_jv_j+(4L_m-1)c_mv_m+\\&4(c_jL_m+c_mL_j)v_1+4(c_mL_i+c_iL_m)v_2+4(c_iL_j+c_jL_i)v_3]\end{aligned}$$

$$\begin{aligned}\gamma_{xy}=\frac{1}{2A}[&(4L_i-1)c_iu_i+(4L_j-1)c_ju_j+(4L_m-1)c_mu_m+\\&4(c_jL_m+c_mL_j)u_1+4(c_mL_i+c_iL_m)u_2+4(c_iL_j+c_jL_i)u_3+\\&(4L_i-1)b_iv_i+(4L_j-1)b_jv_j+(4L_m-1)b_mv_m+\\&4(b_jL_m+b_mL_j)v_1+4(b_mL_i+b_iL_m)v_2+4(b_iL_j+b_jL_i)v_3]\end{aligned}$$

由此得到：

$$\boldsymbol{\varepsilon}=\boldsymbol{B}\boldsymbol{\delta}^{e} \tag{2-50}$$

其中，$\boldsymbol{B}$ 矩阵称为几何矩阵。$\boldsymbol{B}$ 矩阵可以表示为分块矩阵的形式：

$$\boldsymbol{B}=[\boldsymbol{B}_i\quad \boldsymbol{B}_j\quad \boldsymbol{B}_m\quad \boldsymbol{B}_1\quad \boldsymbol{B}_2\quad \boldsymbol{B}_3] \tag{2-51}$$

其中，

$$\boldsymbol{B}_i=\frac{1}{2A}\begin{bmatrix}(4L_i-1)b_i & 0\\ 0 & (4L_i-1)c_i\\ (4L_i-1)c_i & (4L_i-1)b_i\end{bmatrix}\qquad (i,\ j,\ m)$$

$$\boldsymbol{B}_1=\frac{1}{2A}\begin{bmatrix}4(b_jL_m+b_mL_j) & 0\\ 0 & 4(c_jL_m+c_mL_j)\\ 4(c_jL_m+c_mL_j) & 4(b_jL_m+b_mL_j)\end{bmatrix}\quad(1,\ 2,\ 3)(i,\ j,\ m)$$

2.4.4 单元应力场

根据单元应力与应变的关系可得：

$$\boldsymbol{\sigma}=\boldsymbol{D\varepsilon}=\boldsymbol{DB\delta}^{ⓔ}=\boldsymbol{S\delta}^{ⓔ}\tag{2-52}$$

其中，$\boldsymbol{S}=\boldsymbol{DB}$ 为应力矩阵，$\boldsymbol{D}$ 称为弹性矩阵［式(2-17)］。将应力矩阵表示为分块矩阵的形式：

$$\boldsymbol{S}=[\boldsymbol{S}_i\quad \boldsymbol{S}_j\quad \boldsymbol{S}_m\quad \boldsymbol{S}_1\quad \boldsymbol{S}_2\quad \boldsymbol{S}_3]\tag{2-53}$$

其中，

$$\boldsymbol{S}_i=\boldsymbol{DB}_i=\frac{E(4L_i-1)}{4A(1-\mu^2)}\begin{bmatrix}2b_i & 2\mu c_i\\ 2\mu b_i & 2c_i\\ (1-\mu)c_i & (1-\mu)b_i\end{bmatrix}\quad(i,\ j,\ m)$$

$$\boldsymbol{S}_1=\boldsymbol{DB}_1=\frac{E}{A(1-\mu^2)}\begin{bmatrix}2(b_jL_m+b_mL_j) & 2\mu(c_jL_m+c_mL_j)\\ 2\mu(b_jL_m+b_mL_j) & 2(c_jL_m+c_mL_j)\\ (1-\mu)(c_jL_m+c_mL_j) & (1-\mu)(b_jL_m+b_mL_j)\end{bmatrix}\quad(1,\ 2,\ 3)(i,\ j,\ m)$$

2.4.5 单元刚度矩阵

单元刚度矩阵的推导与前面介绍的 3 结点三角形单元类似，对于等厚度单元，其单元刚度矩阵为：

$$\boldsymbol{k}^{ⓔ}=h\int_S \boldsymbol{B}^{\mathrm{T}}\boldsymbol{DB}\,\mathrm{d}x\mathrm{d}y\tag{2-54}$$

将 $\boldsymbol{B}$、$\boldsymbol{D}$ 代入式(2-54)，经矩阵运算后需要对各元素进行积分，积分时需要用到以下积分公式：

$$\int_S L_i^{\alpha}L_j^{\beta}L_m^{\gamma}\,\mathrm{d}x\mathrm{d}y=2A\,\frac{\alpha!\beta!\gamma!}{(\alpha+\beta+\gamma+2)!}\tag{2-55}$$

最后得到的单元刚度矩阵为：

$$\boldsymbol{k}^{ⓔ}=\frac{Eh}{24A(1-\mu^2)}\begin{bmatrix}\boldsymbol{A}_i & \boldsymbol{G}_{ij} & \boldsymbol{G}_{im} & 0 & -4\boldsymbol{G}_{im} & -4\boldsymbol{G}_{ij}\\ \boldsymbol{G}_{ji} & \boldsymbol{A}_j & \boldsymbol{G}_{jm} & -4\boldsymbol{G}_{jm} & 0 & -4\boldsymbol{G}_{ji}\\ \boldsymbol{G}_{mi} & \boldsymbol{G}_{mj} & \boldsymbol{A}_m & -4\boldsymbol{G}_{mj} & -4\boldsymbol{G}_{mi} & 0\\ 0 & -4\boldsymbol{G}_{mj} & -4\boldsymbol{G}_{jm} & \boldsymbol{H}_i & \boldsymbol{D}_{ij} & \boldsymbol{D}_{im}\\ -4\boldsymbol{G}_{mi} & 0 & -4\boldsymbol{G}_{im} & \boldsymbol{D}_{ji} & \boldsymbol{H}_j & \boldsymbol{D}_{jm}\\ -4\boldsymbol{G}_{ji} & -4\boldsymbol{G}_{ji} & 0 & \boldsymbol{D}_{mi} & \boldsymbol{D}_{mj} & \boldsymbol{H}_m\end{bmatrix}\tag{2-56}$$

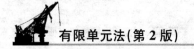

对于平面应力问题：

$$\boldsymbol{A}_i=\begin{bmatrix}6b_i^2+3(1-\mu)c_i^2 & 3(1+\mu)b_ic_i\\ 3(1+\mu)b_ic_i & 6c_i^2+3(1-\mu)b_i^2\end{bmatrix}\quad(i,\ j,\ m)$$

$$\boldsymbol{H}_i=\begin{bmatrix}16(b_i^2-b_jb_m)+8(1-\mu)(c_i^2-c_jc_m) & 4(1+\mu)(b_ic_i+b_jc_j+b_mc_m)\\ 4(1+\mu)(b_ic_i+b_jc_j+b_mc_m) & 16(c_i^2-c_jc_m)+8(1-\mu)(b_i^2-b_jb_m)\end{bmatrix}\quad(i,\ j,\ m)$$

$$\boldsymbol{G}_{rs}=-\begin{bmatrix}2b_rb_s+(1-\mu)c_rc_s & 2\mu b_rc_s+(1-\mu)c_rb_s\\ 2\mu c_rb_s+(1-\mu)b_rc_s & 2c_rc_s+(1-\mu)b_rb_s\end{bmatrix}\quad(r,\ s=i,\ j,\ m)$$

$$\boldsymbol{D}_{rs}=\begin{bmatrix}18b_rb_s+8(1-\mu)c_rc_s & 4(1+\mu)(c_rb_s+b_rc_s)\\ 4(1+\mu)(c_rb_s+b_rc_s) & 16c_rc_s+8(1-\mu)b_rb_s\end{bmatrix}\quad(r,\ s=i,\ j,\ m)$$

2.5 轴对称问题有限元分析

现实中有许多的结构，如活塞、厚壁容器等，它们的几何形状、约束情况以及所受荷载情况均对称于空间某一固定轴，这类问题称为轴对称问题。研究轴对称问题通常采用柱坐标系$(r,\ \theta,\ z)$，并以对称轴作为z轴，所有应力、应变、位移都与坐标θ无关，仅是r和z的函数。因此，轴对称问题基本变量为：位移分量为u(沿r方向的径向位移)、w(沿z方向的轴向位移)；应变分量为ε_r(径向正应变)、ε_θ(环向正应变)、ε_z(轴向正应变)、γ_{rz}(r和z方向剪应变)；应力分量为σ_r(径向正应力)、σ_θ(环向正应力)、σ_z(轴向正应力)、τ_{rz}(r和z方向剪应力)。

对轴对称问题进行离散时采用的是圆环形单元，其单元与rz平面正交的截面可以有不同的形状，如3结点三角形、6结点三角形、4结点四边形、8结点四边形等。如图2.18所示为3结点三角形单元。因此，对轴对称问题进行计算时，只需要取出一个截面进行网格划分和分析。下面以3结点三角形单元和4结点矩形单元为例进行分析。

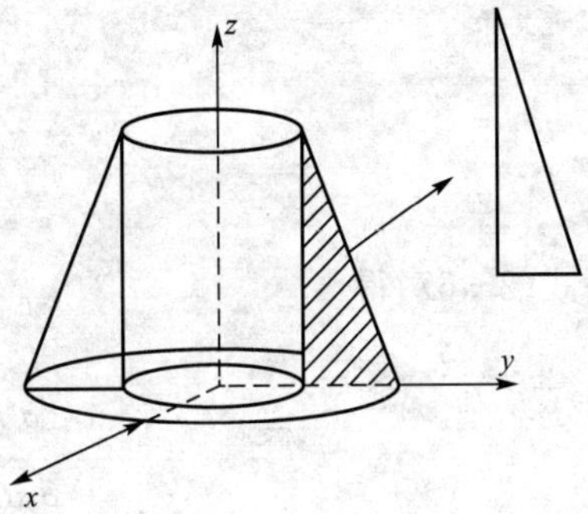

图2.18 环形3结点三角形单元

2.5.1 环形3结点三角形单元

1. 单元位移函数

轴对称问题分析中所使用的3结点单元，在对称面上是三角形(图2.19)，在整个弹性体中是三棱圆环，各单元中圆环形铰相连接。参照平面问题的三角形单元位移函数，轴对称问题的3结点三角形单元位移函数取为：

$$\begin{cases}u=a_1+a_2r+a_3z\\ w=b_1+b_2r+b_3z\end{cases}$$

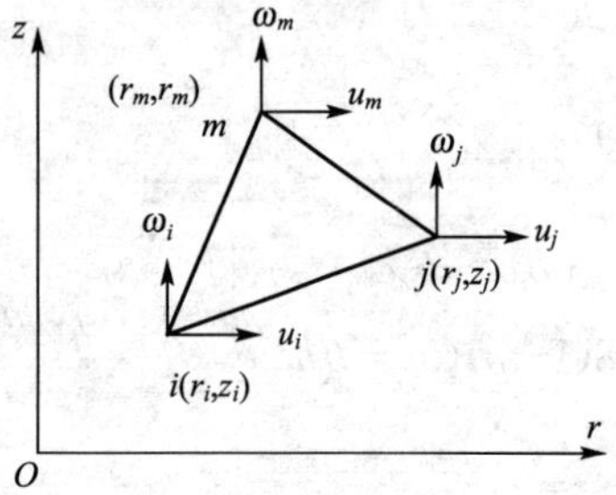

图 2.19　环形 3 结点三角形单元的 rz 截面

与平面 3 结点三角形单元进行比较可知，其单元位移函数为：

$$\boldsymbol{d}^{ⓔ}=\begin{bmatrix}u\\w\end{bmatrix}=\begin{bmatrix}N_i & 0 & N_j & 0 & N_m & 0\\0 & N_i & 0 & N_j & 0 & N_m\end{bmatrix}\begin{bmatrix}u_i\\w_i\\u_j\\w_j\\u_m\\w_m\end{bmatrix}=\boldsymbol{N\delta}^{ⓔ} \tag{2-57}$$

其中形函数：

$$N_i=\frac{1}{2A}(a_i+b_ir+c_iz)\quad（下标 i、j、m 轮换） \tag{2-58}$$

$$a_i=r_jz_m-z_mr_j,\ b_i=z_j-z_m,\ c_i=-r_j+r_m \tag{2-59}$$

2. 单元应变场

根据轴对称问题的几何方程：

$$\boldsymbol{\varepsilon}=\begin{bmatrix}\varepsilon_r\\\varepsilon_\theta\\\varepsilon_z\\\gamma_{zr}\end{bmatrix}=\begin{bmatrix}\dfrac{\partial u}{\partial r}\\\dfrac{u}{r}\\\dfrac{\partial w}{\partial z}\\\dfrac{\partial u}{\partial z}+\dfrac{\partial w}{\partial r}\end{bmatrix} \tag{2-60}$$

由式(2-57)得：

$$\frac{\partial u}{\partial r}=\frac{1}{2A}(b_iu_i+b_ju_j+b_mu_m)$$

$$\frac{\partial w}{\partial z}=\frac{1}{2A}(c_iw_i+c_jw_j+c_mw_m)$$

$$\frac{\partial u}{\partial z}=\frac{1}{2A}(c_iu_i+c_ju_j+c_mu_m)$$

$$\frac{\partial w}{\partial r}=\frac{1}{2A}(b_iw_i+b_jw_j+b_mw_m)$$

$$\frac{u}{r}=\frac{1}{2A}(f_iu_i+f_ju_j+f_mu_m)$$

故用几何矩阵表示单元的应变，

$$\boldsymbol{\varepsilon}=\boldsymbol{B\delta}^{ⓔ} \tag{2-61}$$

其中，

$$\boldsymbol{B}=[\boldsymbol{B}_i\quad \boldsymbol{B}_j\quad \boldsymbol{B}_m] \tag{2-62}$$

$$\boldsymbol{B}_s=\frac{1}{2A}\begin{bmatrix} b_s & 0 \\ f_s & 0 \\ 0 & c_s \\ c_s & b_s \end{bmatrix} \quad (s=i,\ j,\ m)$$

其中，$f_s=\frac{a_s}{r}+b_s+\frac{c_s z}{r} \qquad (s=i,\ j,\ m)$

由上面的分析可知，f_s是坐标$(r,\ z)$的函数，ε_θ分量在单元中不为常量，其他三个应变分量在单元中仍为常量。

3. 单元应力场

由轴对称问题的物理方程，得到其应力场的表达式为：

$$\boldsymbol{\sigma}=\boldsymbol{D\varepsilon}=\boldsymbol{DB\delta}^{ⓔ}=\boldsymbol{S\delta}^{ⓔ} \tag{2-63}$$

其中弹性矩阵 $\boldsymbol{D}$ 为：

$$\boldsymbol{D}=\frac{E(1-\mu)}{(1+\mu)(1-2\mu)}\begin{bmatrix} 1 & \frac{\mu}{1-\mu} & \frac{\mu}{1-\mu} & 0 \\ \frac{\mu}{1-\mu} & 1 & \frac{\mu}{1-\mu} & 0 \\ \frac{\mu}{1-\mu} & \frac{\mu}{1-\mu} & 1 & 0 \\ 0 & 0 & 0 & \frac{1-2\mu}{2(1-\mu)} \end{bmatrix} \tag{2-64}$$

由弹性矩阵 $\boldsymbol{D}$ 和几何矩阵 $\boldsymbol{B}$ 可以得到应力矩阵 $\boldsymbol{S}$，并计算出单元内的应力分量：

$$\boldsymbol{S}=\boldsymbol{DB}=[\boldsymbol{S}_i \quad \boldsymbol{S}_j \quad \boldsymbol{S}_m]$$

其中，

$$\boldsymbol{S}_s=\boldsymbol{DB}_s=\frac{E(1-\mu)}{2A(1+\mu)(1-2\mu)}\begin{bmatrix} b_s+A_1 f_s & A_1 c_s \\ A_1 b_s+f_s & A_1 c_s \\ A_1(b_s+f_s) & c_s \\ A_2 c_s & A_2 b_s \end{bmatrix} \quad (s=i,\ j,\ m) \tag{2-65}$$

式中，

$$A_1=\frac{\mu}{1-\mu},\ A_2=\frac{1-2\mu}{2(1-\mu)}$$

由式(2-65)可知，除剪应力 τ_{zr} 为常量外，其他三个正应力分量都是 r、z 的函数。

4. 单元刚度矩阵

有了单元应力场和应变场，可以利用虚位移原理或极小势能原理建立单元刚度矩阵 $\boldsymbol{k}^{ⓔ}$：

$$\boldsymbol{k}^{ⓔ}=2\pi\iint \boldsymbol{B}^{\mathrm{T}}\boldsymbol{DB}r\,\mathrm{d}r\mathrm{d}z \tag{2-66}$$

单元刚度矩阵的分块矩阵为：

$$\boldsymbol{k}_{sq}=2\pi\iint \boldsymbol{B}_s^{\mathrm{T}}\boldsymbol{D}\boldsymbol{B}_q r\,\mathrm{d}r\mathrm{d}z \quad (s,q=i,j,m) \tag{2-67}$$

由于上述积分函数不是常量，为简化计算，可以用三角形单元形心位置的坐标(r_c，z_c)代替式(2-67)中的变量 r，z，其中 r_c、z_c表示为：

$$\begin{cases} r_c=\dfrac{1}{3}(r_i+r_j+r_m) \\ z_c=\dfrac{1}{3}(z_i+z_j+z_m) \end{cases} \tag{2-68}$$

这样：

$$f_s\approx f_s^*=\frac{a_s}{r_c}+b_s+\frac{c_s z_c}{r_c} \quad (s=i,\ j,\ m)$$

经过这样近似后，几何矩阵 $\boldsymbol{B}$ 和应力矩阵 $\boldsymbol{S}$ 均为常量矩阵，根据式(2-67)可以很快计算环形3结点三角形单元的单元刚度矩阵为：

$$\boldsymbol{k}^{ⓔ}=2\pi r_c A\boldsymbol{B}^{*\mathrm{T}}\boldsymbol{D}\boldsymbol{B}^*=\begin{bmatrix} \boldsymbol{k}_{ii} & \boldsymbol{k}_{ij} & \boldsymbol{k}_{im} \\ \boldsymbol{k}_{ji} & \boldsymbol{k}_{jj} & \boldsymbol{k}_{jm} \\ \boldsymbol{k}_{mi} & \boldsymbol{k}_{mj} & \boldsymbol{k}_{mm} \end{bmatrix} \tag{2-69}$$

其中子块矩阵：

$$\boldsymbol{k}_{sq}=2\pi r_c A\boldsymbol{B}_s^{*\mathrm{T}}\boldsymbol{D}\boldsymbol{B}_q^*=\frac{\pi E(1-\mu)r_c}{2A(1+\mu)(1-2\mu)}\begin{bmatrix} H_{11} & H_{12} \\ H_{21} & H_{22} \end{bmatrix} \quad (s,\ q=i,\ j,\ m) \tag{2-70}$$

其中，

$H_{11}=b_sb_q+f_s^*f_q^*+A_1(b_sf_q^*+f_s^*b_q)+A_2c_sc_q$

$H_{12}=A_1c_q(b_s+f_s^*)+A_2c_sb_q$

$H_{21}=A_1c_s(b_q+f_q^*)+A_2b_sc_q$

$H_{22}=c_sc_q+A_2b_sb_q$

实际计算表明，采用近似积分不仅计算简单，而且其精度也足够令人满意。因此在实际计算中对于环形3结点三角形单元通常采用上述的近似积分。

5. 等效结点荷载的计算

作用在环形单元上的荷载包括体力 $\boldsymbol{p}_v=[p_r \quad p_z]^{\mathrm{T}}$、面力 $\boldsymbol{q}_s=[q_r \quad q_z]^{\mathrm{T}}$、集中力 $\boldsymbol{P}=[P_r \quad P_z]^{\mathrm{T}}$，计算时同样必须移置于单元的结点上，形成单元等效结点荷载 $\boldsymbol{F}_E^{ⓔ}$，其计算公式为：

$$\begin{aligned} &\text{体力：}\boldsymbol{F}_E^{ⓔ}=\int_V \boldsymbol{N}^{\mathrm{T}}\boldsymbol{p}_v\mathrm{d}V=2\pi\int_A \boldsymbol{N}^{\mathrm{T}}\boldsymbol{p}_v r\,\mathrm{d}r\mathrm{d}z \\ &\text{面力：}\boldsymbol{F}_E^{ⓔ}=\int_S \boldsymbol{N}^{\mathrm{T}}\boldsymbol{q}_s\mathrm{d}S=2\pi\int_l \boldsymbol{N}^{\mathrm{T}}\boldsymbol{q}_s r\,\mathrm{d}l \\ &\text{集中力：}\boldsymbol{F}_E^{ⓔ}=\boldsymbol{N}^{\mathrm{T}}\boldsymbol{P} \end{aligned} \tag{2-71}$$

例 2-2 若考虑单元的自重，设单元材料的容重为常量 γ(单位体积的重量)，计算其等效结点荷载(设坐标系 z 轴正向向上)。

$$\boldsymbol{F}_E^{ⓔ}=2\pi\int_A \begin{bmatrix} N_i & 0 & N_j & 0 & N_m & 0 \\ 0 & N_i & 0 & N_j & 0 & N_m \end{bmatrix}^{\mathrm{T}}\begin{bmatrix} 0 \\ -\gamma \end{bmatrix} r\,\mathrm{d}r\mathrm{d}z$$

$$=-2\pi\gamma\int_A[0 \quad N_i \quad 0 \quad N_j \quad 0 \quad N_m]^{\mathrm{T}} r\mathrm{d}r\mathrm{d}z$$

利用前述面积坐标与直角坐标的关系，有

$$r=r_iL_i+r_jL_j+r_mL_m$$

将上式代入，并根据式(2-55)，有

$$\int_S N_i r\mathrm{d}r\mathrm{d}z=\int_S N_i(r_iL_i+r_jL_j+r_mL_m)\mathrm{d}r\mathrm{d}z$$

$$=\frac{A}{12}(2r_i+r_j+r_m)=\frac{A}{12}(3r_c+r_i)\quad(i,j,m)$$

因此，其等效结点荷载为：

$$\boldsymbol{F}_E^{ⓔ}=-\frac{\pi\gamma A}{6}[0 \quad 3r_c+r_i \quad 0 \quad 3r_c+r_j \quad 0 \quad 3r_c+r_m]^{\mathrm{T}}$$

例 2-3　设轴对称旋转机械绕对称轴 z 轴以角速度 ω 旋转，其密度为 ρ，试计算其等效结点荷载。

解： 离心力为体力，其大小 $\boldsymbol{p}_v=[p_r \quad p_z]^{\mathrm{T}}=[\rho\omega^2 r \quad 0]^{\mathrm{T}}$，代入式(2-71)得：

$$\boldsymbol{F}_E^{ⓔ}=2\pi\int_A\begin{bmatrix}N_i & 0 & N_j & 0 & N_m & 0\\ 0 & N_i & 0 & N_j & 0 & N_m\end{bmatrix}^{\mathrm{T}}\begin{bmatrix}\rho\omega^2 r\\ 0\end{bmatrix}r\mathrm{d}r\mathrm{d}z$$

$$=2\pi\rho\omega^2\int_A[N_i \quad 0 \quad N_j \quad 0 \quad N_m \quad 0]^{\mathrm{T}} r\mathrm{d}r\mathrm{d}z$$

式中积分：

$$\int_A N_i r^2\mathrm{d}r\mathrm{d}z=\int_A L_i(r_iL_i+r_jL_j+r_mL_m)^2\mathrm{d}r\mathrm{d}z$$

$$=\frac{A}{30}[(r_i+r_j+r_m)^2+2r_i^2-r_jr_m]$$

$$=\frac{A}{30}[9r_c^2+2r_i^2-r_jr_m]\qquad(i,j,m)$$

因此，其等效结点荷载为：

$$\boldsymbol{F}_E^{ⓔ}=\frac{\pi\rho\omega^2A}{15}[(9r_c^2+2r_i^2-r_jr_m) \quad 0 \quad (9r_c^2+2r_j^2-r_mr_i) \quad 0 \quad (9r_c^2+2r_m^2-r_ir_j) \quad 0]^{\mathrm{T}}$$

例 2-4　如图 2.20 所示的环形三角形单元，其 jm 边作用有均布侧压 q，试计算其等效结点荷载，设 jm 边长度为 l_{jm}。

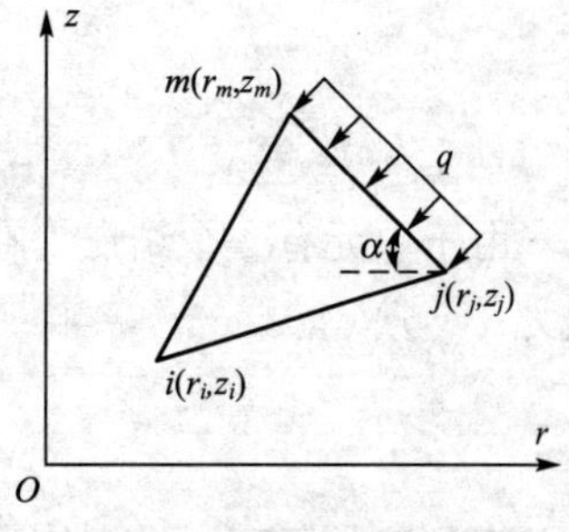

图 2.20　均布侧压荷载

解： 其分布面积力为：

$$\boldsymbol{q}_s=-q[\sin\alpha \quad \cos\alpha]^{\mathrm{T}}=q\left[\frac{z_j-z_m}{l_{jm}} \quad \frac{r_m-r_j}{l_{jm}}\right]^{\mathrm{T}}$$

代入式(2-71)得：

$$\boldsymbol{F}_E^{ⓔ}=2\pi q\int_l \boldsymbol{N}^{\mathrm{T}}\left[\frac{z_j-z_m}{l_{jm}} \quad \frac{r_m-r_j}{l_{jm}}\right]^{\mathrm{T}} r\mathrm{d}l$$

$$=2\pi q\int_l\left[\frac{z_j-z_m}{l_{jm}}N_i\quad\frac{r_m-r_j}{l_{jm}}N_i\quad\frac{z_j-z_m}{l_{jm}}N_j\quad\frac{r_m-r_j}{l_{jm}}N_j\quad\frac{z_j-z_m}{l_{jm}}N_m\quad\frac{r_m-r_j}{l_{jm}}N_m\right]^{\mathrm{T}}r\mathrm{d}l$$

式中积分：

$$\int_l N_i r dl=\int_l L_i(r_iL_i+r_jL_j+r_mL_m)\mathrm{d}l\qquad(i,j,m)$$

注意到沿边界 jm 积分时 $L_i=0$，并利用公式：

$$\int_l L_j{}^{\alpha}L_m{}^{\beta}\mathrm{d}l=\frac{\alpha!\beta!}{(\alpha+\beta+1)!}l_{jm}\tag{2-72}$$

可得：

$$\int_l N_i r dl=0,\int_l N_j r\mathrm{d}l=\frac{1}{6}(2r_j+r_m)l_{jm},\int_l N_m r dl=\frac{1}{6}(2r_m+r_j)l_{jm}$$

因此，其等效结点荷载为：

$$\boldsymbol{F}_E^{ⓔ}=\frac{\pi q}{3}[0\quad 0\quad (z_j-z_m)(2r_j+r_m)\quad (r_m-r_j)(2r_j+r_m)\quad (z_j-z_m)(2r_m+r_j)\quad (r_m-r_j)(2r_m+r_j)]^{\mathrm{T}}$$

2.5.2 环形4结点矩形单元

环形4结点矩形单元如图2.21所示，该单元为横截面为4结点矩形的360°环形单元，其横截面上的结点编号依次为 $i(-a,\ -b)$、$j(a,\ -b)$、$m(a,\ b)$、$k(-a,\ b)$。在 Orz 平面内，单元结点位移有8个自由度，其结点位移矩阵和结点荷载矩阵分别记为：

$$\boldsymbol{\delta}^{ⓔ}=[u_i\quad w_i\quad u_j\quad w_j\quad u_m\quad w_m\quad u_k\quad w_k]^{\mathrm{T}}\tag{2-73}$$

$$\boldsymbol{F}^{ⓔ}=[F_{ri}\quad F_{zi}\quad F_{rj}\quad F_{zj}\quad F_{rm}\quad F_{zm}\quad F_{rk}\quad F_{zk}]^{\mathrm{T}}\tag{2-74}$$

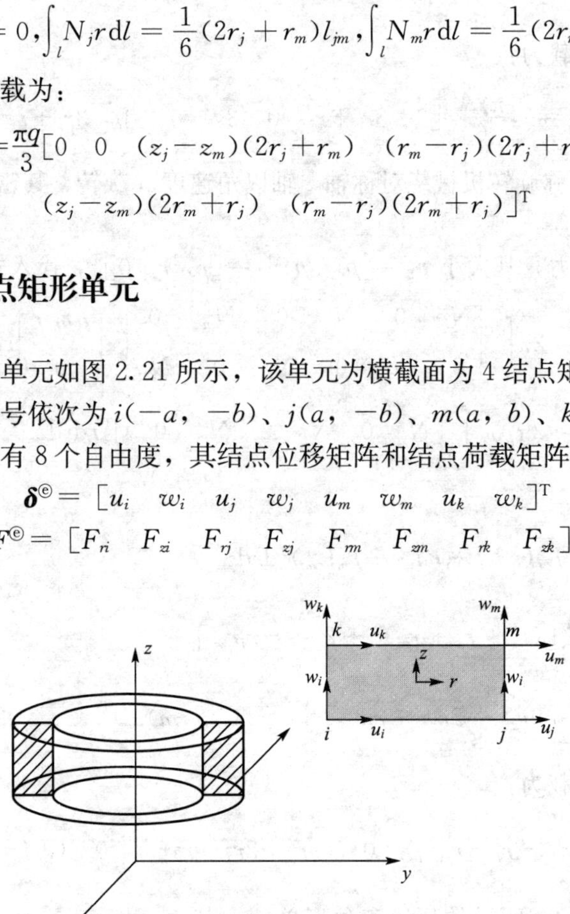

图2.21 环形4结点矩形单元

由于单元有4个结点，在 r 方向和 z 方向各有4个结点条件，故可设其单元的位移函数为：

$$\left.\begin{aligned}u&=a_1+a_2r+a_3z+a_4rz\\v&=b_1+b_2r+b_3z+b_4rz\end{aligned}\right\}\tag{2-75}$$

与前面叙述的平面4结点矩形单元比较可知，环形4结点矩形单元与平面4结点矩形单元具有相同的形函数，即：

$$d^{ⓔ}=\begin{bmatrix}u\\v\end{bmatrix}=\begin{bmatrix}N_i & 0 & N_j & 0 & N_m & 0 & N_k & 0\\0 & N_i & 0 & N_j & 0 & N_m & 0 & N_k\end{bmatrix}\boldsymbol{\delta}^{ⓔ}=N\boldsymbol{\delta}^{ⓔ} \tag{2-76}$$

其中，

$$N_p=\frac{1}{4}(1+\xi_p\xi)(1+\eta_p\eta) \quad (p=i,\ j,\ m,\ k) \tag{2-77}$$

$$\xi_p=\frac{x_p}{a},\quad \eta_p=\frac{y_p}{b} \quad (p=i,\ j,\ m,\ k)$$

将式(2-76)代入式(2-60)，可以得到用几何矩阵表示单元的应变，

$$\boldsymbol{\varepsilon}=\boldsymbol{B}\boldsymbol{\delta}^{ⓔ} \tag{2-78}$$

其中，

$$\boldsymbol{B}=[\boldsymbol{B}_i \quad \boldsymbol{B}_j \quad \boldsymbol{B}_m \quad \boldsymbol{B}_k] \tag{2-79}$$

$$\boldsymbol{B}_p=\frac{1}{4ab}\begin{bmatrix}b(1+\eta_p\eta)\xi_p & 0\\ \frac{ab}{r}(1+\xi_p\xi)(1+\eta_p\eta) & 0\\ 0 & a(1+\xi_p\xi)\eta_p\\ a(1+\xi_p\xi)\eta_p & b(1+\eta_p\eta)\xi_p\end{bmatrix} \quad (p=i,\ j,\ m,\ k)$$

利用虚位移原理或极小势能原理，得出其单元刚度方程为：

$$\boldsymbol{k}^{ⓔ}\boldsymbol{\delta}^{ⓔ}=\boldsymbol{F}^{ⓔ}$$

其中单元刚度矩阵：

$$\boldsymbol{k}^{ⓔ}=\int_V \boldsymbol{B}^{\mathrm{T}}\boldsymbol{D}\boldsymbol{B}\,\mathrm{d}V=2\pi\int_A \boldsymbol{B}^{\mathrm{T}}\boldsymbol{D}\boldsymbol{B}r\,\mathrm{d}r\mathrm{d}z=\begin{bmatrix}\boldsymbol{k}_{ii} & \boldsymbol{k}_{ij} & \boldsymbol{k}_{im} & \boldsymbol{k}_{ik}\\ \boldsymbol{k}_{ji} & \boldsymbol{k}_{jj} & \boldsymbol{k}_{jm} & \boldsymbol{k}_{jk}\\ \boldsymbol{k}_{mi} & \boldsymbol{k}_{mj} & \boldsymbol{k}_{mm} & \boldsymbol{k}_{mk}\\ \boldsymbol{k}_{ki} & \boldsymbol{k}_{kj} & \boldsymbol{k}_{km} & \boldsymbol{k}_{kk}\end{bmatrix} \tag{2-80}$$

这里弹性矩阵 $\boldsymbol{D}$ 如式(2-64)所示，子块矩阵元素：

$$\boldsymbol{k}_{pq}=2\pi\int_A \boldsymbol{B}_p^{\mathrm{T}}\boldsymbol{D}\boldsymbol{B}_q r\,\mathrm{d}r\mathrm{d}z \quad (p,q=i,j,m,k) \tag{2-81}$$

相应的单元等效结点荷载矩阵为：

体力：$\boldsymbol{F}_E^{ⓔ}=\int_V \boldsymbol{N}^{\mathrm{T}}\boldsymbol{p}_v\mathrm{d}V=2\pi\int_A \boldsymbol{N}^{\mathrm{T}}\boldsymbol{p}_v r\,\mathrm{d}r\mathrm{d}z$ (2-82)

面力：$\boldsymbol{F}_E^{ⓔ}=\int_S \boldsymbol{N}^{\mathrm{T}}\boldsymbol{q}_s\mathrm{d}S=2\pi\int_l \boldsymbol{N}^{\mathrm{T}}\boldsymbol{q}_s r\,\mathrm{d}l$ (2-83)

2.6 空间4结点四面体单元

在实际工程中，经常需要对空间结构体进行分析和计算，这样前面介绍的平面单元和轴对称单元就不适应了，此时需要使用空间体单元进行分析。最简单的空间单元是4结点的四面体单元(图2.22)。该单元有4个结点，分别设为 i、j、m、k，每个结点有3个自由度，因此该单元为12个自由度单元，其结点位移矩阵和荷载矩阵分别为：

$$\boldsymbol{\delta}^{ⓔ}=[u_i \quad v_i \quad w_i \quad u_j \quad v_j \quad w_j \quad u_m \quad v_m \quad w_m \quad u_k \quad v_k \quad w_k]^{\mathrm{T}}$$

$$\boldsymbol{F}^{ⓔ}=[F_{xi} \quad F_i \quad F_{zi} \quad F_{xi} \quad F_{yj} \quad F_{zj} \quad F_{xm} \quad F_{ym} \quad F_{zm} \quad F_{xk} \quad F_{yk} \quad F_{zk}]^{\mathrm{T}}$$

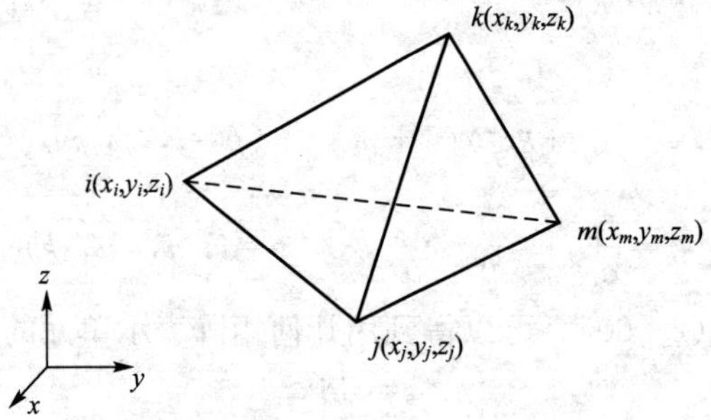

图 2.22　空间 4 结点四面体单元

2.6.1　单元位移函数

根据位移函数应满足的要求，因每个结点有 3 个自由度，可设位移函数为：

$$\begin{cases} u=a_1+a_2x+a_3y+a_4z \\ v=b_1+b_2x+b_3y+b_4z \\ w=c_1+c_2x+c_3y+c_4z \end{cases} \tag{2-84}$$

以 i、j、m、k4 个结点坐标代入上面第一式，可得：

$$\begin{cases} u_i=a_1+a_2x_i+a_3y_i+a_4z_i \\ u_j=a_1+a_2x_j+a_3y_j+a_4z_j \\ u_m=a_1+a_2x_m+a_3y_m+a_4z_j \\ u_k=a_1+a_2x_k+a_3y_k+a_4z_j \end{cases}$$

求解 $a_1 \sim a_4$，得到：

$$\begin{bmatrix} a_1 \\ a_2 \\ a_3 \\ a_4 \end{bmatrix}=\begin{bmatrix} 1 & x_i & y_i & z_i \\ 1 & x_j & y_j & z_j \\ 1 & x_m & y_m & z_m \\ 1 & x_k & y_k & z_k \end{bmatrix}^{-1}\begin{bmatrix} u_i \\ u_j \\ u_m \\ u_k \end{bmatrix}$$

将 $a_1 \sim a_4$ 代入位移函数(2-84)第一式得到：

$$u=N_iu_i+N_ju_j+N_mu_m+N_ku_k$$

其中，

$$N_r=\frac{1}{6V}(a_r+b_rx+c_ry+d_rz) \quad (r=i,\ j,\ m,\ k)$$

这里 a_r，b_r，c_r，d_r分别为行列式：

$$\begin{vmatrix} 1 & x_i & y_i & z_i \\ 1 & x_j & y_j & z_j \\ 1 & x_m & y_m & z_m \\ 1 & x_k & y_k & z_k \end{vmatrix}$$

第 r 行四个元素的代数余子式，如第一行元素：

$$a_i=(-1)^{1+1}\begin{vmatrix} x_j & y_j & z_j \\ x_m & y_m & z_m \\ x_k & y_k & z_k \end{vmatrix}, \quad b_i=(-1)^{1+2}\begin{vmatrix} 1 & y_j & z_j \\ 1 & y_m & z_m \\ 1 & y_k & z_k \end{vmatrix},$$

$$c_i=(-1)^{1+3}\begin{vmatrix} 1 & x_j & z_j \\ 1 & x_m & z_m \\ 1 & x_k & z_k \end{vmatrix}, \quad d_i=(-1)^{1+4}\begin{vmatrix} 1 & x_j & y_j \\ 1 & x_m & y_m \\ 1 & x_k & y_k \end{vmatrix} \tag{2-85}$$

而

$$V=\frac{1}{6}\begin{vmatrix} 1 & x_i & y_i & z_i \\ 1 & x_j & y_j & z_j \\ 1 & x_m & y_m & z_m \\ 1 & x_k & y_k & z_k \end{vmatrix}$$

为四面体的体积，为了计算时使体积不为负值，则 4 个结点的排列顺序必须依照一定的顺序，即 $i \to j \to m$ 按照右手定则转动时，k 点在大拇指指向的一侧。

同理，可以得到方程组(2-84)其余两组系数。这样，空间 4 结点四面体单元的位移函数可以表示为：

$$\begin{bmatrix} u \\ v \\ w \end{bmatrix}=\begin{bmatrix} N_i & 0 & 0 & N_j & 0 & 0 & N_m & 0 & 0 & N_k & 0 & 0 \\ 0 & N_i & 0 & 0 & N_j & 0 & 0 & N_m & 0 & 0 & N_k & 0 \\ 0 & 0 & N_i & 0 & 0 & N_j & 0 & 0 & N_m & 0 & 0 & N_k \end{bmatrix}\boldsymbol{\delta}^{ⓔ}$$

即

$$\boldsymbol{d}^{ⓔ}=\boldsymbol{N}\boldsymbol{\delta}^{ⓔ} \tag{2-86}$$

2.6.2 单元应变场和应力场

根据空间问题的几何方程，其 6 个应变分量与 3 个位移分量之间的关系为：

$$\boldsymbol{\varepsilon}=\begin{bmatrix} \varepsilon_x \\ \varepsilon_y \\ \varepsilon_z \\ \gamma_{xy} \\ \gamma_{yz} \\ \gamma_{zx} \end{bmatrix}=\begin{bmatrix} \dfrac{\partial u}{\partial x} \\ \dfrac{\partial v}{\partial y} \\ \dfrac{\partial w}{\partial z} \\ \dfrac{\partial u}{\partial y}+\dfrac{\partial v}{\partial x} \\ \dfrac{\partial v}{\partial z}+\dfrac{\partial w}{\partial y} \\ \dfrac{\partial w}{\partial x}+\dfrac{\partial u}{\partial z} \end{bmatrix} \tag{2-87}$$

将式(2-85)代入式(2-87)得：

$$\boldsymbol{\varepsilon}=[\boldsymbol{B}_i \quad \boldsymbol{B}_j \quad \boldsymbol{B}_m \quad \boldsymbol{B}_k]\boldsymbol{\delta}^{ⓔ}=\boldsymbol{B}\boldsymbol{\delta}^{ⓔ} \tag{2-88}$$

其中几何矩阵 $\boldsymbol{B}$ 的子块矩阵元素为：

$$\boldsymbol{B}_r=\frac{1}{6V}\begin{bmatrix} b_r & 0 & 0 \\ 0 & c_r & 0 \\ 0 & 0 & d_r \\ c_r & b_r & 0 \\ 0 & d_r & c_r \\ d_r & 0 & b_r \end{bmatrix} \quad (r=i,\ j,\ m,\ k) \tag{2-89}$$

根据空间弹性问题应力与应变的关系，将式(2-87)代入其物理方程，得到：

$$\boldsymbol{\sigma}=\boldsymbol{D}\boldsymbol{\varepsilon}=\boldsymbol{D}\boldsymbol{B}\boldsymbol{\delta}^{ⓔ}=\boldsymbol{S}\boldsymbol{\delta}^{ⓔ}$$

其中弹性矩阵 $\boldsymbol{D}$ 为：

$$\boldsymbol{D}=\frac{E(1-\mu)}{(1+\mu)(1-2\mu)}\begin{bmatrix} 1 & \frac{\mu}{1-\mu} & \frac{\mu}{1-\mu} & 0 & 0 & 0 \\ & 1 & \frac{\mu}{1-\mu} & 0 & 0 & 0 \\ & & 1 & 0 & 0 & 0 \\ & & & \frac{1-2\mu}{2(1-\mu)} & 0 & 0 \\ & \text{对称} & & & \frac{1-2\mu}{2(1-\mu)} & 0 \\ & & & & & \frac{1-2\mu}{2(1-\mu)} \end{bmatrix}$$

应力矩阵 $\boldsymbol{S}$ 为：

$$\boldsymbol{S}=[\boldsymbol{S}_i \quad \boldsymbol{S}_j \quad \boldsymbol{S}_m \quad \boldsymbol{S}_k]$$

其中，

$$\boldsymbol{S}_r=\boldsymbol{D}\boldsymbol{B}_r=\frac{A_3}{6V}\begin{bmatrix} b_r & A_1c_r & A_1d_r \\ A_1b_r & c_r & A_1d_r \\ A_1b_r & A_1c_r & d_r \\ A_2c_r & A_2b_r & 0 \\ 0 & A_2d_r & A_2c_r \\ A_2d_r & 0 & A_2b_r \end{bmatrix} \quad (r=i,\ j,\ m,\ k) \tag{2-90}$$

其中，$A_1=\dfrac{\mu}{1-\mu}$，$A_2=\dfrac{1-2\mu}{2(1-\mu)}$，$A_3=\dfrac{E(1-\mu)}{(1+\mu)(1-2\mu)}$

2.6.3 单元刚度矩阵

根据虚位移原理或极小势能原理可以推导其单元刚度矩阵为：

$$\boldsymbol{k}^{ⓔ} = \int_V \boldsymbol{B}^{\mathrm{T}}\boldsymbol{D}\boldsymbol{B}\,\mathrm{d}V = \boldsymbol{B}^{\mathrm{T}}\boldsymbol{D}\boldsymbol{B}V = \begin{bmatrix} \boldsymbol{k}_{ii} & \boldsymbol{k}_{ij} & \boldsymbol{k}_{im} & \boldsymbol{k}_{ik} \\ \boldsymbol{k}_{ji} & \boldsymbol{k}_{jj} & \boldsymbol{k}_{jm} & \boldsymbol{k}_{jk} \\ \boldsymbol{k}_{mi} & \boldsymbol{k}_{mj} & \boldsymbol{k}_{mm} & \boldsymbol{k}_{mk} \\ \boldsymbol{k}_{ki} & \boldsymbol{k}_{kj} & \boldsymbol{k}_{km} & \boldsymbol{k}_{kk} \end{bmatrix}$$

其中分块矩阵 $\boldsymbol{k}_{rs}$ 为：

$$\boldsymbol{k}_{rs} = V\boldsymbol{B}_r^{\mathrm{T}}\boldsymbol{D}\boldsymbol{B}_s$$

$$= \frac{A_3}{36V}\begin{bmatrix} b_r b_s + A_2(c_r c_s + d_r d_s) & A_1 b_r c_s + A_2 c_r b_s & A_1 b_r d_s + A_2 d_r b_s \\ A_1 c_r b_s + A_2 b_r c_s & c_r c_s + A_2(d_r d_s + b_r b_s) & A_1 c_r d_s + A_2 d_r c_s \\ A_1 d_r b_s + A_2 b_r d_s & A_1 d_r c_s + A_2 c_r d_s & d_r d_s + A_2(b_r b_s + c_r c_s) \end{bmatrix}$$

$$(r,\ s = i,\ j,\ m,\ k) \tag{2-91}$$

2.6.4 等效结点荷载计算

单元等效结点荷载矩阵为：

$$\boldsymbol{F}_E^{ⓔ} = \int_V \boldsymbol{N}^{\mathrm{T}}\boldsymbol{p}_v\,\mathrm{d}V + \int_S \boldsymbol{N}^{\mathrm{T}}\boldsymbol{q}_s\,\mathrm{d}S \tag{2-92}$$

设单元上有均匀分布的体积力：

$$\boldsymbol{p}_v = [p_x \quad p_y \quad p_z]^{\mathrm{T}}$$

则根据式(2-92)可计算其等效结点荷载在每一结点均相同，为：

$$\boldsymbol{F}_E^{ⓔ} = \frac{V}{4}\,[p_x \quad p_y \quad p_z]^{\mathrm{T}} \quad (r = i,\ j,\ m,\ k)$$

若单元 ijm 面上有线分布的荷载 $\boldsymbol{q}_s$，它在 i、j、m 三点的大小分别为：

$$\boldsymbol{q}_{si} = [q_{xi} \quad q_{yi} \quad q_{zi}]^{\mathrm{T}}$$

$$\boldsymbol{q}_{sj} = [q_{xj} \quad q_{yj} \quad q_{zj}]^{\mathrm{T}}$$

$$\boldsymbol{q}_{sm} = [q_{xm} \quad q_{ym} \quad q_{zm}]^{\mathrm{T}}$$

则单元等效结点荷载为：

$$\boldsymbol{F}_{E,i}^{ⓔ} = \frac{1}{6}A_{ijm}\begin{bmatrix} q_{xi} + \frac{1}{2}(q_{xj} + q_{xm}) \\ q_{yi} + \frac{1}{2}(q_{yj} + q_{ym}) \\ q_{zi} + \frac{1}{2}(q_{zj} + q_{zm}) \end{bmatrix} \quad (i \to j \to m)$$

$$\boldsymbol{F}_{E,k}^{ⓔ} = 0$$

2.7 空间 8 结点正六面体单元

将一个连续体划分为四面体时，由于空间形象难以想象，可能造成单元结点编码错误或漏掉单元的情况，而如果划分为六面体单元则简单得多。因此，这里介绍最简单的 8 结点正六面体单元(图 2.23)。该单元以正六面体的 8 个顶点作为结点，分别以 1～8 来表示，每个结点有3个自由度，因此该单元为24自由度单元，其结点位移矩阵和荷载矩阵分别为：

$$\boldsymbol{\delta}^{ⓔ}=[u_1\quad v_1\quad w_1\ \vdots\ u_2\quad v_2\quad w_2\ \vdots\ \cdots\ \vdots\ u_8\quad v_8\quad w_8]^{\mathrm{T}}$$

$$\boldsymbol{F}^{ⓔ}=[F_{x1}\quad F_{y1}\quad F_{z1}\ \vdots\ F_{x2}\quad F_{y2}\quad F_{z2}\ \vdots\ \cdots\ \vdots\ F_{x8}\quad F_{y8}\quad F_{z8}]^{\mathrm{T}}$$

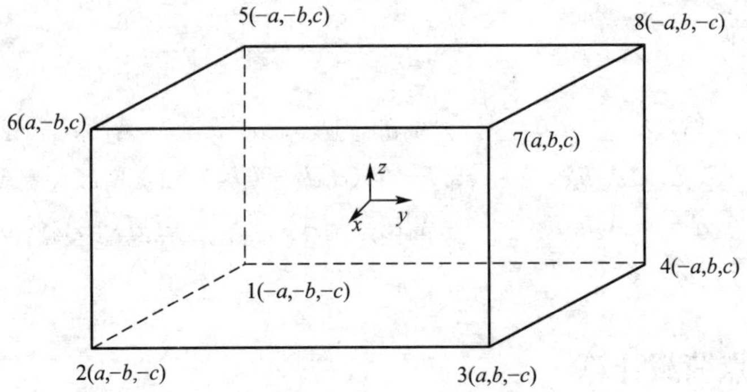

图 2.23　空间8结点正六面体单元

2.7.1　单元位移函数

根据位移函数应满足的要求，因每个结点有3个自由度，根据帕斯卡三角形，可设位移函数为：

$$\begin{cases} u=a_1+a_2x+a_3y+a_4z+a_5xy+a_6yz+a_7zx+a_8xyz \\ v=b_1+b_2x+b_3y+b_4z+b_5xy+b_6yz+b_7zx+b_8xyz \\ w=c_1+c_2x+c_3y+c_4z+c_5xy+c_6yz+c_7zx+c_8xyz \end{cases} \tag{2-93}$$

设单元沿 x、y、z 轴方向的边长分别为 $2a$、$2b$、$2c$，引入无量纲坐标：

$$\xi=\frac{x}{a},\ \eta=\frac{y}{b},\ \zeta=\frac{z}{c}$$

则单元的形函数可以统一表示为：

$$N_i=\frac{1}{8}(1+\xi_i\xi)(1+\eta_i\eta)(1+\zeta_i\zeta)\quad (i=1,\ 2,\ 3,\ \cdots,\ 8) \tag{2-94}$$

因此，单元位移函数：

$$\begin{bmatrix} u \\ v \\ w \end{bmatrix}=\begin{bmatrix} N_1 & 0 & 0 & N_2 & 0 & 0 & & N_8 & 0 & 0 \\ 0 & N_1 & 0 & 0 & N_2 & 0 & \cdots & 0 & N_8 & 0 \\ 0 & 0 & N_1 & 0 & 0 & N_2 & & 0 & 0 & N_8 \end{bmatrix}\boldsymbol{\delta}^{ⓔ}$$

即 $\boldsymbol{d}^{ⓔ}=\boldsymbol{N}\boldsymbol{\delta}^{ⓔ}$　(2-95)

2.7.2　单元应变场和应力场

根据空间问题的几何方程，将式(2-94)代入式(2-86)得：

$$\boldsymbol{\varepsilon}=[\boldsymbol{B}_1\quad \boldsymbol{B}_2\quad \boldsymbol{B}_3\quad \boldsymbol{B}_4\quad \boldsymbol{B}_5\quad \boldsymbol{B}_6\quad \boldsymbol{B}_7\quad \boldsymbol{B}_8]\ \boldsymbol{\delta}^{ⓔ}=\boldsymbol{B}\boldsymbol{\delta}^{ⓔ} \tag{2-96}$$

其中几何矩阵 $\boldsymbol{B}$ 的子块矩阵元素为：

$$\boldsymbol{B}_i=\frac{1}{8abc}\begin{bmatrix} H_i & 0 & 0 \\ 0 & I_i & 0 \\ 0 & 0 & J_i \\ I_i & H_i & 0 \\ 0 & J_i & I_i \\ J_i & 0 & H_i \end{bmatrix} \quad (i=1,2,3,\cdots,8) \tag{2-97}$$

这里可得：

$H_i=bc\xi_i(1+\eta_i\eta)(1+\zeta_i\zeta)$

$I_i=ac\eta_i(1+\xi_i\xi)(1+\zeta_i\zeta)$

$J_i=ab\zeta_i(1+\xi_i\xi)(1+\eta_i\eta)$

根据空间弹性问题应力与应变的关系，将式(2-87)代入其物理方程，得到：

$$\boldsymbol{\sigma}=\boldsymbol{D\varepsilon}=\boldsymbol{DB\delta}^{ⓔ}=\boldsymbol{S\delta}^{ⓔ} \tag{2-98}$$

设

$$A_1=\frac{\mu}{1-\mu},\ A_2=\frac{1-2\mu}{2(1-\mu)},\ A_3=\frac{E(1-\mu)}{(1+\mu)(1-2\mu)}$$

其中弹性矩阵 $\boldsymbol{D}$ 为：

$$\boldsymbol{D}=A_3\begin{bmatrix} 1 & A_1 & A_1 & 0 & 0 & 0 \\ A_1 & 1 & A_1 & 0 & 0 & 0 \\ A_1 & A_1 & 1 & 0 & 0 & 0 \\ 0 & 0 & 0 & A_2 & 0 & 0 \\ 0 & 0 & 0 & 0 & A_2 & 0 \\ 0 & 0 & 0 & 0 & 0 & A_2 \end{bmatrix} \tag{2-99}$$

应力矩阵 $\boldsymbol{S}$ 为：

$$\boldsymbol{S}=[\boldsymbol{S}_1 \quad \boldsymbol{S}_2 \quad \boldsymbol{S}_3 \quad \boldsymbol{S}_4 \quad \boldsymbol{S}_5 \quad \boldsymbol{S}_6 \quad \boldsymbol{S}_7 \quad \boldsymbol{S}_8]$$

其中，

$$\boldsymbol{S}_i=\boldsymbol{DB}_i=\frac{A_3}{8abc}\begin{bmatrix} H_i & A_1I_i & A_1J_i \\ A_1H_i & I_i & A_1J_i \\ A_1H_i & A_1I_i & J_i \\ A_2I_i & A_2H_i & 0 \\ 0 & A_2J_i & A_2I_i \\ A_2J_i & 0 & A_2H_i \end{bmatrix} \quad (i=1,2,3,\cdots,8) \tag{2-100}$$

2.7.3 单元刚度矩阵

根据虚位移原理或极小势能原理可以推导其单元刚度矩阵为：

$$\boldsymbol{k}^{ⓔ}=\int_V \boldsymbol{B}^{\mathrm{T}}\boldsymbol{DB}\,\mathrm{dV}=\begin{bmatrix} \boldsymbol{k}_{11} & \boldsymbol{k}_{12} & \cdots & \boldsymbol{k}_{18} \\ \boldsymbol{k}_{21} & \boldsymbol{k}_{22} & \cdots & \boldsymbol{k}_{28} \\ \vdots & \vdots & \ddots & \vdots \\ \boldsymbol{k}_{81} & \boldsymbol{k}_{82} & \cdots & \boldsymbol{k}_{88} \end{bmatrix}$$

其中分块矩阵 $\boldsymbol{k}_{ij}$ 为：

$$\boldsymbol{k}_{ij}=\int_V \boldsymbol{B}_i^{\mathrm{T}}\boldsymbol{S}_j\,\mathrm{d}x\mathrm{d}y\mathrm{d}z=abc\int_{-1}^{1}\int_{-1}^{1}\int_{-1}^{1}\boldsymbol{B}_i^{\mathrm{T}}\boldsymbol{S}_j\,\mathrm{d}\xi\mathrm{d}\eta\mathrm{d}\zeta$$

其中，

$$\boldsymbol{B}_i^{\mathrm{T}}\boldsymbol{S}_j=\frac{A_3}{64(abc)^2}\begin{bmatrix} H_iH_j+A_2(I_iI_j+J_iJ_j) & A_1H_iI_j+A_2I_iH_j & A_1H_iJ_j+A_2J_iH_j \\ A_1I_iH_j+A_2H_iI_j & I_iI_j+A_2(J_iJ_j+H_iH_j) & A_1I_iJ_j+A_2J_iI_j \\ A_1J_iH_j+A_2H_iJ_j & A_1J_iI_j+A_2I_iJ_j & J_iJ_j+A_2(H_iH_j+I_iI_j) \end{bmatrix}$$

故

$$\boldsymbol{k}_{ij}=\frac{A_3}{72abc}\begin{bmatrix} G_{11} & G_{12} & G_{13} \\ G_{21} & G_{22} & G_{23} \\ G_{31} & G_{32} & G_{33} \end{bmatrix}\quad (i,\ j=1,\ 2,\ 3,\ \cdots,\ 8) \tag{2-101}$$

$$G_{11}=b^2c^2\xi_i\xi_j(3+\eta_i\eta_j)(3+\zeta_i\zeta_j)+A_2a^2(3+\xi_i\xi_j)\{3b^2\zeta_i\zeta_j+\eta_i\eta_j[3c^2+(b^2+c^2)\zeta_i\zeta_j]\}$$
$$G_{12}=3abc^2(A_1\xi_i\eta_j+A_2\eta_i\xi_j)(3+\zeta_i\zeta_j)$$
$$G_{13}=3ab^2c(A_1\xi_i\zeta_j+A_2\zeta_i\xi_j)(3+\eta_i\eta_j)$$
$$G_{21}=3abc^2(A_1\xi_j\eta_i+A_2\eta_j\xi_i)(3+\zeta_i\zeta_j)$$
$$G_{22}=a^2c^2\eta_i\eta_j(3+\xi_i\xi_j)(3+\zeta_i\zeta_j)+A_2b^2(3+\eta_i\eta_j)\{3a^2\zeta_i\zeta_j+\xi_i\xi_j[3c^2+(a^2+c^2)\zeta_i\zeta_j]\}$$
$$G_{23}=3a^2bc(A_1\eta_i\zeta_j+A_2\zeta_i\eta_j)(3+\xi_i\xi_j)$$
$$G_{31}=3ab^2c(A_1\zeta_i\xi_j+A_2\xi_i\zeta_j)(3+\eta_i\eta_j)$$
$$G_{32}=3a^2bc(A_1\zeta_i\eta_j+A_2\eta_i\zeta_j)(3+\xi_i\xi_j)$$
$$G_{33}=a^2b^2\zeta_i\zeta_j(3+\xi_i\xi_j)(3+\eta_i\eta_j)+A_2c^2(3+\zeta_i\zeta_j)\{3a^2\eta_i\eta_j+\xi_i\xi_j[3b^2+(a^2+b^2)\eta_i\eta_j]\}$$

2.8 其他高阶单元

2.8.1 高阶平面单元

1. 平面10结点三角形单元

前面介绍的平面3结点和6结点三角形单元分别为一次和二次单元，为了提高计算精度，有时需要用到更高阶的单元。因完全三次多项式有10项，故除了三角形3个顶点外，还取每边的三分点和形心作为结点，形成10结点三角形单元(图2.24)。

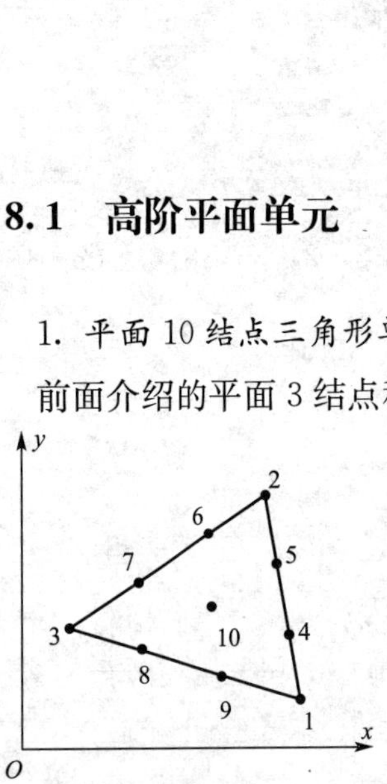

图2.24　10结点三角形单元

采用面积坐标可以得到其单元的形函数为：

角结点：

$$N_i=\frac{1}{2}L_i(3L_i-1)(3L_i-2)\qquad (i=1,\ 2,\ 3)$$

棱边上结点：

$$N_4=\frac{9}{2}L_1L_2(3L_1-1),\quad N_5=\frac{9}{2}L_1L_2(3L_2-1)$$

$$N_6=\frac{9}{2}L_2L_3(3L_2-1),\quad N_7=\frac{9}{2}L_2L_3(3L_3-1) \tag{2-102}$$

$$N_8=\frac{9}{2}L_3L_1(3L_3-1),\quad N_9=\frac{9}{2}L_3L_1(3L_1-1)$$

表面形心点：

$$N_{10}=27L_1L_2L_3$$

2. 8 结点和 12 结点矩形单元

如图 2.25(a)所示的 8 结点矩形单元，除矩形 4 个顶点外，另外，取每边的中点共 8 个点作为结点，其单元形函数为：

$$N_i=\begin{cases}\frac{1}{4}(1+\xi_i\xi)(1+\eta_i\eta)(\xi_i\xi+\eta_i\eta-1) & (i=1,\ 2,\ 3,\ 4)\\ \frac{1}{2}(1-\xi^2)(1+\eta_i\eta) & (i=5,\ 7)\\ \frac{1}{2}(1-\eta^2)(1+\xi_i\xi) & (i=6,\ 8)\end{cases} \tag{2-103}$$

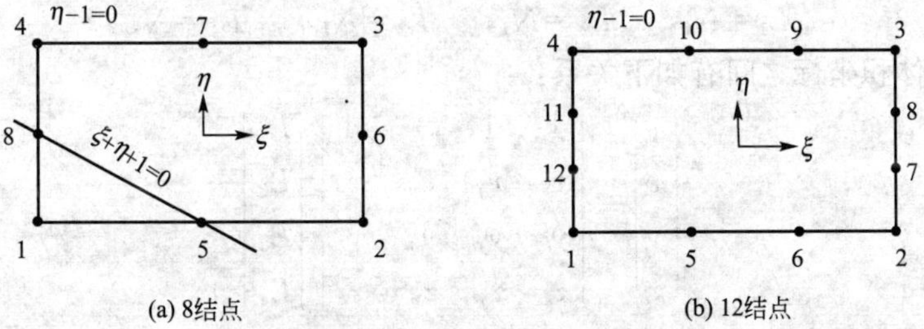

图 2.25　8 结点和 12 结点矩形单元

如图 2.25(b)所示的 12 结点矩形单元，除矩形 4 个顶点外，另外，取每边的三分点共 12 个点作为结点，其单元形函数为：

$$N_i=\begin{cases}\frac{1}{32}(1+\xi_i\xi)(1+\eta_i\eta)[9(\xi^2+\eta^2)-10] & (i=1,\ 2,\ 3,\ 4)\\ \frac{9}{32}(1+\xi_i\xi)(1-\eta^2)(1+9\eta_i\eta) & (i=7,\ 8,\ 11,\ 12)\\ \frac{9}{32}(1+\eta_i\eta)(1-\xi^2)(1+9\xi_i\xi) & (i=5,\ 6,\ 9,\ 10)\end{cases} \tag{2-104}$$

2.8.2　高阶四面体单元

1. 体积坐标

与面积坐标一样，体积坐标的引入将简化四面体单元的分析过程。如图 2.26 所示四面体中取一点 $P(x,\ y,\ z)$向四面体 4 个顶点连成直线，这时原四面体被分割成 4 个小的四面体。则 P 点的位置可由以下几个参数来确定：

$$L_1=\frac{V_1}{V},\quad L_2=\frac{V_2}{V}$$
$$L_3=\frac{V_3}{V},\quad L_4=\frac{V_4}{V} \tag{2-105}$$

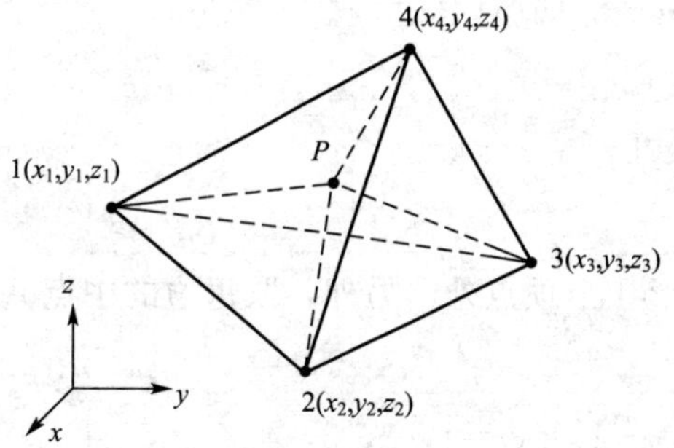

图 2.26　体积坐标

这里 V_1、V_2、V_3、V_4 分别为四面体 $P234$、$P341$、$P412$、$P123$ 的体积，上述四个比值即称为 P 点的体积坐标。其体积坐标与直角坐标之间有如下关系：

$$\begin{bmatrix} L_1 \\ L_2 \\ L_3 \\ L_4 \end{bmatrix}=\frac{1}{6V}\begin{vmatrix} a_i & b_i & c_i & d_i \\ a_j & b_j & c_j & d_j \\ a_m & b_m & c_m & d_m \\ a_k & b_k & y_k & d_k \end{vmatrix}\begin{bmatrix} 1 \\ x \\ y \\ z \end{bmatrix} \tag{2-106}$$

式中，a_r，b_r，c_r，$d_r(r=i,\ j,\ m,\ k)$的定义为式(2-85)。显然，体积坐标即为前面所述 4 结点四面体单元形函数，即

$$L_1=N_i,\quad L_2=N_j,\quad L_3=N_m,\quad L_4=N_k \tag{2-107}$$

其直角坐标与体积坐标之间有如下关系：

$$\begin{bmatrix} 1 \\ x \\ y \\ z \end{bmatrix}=\begin{vmatrix} 1 & 1 & 1 & 1 \\ x_i & x_j & x_m & x_k \\ y_i & y_j & y_m & y_k \\ z_i & z_j & z_m & z_k \end{vmatrix}\begin{bmatrix} L_1 \\ L_2 \\ L_3 \\ L_4 \end{bmatrix} \tag{2-108}$$

求体积坐标的幂函数在四面体上的积分时，与面积坐标有类似的积分公式：

$$\int_V L_1^a L_2^b L_3^c L_4^d \mathrm{d}V = 6V\frac{a!b!c!d!}{(a+b+c+d+3)!} \tag{2-109}$$

$$\int_A L_1^a L_2^b L_3^c \mathrm{d}A = 2A\frac{a!b!c!}{(a+b+c+2)!}\quad (A\text{ 为对应的面积})$$

$$\int_A L_1^a L_2^b \mathrm{d}l = l\frac{a!b!}{(a+b+1)!}\quad (l\text{ 为对应的边长})$$

2. 10 结点四面体单元

前面所述的 4 结点四面体单元是一种常应变单元，其位移函数是线性的。为了提高计算精度，仿照平面三角形单元，在四面体单元的 6 条边的中点增加一个结点，这样该单元就变成了 10 结点四面体单元［图 2.27(a)］，该单元的位移函数用直角坐标表示是完全的二次多项式。引入体积坐标后，其单元形函数为：

角结点：　$N_i=L_i(2L_i-1)\quad (i=1,\ 2,\ 3,\ 4)$

棱边上结点：

$$\begin{aligned} &N_5=4L_1L_2,\quad N_6=4L_1L_3 \\ &N_7=4L_1L_4,\quad N_8=4L_2L_3 \\ &N_9=4L_3L_4,\quad N_{10}=4L_2L_4 \end{aligned} \tag{2-110}$$

单元位移模式为：

$$u=\sum_{i=1}^{10}N_iu_i,\quad v=\sum_{i=1}^{10}N_iv_i,\quad w=\sum_{i=1}^{10}N_iw_i \tag{2-111}$$

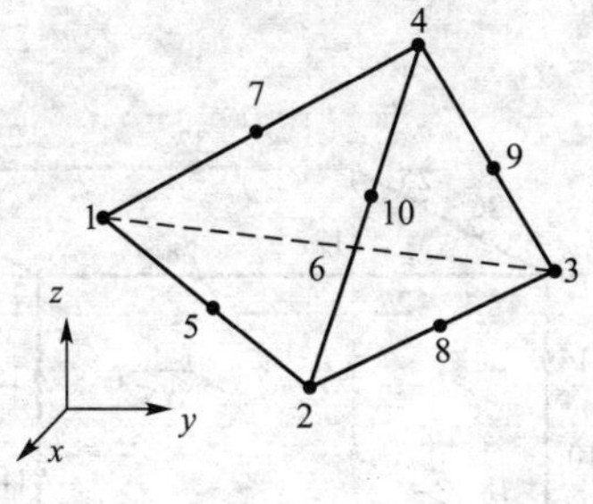

(a) 10结点

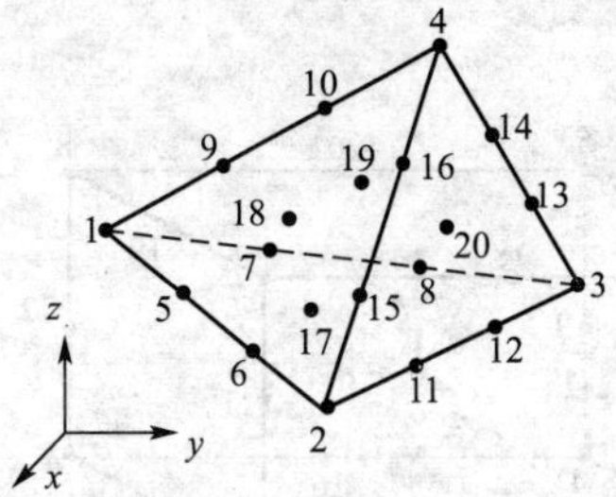

(b) 20结点

图 2.27　10 结点和 20 结点四面体单元

3. 20 结点四面体单元

在直角坐标系中，完全的三次多项式有 20 项，四面体单元的位移函数如果取完全三次多项式，需要 20 个结点。因此，取四面体的 4 个顶点，6 条棱边的三等分点以及四个表面的形心点作为结点，结点编码如图 2.27(b)所示。用体积坐标表示，其单元形函数为：

角结点：　$N_i=\frac{1}{2}L_i(3L_i-1)(3L_i-2)\qquad (i=1,2,3,4)$

棱边上结点：　$N_5=\frac{9}{2}L_1L_2(3L_1-1),\quad N_6=\frac{9}{2}L_1L_2(3L_2-1)$

$$N_7=\frac{9}{2}L_1L_3(3L_1-1),\quad N_8=\frac{9}{2}L_1L_3(3L_3-1) \tag{2-112}$$

…

表面形心点：　$N_{17}=27L_1L_2L_3,\quad N_{18}=27L_1L_2L_4$

$N_{19}=27L_1L_3L_4,\quad N_{20}=27L_2L_3L_4$

2.8.3　高阶六面体单元

六面体单元除了前面叙述的 8 结点单元外，通常还有 20 结点和 32 结点六面体单元。下面分别介绍其形函数。

1. 20 结点六面体单元

该类型单元除了六面体的 8 个顶点作为结点外，在每条棱边的中点增加一个结点，就得到图 2.28(a)所示的 20 结点六面体单元。由于每个结点有三个位移分量，故该类型单元有 60 个自由度，单元刚度矩阵为 60×60 大小的矩阵。引入三个自然坐标 ξ、η、ζ($-1\leqslant \xi,\eta,\zeta\leqslant 1$)，可以得到单元形函数为：

角结点：$N_i=\frac{1}{8}(1+\xi_i\xi)(1+\eta_i\eta)(1+\zeta_i\zeta)(\xi_i\xi+\eta_i\eta+\zeta_i\zeta-2)$

棱边中点：$N_i=\frac{1}{4}(1-\xi^2)(1+\eta_i\eta)(1+\zeta_i\zeta)\qquad (\xi_i=0) \qquad (2-113)$

$$N_i = \frac{1}{4}(1-\eta^2)(1+\xi_i\xi)(1+\zeta_i\zeta) \qquad (\eta_i = 0)$$

$$N_i = \frac{1}{4}(1-\zeta^2)(1+\xi_i\xi)(1+\eta_i\eta) \qquad (\zeta_i = 0)$$

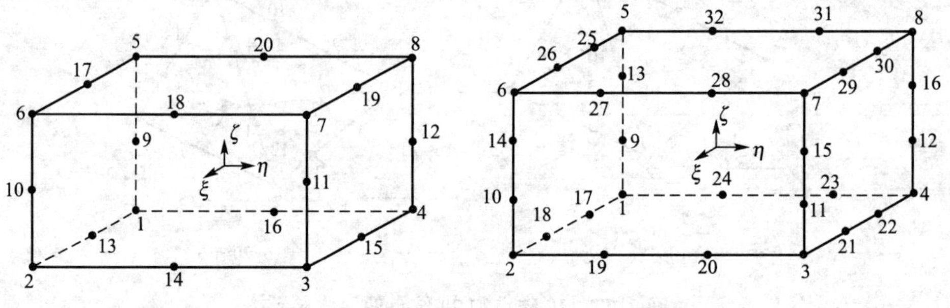

(a) 20结点　　(b) 32结点

图 2.28　20结点和32结点六面体单元

2. 32结点六面体单元

该类型单元除了六面体的8个顶点作为结点外，还取每条棱边的三分点作为结点，就得到如图2.28(b)所示的32结点六面体单元，其单元有96个自由度，单元刚度矩阵的大小为96×96。同样，引入三个自然坐标ξ、η、ζ($-1\leqslant\xi$，η，$\zeta\leqslant 1$)，可以得到单元形函数为：

角结点：$N_i = \frac{1}{64}(1+\xi_i\xi)(1+\eta_i\eta)(1+\zeta_i\zeta)[9(\xi^2+\eta^2+\zeta^2)-19]$

棱边三分点：$N_i = \frac{9}{64}(1-\xi^2)(1+9\xi_i\xi)(1+\eta_i\eta)(1+\zeta_i\zeta)\left(\xi_i = \pm\frac{1}{3}\right)$　　(2-114)

$$N_i = \frac{9}{64}(1-\eta^2)(1+9\eta_i\eta)(1+\xi_i\xi)(1+\zeta_i\zeta)\left(\eta_i = \pm\frac{1}{3}\right)$$

$$N_i = \frac{9}{64}(1-\zeta^2)(1+9\zeta_i\zeta)(1+\eta_i\eta)(1+\xi_i\xi)\left(\zeta_i = \pm\frac{1}{3}\right)$$

2.9 等参单元与数值积分

从前面的分析中可知，单元位移函数多项式的次数越高，相应的精度也越高。从另外一个方面，对一些具有曲线边界的结构，如果仍采用直边单元，进行网格划分时可能存在以折线代替曲线所带来单元数量大量增加以及模型上的误差，这种误差是无法用提高位移函数的精度的办法来补偿的。因此需要构造一些高精度的曲边元，以便在一定的精度要求下，可以用少数的单元来求解。但是要构造出任意形状的单元来满足复杂边界问题存在多方面的困难。首先是难以构造出满足连续性条件的位移函数，其次是单元分析中出现积分难以确定积分范围，求解比较困难。能否由规则形状的单元衍生一种不规则单元呢?

数学上通过函数的映射关系，可以将一种图形映射成另外一种图形，如最常用到的

Fourier 变换。因此我们可以将一个坐标系下形状复杂的几何边界映射到另外一个坐标系下形成规则形状的几何边界，反之，也可以将复杂简单规则形状的几何边界映射成复杂的曲边界，即建立它们的一一对应关系。那么，可以将满足收敛条件的形状规则的高精度单元作为基本单元，通过坐标变换映射成边界任意的单元作为有限元分析的实际单元。

由基本单元映射实际单元的方法有多种，在有限单元法中最普遍采用的等参变换，即坐标变换和单元内场函数采用相同数目的结点参数和相同的插值函数，这种变换能够满足坐标变换的相容性。

2.9.1 等参变换

若要将局部坐标系 $O'\xi\eta\zeta$（三维）或 $O'\xi\eta$（二维）中几何形状规则的单元与整体坐标系 $Oxyz$ 或 Oxy 中几何形状不规则的单元建立一一对应关系（图 2.29、图 2.30），必须建立整体坐标与局部坐标的关系，即

$$x=x(\xi,\ \eta,\ \zeta),\ y=y(\xi,\ \eta,\ \zeta),\ z=z(\xi,\ \eta,\ \zeta) \tag{2-115}$$

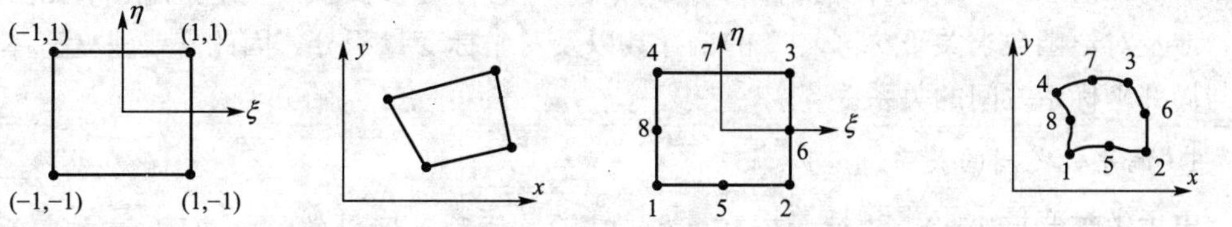

图 2.29 二维单元的坐标变换

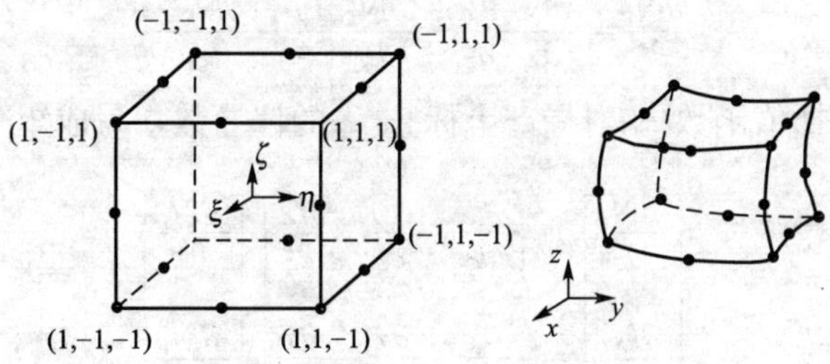

图 2.30 三维单元的坐标变换

若要建立式(2-115)所示的变换关系，通常最简单的方法是将其表示成插值函数的形式，即

$$\begin{cases} x=\sum_{i=1}^{n} N_i(\xi,\eta)x_i \\ y=\sum_{i=1}^{n} N_i(\xi,\eta)y_i \end{cases} \quad 或 \quad \begin{cases} x=\sum_{i=1}^{n} N_i(\xi,\eta,\zeta)x_i \\ y=\sum_{i=1}^{n} N_i(\xi,\eta,\zeta)y_i \\ z=\sum_{i=1}^{n} N_i(\xi,\eta,\zeta)z_i \end{cases} \tag{2-116}$$

其中 n 表示变换的单元结点数，x_i、y_i、z_i 是结点在 Oxy 坐标系中的坐标，N_i 是用局部坐标表示的插值基函数。满足：

(1) $N_r(\xi_s,\ \eta_s,\ \zeta_s)=\begin{cases}1 & (r=s)\\ 0 & (r\neq s)\end{cases}\qquad (r,\ s=1,\ 2,\ \cdots,\ n)$

(2) $\sum_{i=1}^{n} N_i(\xi,\eta,\zeta)=1$

由前面的分析可知，位移函数可以表示成如下形式：

$$\begin{cases} u=\sum_{i=1}^{n} N_i(\xi,\eta)u_i \\ v=\sum_{i=1}^{n} N_i(\xi,\eta)v_i \end{cases} \quad 或 \quad \begin{cases} u=\sum_{i=1}^{n} N_i(\xi,\eta,\zeta)u_i \\ v=\sum_{i=1}^{n} N_i(\xi,\eta,\zeta)v_i \\ w=\sum_{i=1}^{n} N_i(\xi,\eta,\zeta)w_i \end{cases} \tag{2-117}$$

可以看到坐标变换关系和位移函数插值形式上是相同的，都采用相同数目的结点，并且使用相同的插值函数，故这种变换称为等参数变换(简称等参变换)。由于有限单元法分析时，涉及对形函数求关于 x、y、z 的偏导数以及对坐标变量积分，因此需要建立整体坐标系与局部坐标系之间的关系。

1. 偏导数之间的关系

由于坐标变量 x、y、z 是关于变量 ξ、η、ζ 的函数，反过来，ξ、η、ζ 是关于 x、y、z 的函数，按照多元函数偏微分的规则，插值函数 N_i 对局部坐标 ξ 的偏导数可以写成：

$$\frac{\partial N_i}{\partial \xi}=\frac{\partial N_i}{\partial x}\frac{\partial x}{\partial \xi}+\frac{\partial N_i}{\partial y}\frac{\partial y}{\partial \xi}+\frac{\partial N_i}{\partial z}\frac{\partial z}{\partial \xi}$$

同样可以类似地写出插值函数 N_i 对局部坐标 η、ζ 的偏导数，写成矩阵形式有：

$$\begin{bmatrix} \dfrac{\partial N_i}{\partial \xi} \\ \dfrac{\partial N_i}{\partial \eta} \\ \dfrac{\partial N_i}{\partial \zeta} \end{bmatrix}=\begin{bmatrix} \dfrac{\partial x}{\partial \xi} & \dfrac{\partial y}{\partial \xi} & \dfrac{\partial z}{\partial \xi} \\ \dfrac{\partial x}{\partial \eta} & \dfrac{\partial x}{\partial \eta} & \dfrac{\partial x}{\partial \eta} \\ \dfrac{\partial x}{\partial \zeta} & \dfrac{\partial x}{\partial \zeta} & \dfrac{\partial x}{\partial \zeta} \end{bmatrix}\begin{bmatrix} \dfrac{\partial N_i}{\partial x} \\ \dfrac{\partial N_i}{\partial y} \\ \dfrac{\partial N_i}{\partial z} \end{bmatrix} \tag{2-118}$$

定义

$$\boldsymbol{J}(\xi,\ \eta,\ \zeta)=\begin{bmatrix} \dfrac{\partial x}{\partial \xi} & \dfrac{\partial y}{\partial \xi} & \dfrac{\partial z}{\partial \xi} \\ \dfrac{\partial x}{\partial \eta} & \dfrac{\partial x}{\partial \eta} & \dfrac{\partial x}{\partial \eta} \\ \dfrac{\partial x}{\partial \zeta} & \dfrac{\partial x}{\partial \zeta} & \dfrac{\partial x}{\partial \zeta} \end{bmatrix} \tag{2-119}$$

称 $\boldsymbol{J}(\xi,\ \eta,\ \zeta)$ 为雅可比(Jacobi)矩阵，将式(2-116)代入式(2-119)得：

$$\boldsymbol{J}(\xi,\eta,\zeta)=\begin{bmatrix}\sum_{i=1}^{n}\frac{\partial N_i}{\partial\xi}x_i & \sum_{i=1}^{n}\frac{\partial N_i}{\partial\xi}y_i & \sum_{i=1}^{n}\frac{\partial N_i}{\partial\xi}z_i\\ \sum_{i=1}^{n}\frac{\partial N_i}{\partial\eta}x_i & \sum_{i=1}^{n}\frac{\partial N_i}{\partial\eta}y_i & \sum_{i=1}^{n}\frac{\partial N_i}{\partial\eta}z_i\\ \sum_{i=1}^{n}\frac{\partial N_i}{\partial\zeta}x_i & \sum_{i=1}^{n}\frac{\partial N_i}{\partial\zeta}y_i & \sum_{i=1}^{n}\frac{\partial N_i}{\partial\zeta}z_i\end{bmatrix}=\begin{bmatrix}\frac{\partial N_1}{\partial\xi} & \frac{\partial N_2}{\partial\xi} & \cdots & \frac{\partial N_n}{\partial\xi}\\ \frac{\partial N_1}{\partial\eta} & \frac{\partial N_2}{\partial\eta} & \cdots & \frac{\partial N_n}{\partial\eta}\\ \frac{\partial N_1}{\partial\zeta} & \frac{\partial N_2}{\partial\zeta} & \cdots & \frac{\partial N_n}{\partial\zeta}\end{bmatrix}\begin{bmatrix}x_1 & y_1 & z_1\\ x_2 & y_2 & z_1\\ \vdots & \vdots & \vdots\\ x_n & y_n & z_n\end{bmatrix}\tag{2-120}$$

若 $\det\boldsymbol{J}\neq0$，则可以得到：

$$\begin{bmatrix}\frac{\partial}{\partial x}\\ \frac{\partial}{\partial y}\\ \frac{\partial}{\partial z}\end{bmatrix}=\boldsymbol{J}^{-1}\begin{bmatrix}\frac{\partial}{\partial\xi}\\ \frac{\partial}{\partial\eta}\\ \frac{\partial}{\partial\zeta}\end{bmatrix}\tag{2-121}$$

这里 $\det\boldsymbol{J}$ 表示 $\boldsymbol{J}$ 矩阵对应行列式的值，$\boldsymbol{J}^{-1}$表示 $\boldsymbol{J}$ 矩阵的逆矩阵。

2. 雅可比(Jacobi)矩阵计算程序

```
    float plane_jacobi(float**XY,float**DN,float**Jacobi,float**InvJacobi,float**
DNxy,int numNode)
    /*-------------------------------------------------------------------------------------
    功能:计算平面等参单元雅可比矩阵及其逆矩阵、形函数对整体坐标 x、y 的偏导数
    -------------------------------------------------------------------------------------
       输入:
         numNode:单元结点数
              XY:结点坐标数组,                      numNode x 2
              DN:形函数关于局部坐标的偏导数数组,    numNode x 2
       输出:
          Jacobi:雅可比矩阵数组,2*2
       InvJacobi:雅可比矩阵的逆矩阵数组,2*2
            DNxy:形函数对整体坐标 x、y 的偏导数数组,numNode x 2
       返回:
         雅可比矩阵行列式的值
    --------------------------------------------------------------------------------------*/
    {
       int dim=2;     // 表示二维
       int i,j,k;
       float detJ;
```

```
//计算 jacobi 矩阵
for(i=0;i<dim;i++){
    for(j=0;j<dim;j++){
        Jacobi[i][j]=0.0;
        for(k=0;k<numNode;k++)  Jacobi[i][j]+=DN[k][i]*XY[k][j];
    }
}
// 计算 jacobi 矩阵行列式的值
detJ=Jacobi[0][0]*Jacobi[1][1]-Jacobi[0][1]*Jacobi[1][0];
if(fabs(detJ)<1.0e-10)  exit(0);

// 计算 jacobi 矩阵的逆矩阵
InvJacobi[0][0]=Jacobi[1][1]/detJ;
InvJacobi[0][1]=-Jacobi[0][1]/detJ;
InvJacobi[1][0]=-Jacobi[1][0]/detJ;
InvJacobi[1][1]=Jacobi[0][0]/detJ;

//计算形函数对整体坐标 x、y 的偏导数
for(i=0;i<numNode;i++){
    for(j=0;j<dim;j++){
        DNxy[i][j]=0.0;
        for(k=0;k<dim;k++)  DNxy[i][j]+=InvJacobi[j][k]*DN[i][k];
    }
}
returndetJ;
}
```

3. 体积微元、面积微元的变换

在整体坐标系内 d$\boldsymbol{\xi}$、d$\boldsymbol{\eta}$、d$\boldsymbol{\zeta}$ 所形成的体积微元为：

$$\mathrm{d}V=\mathrm{d}\boldsymbol{\xi}\cdot(\mathrm{d}\boldsymbol{\eta}\times\mathrm{d}\boldsymbol{\zeta}) \tag{2-122}$$

其中，

$$\begin{cases}\mathrm{d}\boldsymbol{\xi}=\dfrac{\partial x}{\partial \xi}\mathrm{d}\xi\boldsymbol{i}+\dfrac{\partial y}{\partial \xi}\mathrm{d}\xi\boldsymbol{j}+\dfrac{\partial z}{\partial \xi}\mathrm{d}\xi\boldsymbol{k}\\ \mathrm{d}\boldsymbol{\eta}=\dfrac{\partial x}{\partial \eta}\mathrm{d}\eta\boldsymbol{i}+\dfrac{\partial y}{\partial \eta}\mathrm{d}\eta\boldsymbol{j}+\dfrac{\partial z}{\partial \eta}\mathrm{d}\eta\boldsymbol{k}\\ \mathrm{d}\boldsymbol{\zeta}=\dfrac{\partial x}{\partial \zeta}\mathrm{d}\zeta\boldsymbol{i}+\dfrac{\partial y}{\partial \zeta}\mathrm{d}\zeta\boldsymbol{j}+\dfrac{\partial z}{\partial \zeta}\mathrm{d}\zeta\boldsymbol{k}\end{cases} \tag{2-123}$$

这里 $\boldsymbol{i}$、$\boldsymbol{j}$，$\boldsymbol{k}$ 分别是笛卡尔坐标系 $Oxyz$ 中 x、y、z 方向的单位矢量。将式(2-123)代入式(2-122)，可以得到：

$$\mathrm{d}V=\begin{bmatrix}\dfrac{\partial x}{\partial \xi} & \dfrac{\partial y}{\partial \xi} & \dfrac{\partial z}{\partial \xi}\\ \dfrac{\partial x}{\partial \eta} & \dfrac{\partial x}{\partial \eta} & \dfrac{\partial x}{\partial \eta}\\ \dfrac{\partial x}{\partial \zeta} & \dfrac{\partial x}{\partial \zeta} & \dfrac{\partial x}{\partial \zeta}\end{bmatrix}\mathrm{d}\xi\mathrm{d}\eta\mathrm{d}\zeta=\det\boldsymbol{J}\,\mathrm{d}\xi\mathrm{d}\eta\mathrm{d}\,\zeta \tag{2-124}$$

关于面积微元，如在 $\xi=c$(常数)的面上，有

$$\begin{aligned} dA &= \det(d\boldsymbol{\eta}\times d\boldsymbol{\zeta}) \\ &= \left[\left(\frac{\partial y}{\partial \eta}\frac{\partial z}{\partial \zeta}-\frac{\partial y}{\partial \zeta}\frac{\partial z}{\partial \eta}\right)^2+\left(\frac{\partial z}{\partial \eta}\frac{\partial x}{\partial \zeta}-\frac{\partial z}{\partial \zeta}\frac{\partial x}{\partial \eta}\right)^2+\left(\frac{\partial x}{\partial \eta}\frac{\partial y}{\partial \zeta}-\frac{\partial x}{\partial \zeta}\frac{\partial y}{\partial \eta}\right)^2\right]^{1/2} d\eta d\zeta \\ &= A d\eta d\zeta \end{aligned} \tag{2-125}$$

经过上述变换后，对于不规则区域的积分最终转化成在规则区域内的积分，如：

$$\int_V G(x,y,z)\,dx dy dz = \int_{-1}^{1}\int_{-1}^{1}\int_{-1}^{1} G^*(\xi,\eta,\zeta)\det\boldsymbol{J}\,d\xi d\eta d\zeta$$

$$\int_A g(x,y,z)\,dA = \int_{-1}^{1}\int_{-1}^{1} g^*(c,\eta,\zeta) A\,d\eta d\zeta$$

对于二维情况，上面各式进行相应的简化，如 Jacobi 矩阵为：

$$\boldsymbol{J}(\xi,\eta)=\begin{bmatrix}\sum\limits_{i=1}^{n}\frac{\partial N_i}{\partial \xi}x_i & \sum\limits_{i=1}^{n}\frac{\partial N_i}{\partial \xi}y_i \\ \sum\limits_{i=1}^{n}\frac{\partial N_i}{\partial \eta}x_i & \sum\limits_{i=1}^{n}\frac{\partial N_i}{\partial \eta}y_i\end{bmatrix}=\begin{bmatrix}\frac{\partial N_1}{\partial \xi} & \frac{\partial N_2}{\partial \xi} & \cdots & \frac{\partial N_n}{\partial \xi} \\ \frac{\partial N_1}{\partial \eta} & \frac{\partial N_2}{\partial \eta} & \cdots & \frac{\partial N_n}{\partial \eta}\end{bmatrix}\begin{bmatrix}x_1 & y_1 \\ x_2 & y_2 \\ \vdots & \vdots \\ x_n & y_n\end{bmatrix} \tag{2-126}$$

两偏导数之间的关系为：

$$\begin{bmatrix}\frac{\partial}{\partial x} \\ \frac{\partial}{\partial y}\end{bmatrix}=\boldsymbol{J}^{-1}\begin{bmatrix}\frac{\partial}{\partial \xi} \\ \frac{\partial}{\partial \eta}\end{bmatrix} \tag{2-127}$$

$d\boldsymbol{\xi}$ 和 $d\boldsymbol{\eta}$ 在笛卡尔坐标系内形成的面积微元为：

$$dA=\det\boldsymbol{J}\,d\xi d\eta \tag{2-128}$$

在 $\xi=c$ 的曲线上，$d\eta$ 的微线段长度为：

$$ds=\left[\left(\frac{\partial x}{\partial \eta}\right)^2+\left(\frac{\partial y}{\partial \eta}\right)^2\right]^{1/2} d\eta = s\,d\eta \tag{2-129}$$

4. 面积或体积坐标与笛卡尔坐标之间的变换

因为面积坐标和体积坐标不是完全对立，如面积坐标之间有 $L_1+L_2+L_3=1$，体积坐标之间有 $L_1+L_2+L_3+L_4=1$，因此可以重新定义新的坐标变量，如对于三维问题，可设

$$\xi=L_1,\ \eta=L_2,\ \zeta=L_3$$

则有

$$1-\xi-\eta-\zeta=L_4$$

那么，相应的偏导数之间的关系变为：

$$\begin{aligned} \frac{\partial N_i}{\partial \xi}&=\frac{\partial N_i}{\partial L_1}\frac{\partial L_1}{\partial \xi}+\frac{\partial N_i}{\partial L_2}\frac{\partial L_2}{\partial \xi}+\frac{\partial N_i}{\partial L_3}\frac{\partial L_3}{\partial \xi}+\frac{\partial N_i}{\partial L_4}\frac{\partial L_4}{\partial \xi}=\frac{\partial N_i}{\partial L_1}-\frac{\partial N_i}{\partial L_4} \\ \frac{\partial N_i}{\partial \eta}&=\frac{\partial N_i}{\partial L_2}-\frac{\partial N_i}{\partial L_4} \\ \frac{\partial N_i}{\partial \zeta}&=\frac{\partial N_i}{\partial L_3}-\frac{\partial N_i}{\partial L_4} \end{aligned} \tag{2-130}$$

二维情况，$\xi=L_1$，$\eta=L_2$，$1-\xi-\eta=L_3$

故：$\dfrac{\partial N_i}{\partial \xi}=\dfrac{\partial N_i}{\partial L_1}-\dfrac{\partial N_i}{\partial L_3}$，$\dfrac{\partial N_i}{\partial \eta}=\dfrac{\partial N_i}{\partial L_2}-\dfrac{\partial N_i}{\partial L_3}$

同时，体积微元和面积微元的积分限必须做必要的修改，

$$\int_V G(x,y,z)\,\mathrm{d}x\mathrm{d}y\mathrm{d}z = \int_0^1\int_0^{1-L_2}\int_0^{1-L_2-L_3} G^*(\xi,\eta,\zeta)\det\boldsymbol{J}\,\mathrm{d}L_1\,\mathrm{d}L_2\,\mathrm{d}L_3$$

2.9.2 平面 4 结点四边形等参单元

前面介绍的矩形双线性单元虽然有较高的计算精度，但只能适应比较规则的区域，对不规则的区域，必须用任意的四边形单元来代替。

1. 单元位移函数

如图 2.31 所示为边长为 2 的正方形标准单元和直四边形单元。由式(2-33)知道，标准单元的位移函数为：

$$\begin{bmatrix} u \\ v \end{bmatrix}=\begin{bmatrix} N_1 & 0 & N_2 & 0 & N_3 & 0 & N_4 & 0 \\ 0 & N_1 & 0 & N_2 & 0 & N_3 & 0 & N_4 \end{bmatrix}\boldsymbol{\delta}^{ⓔ}=\boldsymbol{N}\boldsymbol{\delta}^{ⓔ} \tag{2-131}$$

其中，$\boldsymbol{N}$ 为标准单元的形函数矩阵，且

$$N_i(\xi,\ \eta)=\frac{1}{4}(1+\xi_i\xi)(1+\eta_i\eta)\qquad (i=1,\ 2,\ 3,\ 4) \tag{2-132}$$

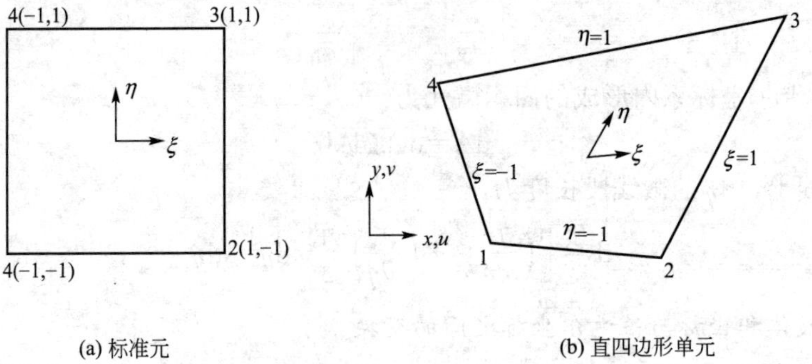

图 2.31　平面 4 结点四边形等参单元

对于标准单元的计算，可以按照前面介绍的矩形单元分析的步骤进行。它本身并没有多大的使用价值，但可以利用它得到实际计算单元。利用形函数表达式(2-132)做如下的坐标变换：

$$\begin{cases} x(\xi,\eta) = \displaystyle\sum_{i=1}^{4} N_i(\xi,\eta)x_i \\ y(\xi,\eta) = \displaystyle\sum_{i=1}^{4} N_i(\xi,\eta)y_i \end{cases} \tag{2-133}$$

使得图 2.31(a)中 $\xi\eta$ 平面上的四个角点分别映射为图 2.31(b)中 xy 平面上的四个角点。如果对实际计算单元的位移函数仍采用标准元的形函数，即式(2-132)，可以证明它满足完备性和协调性的要求。由于描述单元变形的函数和描述单元几何形状的函数相同，故称计算元为等参元(iso-parametric element)。下面是计算平面 4 结点等参单元的形函数及其

导数(对局部坐标)。

```
void plane_Q4_N(float s,float t,float* N,float* * DN)
/* ------------------------------------------------------------------------------------------------
    功能:计算平面 4 结点等参单元的形函数及其导数(对局部坐标)
--------------------------------------------------------------------------------------------------
    输入:
      s:局部坐标 x 方向
      t:局部坐标 y 方向
    输出:
      N:存放形函数,大小 N[4]
      DN:存放形函数导数,大小 DN[4][2]
-----------------------------------------------------------------------------------------------*/
{
    if(N!= NULL){
        N[0]=0.25* (1.0-s)* (1.0-t);
        N[1]=0.25* (1.0+s)* (1.0-t);
        N[2]=0.25* (1.0+s)* (1.0+t);
        N[3]=0.25* (1.0-s)* (1.0+t);
    }
    if(DN!=NULL){
        DN[0][0]=   0.25* (-1+t);  //对 s 求偏导数
        DN[1][0]=   0.25* (1-t);
        DN[2][0]=   0.25* (1+t);
        DN[3][0]=   0.25* (-1-t);

        DN[0][1]=   0.25* (-1+s);  //对 t 求偏导数
        DN[1][1]=   0.25* (-1-s);
        DN[2][1]=   0.25* (1+s);
        DN[3][1]=   0.25* (1-s);
    }
}
```

2. 单元应变场

将位移函数式(2-131)代入几何方程，可以得到其应变场：

$$\boldsymbol{\varepsilon}=\begin{bmatrix}\dfrac{\partial u}{\partial x}\\ \dfrac{\partial v}{\partial y}\\ \dfrac{\partial u}{\partial y}+\dfrac{\partial v}{\partial x}\end{bmatrix}=\boldsymbol{B}\boldsymbol{\delta}^{ⓔ}=[\boldsymbol{B}_1\quad \boldsymbol{B}_2\quad \boldsymbol{B}_3\quad \boldsymbol{B}_4]\,\boldsymbol{\delta}^{ⓔ} \tag{2-134}$$

式中：

$$\boldsymbol{B}_i=\begin{bmatrix}\frac{\partial N_i}{\partial x} & 0\\ 0 & \frac{\partial N_i}{\partial y}\\ \frac{\partial N_i}{\partial y} & \frac{\partial N_i}{\partial x}\end{bmatrix}\quad (i=1,\ 2,\ 3,\ 4) \tag{2-135}$$

根据复合函数求导规则，有

$$\begin{bmatrix}\frac{\partial}{\partial \xi}\\ \frac{\partial}{\partial \eta}\end{bmatrix}=\begin{bmatrix}\frac{\partial x}{\partial \xi} & \frac{\partial y}{\partial \xi}\\ \frac{\partial x}{\partial \eta} & \frac{\partial y}{\partial \eta}\end{bmatrix}\begin{bmatrix}\frac{\partial}{\partial x}\\ \frac{\partial}{\partial y}\end{bmatrix} \tag{2-136}$$

定义

$$\boldsymbol{J}(\xi,\ \eta)=\begin{bmatrix}\frac{\partial x}{\partial \xi} & \frac{\partial y}{\partial \xi}\\ \frac{\partial x}{\partial \eta} & \frac{\partial y}{\partial \eta}\end{bmatrix} \tag{2-137}$$

称 $\boldsymbol{J}(\xi,\ \eta)$为雅可比(Jacobi)矩阵，若 $\det\boldsymbol{J}\neq 0$，则可以得到：

$$\begin{bmatrix}\frac{\partial}{\partial x}\\ \frac{\partial}{\partial y}\end{bmatrix}=\boldsymbol{J}^{-1}\begin{bmatrix}\frac{\partial}{\partial \xi}\\ \frac{\partial}{\partial \eta}\end{bmatrix} \tag{2-138}$$

将式(2-133)代入式(2-137)得：

$$\boldsymbol{J}(\xi,\eta)=\begin{bmatrix}\sum_{i=1}^{4}\frac{\partial N_i}{\partial \xi}x_i & \sum_{i=1}^{4}\frac{\partial N_i}{\partial \xi}y_i\\ \sum_{i=1}^{4}\frac{\partial N_i}{\partial \eta}x_i & \sum_{i=1}^{4}\frac{\partial N_i}{\partial \eta}y_i\end{bmatrix}=\begin{bmatrix}\frac{\partial N_1}{\partial \xi} & \frac{\partial N_2}{\partial \xi} & \frac{\partial N_3}{\partial \xi} & \frac{\partial N_4}{\partial \xi}\\ \frac{\partial N_1}{\partial \eta} & \frac{\partial N_2}{\partial \eta} & \frac{\partial N_3}{\partial \eta} & \frac{\partial N_4}{\partial \eta}\end{bmatrix}\begin{bmatrix}x_1 & y_1\\ x_2 & y_2\\ x_3 & y_3\\ x_4 & y_4\end{bmatrix} \tag{2-139}$$

其中，

$$\begin{cases}\frac{\partial \mathrm{N_i}}{\partial \xi}=\frac{1}{4}\xi_{\mathrm{i}}(1+\eta_{\mathrm{i}}\eta)\\ \frac{\partial \mathrm{N_i}}{\partial \eta}=\frac{1}{4}\eta_{\mathrm{i}}(1+\xi_{\mathrm{i}}\xi)\end{cases}\quad (\mathrm{i}=1,\ 2,\ 3,\ 4) \tag{2-140}$$

故为雅可比矩阵 $\boldsymbol{J}(\xi,\ \eta)$为：

$$\boldsymbol{J}=\frac{1}{4}\begin{bmatrix}\xi_1(1+\eta_1\eta) & \xi_2(1+\eta_2\eta) & \xi_3(1+\eta_3\eta) & \xi_4(1+\eta_4\eta)\\ \eta_1(1+\xi_1\xi) & \eta_2(1+\xi_2\xi) & \eta_3(1+\xi_3\xi) & \eta_4(1+\xi_4\xi)\end{bmatrix}\begin{bmatrix}x_1 & y_1\\ x_2 & y_2\\ x_3 & y_3\\ x_4 & y_4\end{bmatrix} \tag{2-141}$$

设

$$A=\sum_{i=1}^{4}\xi_i\eta_i x_i,B=\sum_{i=1}^{4}\xi_i\eta_i y_i,e_1=\sum_{i=1}^{4}\xi_i x_i,e_2=\sum_{i=1}^{4}\eta_i x_i,e_3=\sum_{i=1}^{4}\xi_i y_i,e_4=\sum_{i=1}^{4}\eta_i y_i$$

则

$$\boldsymbol{J}=\frac{1}{4}\begin{bmatrix} e_1+A\eta & e_3+B\eta \\ e_2+A\xi & e_4+B\xi \end{bmatrix} \tag{2-142}$$

其对应行列式的值：

$$\det\boldsymbol{J}=\frac{1}{16}[(e_1e_4-e_2e_3)+(Be_1-Ae_2)\xi+(Ae_4-Be_2)\eta] \tag{2-143}$$

当 $\det\boldsymbol{J}\neq 0$ 时，$\boldsymbol{J}$ 存在逆矩阵，即

$$\boldsymbol{J}^{-1}=\frac{1}{4\det\boldsymbol{J}}\begin{bmatrix} e_4+B\xi & -(e_3+B\eta) \\ -(e_2+A\xi) & e_1+A\eta \end{bmatrix} \tag{2-144}$$

下面是计算平面等参单元几何矩阵的子程序，该程序对于 4 结点和 8 结点等参单元均适应，关于雅可比矩阵的计算程序见 2.9.1 节内容。

```
void plane_B(float**DNxy,float**B,int numEleNode)
----------------------------------------------------------------------------------------*/
    功能:计算平面等参单元的几何矩阵
----------------------------------------------------------------------------------------
    输入:
      numEleNode:单元结点数
      DNxy:形函数对整体坐标 x、y 的偏导数,DNxy[i][0]对 x,  DNxy[i][1]对 y
    输出:
      B:几何矩阵,大小 B[3][2*numEleNode]
----------------------------------------------------------------------------------------*/
{
    int i,i2;

    for(i=0;i<numEleNode;i++){
        i2=i*2;
        B[0][i2]=DNxy[i][0];B[0][i2+1]=0.0;
        B[1][i2]=0.0;        B[1][i2+1]=DNxy[i][1];
        B[2][i2]=DNxy[i][1];B[2][i2+1]=DNxy[i][0];
    }
}
```

讨论：什么情况下 $\det\boldsymbol{J}\neq 0$ 呢？

从式(2-143)可以看出，$\det\boldsymbol{J}$ 是 ξ、η 的线性函数，要使 $\det\boldsymbol{J}\neq 0$ 在整个单元上成立，只需要求 $\det\boldsymbol{J}$ 在 4 个结点处的值具有同一符号即可。因为由线性函数的性质可知，这时 $\det\boldsymbol{J}$ 在整个单元也将有同一的符号，从而使得 $\det\boldsymbol{J}\neq 0$。

以结点 1 为例，将局部坐标(−1，−1)代入式(2-143)有：

$$\det\boldsymbol{J}_{(-1,-1)}=\frac{1}{4}\begin{vmatrix} x_2-x_1 & y_2-y_1 \\ x_4-x_1 & y_4-y_1 \end{vmatrix}=\frac{1}{4}l_{12}l_{14}\sin\theta_1$$

这里 θ_1 为整体坐标系任意四边形单元的 12 边和 14 边所夹的角，l_{12} 为 12 边的长度，l_{14} 为 14 边的长度［图 2.32(a)］。同理，可得在其他结点上的 $\det\boldsymbol{J}$：

$$\det\boldsymbol{J}_{(1,-1)}=\frac{1}{4}l_{21}l_{23}\sin\theta_2,\quad \det\boldsymbol{J}_{(1,1)}=\frac{1}{4}l_{31}l_{34}\sin\theta_3,\quad \det\boldsymbol{J}_{(-1,1)}=\frac{1}{4}l_{41}l_{43}\sin\theta_4$$

由于四边形内角和为 2π，即

$$\theta_1+\theta_2+\theta_3+\theta_4=2\pi$$

所以只有在

$$0<\theta_i<\pi \quad (i=1,\ 2,\ 3,\ 4)$$

的条件下才会使 det$\boldsymbol{J}$ 符号一致，且大于 0。这说明为保证 det$\boldsymbol{J}\neq 0$，在整体坐标系下划分的四边形必须为凸的四边形，而不能出现有一个内角大于 π 的凹四边形，如图 2.32(b)所示右边的单元划分是错误的。通常，为了保证计算的精度，在划分单元时尽量使四边形形状接近正方形。

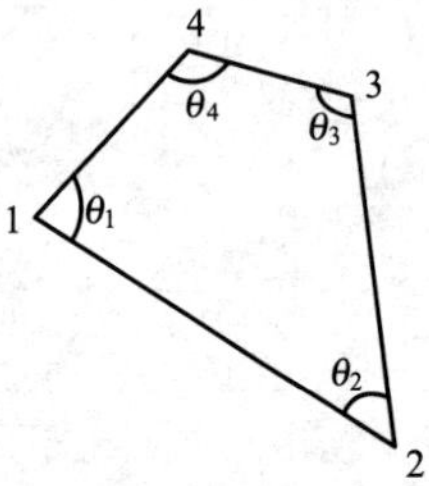

(a) 正确形状

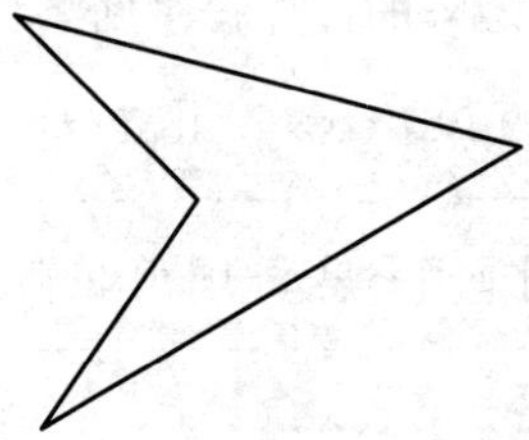

(b) 错误形状

图 2.32 四边形的形状

3. 单元应力场

与前面分析的一样，单元内的应力场为：

$$\boldsymbol{\sigma}=\boldsymbol{DB\delta}^{ⓔ}=\boldsymbol{S\delta}^{ⓔ}=[\boldsymbol{S}_1 \quad \boldsymbol{S}_2 \quad \boldsymbol{S}_3 \quad \boldsymbol{S}_4]\,\boldsymbol{\delta}^{ⓔ} \tag{2-145}$$

对于平面应力问题，其中，

$$\boldsymbol{S}_i=\boldsymbol{DB}_i=\frac{E}{1-\mu^2}\begin{bmatrix} \dfrac{\partial N_i}{\partial x} & \mu\dfrac{\partial N_i}{\partial y} \\ \mu\dfrac{\partial N_i}{\partial x} & \dfrac{\partial N_i}{\partial y} \\ \dfrac{1-\mu}{2}\dfrac{\partial N_i}{\partial y} & \dfrac{1-\mu}{2}\dfrac{\partial N_i}{\partial x} \end{bmatrix} \quad (i=1,\ 2,\ 3,\ 4) \tag{2-146}$$

下面是计算平面等参单元应力矩阵的子程序。

```
void plane_S(float ** D,float**B,float**S,int numEleNode)
/* -----------------------------------------------------------------------------------------
    功能：计算平面等参单元应力矩阵 S=D*B
-------------------------------------------------------------------------------------------
    输入：
      numEleNode：单元结点数
           D：弹性矩阵 3*3
           B：几何矩阵 3*(numEleNode*2)
    输出：
          S：应力矩阵，3*(numEleNode*2)
------------------------------------------------------------------------------------------*/
```

```
{
    int i, j, k;
    for(i=0;i<3;i++) {
        for(j=0;j<numEleNode*2;j++) {
            S[i][j] =0.0;
            for(k=0;k<3;k++)  S[i][j] +=D[i][k] *B[k][j];
        }
    }
}
```

4. 单元刚度矩阵

单元刚度矩阵为：

$$k^{ⓔ}=\int_V \boldsymbol{B}^{\mathrm{T}}\boldsymbol{D}\boldsymbol{B}\,\mathrm{d}V=h\int_A \boldsymbol{B}^{\mathrm{T}}\boldsymbol{D}\boldsymbol{B}\,\mathrm{d}A=h\int_{-1}^{1}\int_{-1}^{1}\boldsymbol{B}^{\mathrm{T}}\boldsymbol{D}\boldsymbol{B}\det\boldsymbol{J}\,\mathrm{d}\xi\mathrm{d}\eta \tag{2-147}$$

式中，h 为单元厚度。$k^{ⓔ}$可划分为子矩阵的形式，子矩阵的计算公式为：

$$\boldsymbol{k}_{ij}=t\int_{-1}^{1}\int_{-1}^{1}\boldsymbol{B}_i^{\mathrm{T}}\boldsymbol{D}\boldsymbol{B}_j\,|\boldsymbol{J}|\,\mathrm{d}\xi\mathrm{d}\eta\quad(i,j=1,2,3,4) \tag{2-148}$$

对于平面应力问题，

$$\boldsymbol{B}_i^{\mathrm{T}}\boldsymbol{D}\boldsymbol{B}_j=\frac{E}{1-\mu^2}\begin{bmatrix}\frac{\partial N_i}{\partial x}\frac{\partial N_j}{\partial x}+\frac{1-\mu}{2}\frac{\partial N_i}{\partial y}\frac{\partial N_j}{\partial y} & \mu\frac{\partial N_i}{\partial x}\frac{\partial N_j}{\partial y}+\frac{1-\mu}{2}\frac{\partial N_i}{\partial y}\frac{\partial N_j}{\partial x}\\ \mu\frac{\partial N_i}{\partial y}\frac{\partial N_j}{\partial x}+\frac{1-\mu}{2}\frac{\partial N_i}{\partial x}\frac{\partial N_j}{\partial y} & \frac{\partial N_i}{\partial y}\frac{\partial N_j}{\partial y}+\frac{1-\mu}{2}\frac{\partial N_i}{\partial x}\frac{\partial N_j}{\partial x}\end{bmatrix}$$

$$(i,\ j=1,\ 2,\ 3,\ 4) \tag{2-149}$$

其单元刚度矩阵计算子程序如下：

```
void plane_Q4_ke(INFO_NODE* node,INFO_MATRIAL* matrial,int* eNd,int em,
                 float* * ke,int ngaus,int flag)
/* ---------------------------------------------------------------------------------
    功能:计算平面 4 结点等参单元的单元刚度矩阵
-----------------------------------------------------------------------------------
    输入:
         node:结构数组,存放结点信息
      matrial:材料特性数组,存放弹性模量等数据
          eNd:单元结点编号
           em:单元材料号,从 1 开始
         Ksai:高斯积分点
       Weight:高斯积分点权系数
        ngaus:高斯积分点数
         flag:>0 平面应力问题;<=0 平面应变问题
    输出:
         ke:单元刚度矩阵,8*8
---------------------------------------------------------------------------------*/
{
```

```
int  dim=2;
int  numNodeElem=4;
int  dofElem=8;
int i,j,k,ig,jg;
float s,t,coef;
float**eXY=NULL;
float E,mu,h;
float detJ;
float**D=NULL;
float*N= NULL;
float**DN= NULL;
float**DNxy= NULL;
float**B;
float**S;
float**Jacobi=NULL;
float**InvJacobi=NULL;
float*Ksai=NULL;     //高斯积分点位置
float*Weight=NULL;  //高斯积分点权系数

Ksai=alloc1float(ngaus);
Weight=alloc1float(ngaus);
D  =alloc2float(3,3);
N  =alloc1float(numNodeElem);
B  =alloc2float(3,dofElem);
S  =alloc2float(3,dofElem);
eXY=alloc2float(numNodeElem,dim);
DN  =alloc2float(numNodeElem,dim);
DNxy=alloc2float(numNodeElem,dim);
Jacobi=alloc2float(dim,dim);
InvJacobi=alloc2float(dim,dim);

//求取高斯积分点权系数
gauss_coef(ngaus,Ksai,Weight);

//从总的结点坐标中取出本单元的结点坐标
for(i=0;i<numNodeElem;i++){
    eXY[i][0]=node[eNd[i]-1].x;
    eXY[i][1]=node[eNd[i]-1 ].y;
}

//从材料库中取出本单元的弹性模量和泊松比
E=matrial[em-1].E;
mu=matrial[em-1].mu;
```

```
    h=matrial[em-1].h;

    //单元刚度矩阵置0
    for(i=0;i<dofElem;i++){
        for(j=0;j<dofElem;j++)ke[i][j]=0.0;
    }

    //计算弹性矩阵D
    plane_elastic_matrix(E,mu,D,flag);

    for(ig=0;ig<ngaus;ig++){
        for(jg=0;jg<ngaus;jg++){

            s=Ksai[ig];
            t=Ksai[jg];
            plane_Q4_N(s,t,N,DN); //计算形函数N,其关于局部坐标的导数DN
            detJ=plane_jacobi(eXY,DN,Jacobi,InvJacobi,DNxy,numNodeElem);
            plane_B(DNxy,B,numNodeElem);
            plane_S(D,B,S,numNodeElem);

            coef=h*detJ*Weight[ig]*Weight[jg];
            //计算上三角矩阵
            for(i=0;i<dofElem;i++){
                for(j=i;j<dofElem;j++){
                    for(k=0;k<3;k++)ke[i][j]+=coef*B[k][i]*S[k][j];
                }
            }
        }
    }
    //形成下三角矩阵
    for(i=1;i<dofElem;i++){
        for(j=0;j<i;j++)ke[i][j]=ke[j][i];
    }
}
```

结点信息结构的定义：

```
typedef struct{
    int  n;             //结点自由度
    float  x,y,z;
    int  *m;            //结点位移编码
    float  *u;          //结点位移
}INFO_NODE;
```

材料信息结构的定义：

```
typedef struct{
    float E;          // 弹性模量
float G;              // 剪切模量
float A;              // 截面面积
float Ip;             // 极惯性矩
float Iy;             // 绕 y 轴惯性矩
float Iz;             // 绕 z 轴惯性矩
float mu;             // 泊松比
float h;              // 单元厚度
}INFO_MATRIAL;
```

5. 等效结点荷载计算

1）集中力

单元上任意点受集中力 $\boldsymbol{F}=[F_x \quad F_y]^{\mathrm{T}}$ 作用时，其等效结点荷载为：

$$\boldsymbol{F}_E^{ⓔ}=\boldsymbol{N}^{\mathrm{T}}\boldsymbol{F}$$

2）体积力

设单元内单位体积上作用的体积力为 $\boldsymbol{p}_v=[p_{vx} \quad p_{vy}]^{\mathrm{T}}$，则移置到单元各结点的等效结点荷载为：

$$\boldsymbol{F}_E^{ⓔ}=h\int_{-1}^{1}\int_{-1}^{1}\boldsymbol{N}^{\mathrm{T}}\begin{bmatrix}p_{vx}\\p_{vy}\end{bmatrix}\det\boldsymbol{J}\mathrm{d}\xi\mathrm{d}\eta$$

3）表面力

设单元某边上作用的表面力为 $\boldsymbol{p}_s=[p_{sx} \quad p_{sy}]^{\mathrm{T}}$，则移置到单元各结点的等效结点力为：

$$\boldsymbol{F}_E^{ⓔ}=h\int_l\boldsymbol{N}^{\mathrm{T}}\begin{bmatrix}p_{sx}\\p_{sy}\end{bmatrix}\mathrm{d}s$$

下面是表面力等效结点荷载的子程序：

```
void plane_Q4_load(INFO_NODE* node,int eNo,int* eNd,int* nNoLoad,float** press,int
                   nGaus,float* eLoad)
/*----------------------------------------------------------------------------
    功能:计算平面 4 结点等参单元的等效结点荷载(分布荷载)
------------------------------------------------------------------------------
    输入:
          node:结构数组,存放结点信息
          eNo:作用单元号
          eNd:单元结点号,eNd[4]
          nNoLoad:作用结点号,nNoLoad[2]
          press:结点处的荷载大小,2*2,  press[0][0]--第 1 个结点 x 方向,
                                       press[0][1]--第 1 个结点 y 方向,
          nGaus:高斯积分点数
    输出:
          eLoad:单元等效结点荷载
```

```
-----------------------------------------------------------------------------------------*/
{
    int i,j,ig;
    float s;
    float**eXY=NULL;
    float*Ni=NULL;
    float*DNi=NULL;
    float*r=NULL;
    float pgash[2],dgash[2],Px,Py;

    int dofNode=2;          //结点自由度数
    int dofElem;            //单元自由度数
    int numNodeElem=4;      //单元结点数
    int numNodeLoad=2;      //面荷载作用边界结点数
    dofElem=dofNode*numNodeElem;
    //高斯积分点及其权系数
    float*ksai,*Hk;
    ksai=alloc1float(nGaus);
    Hk  =alloc1float(nGaus);
    gauss_coef(nGaus,ksai,Hk);
    Ni  =alloc1float(numNodeLoad);
    DNi  =alloc1float(numNodeLoad);
    r  =alloc1float(dofNode*numNodeLoad);
    eXY=alloc2float(numNodeLoad,dofNode);
    //从总的结点坐标中取出面荷载作用边界结点坐标
    for(i=0;i<numNodeLoad;i++){
        eXY[i][0]=node[nNoLoad[i]-1].x;
        eXY[i][1]=node[nNoLoad[i]-1].y;
    }

    for(i=0;i<dofElem;i++)r[i]=0.0;
    for(ig=0;ig<nGaus;ig++){
    s=ksai[ig];
    //计算边界处的形函数及其偏导数
    Ni[0]=0.5*(1.0-s);
    Ni[1]=0.5*(1.0+s);
    DNi[0]=-0.5;
    DNi[1]=0.5;
    //计算压力在x、y方向的值
    for(i=0;i<dofNode;i++){
        pgash[i]=0.0;
        dgash[i]=0.0;
        for(j=0;j<numNodeLoad;j++){
```

```
            pgash[i]+=press[j][i]*Ni[j];
                dgash[i]+=eXY[j][i]*DNi[j];
            }
        }
        Px=dgash[0]*pgash[1]-dgash[1]*pgash[0];
        Py=dgash[0]*pgash[0]-dgash[1]*pgash[1];
        //计算在结点处的等效荷载
        for(i=0;i<numNodeLoad;i++){
            r[2*i]+=Px*Ni[i]*Hk[ig];
            r[2*i+1]+=Py*Ni[i]*Hk[ig];
        }
        }
        //按结点顺序存放单元等效结点荷载
        for(i=0;i<numNodeElem;i++){
        for(j=0;j<numNodeLoad;j++){
            if(nNoLoad[j]==eNd[i]){
                eLoad[2*i]+ =r[2*j];
                eLoad[2*i+1]+=r[2*j+1];
                break;
                }
            }
        }
    }
```

2.9.3 平面 8 结点四边形等参单元

由于 4 结点四边形等参单元的边界是直线，对一些曲线区域进行划分时适应能力较差。为了进一步提高计算精度，可以在 4 结点四边形基础上增加结点数目，提高位移函数的阶数，其中使用比较多的是 8 结点曲四边形等参单元(图 2.33)。

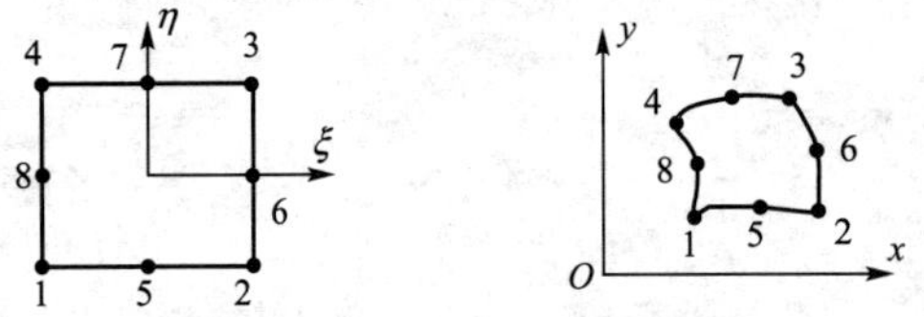

图 2.33　8 结点曲四边形等参单元

设其结点如图 2.33 所示，在局部坐标系，8 个结点的坐标分别为：1(−1，−1)，2(1，−1)，3(1，1)，4(−1，1)，5(0，−1)，6(1，0)，7(0，1)，1(−1，0)。其插值函数为：

$$N_i=\begin{cases}\dfrac{1}{4}(1+\xi_i\xi)(1+\eta_i\eta)(\xi_i\xi+\eta_i\eta-1) & (i=1,\ 2,\ 3,\ 4)\\ \dfrac{1}{2}(1-\xi^2)(1+\eta_i\eta) & (i=5,\ 7)\\ \dfrac{1}{2}(1-\eta^2)(1+\xi_i\xi) & (i=6,\ 8)\end{cases} \tag{2-150}$$

此时坐标变换的雅可比矩阵为：

$$\boldsymbol{J}(\xi,\eta)=\begin{bmatrix}\sum_{i=1}^{8}\frac{\partial N_i}{\partial\xi}x_i & \sum_{i=1}^{8}\frac{\partial N_i}{\partial\xi}y_i\\ \sum_{i=1}^{8}\frac{\partial N_i}{\partial\eta}x_i & \sum_{i=1}^{8}\frac{\partial N_i}{\partial\eta}y_i\end{bmatrix}=\begin{bmatrix}\frac{\partial N_1}{\partial\xi} & \frac{\partial N_2}{\partial\xi} & \cdots & \frac{\partial N_8}{\partial\xi}\\ \frac{\partial N_1}{\partial\eta} & \frac{\partial N_2}{\partial\eta} & \cdots & \frac{\partial N_8}{\partial\eta}\end{bmatrix}\begin{bmatrix}x_1 & y_1\\ x_2 & y_2\\ \vdots & \vdots\\ x_8 & y_8\end{bmatrix}$$

通过坐标变换关系式(2-116)可知整体坐标系下单元的形状。以局部坐标下单元的263边为例，其直线方程为 $\xi=1$，将其代入式(2-116)，可得：

$$\begin{cases}x=a\eta^2+b\eta+c\\ y=d\eta^2+e\eta+f\end{cases}$$

消去参数 η，可知是一条抛物线方程。

同样，为了保证 $\det\boldsymbol{J}\neq0$，类似于前面4结点等参单元的分析，单元形状必须有一定的限制。划分单元时整体坐标系下曲四边形的任意两条对边即使通过适当延长也不能在单元上出现交点(图2.34)，否则会使计算无法进行下去。

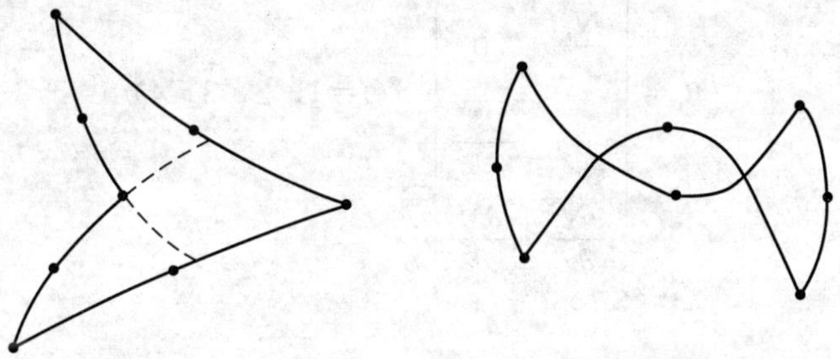

图2.34　错误的单元形状

2.9.4　空间轴对称等参单元

1. 单元刚度矩阵

在空间轴对称问题中，采用的整体坐标系是圆柱坐标系。如图2.35所示的4结点四边形等参单元，其坐标系的映射关系和位移模式分别采用下列形式：

$$r=\sum_{i=1}^{4}N_ir_i\qquad z=\sum_{i=1}^{4}N_iz_i$$

$$u=\sum_{i=1}^{4}N_iu_i\qquad w=\sum_{i=1}^{4}N_iw_i\tag{2-151}$$

其中形函数取为式(2-132)。对于8结点轴对称等参元，式(2-151)中4变为8，相应的形函数为(2-150)。应变场为：

$$\boldsymbol{\varepsilon}=\begin{bmatrix}\frac{\partial u}{\partial r}\\ \frac{u}{r}\\ \frac{\partial w}{\partial z}\\ \frac{\partial u}{\partial z}+\frac{\partial w}{\partial r}\end{bmatrix}=\boldsymbol{B}\boldsymbol{\delta}^{ⓔ}=[\boldsymbol{B}_1\quad\boldsymbol{B}_2\quad\boldsymbol{B}_3\quad\boldsymbol{B}_4]\,\boldsymbol{\delta}^{ⓔ}\tag{2-152}$$

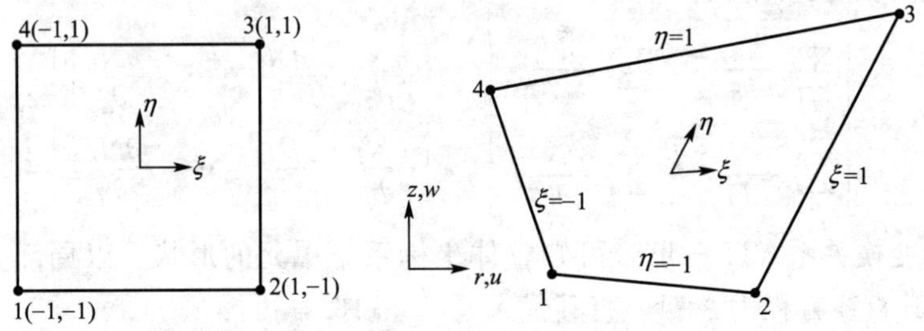

(a) 标准元　　(b) 直四边形单元

图 2.35　轴对称等参单元

其中，

$$\boldsymbol{B}_i=\begin{bmatrix}\dfrac{\partial N_i}{\partial r} & 0\\ \dfrac{N_i}{r} & 0\\ 0 & \dfrac{\partial N_i}{\partial z}\\ \dfrac{\partial N_i}{\partial z} & \dfrac{\partial N_i}{\partial r}\end{bmatrix}\quad(i=1,\ 2,\ 3,\ 4)\tag{2-153}$$

而

$$\begin{bmatrix}\dfrac{\partial N_i}{\partial r}\\ \dfrac{\partial N_i}{\partial z}\end{bmatrix}=\boldsymbol{J}^{-1}\begin{bmatrix}\dfrac{\partial N_i}{\partial \xi}\\ \dfrac{\partial N_i}{\partial \eta}\end{bmatrix}\tag{2-154}$$

应力场为：

$$\boldsymbol{\sigma}=\boldsymbol{DB\delta}^{ⓔ}=\boldsymbol{S\delta}^{ⓔ}=[\boldsymbol{S}_1\quad \boldsymbol{S}_2\quad \boldsymbol{S}_3\quad \boldsymbol{S}_4]\ \boldsymbol{\delta}^{ⓔ}\tag{2-155}$$

$$\boldsymbol{S}_i=\boldsymbol{DB}_i=\frac{E(1-\mu)}{(1-2\mu)(1+\mu)}\begin{bmatrix}\dfrac{\partial N_i}{\partial r}+\dfrac{\mu}{1-\mu}\dfrac{N_i}{r} & \dfrac{\mu}{1-\mu}\dfrac{\partial N_i}{\partial z}\\ \dfrac{\mu}{1-\mu}\dfrac{\partial N_i}{\partial r}+\dfrac{N_i}{r} & \dfrac{\mu}{1-\mu}\dfrac{\partial N_i}{\partial z}\\ \dfrac{\mu}{1-\mu}\left(\dfrac{\partial N_i}{\partial r}+\dfrac{N_i}{r}\right) & \dfrac{\partial N_i}{\partial z}\\ \dfrac{(1-2\mu)}{2(1-\mu)}\dfrac{\partial N_i}{\partial z} & \dfrac{(1-2\mu)}{2(1-\mu)}\dfrac{\partial N_i}{\partial r}\end{bmatrix}\quad(i=1,\ 2,\ 3,\ 4)\tag{2-156}$$

当 $r=0$ 时，可以用 $\dfrac{\partial N_i}{\partial r}$ 代替 $\dfrac{N_i}{r}$，以消除奇异项。

单元刚度矩阵为：

$$\boldsymbol{k}^{ⓔ}=2\pi\int_{-1}^{1}\int_{-1}^{1}\boldsymbol{B}^{\mathrm{T}}\boldsymbol{DB}r\,|\boldsymbol{J}|\,\mathrm{d}\xi\mathrm{d}\eta\tag{2-157}$$

将 $\boldsymbol{k}^{ⓔ}$ 可划分为子矩阵的形式，子矩阵的计算公式为：

$$k_{ij}=2\pi\int_{-1}^{1}\int_{-1}^{1}B_i^{\mathrm T}BD_j r\,|J|\,\mathrm d\xi\mathrm d\eta\quad(i,j=1,2,3,4)\tag{2-158}$$

其中，

$$B_i^{\mathrm T}DB_j=\frac{E(1-\mu)}{(1-2\mu)(1+\mu)}\begin{bmatrix}\dfrac{\partial N_i}{\partial r}\left(\dfrac{\partial N_j}{\partial r}+\dfrac{\mu}{1-\mu}\dfrac{N_i}{r}\right) & \dfrac{\mu}{1-\mu}\dfrac{\partial N_i}{\partial r}\dfrac{\partial N_j}{\partial z}\\ +N_i\left(\dfrac{\mu}{1-\mu}\dfrac{\partial N_j}{\partial r}+\dfrac{N_i}{r}\right)\dfrac{1}{r} & +\dfrac{\mu}{1-\mu}\dfrac{N_i}{r}\dfrac{\partial N_j}{\partial z}\\ +\dfrac{(1-2\mu)}{2(1-\mu)}\dfrac{\partial N_i}{\partial z}\dfrac{\partial N_j}{\partial z} & +\dfrac{(1-2\mu)}{2(1-\mu)}\dfrac{\partial N_i}{\partial z}\dfrac{\partial N_j}{\partial r}\\ \dfrac{\mu}{1-\mu}\dfrac{\partial N_i}{\partial z}\left(\dfrac{\partial N_j}{\partial r}+\dfrac{N_i}{r}\right) & \dfrac{\partial N_i}{\partial z}\dfrac{\partial N_j}{\partial z}\\ +\dfrac{(1-2\mu)}{2(1-\mu)}\dfrac{\partial N_i}{\partial z}\dfrac{\partial N_j}{\partial z} & +\dfrac{(1-2\mu)}{2(1-\mu)}\dfrac{\partial N_i}{\partial r}\dfrac{\partial N_j}{\partial r}\end{bmatrix}$$

$$(i,\ j=1,\ 2,\ 3,\ 4)\tag{2-159}$$

2. 等效结点荷载计算

1）体积力

设单元内单位体积上作用的体积力为 $\boldsymbol p_v=[p_{vr}\quad p_{vz}]^{\mathrm T}$，则移置到单元各结点的等效结点力为：

$$F_{\Omega}^{ⓔ}=2\pi\int_{-1}^{1}\int_{-1}^{1}rN^{\mathrm T}\begin{bmatrix}p_{vr}\\ p_{vz}\end{bmatrix}|J|\,\mathrm d\xi\mathrm d\eta\tag{2-160}$$

2）表面力

设单元某边上作用的表面力为 $\boldsymbol p_s=[\sigma\quad\tau]^{\mathrm T}$，$\sigma$、$\tau$ 分别为单元表面力在作用边外法线方向和切线方向的投影。则移置到单元各结点的等效结点力为

$$F_{si}^{ⓔ}=2\pi\int_l rN_i^{\mathrm T}\begin{bmatrix}\tau\mathrm dr+\sigma\mathrm dz\\ \tau\mathrm dz-\sigma\mathrm dr\end{bmatrix}\mathrm ds\tag{2-161}$$

2.9.5　数值积分

在有限单元法分析中，计算单元刚度矩阵时往往需要进行积分运算。通常工程中遇到的定积分 $\int_a^b f(x)\mathrm dx$，若知道被积函数 $f(x)$的原函数 $F(x)$，则其定积分可以表示为 $F(b)-F(a)$。然而计算单元刚度矩阵的原函数往往没有具体的数学表达式，因此必须进行数值积分。

1. Newton - Cotes 积分

若将积分区间$[a，b]$划分为 n 等分，步长 $h=(b-a)/n$，选取等间距点 $x_i=a+ih$ 构造出的插值型求积公式：

$$I=(b-a)\sum_{i=0}^{n}H_i^{(n)}f(x_i)\tag{2-162}$$

称为 Newton - Cotes 积分公式，式中 $H_i^{(n)}$ 称为 Cotes 系数(又称为权系数)，有

$$H_i^{(n)}=\frac{(-1)^{n-i}}{ni!(n-i)!}\int_0^n\prod_{j=0,j\neq i}^{n}(\xi-j)\mathrm d\xi\tag{2-163}$$

Cotes 系数与被积函数 $f(x)$ 无关，只与积分点的个数和位置有关，表 2-1 列出了 Cotes 系数表的开始部分。当积分点过多时，权系数可能出现负值，会增大积分误差。常用的梯形或抛物线积分公式是 Newton-Cotes 积分的两种简单情形。

表 2-1　Cotes 系数表

n	权系数 $H_i^{(n)}$							
1	$\frac{1}{2}$	$\frac{1}{2}$						
2	$\frac{1}{6}$	$\frac{2}{3}$	$\frac{1}{6}$					
3	$\frac{1}{8}$	$\frac{3}{8}$	$\frac{3}{8}$	$\frac{1}{8}$				
4	$\frac{7}{90}$	$\frac{16}{45}$	$\frac{2}{15}$	$\frac{16}{45}$	$\frac{7}{90}$			
5	$\frac{19}{288}$	$\frac{25}{96}$	$\frac{25}{144}$	$\frac{25}{144}$	$\frac{25}{96}$	$\frac{19}{288}$		
6	$\frac{41}{840}$	$\frac{9}{35}$	$\frac{9}{280}$	$\frac{34}{105}$	$\frac{9}{280}$	$\frac{9}{35}$	$\frac{41}{840}$	
7	$\frac{751}{17280}$	$\frac{3577}{17280}$	$\frac{1323}{17280}$	$\frac{2989}{17280}$	$\frac{2989}{17280}$	$\frac{1323}{17280}$	$\frac{3577}{17280}$	$\frac{751}{17280}$

2. 高斯(Gauss)积分

上述 Newton-Cotes 积分是在等间距上取积分点，若积分点 ξ_i 不是等间距分布，其积分点位置由下述方法确定。

首先构造一个多项式 $P(\xi)$，使得：

$$P(\xi)=\prod_{j=1}^{n}(\xi-\xi_j) \tag{2-164}$$

再由下列条件确定 n 个积分点的位置：

$$\int_a^b \xi^i P(\xi)\mathrm{d}\xi=0 \quad (i=0,1,2,\cdots,n-1) \tag{2-165}$$

由式(2-164)和式(2-165)可知：①在积分点上 $P(\xi_i)=0$；②多项式 $P(\xi)$ 与不高于 $n-1$ 次多项式序列 $\xi^i(i=0,1,2,\cdots,n-1)$ 在积分区间 $[a,b]$ 上正交。由此可见，n 个积分点的位置 ξ_i 是由 n 次多项式 $P(\xi)$ 在求积域 $[a,b]$ 内与 ξ^0、ξ^1、ξ^2、…、ξ^{n-1} 相正交的条件所决定的，即 ξ_i 是方程式(2-165)的解。被积函数 $f(\xi)$ 可由 $2n-1$ 次多项式 $\psi(\xi)$ 来近似，即

$$\psi(\xi)=\sum_{i=1}^{n} l_i^{(n-1)}(\xi)f(\xi_i)+\sum_{i=0}^{n-1}\beta_i\xi^i P(\xi) \tag{2-166}$$

这里 $l_i^{(n-1)}(\xi)$ 为 $n-1$ 阶拉格朗日插值函数。那么，用上述多项式的积分 $\int_a^b\psi(\xi)\mathrm{d}\xi$ 代替原积分 $\int_a^b f(\xi)\mathrm{d}\xi$ 的代数精度为 $2n-1$ 阶。以多项式 $P(\xi)$ 的零点 ξ_i 作为基点，称为高斯点，原积分写成：

$$\int_a^b f(\xi)\mathrm{d}\xi=\int_a^b\psi(\xi)\mathrm{d}\xi+R_{2n-1}=\sum_{i=1}^{n}H_i f(\xi_i)+R_{2n-1} \tag{2-167}$$

其中，

$$H_i = \int_a^b l_i^{(n-1)}(\xi)\mathrm{d}\xi \tag{2-168}$$

通常取积分值：

$$\int_a^b f(\xi)\mathrm{d}\xi = \sum_{i=1}^{n} H_i f(\xi_i) \tag{2-169}$$

为高斯积分。

通常为了计算积分点的位置 ξ_i 和权系数 H_i，把积分范围进行规格化，若 $a=-1$，$b=1$，这样计算得到的 ξ_i 和 H_i 见表 2-2。当原积分区域不是[−1，1]时，积分点的坐标和积分系数分别为 $\frac{a+b}{2}-\frac{a-b}{2}\xi_i$ 和 $\frac{b-a}{2}H_i$。

表 2-2 列出了高斯积分点的坐标与权系数。

表 2-2　高斯积分点的坐标与权系数

积分点 n	积分点 $\pm\xi_i$	权系数 H_i
1	0.000000000000000	2.000000000000000
2	0.577350229189626	1.000000000000000
3	0.774596669241483	0.555555555555556
	0.000000000000000	0.888888888888889
4	0.861136311594053	0.347854845137454
	0.339981043584856	0.652145154862546
5	0.906179845938664	0.236926885056189
	0.538469310105683	0.478628670499366
	0.000000000000000	0.568888888888889
6	0.932469514203152	0.171324492379170
	0.661209386466265	0.360761573048139
	0.238619186083197	0.467913934572691

下面程序根据高斯积分点数确定其坐标与权系数：

```
void gauss_coef(int n,float* Xk,float* Hk)
/*------------------------------------------------------------------------------
    功能:确定 Gauss 积分点的系数,积分点最大为 4
--------------------------------------------------------------------------------
    输入:
        n:  积分点数
    输出:
        Xk:  积分点坐标
        Hk:  加权系数
------------------------------------------------------------------------------*/
{
    switch(n){
        case 2:Xk[0]=-0.577350229189626;
               Xk[1]=0.577350229189626;
               Hk[0]=1.0;
```

```
            Hk[1]=1.0;
            break;
        case 3:Xk[0]=-0.774596669241483;
            Xk[1]=  0.0;
            Xk[2]=  0.774596669241483;
            Hk[0]=  0.555555555555556;
            Hk[1]=  0.888888888888889;
            Hk[2]=  0.555555555555556;
            break;
        case 4:Xk[0]=-0.861136311594053;
            Xk[1]=-0.339981043584856;
            Xk[2]=  0.339981043584856;
            Xk[3]=  0.861136311594053;
            Hk[0]=  0.347854845137454;
            Hk[1]=  0.652145154862546;
            Hk[2]=  0.652145154862546;
            Hk[3]=  0.347854845137454;
            break;
        default:
            Xk[0]=   0.0;
            Hk[0]=   2.0;
    }
}
```

例 2-5 分别用 Newton-Cotes 积分法和 Gauss 积分法计算 $\int_0^3 (2^r - r)\mathrm{d}r$，并与精确解进行比较。

解：(1) 该积分的精确解

$$\int_0^3 (2^r - r)\mathrm{d}r = \left(\frac{1}{\ln 2}2^r - \frac{1}{2}r^2\right)\Big|_0^3 = 5.5989$$

(2) 两点 Newton-Cotes 积分

积分点位置：$r_1=0$，$r_2=3$

积分权系数：$H_1=0.5$，$H_2=0.5$

积分点上函数值：$f(r_1)=2^0-0=1$，$f(r_2)=2^3-3=5$

故积分为：$\int_0^3 (2^r - r)\mathrm{d}r = (b-a)[H_1 f(r_1) + H_2 f(r_2)] = 9$

误差：$\varepsilon=\dfrac{9-5.5989}{5.5989}\times 100=60.75\%$

(3) 三点 Newton-Cotes 积分

积分点位置：$r_1=0$，$r_2=1.5$，$r_3=3$

积分权系数：$H_1=0.1667$，$H_2=0.6667$，$H_3=0.1667$

积分点上函数值：$f(r_1)=2^0-0=1$，$f(r_2)=2^{1.5}-1.5=1.3284$，

$$f(r_3)=2^3-3=5$$

故积分为：$\int_0^3 (2^r - r)\mathrm{d}r = (b-a)[H_1 f(r_1) + H_2 f(r_2) + H_3 f(r_3)] = 5.6568$

误差：$\varepsilon = \frac{5.6568 - 5.5989}{5.5989} \times 100 = 1.03\%$

(4) 两点 Gauss 积分

积分点位置：$r_1 = \frac{3+0}{2} - \frac{3-0}{2} \times 0.577350269 = 0.634$，

$$r_2 = \frac{3+0}{2} + \frac{3-0}{2} \times 0.577350269 = 2.366$$

积分权系数：$H_1 = \frac{3-0}{2} \times 1.0 = 1.5$，$H_2 = \frac{3-0}{2} \times 1.0 = 1.5$

积分点上函数值：$f(r_1) = 2^{0.634} - 0.634 = 0.9179$，$f(r_2) = 2^{2.366} - 2.366 = 2.7891$

故积分为：$\int_0^3 (2^r - r)\mathrm{d}r = H_1 f(r_1) + H_2 f(r_2) = 5.5604$

误差：$\varepsilon = \frac{5.5604 - 5.5989}{5.5989} \times 100 = -0.69\%$

3. 二维和三维高斯积分

对于二维和三维高斯积分，可以采用与解析法计算多重积分相同的方法，即在计算内层积分时，保持外层积分变量为常量。对于二维问题，其积分为：

$$I = \int_{-1}^{1}\int_{-1}^{1} f(\xi, \eta)\mathrm{d}\xi\mathrm{d}\eta$$

首先令 η 为常数，进行内层积分，有

$$\int_{-1}^{1} f(\xi, \eta)\mathrm{d}\xi = \sum_{j=1}^{n} H_j f(\xi_j, \eta)$$

再用同样的方法进行外层积分，得到：

$$\begin{aligned} I &= \int_{-1}^{1} \sum_{j=1}^{n} H_j f(\xi_j, \eta)\mathrm{d}\eta = \sum_{i=1}^{n} H_i \sum_{j=1}^{n} H_j f(\xi_j, \eta_i) \\ &= \sum_{i=1,j=1}^{n} H_i H_j f(\xi_j, \eta_i) \\ &= \sum_{i,j=1}^{n} H_{ij} f(\xi_j, \eta_i) \end{aligned}$$

这里的 H_i、H_j 即为一维高斯积分的权系数。类似地，三维积分可以表示为：

$$I = \int_{-1}^{1}\int_{-1}^{1}\int_{-1}^{1} f(\xi, \eta)\mathrm{d}\xi\mathrm{d}\eta\mathrm{d}\zeta = \sum_{i,j,k=1}^{n} H_{ijk} f(\xi_i, \eta_j, \zeta_k)$$

4. 一维高斯积分计算程序

```
double integral_gauss(double a,double b,double fun(double),int imax,double eps)
/* ------------------------------------------------------------------------------------------
    本程序为三点高斯积分,并可以自动对积分区域进行分段
--------------------------------------------------------------------------------------------
    输入:
```

```
    a:积分下限
    b:积分上限
  fun:被积函数
  eps:精度要求
 imax:最大迭代次数
 返回:
    返回积分结果
------------------------------------------------------------------------*/
{
    int i,j;
    int iter,n,point=3;   // 迭代次数,分段数,积分点数
    double h,x;           // 积分步长,坐标
    double sum1,sum2,d;   // 前次和后次积分结果,差
    double Xk[3],Hk[3];   // 积分点和系数

    Xk[0]=-0.774596669241483; Xk[1] =   0.0; Xk[2] =   0.774596669241483;
    Hk[0]=   0.555555555555556; Hk[1]=   0.888888888888889;
    Hk[2]=   0.555555555555556;

    // 第一次积分,积分区间不分割
    n=1;
    h=b-a;
    sum1=0.0;
    x=a+i*h+h/2.0;
    for(j=0;j<point;j++){
        sum1=sum1+Hk[j]*fun(x+Xk[j]*h/2.0);
    sum1=sum1*h/2.0;

    // 若需要,将积分区间进行分割
    d=1.0;
    iter=1;
    while(iter<imax && d>eps){
        n=2*n;
        h=h/2.0;
        sum2=0.0;
        for(i=0;i<n;i++){
            x=a+i*h+h/2.0;
            for(j=0;j<point;j++){
                sum2=sum2+Hk[j]*fun(x+Xk[j]*h/2.0);
            }
        }
        sum2=sum2*h/2.0;
        d=fabs(sum2-sum1);
```

```
        sum1=sum2;
        iter++;
    }

    return sum1;
}
```

如对例 2-5 进行计算，可以编写如下程序：

```
#include <stdio.h>
#include <stdlib.h>
#inclide <math.h>

double f1(double x)              // 定义积分函数
{
    double y;
     y=pow(2.0,x)-x;             // 若对其他函数积分,只需更换此表达式
    return (y);
}

void main()                      // 主函数
{
    double sum;
    sum=integral_gauss(0.0,3.0,f1,1,1.0e-8);
    printf("积分结果:%g\n\n",sum);
}
```

本章小结

本章详细地介绍了连续体结构有限单元法分析的基本原理，单元分析的基本过程分为单位位移模式的确定、单元应变场分析、单元应力场分析、单元刚度方程的建立。本章所介绍的单元包括平面 3 结点三角形单元、平面 4 结点矩形单元、平面 6 结点三角形单元、轴对称问题环形 3 结点三角形单元、环形 4 结点矩形单元、空间 4 结点四面体单元、空间 8 结点正六面体单元，4 结点直四边形等参单元、8 结点曲四边形等参单元、轴对称问题环形 4 结点直四边形等参单元等。此外，本章还介绍了 Newton—Cotes 数值积分和 Gauss 数值积分方法。

对结构物进行有限单元法分析，首先必须对其进行离散化，其单元的形状和大小由多个方面的因素确定，包括计算机的运算速度、计算精度要求、预计的计算费用等。

习　题

2.1　在平面 3 结点三角形单元中，试证明：

(1) 形函数在单元任一点上三个形函数之和为 1；

(2) 形函数 N_i 在结点 i 上为 1，在 j、m 上为零。在单元划分时，应注意什么？

2.2　平面问题中，六结点三角形单元的位移函数可取为完全二次多项式如下：

$$u=a_1+a_2x+a_3y+a_4x^2+a_5xy+a_6y^2$$

$$v=a_7+a_8x+a_9y+a_{10}x^2+a_{11}xy+a_{12}y^2$$

检查其是否满足收敛条件。

2.3　什么是等参单元？引入等参单元有什么好处？

2.4　在平面 3 结点三角形单元边界上作用有如图 2.36 所示的荷载，计算其等效结点荷载。若如图 2.36 所示单元为环形 3 结点三角形单元，其结果又怎样？

(1) 集中力 F 平行于 x 轴，A 点到 i、j 的距离分别为 Ai 和 Aj，ij 边的长度为 l［图 2.36(a)］。

(2) 如图 2.36 (b)所示，ij 边上有线性分布荷载最大值为 q_0，ij 边长为 l。

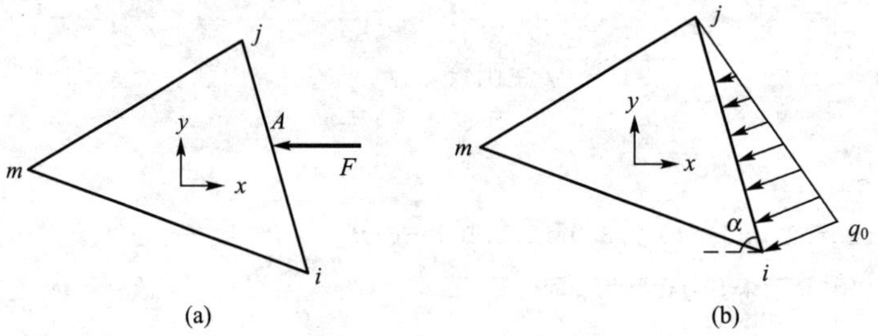

图 2.36　习题 2.4 图

2.5　已知如图 2.37 所示的三角形单元，设其厚度为 t，弹性模量为 E，泊松比为 μ。求：(1) 形函数 $\boldsymbol{N}$；(2) 应力矩阵 $\boldsymbol{S}$；(3) 单元刚度矩阵 $\boldsymbol{k}^{ⓔ}$。

2.6　如图 2.38 所示三角形板，有两个结点铰支，对第三个结点施以单位水平位移，这样实测的各结点力组成的刚度矩阵是否就等同于书中推导出的单元刚度矩阵？它是否能用于有限元分析？

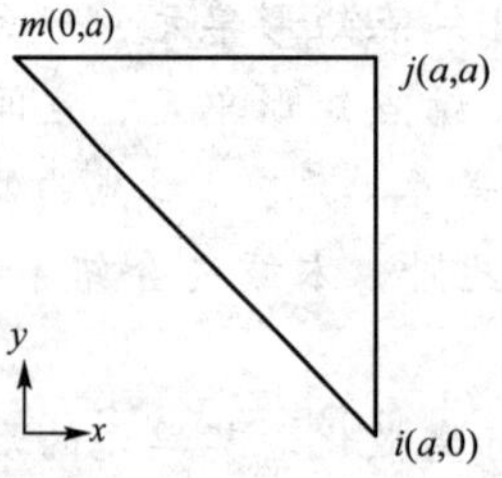

图 2.37　习题 2.5 图

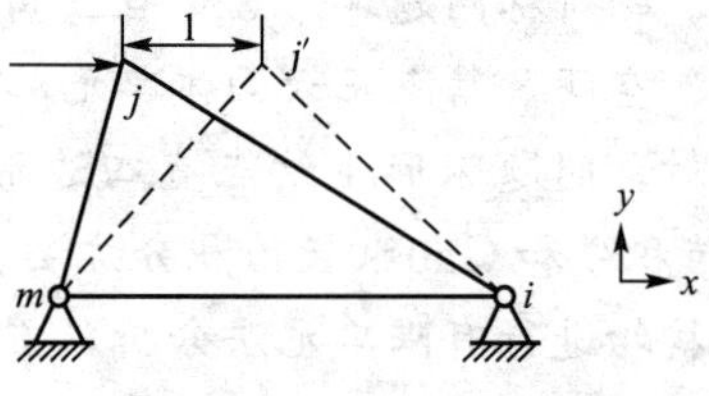

图 2.38　习题 2.6 图

2.7 已知如图 2.39 所示的悬臂梁，荷载如图 2.39(a)所示，采用图 2.39(b)所示的网格，设泊松比 $\mu=\dfrac{1}{3}$，厚度为 t，试求结点位移分量。

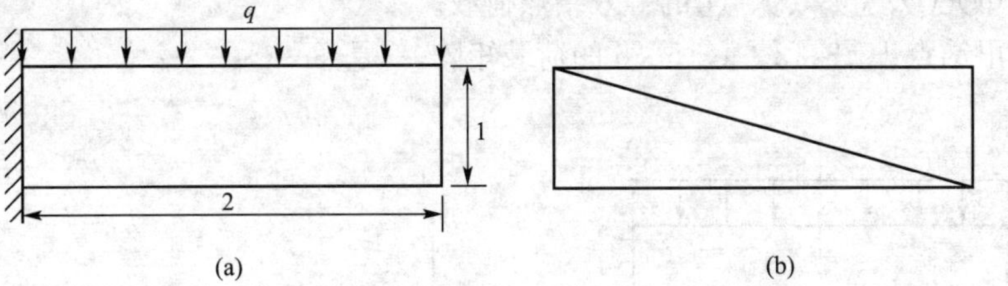

图 2.39 习题 2.7 图

2.8 如图 2.40 所示正方形薄板，边长为 $\sqrt{2}a$，厚度为 h，弹性模量为 E，泊松比 $\mu=1/3$，两对角受拉，荷载沿厚度均匀分布，大小为 F，不计重力。求板对角线长度的变化量。

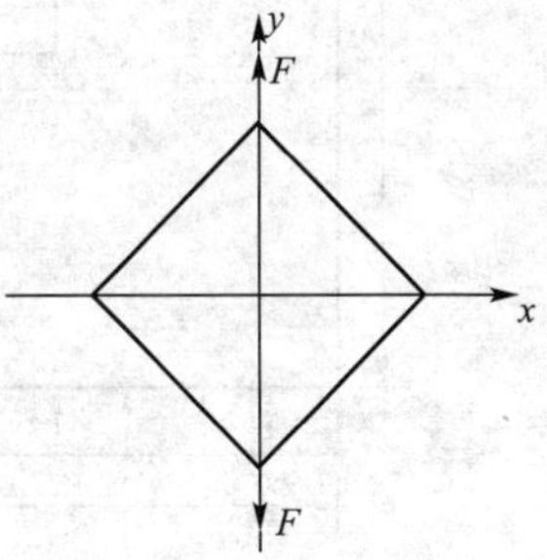

图 2.40 习题 2.8 图

2.9 从整体刚度矩阵带宽为最小的原则出发，如图 2.41 所示结点编号哪一种好，为什么？

2.10 如图 2.42 所示两个轴对称三角形单元，其形状、大小、方位均相同，但位置不同。设材料弹性模量为 E，泊松比为 $\mu=0.15$，试分别计算两单元的刚度矩阵(坐标 r、z 取平均值 $\bar{r}$、$\bar{z}$)。

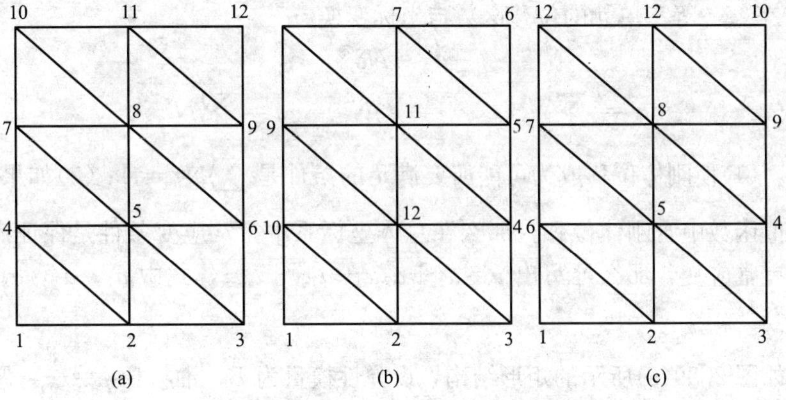

图 2.41 习题 2.9 图

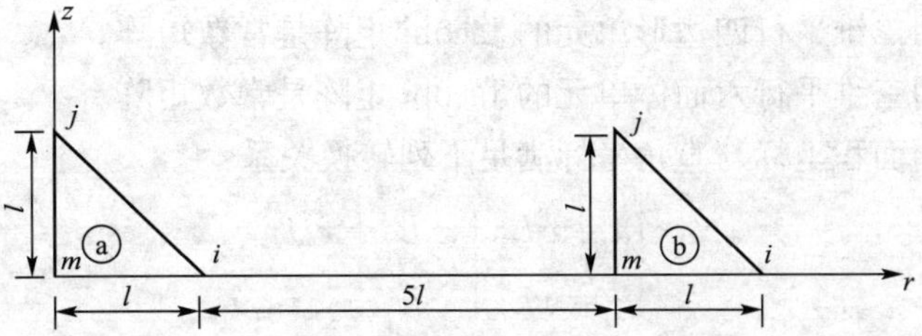

图 2.42 习题 2.10 图

2.11　如图2.43所示，受轴向压缩的圆柱体，直径$d=10\text{cm}$，长度$l=12\text{cm}$，两端面受均布荷载$\sigma_z=60\text{MPa}$作用。现取轴对称面的1/4均匀划分单元［图2.43(b)］。

(1) 写出离散体的位移约束条件。

(2) 求单元①、②、③、④的等效结点荷载。

(3) 写出结点1、2、3、4、5、6的荷载矩阵。

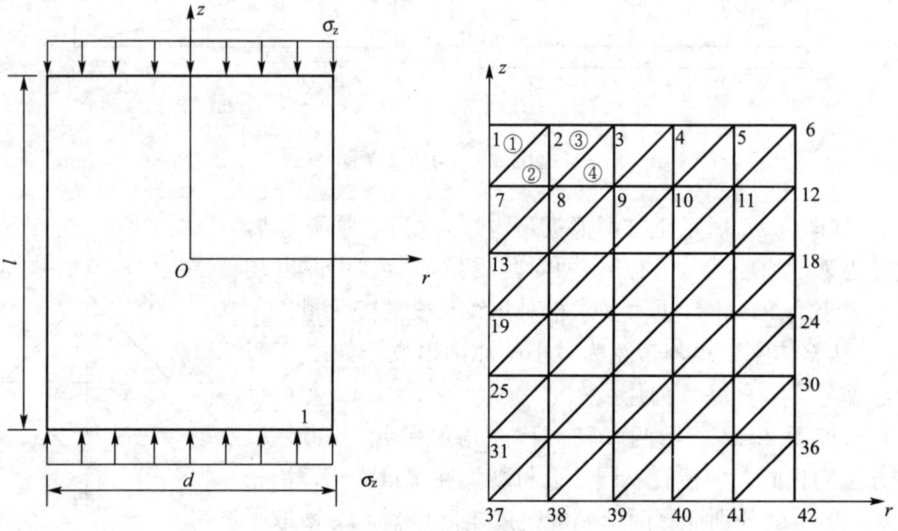

图2.43　习题2.11图

2.12　考察一等参单元的位移函数与坐标变换：

$$\boldsymbol{d}^{ⓔ}=\boldsymbol{N\delta}^{ⓔ}$$

$$x=\sum_i N_i x_i \quad y=\sum_i N_i y_i \quad z=\sum_i N_i z_i$$

试证明：(1)使刚体位移成为可能所要满足的条件是$\sum_i N_i=1$；(2)如果在自然坐标系表示的插值函数中含刚体位移，那么在总体坐标系中，常应变条件是保证满足的。(提示：如果含有常应变，那么可写出$u=a_1+a_2x+a_3y+a_4z$，式中a_1，a_2，a_3，a_4是任意常数。)

2.13　如图2.39(a)所示的矩形结构，设弹性模量为E，泊松比$\mu=\dfrac{1}{3}$，厚度为t。若采用一个4结点单元，或采用两个3结点单元，试分析这两种计算方案的计算量、计算精度和计算效率。

2.14　试证明二维平行四边形单元的Jacobi矩阵是常数矩阵。

2.15　试证明三维平行六面体单元的Jacobi矩阵是常数矩阵。

2.16　试证明面积坐标与直角坐标满足下列转换关系：

$$\begin{cases} x=x_iL_i+x_jL_j+x_mL_m \\ y=y_iL_i+y_jL_j+y_mL_m \end{cases}$$

2.17　一具有弹性支承的平面结构如图2.44所示，其势能泛函为：

$$\prod = \frac{1}{2}h\int_A(\sigma_x\varepsilon_x+\sigma_y\varepsilon_y+\tau_{xy}\gamma_{xy})\mathrm{d}A+\frac{1}{2}\int_{S_1}kv^2\mathrm{d}s-\int_{S_2}q(x)v\mathrm{d}s;$$

其中 A 为平面结构面积域，h 为板的厚度，k 为弹簧的弹性系数，v 为沿 y 方向的位移，试推导求解该问题的有限单元法分析方程，此时的位移边界条件如何处理？

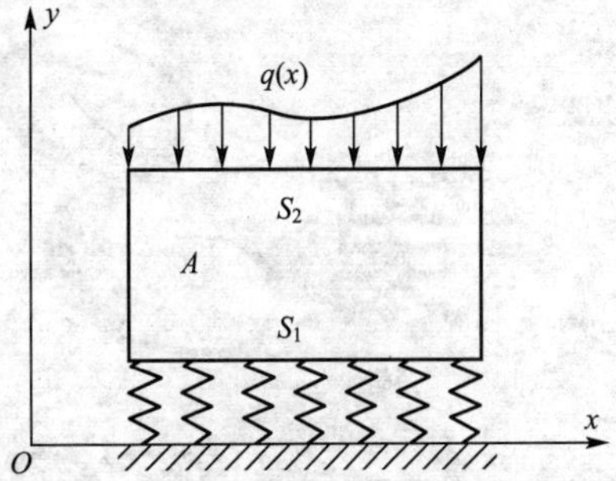

图 2.44　习题 2.17 图

2.18　一个三角形构件如图 2.45 所示，若采用一个 3 结点三角形单元进行分析计算，由于结点 3 为位移约束，经处理该结点位移约束后得到的刚度方程如下：

$$10^4\times\begin{bmatrix}10 & -2.5 & 1.83 & 2.5\\ -2.5 & 4.5 & 2.5 & -2.5\\ 1.83 & 2.5 & 5.0 & -2.5\\ 2.5 & -2.5 & -2.5 & 20\end{bmatrix}\begin{bmatrix}u_1\\ v_1\\ u_2\\ v_2\end{bmatrix}=\begin{bmatrix}F_{u_1}\\ F_{v_1}\\ F_{u_2}\\ F_{v_2}\end{bmatrix}$$

结点 2 为斜支座约束，试建立以位移 u_1、v_1、$\tilde{u}_2$ 和荷载 F_{u_1}、F_{v_1}、$F_{\tilde{u}_2}$ 来表示的刚度方程。

2.19　在平面 3 结点三角形单元 ijm 的边界 jm 上作用有如图 2.46 所示的线分布荷载，试计算其等效结点荷载。

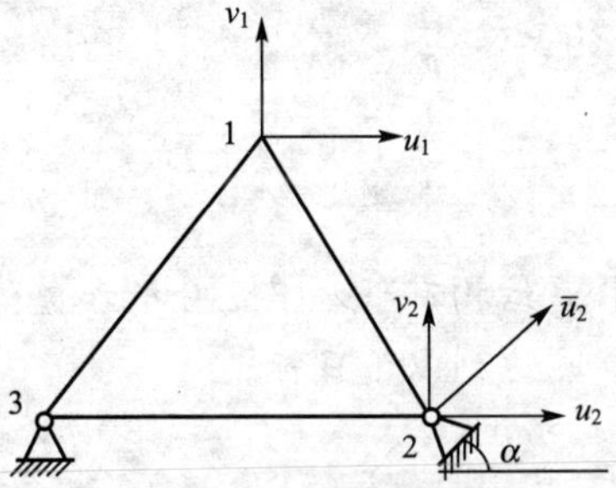

图 2.45　习题 2.18 图

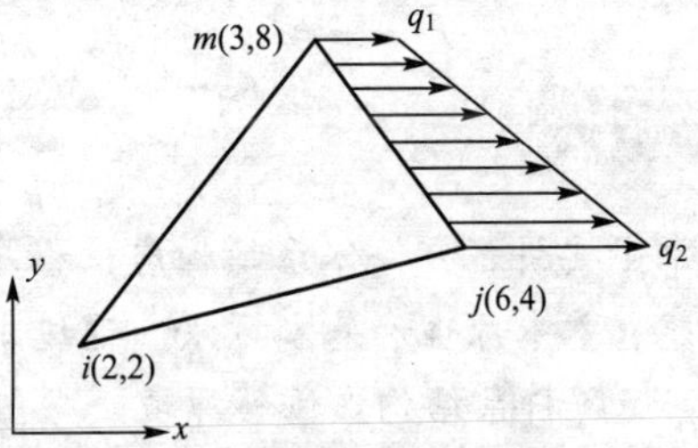

图 2.46　习题 2.19 图

第3章 杆系结构的有限单元法

教学目标

本章主要讲述杆件体系结构虚位移基本原理、杆系结构有限元单元分析和整体分析的基本思想、基本原理和基本方法。通过本章的学习，应达到以下目标。

(1) 了解杆系结构虚位移原理。

(2) 掌握杆系结构离散化的基本方法、单元划分的基本原则。

(3) 掌握各种杆件单元的单元结点位移-单元结点力的关系。

(4) 掌握有限元方法分析问题的基本过程、方法。

教学要求

知识要点	能力要求	相关知识
杆件体系离散化的问题	(1) 了解杆件体系离散化的基本概念 (2) 掌握平面杆件系统的离散化方法	(1) 杆件结构离散化 (2) 有限单元法分析问题的基本步骤 (3) 力与位移正负号的规定
等直杆单元的单元分析	(1) 掌握常见的等直杆单元的单元分析方法 (2) 掌握单元刚度矩阵的建立方法	(1) 平面杆件的几种常见单元类型 (2) 单元刚度矩阵的建立与基本性质
杆件结构体系的整体分析	(1) 掌握坐标变换方法 (2) 掌握整体刚度矩阵的集成方法 (3) 掌握等效结点荷载等效原理和边界条件处理方法	(1) 平面与空间坐标变换 (2) 结点荷载与非结点荷载的处理 (3) 边界条件的引入 (4) 平面杆系结构有限元程序设计

基本概念

离散化；先处理、后处理；单元分析；整体分析；坐标转换；单元刚度矩阵、整体刚度矩阵。

引例

结构单元(杆件单元和板壳单元)在工程中应用比较广泛，如连续梁、桁架、刚架、拱、悬索结构、网架结构等，这种结构是由若干杆件组成的，在土木、建筑、机械、船舶、水利等工程中应用很广，它们的力学分析属于结构力学范畴。杆系结构按受力的几何特征可分为平面杆系结构和空间杆系结构。全部杆件和全部荷载均处于同一平面之内的，称为平面杆系结构，例如一般的屋盖桁架、多层厂房的刚架等；不处于同一平面内的，称为空间杆系结构，例如输电线塔架等。

随着经济建设和科技的发展，工程中所提出的结构分析问题越来越向着大型化和复杂化方向发展，这就使得传统结构力学中的力法、位移法和矩阵位移法等力学分析方法和手段难以适用，其主要原因是其计算规模巨大。有限元的出现和高效率计算工具的使用为解决上述问题创造了条件。

3.1 概　　述

杆系结构是工程中应用较为广泛的结构体系，包括平面或空间形式的梁、桁架、刚架、拱等，其组成形式虽然复杂多样，但用计算机进行分析时却较为简单。杆系结构中的每个杆件都是一个明显的单元。杆件的两个端点自然形成有限元法的结点，杆件与杆件之间则用结点相连接。显然，只要建立起杆件两端位移与杆端力之间的关系，则整体平衡方程的建立与前几章完全相同。

杆端位移与杆端力之间的关系，可用多种方法建立，包括前面采用的虚功原理，但是采用材料力学、结构力学的某些结论，不仅物理概念清晰、直观，而且推导过程简单明了。因此，本章将采用这种方法进行单元分析。至于整体平衡方程的建立，则和前面几章所讲的方法一样，即借助于单元定位向量，利用单元集成法进行。

3.1.1 结构离散化

有限单元法的基本思想和结构力学中的位移法一样，在几何上通过“拆分”(将结构拆成具有力-位移关系的一系列单元，或称为“结构离散化”)和“组装”(利用在结点处结构应当处于平衡状态，将拆分后的单元组装成单元集合体)使待分析的问题得到解决。在实际工程结构中采用有限元分析连续域问题，首先必须用一定的方法将所分析的结构分割成有限数量的仅在指定点(结点)相连接的子域(单元)。

对于等截面杆系结构，一般取杆件的连接点[图 3.1(a)、图 3.1(b)]、截面的变化点[图 3.1(c)]、支撑点或集中荷载的作用点［图 3.1(d)］作为结点，将结构拆分为等截面直杆单元的集合。而对于曲杆体系(图 3.2)、连续变截面杆系结构(图 3.3)，则需要将杆件划分为多个单元，每个单元近似认为是等截面直杆，即按“以直代曲、以阶状变截面代替连续变截面”来处理，因而这样处理的结果将是近似结果，计算结果的精度将取决于杆件所划分单元的数量。

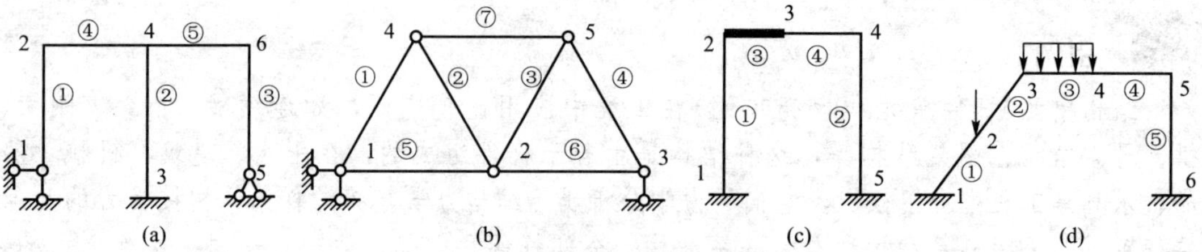

图 3.1　平面刚架和平面桁架离散

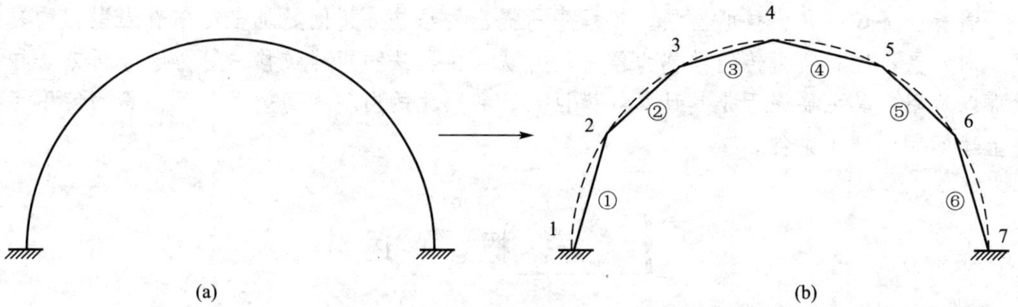

图 3.2　弯曲杆件系统及离散

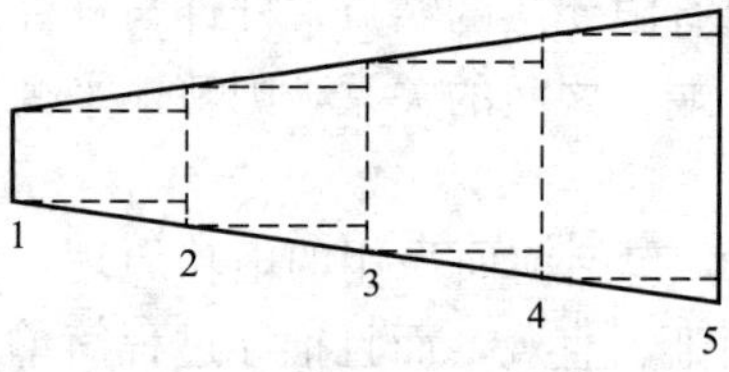

图 3.3　截面连续变化的杆件系统

对于不同的问题将采用不同类型的单元将结构进行离散化，在离散化时，主要包含两方面的内容。

1. 结构离散化

结构离散化就是用结点将结构划分为有限数量的单元，并根据一定的顺序对所划分的单元及单元连接点(结点)进行编号，如图 3.1～图 3.3 所示，为后续采用数据描述做准备。

2. 结构数据化

对于离散化的结构，采用数字来描述结点坐标、结点支撑信息、单元材料信息和截面几何参数、单元上的荷载信息等，为后续采用有限单元法分析和程序计算提供基本输入数据。结构数据化的主要内容包括结构坐标系(包含整体坐标系和局部坐标系)的建立、结点、单元和位移的编码。

3.1.2　杆系结构有限单元法的基本步骤

采用有限单元法分析杆系结构主要分为以下几个步骤。

(1) 对结构进行离散化，划分为有限数量的单元。根据杆系结构的特点，对其进行单元划分，通常取其自然的结点进行单元划分，如各种支承点、集中力作用点、杆件的铰接点、刚结点、截面面积发生突变的点等。但对于曲杆系统(图 3.2)和截面面积连续变化的杆件系统(图 3.3)，则可以引入数学上的微分概念来对它们进行单元划分。对于前者，可以采用“以直代曲”的思想，任何曲杆都可以看成是由若干数量的连续直杆连接组成的；而对于后者，可以采用等截面来代替变截面，将截面连续变化的杆件看成是由若干微小的等截面杆单元组成，如图 3.3 中的虚线所示。

(2) 对结点和单元进行编码。通常结点的编码用自然数 1、2、3、…来表示，而单元的编码采用①、②、③…来表示。编码时每个单元的两个结点号码尽量连续，如图 3.4 所示。对任意杆单元，本书以字母 i 表示单元起始结点编码，以字母 j 表示单元终止结点编码。

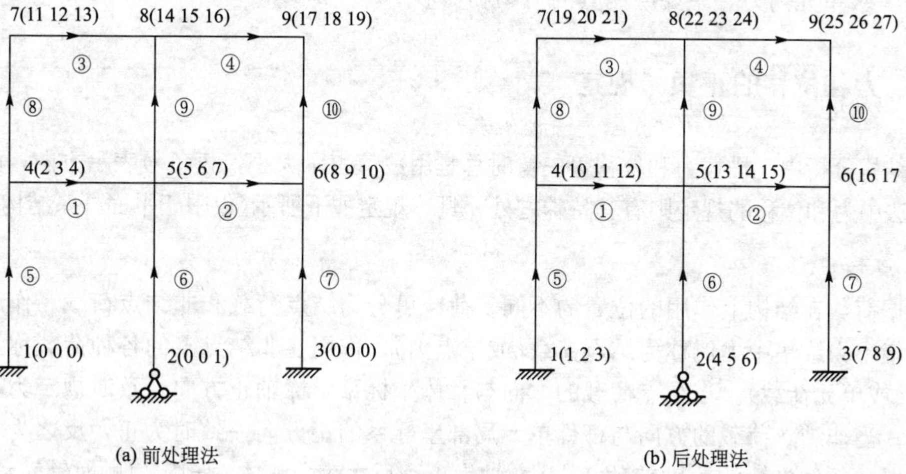

图 3.4　单元划分示意图

(3) 建立整体坐标系和各单元的局部坐标系。在进行单元分析时，可以使用整体坐标系，但为了分析的方便，通常要建立其局部坐标系，常以 $\bar{x}\bar{O}\bar{y}$ 表示局部坐标系，并且局部坐标系的 $\bar{x}$ 轴正向通常是由单元的起点指向单元的终点，并用“→”标示在单元上，如图 3.4 所示。应该注意的一点是，局部坐标系的 $\bar{x}$ 轴到 $\bar{y}$ 轴的转动方向应该与整体坐标系的 x 轴到 y 轴的转动方向一致。

(4) 对已知参数进行准备和整理。对各单元来说，需要准备的数据包括单元截面面积 A、单元长度 l、单元弹性模量 E、单元剪切模量 G、单元惯性矩 I 等。

(5) 对结点位移进行编码。一般来说，结点位移有自由结点位移和约束结点位移两种，对于平面杆件单元，每个结点有 3 个自由度，因而每个结点有 3 个位移(包括轴向位移 $\bar{u}$、横向位移 $\bar{v}$、转角位移 $\bar{\theta}$)。在对结点位移进行编码时，根据求解方法的不同通常有两种编码方法：前处理法和后处理法。前处理法的思想是若结点的某个位移分量为零，则其对应的位移编码以 0 表示，如图 3.4(a)中结点 1、3 为固定端，结点的所有位移分量为 0，则给其位移编码时编为(0 0 0)；结点 2 为固定铰支座，其线位移为 0，角位移不为 0，因而其位移编码为(0 0 1)。后处理法的思想是认为每个结点的位移都不为 0，按照结点顺序，给每个结点的 3 个位移分量按自然顺序均加以编码，如图 3.4(b)所示。

(6) 进行单元分析，形成单元刚度矩阵。通常运用虚位移原理或最小势能原理进行单元分析来建立单元刚度矩阵和等效结点荷载矩阵。

(7) 进行整体分析，形成整体刚度矩阵。局部坐标系下的单元刚度必须由单元坐标转换矩阵转换成整体坐标系下的单元刚度矩阵，然后根据刚度集成法则集成整体刚度矩阵。需要注意的是，如果局部坐标系与整体坐标系不一致，则需由坐标变换将局部坐标系下的单元刚度矩阵转换为整体坐标系下的单元刚度矩阵，然后再进行整体刚度集成。

(8) 引入边界条件。根据结点位移编码方法(前处理法和后处理法)的不同，因而引入边界条件的方法也不同，对于前处理法，引入边界条件是在集成整体刚度矩阵时进行，而对于后处理法，则是在集成整体刚度矩阵后，通过修改刚度方程来引入边界条件。

(9) 求解代数方程组。

(10) 求单元内力，主要绘制其内力图和变形图。

3.1.3 力和位移的正负号规定

在结构分析中，描述力和位移等矢量时总是用数值表示大小，正负号表示方向，而在有限单元法中力和位移的规定则有其特殊之处，具体规定如下所示(仅限于平面杆系结构)。

1. 荷载

根据荷载在结构上作用的位置的不同，荷载可分为结点荷载和非结点荷载。作用于结点上的集中力或集中力偶称为结点荷载(或结点力)，作用在非结点上的各种荷载称为非结点荷载(或单元荷载)。当结点荷载的方向与整体坐标系坐标轴正方向一致时规定为正，反之为负；当非结点荷载的方向与杆件单元局部坐标系的正方向一致时为正，反之为负。力偶荷载以从整体坐标的 x 轴转动 90°至 y 轴为正，反之为负，本章规定以顺时针转动为正。

2. 结点位移

在整体坐标系中，对于平面刚架来说，每个结点有 3 个相互独立的位移分量，即沿坐标轴方向的线位移 u 和 v，以及绕结点转动的角位移 θ，当线位移方向与坐标轴正方向一致时为正，反之为负，结点角位移方向的规定同力偶荷载规定一致。

3. 单元杆端力及杆端位移

单元杆端截面的内力和位移分别称为单元杆端力和杆端位移。规定单元坐标系中杆端力和杆端位移与坐标轴的正方向一致时为正，反之为负。杆端弯矩和转角以从单元坐标系 $\bar{x}$ 轴转动 90°至 $\bar{y}$ 轴方向为正，反之为负。对于平面杆系结构，本章规定顺时针为正，如图 3.5 所示杆端力、杆端位移均为正值。

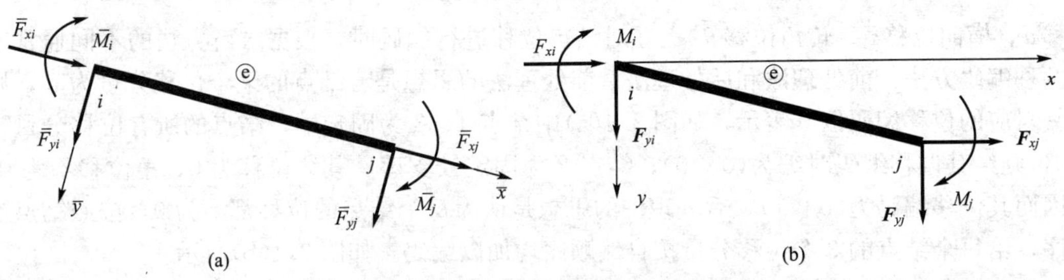

图 3.5 单元杆端力正负号规定

3.2 局部坐标系下的单元分析

单元分析是为整体分析做准备的，单元分析就是建立单元杆端力与杆端位移之间的关系，即建立刚度方程。在结构力学里通过线弹性小变形下的叠加原理建立了杆系结构分析的矩阵位移法，因此同样可以通过形常数和载常数来建立单元的刚度方程。

杆件是指其长度远大于其截面尺寸的一维构件。在结构力学里通常将承受轴力或扭矩的杆件称为杆，而将承受横向力和弯矩的杆件称为梁。在有限单元法中分析这两种情况的单元分别称为杆单元和梁单元。但由于在实际工程结构中，在同一构件上，上述几种受力状态往往同时存在，因此为方便起见，本书都称之为杆单元。并且，本书所讨论的杆单元均是指等截面直杆单元，对于弯曲杆件(图 3.2)和变截面杆(图 3.3)，在进行单元划分时可以将其分为若干等截面杆单元，因此本书的分析方法仍然对其适用。这里从最简单的拉压杆单元开始，讨论单元刚度矩阵的建立过程。

对任意单元分析的一般步骤如下所示。

(1) 首先用坐标或试函数建立形函数，使其满足变形协调的单元位移场，即用单元结点位移表示单元内任意一点的位移。

(2) 通过几何方程，用结点位移表示单元内任意一点的应变。

(3) 利用物理方程建立单元应力场，用结点位移表示单元内任意一点的应力。

(4) 用最小势能原理建立单元刚度方程，获得单元刚度矩阵和单元等效结点荷载矩阵。

3.2.1 拉(压)杆单元

仅承受轴向荷载作用的等截面直杆称为拉压杆。如图 3.6 所示，设杆单元长度为 l，横截面面积为 A，单元的弹性模量为 E，在局部坐标系中杆端荷载分别为$\overline{F}_i$和$\overline{F}_j$，杆端位移分别为$\overline{u}_i$和$\overline{u}_j$，单元上的轴向分布荷载为 $p(x)$，如图 3.6 所示杆端位移和力均表示正方向，其他单元也一样，不再赘述。下面详细介绍单元分析的步骤。

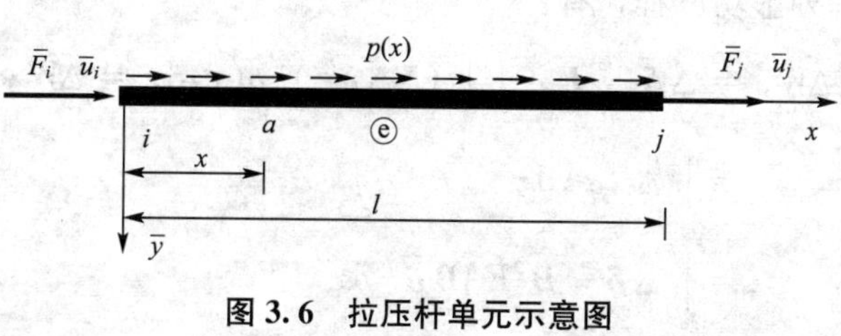

图 3.6 拉压杆单元示意图

1. 建立位移场

如图 3.6 所示，在局部坐标系下杆端结点坐标为 x_i和 x_j，杆件上任意一点 a 的坐标为 x，用结点位移表示单元上任意截面的位移。对拉压杆单元，取其位移为一次多项式，即

$$\overline{u}(x)=a+bx \tag{3-1}$$

其中，a、b为待定系数。由位移的边界条件：

$$\bar{u}(0)=\bar{u}_i,\quad \bar{u}(l)=\bar{u}_j$$

代入式(3-1)，可得系数a、b为：

$$a=\bar{u}_i,\ b=\frac{\bar{u}_j-\bar{u}_i}{l}$$

这样，任意截面的位移为：

$$\bar{u}(x)=\left(1-\frac{x}{l}\right)\bar{u}_i+\frac{x}{l}\bar{u}_j$$

用矩阵表示为：

$$\bar{u}=N_i\bar{u}_i+N_j\bar{u}_j=[N_i\quad N_j]\begin{bmatrix}\bar{u}_i\\ \bar{u}_j\end{bmatrix}=\boldsymbol{N}\bar{\boldsymbol{\delta}}^{ⓔ} \tag{3-2}$$

式中，$N_i=1-\dfrac{x}{l}$，$N_j=\dfrac{x}{l}$称为形函数；$\boldsymbol{N}=[N_i\quad N_j]$为形函数矩阵；$\bar{\boldsymbol{\delta}}^{ⓔ}=[\bar{u}_i\quad \bar{u}_j]^{\mathrm{T}}$为局部坐标系下的结点位移矩阵。

2. 应力、应变分析

根据材料力学中应变的定义，有：

$$\varepsilon=\frac{\mathrm{d}\bar{u}}{\mathrm{d}x}=\frac{\mathrm{d}\boldsymbol{N}}{\mathrm{d}x}\bar{\boldsymbol{\delta}}^{ⓔ}=\left[-\frac{1}{l}\quad \frac{1}{l}\right]\bar{\boldsymbol{\delta}}^{ⓔ}=[B_i\quad B_j]\bar{\boldsymbol{\delta}}^{ⓔ}=\boldsymbol{B}\bar{\boldsymbol{\delta}}^{ⓔ} \tag{3-3}$$

式中，$\boldsymbol{B}=\left[-\dfrac{1}{l}\quad \dfrac{1}{l}\right]$为应变矩阵，它是将应变和单元结点位移联系起来的矩阵。

由虎克定律，其应力为：

$$\boldsymbol{\sigma}=E\boldsymbol{\varepsilon}=E\boldsymbol{B}\bar{\boldsymbol{\delta}}^{ⓔ} \tag{3-4}$$

3. 建立单元刚度矩阵

这里考虑利用虚位移原理求单元刚度矩阵，设杆端i、j分别产生虚位移$\Delta\bar{u}_i$、$\Delta\bar{u}_j$，则由此引起的杆轴任意截面的虚位移为：

$$\Delta\bar{u}=\boldsymbol{N}[\Delta\bar{u}_i\quad \Delta\bar{u}_i]^{\mathrm{T}}=\boldsymbol{N}\Delta\bar{\boldsymbol{\delta}}^{ⓔ} \tag{3-5}$$

对应的虚应变为：

$$\Delta\varepsilon=\boldsymbol{B}\Delta\bar{\boldsymbol{\delta}}^{ⓔ}$$

根据虚位移原理列虚功方程，有：

$$\begin{aligned}\Delta W_{外}=\Delta\bar{\boldsymbol{\delta}}^{ⓔ\mathrm{T}}\overline{\boldsymbol{F}}_d^{ⓔ}+\int_0^l(\boldsymbol{N}\Delta\bar{\boldsymbol{\delta}}^{ⓔ})^{\mathrm{T}}p(x)\mathrm{d}x&=\Delta W_{变}\\ &=\int_0^l\Delta\varepsilon^{\mathrm{T}}\sigma A\,\mathrm{d}x\\ &=\int_0^l\Delta\bar{\boldsymbol{\delta}}^{ⓔ\mathrm{T}}\boldsymbol{B}^{\mathrm{T}}EA\boldsymbol{B}\bar{\boldsymbol{\delta}}^{ⓔ}\mathrm{d}x\end{aligned} \tag{3-6}$$

将上式整理得：

$$\overline{\boldsymbol{F}}_d^{ⓔ}+\int_0^l\boldsymbol{N}^{\mathrm{T}}p(x)\mathrm{d}x=\int_0^l\boldsymbol{B}^{\mathrm{T}}EA\boldsymbol{B}\mathrm{d}x\,\bar{\boldsymbol{\delta}}^{ⓔ} \tag{3-7}$$

式中，$\overline{\boldsymbol{F}}_d^{ⓔ}=[\overline{F}_i\quad \overline{F}_j]^{\mathrm{T}}$为局部坐标系下单元结点荷载矩阵。

令

$$\overline{\boldsymbol{F}}_E^{ⓔ}=\int_0^l \boldsymbol{N}^{\mathrm{T}} p(x)\mathrm{d}x \tag{3-8}$$

$$\bar{\boldsymbol{k}}^{ⓔ}=\int_0^l \boldsymbol{B}^{\mathrm{T}} EA\boldsymbol{B}\mathrm{d}x \tag{3-9}$$

则可以得到拉压杆单元的单元刚度方程：

$$\overline{\boldsymbol{F}}_d^{ⓔ}+\overline{\boldsymbol{F}}_E^{ⓔ}=\bar{\boldsymbol{k}}^{ⓔ}\bar{\boldsymbol{\delta}}^{ⓔ} \tag{3-10}$$

式中，$\bar{\boldsymbol{k}}^{ⓔ}$为局部坐标系下的单元刚度矩阵；$\overline{\boldsymbol{F}}_E^{ⓔ}$ 为局部坐标系下等效结点荷载矩阵。

根据定义，可以进一步求得单元刚度矩阵：

$$\bar{\boldsymbol{k}}^{ⓔ}=\frac{EA}{l}\begin{bmatrix}1 & -1\\ -1 & 1\end{bmatrix} \tag{3-11}$$

同时，可以根据式(3-8)求出等效结点荷载矩阵。但值得指出的是，分布荷载 $p(x)$ 中可以包含集中荷载。

3.2.2 扭转杆单元

受扭矩作用的等截面直杆单元与受轴力作用的拉压杆单元各方程的表达式类似，只需将各变量的物理意义和符号用扭转问题的相应量和符号替换即可，如图 3.7 所示。

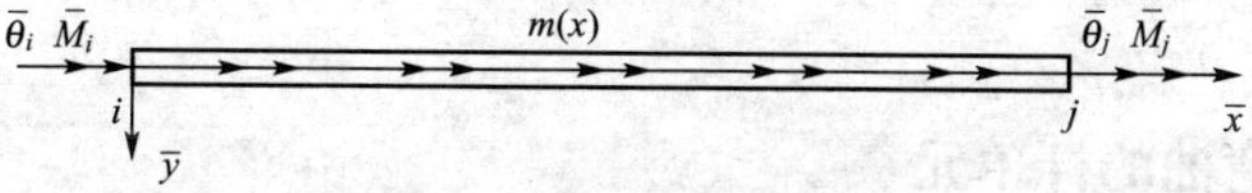

图 3.7 扭转杆单元示意图

设扭转杆单元的长度为 l，截面极惯性矩为 I_p，剪切模量为 G，杆端扭矩分别为$\overline{M}_i$、$\overline{M}_j$，杆端扭转角分别为$\bar{\theta}_i$、$\bar{\theta}_j$，单元上的分布荷载集度为 $m(x)$。

1. 位移模式

扭转杆单元的位移模式(即任意截面的扭转角)为：

$$\bar{\theta}=\left(1-\frac{x}{l}\right)\bar{\theta}_i+\frac{x}{l}\bar{\theta}_j=\boldsymbol{N}\bar{\boldsymbol{\delta}}^{ⓔ} \tag{3-12}$$

式中，$\bar{\boldsymbol{\delta}}^{ⓔ}=[\bar{\theta}_i \quad \bar{\theta}_j]^{\mathrm{T}}$ 为局部坐标系下扭转杆单元的结点位移矩阵。

由材料力学可知，截面扭矩为：

$$\overline{M}_x=GI_p\frac{\mathrm{d}\bar{\theta}}{\mathrm{d}x}=GI_p\boldsymbol{B}\,\bar{\boldsymbol{\delta}}^{ⓔ} \tag{3-13}$$

式中，GI_p 为单元的截面抗扭刚度；$\boldsymbol{B}=\frac{\mathrm{d}\boldsymbol{N}}{\mathrm{d}x}=\begin{bmatrix}-\frac{1}{l} & \frac{1}{l}\end{bmatrix}$。

利用极小势能原理来进行单元分析，杆单元的势能用泛函表示为：

$$\begin{aligned}\Pi_p &= \frac{1}{2}\int_0^l\left(\frac{\mathrm{d}\bar{\theta}}{\mathrm{d}x}\right)^{\mathrm{T}}\overline{M}_x\mathrm{d}x-\int_0^l m(x)\,\bar{\theta}\mathrm{d}x-\overline{\boldsymbol{F}}_d^{ⓔ\mathrm{T}}\bar{\boldsymbol{\delta}}^{ⓔ}\\ &= \frac{1}{2}\,\bar{\boldsymbol{\delta}}^{ⓔ\mathrm{T}}\int_0^l\boldsymbol{B}^{\mathrm{T}}GI_p\boldsymbol{B}\mathrm{d}x\,\bar{\boldsymbol{\delta}}^{ⓔ}-\left(\int_0^l m(x)\boldsymbol{N}\mathrm{d}x+\overline{\boldsymbol{F}}_d^{ⓔ\mathrm{T}}\right)\bar{\boldsymbol{\delta}}^{ⓔ}\end{aligned} \tag{3-14}$$

式中：$\overline{\boldsymbol{F}}_d^{ⓔ}=[\overline{M}_i \quad \overline{M}_j]^{\mathrm{T}}$，为局部坐标系下扭转杆单元的结点荷载矩阵。

2. 单元刚度方程

由极小势能原理，取式(3-14)中泛函的变分 $\delta\Pi_p=0$，可得：

$$\bar{\boldsymbol{\delta}}^{ⓔ\mathrm{T}}\int_0^l \boldsymbol{B}^{\mathrm{T}}GI_p\boldsymbol{B}\,\mathrm{d}x=\int_0^l m(x)\boldsymbol{N}\mathrm{d}x+\overline{\boldsymbol{F}}_d^{ⓔ\mathrm{T}} \tag{3-15a}$$

或将两边转置得：

$$\left(\int_0^l \boldsymbol{B}^{\mathrm{T}}GI_p\boldsymbol{B}\,\mathrm{d}x\right)\bar{\boldsymbol{\delta}}^{ⓔ}=\int_0^l m(x)\boldsymbol{N}^{\mathrm{T}}\mathrm{d}x+\overline{\boldsymbol{F}}_d^{ⓔ} \tag{3-15b}$$

令

$$\bar{\boldsymbol{k}}^{ⓔ}=\int_0^l \boldsymbol{B}^{\mathrm{T}}GI_p\boldsymbol{B}\,\mathrm{d}x \tag{3-16}$$

$$\overline{\boldsymbol{F}}_E^{ⓔ}=\int_0^l m(x)\boldsymbol{N}^{\mathrm{T}}\mathrm{d}x \tag{3-17}$$

可得扭转杆单元的单元刚度方程：

$$\overline{\boldsymbol{F}}_d^{ⓔ}+\overline{\boldsymbol{F}}_E^{ⓔ}=\bar{\boldsymbol{k}}^{ⓔ}\bar{\boldsymbol{\delta}}^{ⓔ} \tag{3-18}$$

可以看到，其形式与拉压杆单元的单元刚度方程完全一致。同样，由式(3-16)可以进一步求得其局部坐标系下的单元刚度矩阵：

$$\bar{\boldsymbol{k}}^{ⓔ}=\frac{GI_p}{l}\begin{bmatrix}1 & -1\\ -1 & 1\end{bmatrix} \tag{3-19}$$

3.2.3 仅考虑弯曲的杆单元

如图 3.8 所示，设杆单元的长度为 l，截面惯性矩为 I，弹性模量为 E，杆端剪力分别为$\overline{F}_{yi}$、$\overline{F}_{yj}$，杆端弯矩分别为$\overline{M}_i$、$\overline{M}_j$，杆端横向位移分别为$\bar{v}_i$、$\bar{v}_j$，杆端扭转角分别为$\bar{\theta}_i$、$\bar{\theta}_j$，在单元上分布有荷载集度为 $q(x)$的竖向分布荷载和集度为 $m(x)$的分布力偶，则结点位移矩阵和结点荷载矩阵分别为：

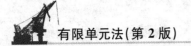

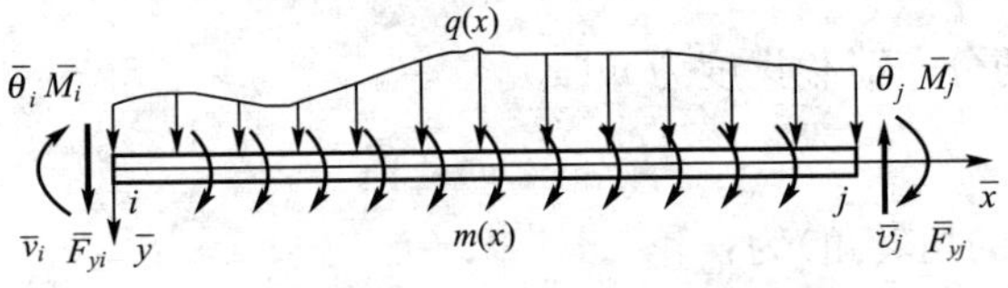

图 3.8 只计弯曲的杆单元示意图

$$\bar{\boldsymbol{\delta}}^{ⓔ}=[\bar{v}_i \quad \bar{\theta}_i \quad \bar{v}_j \quad \bar{\theta}_j]^{\mathrm{T}}$$

$$\overline{\boldsymbol{F}}_d^{ⓔ}=[\overline{F}_{yi} \quad \overline{M}_i \quad \overline{F}_{yj} \quad \overline{M}_j]^{\mathrm{T}}$$

1. 位移模式

取挠曲线方程为 x 的三次多项式，即单元上任意一点的挠度为：

$$\bar{v}=a+bx+cx^2+dx^3 \tag{3-20}$$

利用单元的位移边界条件可求出待定常数，即

$$x=0\text{ 时，}\quad \bar{v}=\bar{v}_i,\quad \frac{\mathrm{d}\bar{v}}{\mathrm{d}x}=\bar{\theta}_i$$

$$x=l\text{ 时，}\quad \bar{v}=\bar{v}_j,\quad \frac{\mathrm{d}\bar{v}}{\mathrm{d}x}=\bar{\theta}_j$$

求解上式可以得到式(3－20)中的待定系数：

$$\begin{cases} a=\bar{v}_i \\ b=\bar{\theta}_i \\ c=-\dfrac{3}{l^2}\bar{v}_i-\dfrac{2}{l}\bar{\theta}_i+\dfrac{3}{l^2}\bar{v}_j-\dfrac{1}{l}\bar{\theta}_j \\ d=\dfrac{2}{l^3}\bar{v}_i+\dfrac{1}{l^2}\bar{\theta}_i-\dfrac{2}{l^3}\bar{v}_j+\dfrac{1}{l^2}\bar{\theta}_j \end{cases}$$

将系数 a、b、c、d 代入式(3－20)，并将挠曲线方程用矩阵形式表示为：

$$\bar{v}=[1\quad x\quad x^2\quad x^3]\begin{bmatrix} 1 & 0 & 0 & 0 \\ 0 & 1 & 0 & 0 \\ -\dfrac{3}{l^2} & -\dfrac{2}{l} & \dfrac{3}{l^2} & -\dfrac{1}{l} \\ \dfrac{2}{l^3} & \dfrac{1}{l^2} & -\dfrac{2}{l^3} & \dfrac{1}{l^2} \end{bmatrix}\begin{bmatrix} \bar{v}_i \\ \bar{\theta}_i \\ \bar{v}_j \\ \bar{\theta}_j \end{bmatrix}=\boldsymbol{N}\bar{\boldsymbol{\delta}}^{ⓔ} \tag{3-21}$$

式中，$\boldsymbol{N}=[N_1\quad N_2\quad N_3\quad N_4]$为形函数矩阵，其中，

$$\left.\begin{aligned} N_1&=1-\frac{3x^2}{l^2}+\frac{2x^3}{l^3} \\ N_2&=x\left(1-\frac{2x}{l}+\frac{x^2}{l^2}\right) \\ N_3&=\frac{3x^2}{l^2}-\frac{2x^3}{l^3} \\ N_4&=-\frac{x^2}{l}+\frac{x^3}{l^2} \end{aligned}\right\} \tag{3-22}$$

为平面弯曲单元的形函数。

2. 单元刚度方程

根据式(3－21)确定的单元位移场，可得单元上某一点的曲率为：

$$\boldsymbol{\kappa}=\frac{\mathrm{d}^2\bar{v}}{\mathrm{d}x^2}=\frac{\mathrm{d}^2\boldsymbol{N}}{\mathrm{d}x^2}\bar{\boldsymbol{\delta}}^{ⓔ}=\boldsymbol{B}\bar{\boldsymbol{\delta}}^{ⓔ} \tag{3-23}$$

截面的弯矩为：

$$M=EI\boldsymbol{\kappa}=EI\boldsymbol{B}\bar{\boldsymbol{\delta}}^{ⓔ}=\bar{\boldsymbol{\delta}}^{ⓔ\mathrm{T}}\boldsymbol{B}^{\mathrm{T}}EI \tag{3-24}$$

其中，

$$\boldsymbol{B}=\frac{\mathrm{d}^2\boldsymbol{N}}{\mathrm{d}x^2}=\frac{1}{l^2}\left[-6+12\frac{x}{l}\quad l\left(-4+6\frac{x}{l}\right)\quad 6-12\frac{x}{l}\quad l\left(-2+6\frac{x}{l}\right)\right] \tag{3-25}$$

为平面弯曲杆单元的应变矩阵。

根据虚位移原理，有

$$\begin{aligned} \Delta W_{外}&=\Delta\bar{\boldsymbol{\delta}}^{ⓔ\mathrm{T}}\left(\int_0^l q(x)\boldsymbol{N}^{\mathrm{T}}\mathrm{d}x+\int_0^l m(x)\frac{\mathrm{d}\boldsymbol{N}^{\mathrm{T}}}{\mathrm{d}x}\mathrm{d}x+\bar{\boldsymbol{F}}_d^{ⓔ}\right)=\Delta W_{变} \\ &=\Delta\bar{\boldsymbol{\delta}}^{ⓔ\mathrm{T}}\int_0^l\boldsymbol{B}^{\mathrm{T}}EI\boldsymbol{B}\,\mathrm{d}x\,\bar{\boldsymbol{\delta}}^{ⓔ} \end{aligned}$$

令

$$\bar{\boldsymbol{F}}_E^{ⓔ}=\int_0^l q(x)\boldsymbol{N}^{\mathrm{T}}\mathrm{d}x+\int_0^l m(x)\frac{\mathrm{d}\boldsymbol{N}^{\mathrm{T}}}{\mathrm{d}x}\mathrm{d}x \tag{3-26}$$

$$\bar{\boldsymbol{k}}^{\mathrm{e}} = \int_0^l \boldsymbol{B}^{\mathrm{T}} EI \boldsymbol{B} \mathrm{d}x \tag{3-27}$$

则平面弯曲杆单元的单元刚度方程为：

$$\overline{\boldsymbol{F}}_d^{\mathrm{e}} + \overline{\boldsymbol{F}}_E^{\mathrm{e}} = \bar{\boldsymbol{k}}^{\mathrm{e}} \bar{\boldsymbol{\delta}}^{\mathrm{e}} \tag{3-28}$$

对式(3-27)积分，求得单元刚度矩阵为：

$$\bar{\boldsymbol{k}}^{\mathrm{e}} = \frac{EI}{l^3}\begin{bmatrix} 12 & 6l & -12 & 6l \\ 6l & 4l^2 & -6l & 2l^2 \\ -12 & -6l & 12 & -6l \\ 6l & 2l^2 & -6l & 4l^2 \end{bmatrix} \tag{3-29}$$

等效结点荷载可由式(3-26)求得。当作用满跨横向均布荷载 q 或满跨均布力偶 m 时，由式可得其等效结点荷载为：

$$\overline{\boldsymbol{F}}_E^{\mathrm{e}} = \left[-\frac{1}{2}ql \quad -\frac{1}{12}ql^2 \quad -\frac{1}{2}ql \quad \frac{1}{12}ql^2\right]^{\mathrm{T}}$$

$$\overline{\boldsymbol{F}}_E^{\mathrm{e}} = [m \quad 0 \quad -m \quad 0]^{\mathrm{T}}$$

3.2.4 平面一般杆件单元

设杆单元的长度为 l，截面面积为 A，截面惯性矩为 I，弹性模量为 E，单元的 i、j 端各有三个力分别为$\overline{F}_{xi}$、$\overline{F}_{yi}$、$\overline{M}_i$和$\overline{F}_{xj}$、$\overline{F}_{yj}$、$\overline{M}_j$，其对应的位移分别为$\bar{u}_i$、$\bar{v}_i$、$\bar{\theta}_i$和$\bar{u}_j$、$\bar{v}_j$、$\bar{\theta}_j$。建立如图3.9所示的局部坐标系，各物理量的正向如图中所标，则结点位移矩阵和结点荷载矩阵分别为：

$$\bar{\boldsymbol{\delta}}^{\mathrm{e}} = [\bar{u}_i \quad \bar{v}_i \quad \bar{\theta}_i \quad \bar{u}_j \quad \bar{v}_j \quad \bar{\theta}_j]^{\mathrm{T}} \tag{3-30}$$

$$\overline{\boldsymbol{F}}^{\mathrm{e}} = [\overline{F}_{xi} \quad \overline{F}_{yi} \quad \overline{M}_i \quad \overline{F}_{xj} \quad \overline{F}_{yj} \quad \overline{M}_j]^{\mathrm{T}} \tag{3-31}$$

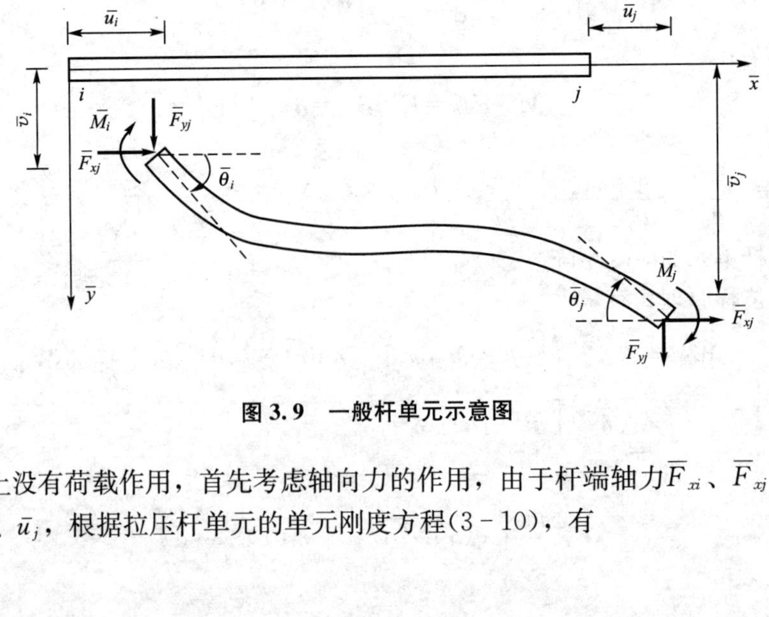

图3.9 一般杆单元示意图

设单元上没有荷载作用，首先考虑轴向力的作用，由于杆端轴力$\overline{F}_{xi}$、$\overline{F}_{xj}$只引起杆端轴向位移$\bar{u}_i$、$\bar{u}_j$，根据拉压杆单元的单元刚度方程(3-10)，有

$$\overline{F}_{xi}=\frac{EA}{l}(\bar{u}_i-\bar{u}_j)=\frac{EA}{l}\bar{u}_i-\frac{EA}{l}\bar{u}_j$$

$$\overline{F}_{xj}=-\frac{EA}{l}(\bar{u}_i-\bar{u}_j)=-\frac{EA}{l}\bar{u}_i+\frac{EA}{l}\bar{u}_j$$

其次，杆端弯矩$\overline{M}_i$、$\overline{M}_j$和杆端剪力$\overline{F}_{yi}$、$\overline{F}_{yj}$只与杆端的转角位移$\bar{\theta}_i$、$\bar{\theta}_j$和杆端的横向位移$\bar{v}_i$、$\bar{v}_j$有关，根据只计弯曲杆单元的单元刚度方程(3-28)[注意，由于不考虑单元上的荷载作用，故式(3-28)中的等效结点荷载$\overline{\boldsymbol{F}}_E^{ⓔ}$等于零]，由结构力学转角位移方程得：

$$\overline{M}_i=\frac{6EI}{l^2}\bar{v}_i+\frac{4EI}{l}\bar{\theta}_i-\frac{6EI}{l^2}\bar{v}_j+\frac{2EI}{l}\bar{\theta}_j$$

$$\overline{M}_j=\frac{6EI}{l^2}\bar{v}_i+\frac{2EI}{l}\bar{\theta}_i-\frac{6EI}{l^2}\bar{v}_j+\frac{4EI}{l}\bar{\theta}_j$$

$$\overline{F}_{yi}=\frac{12EI}{l^3}\bar{v}_i+\frac{6EI}{l^2}\bar{\theta}_i-\frac{12EI}{l^3}\bar{v}_j+\frac{6EI}{l^2}\bar{\theta}_j$$

$$\overline{F}_{yj}=-\frac{12EI}{l^3}\bar{v}_i-\frac{6EI}{l^2}\bar{\theta}_i+\frac{12EI}{l^3}\bar{v}_j-\frac{6EI}{l^2}\bar{\theta}_j$$

这些关系式与结构力学中由位移法得到的表达式完全一样。现将上述表达式合并在一起，写成如下所示的矩阵形式：

$$\begin{bmatrix}\overline{F}_{xi}\\ \overline{F}_{yi}\\ \overline{M}_i\\ \overline{F}_{xj}\\ \overline{F}_{yj}\\ \overline{M}_j\end{bmatrix}=\begin{bmatrix}\frac{EA}{l} & 0 & 0 & -\frac{EA}{l} & 0 & 0\\ 0 & \frac{12EI}{l^3} & \frac{6EI}{l^2} & 0 & -\frac{12EI}{l^3} & \frac{6EI}{l^2}\\ 0 & \frac{6EI}{l^2} & \frac{4EI}{l} & 0 & -\frac{6EI}{l^2} & \frac{2EI}{l}\\ -\frac{EA}{l} & 0 & 0 & \frac{EA}{l} & 0 & 0\\ 0 & -\frac{12EI}{l^3} & -\frac{6EI}{l^2} & 0 & \frac{12EI}{l^3} & -\frac{6EI}{l^2}\\ 0 & \frac{6EI}{l^2} & \frac{2EI}{l} & 0 & -\frac{6EI}{l^2} & \frac{4EI}{l}\end{bmatrix}\begin{bmatrix}\bar{u}_i\\ \bar{v}_i\\ \bar{\theta}_i\\ \bar{u}_j\\ \bar{v}_j\\ \bar{\theta}_j\end{bmatrix} \tag{3-32}$$

可以将式(3-32)简写为：

$$\overline{\boldsymbol{F}}^{ⓔ}=\bar{\boldsymbol{k}}^{ⓔ}\bar{\boldsymbol{\delta}}^{ⓔ} \tag{3-33}$$

其中，单元刚度矩阵为：

$$\bar{\boldsymbol{k}}^{ⓔ}=\begin{bmatrix}\frac{EA}{l} & 0 & 0 & -\frac{EA}{l} & 0 & 0\\ 0 & \frac{12EI}{l^3} & \frac{6EI}{l^2} & 0 & -\frac{12EI}{l^3} & \frac{6EI}{l^2}\\ 0 & \frac{6EI}{l^2} & \frac{4EI}{l} & 0 & -\frac{6EI}{l^2} & \frac{2EI}{l}\\ -\frac{EA}{l} & 0 & 0 & \frac{EA}{l} & 0 & 0\\ 0 & -\frac{12EI}{l^3} & -\frac{6EI}{l^2} & 0 & \frac{12EI}{l^3} & -\frac{6EI}{l^2}\\ 0 & \frac{6EI}{l^2} & \frac{2EI}{l} & 0 & -\frac{6EI}{l^2} & \frac{4EI}{l}\end{bmatrix} \tag{3-34}$$

计算平面刚架单元的单元刚度矩阵的函数如下所示。

```
void element_beam_2d(float L,float E,float A,float Iz,float**ke,int n)
/* -----------------------------------------------------------------------
    功能:计算平面刚架单元的单元刚度矩阵(局部坐标系中)
---------------------------------------------------------------------------
    输入:
        L:单元长度
        E:材料弹性模量
        A:截面面积
        Iz:截面惯性矩
        n:单元刚度矩阵的大小,只能为 6
    输出:
      ke:二维数组,ke[n][n]
------------------------------------------------------------------------*/
{
    int i,j;
    float tmp;

    for(i=0;i<n;i++){
        for(j=0;j<n;j++)ke[i][j]=0.0f;
    }


    tmp=E*A/L;
    ke[0][0]=tmp;    ke[0][3]=-tmp;
    ke[3][0]=-tmp;   ke[3][3]=tmp;

    tmp=E*Iz/(L*L*L);
    ke[1][1]=12*tmp; ke[1][2]=6*tmp*L;     ke[1][4]=-ke[1][1];ke[1][5]=ke[1][2];
    ke[2][1]=ke[1][2]; ke[2][2]=4*tmp*L*L; ke[2][4]=-ke[1][2];ke[2][5]=2*tmp*L*L;
    ke[4][1]=ke[1][4]; ke[4][2]=ke[2][4];   ke[4][4]=ke[1][1]; ke[4][5]=-ke[1][2];
    ke[5][1]=ke[1][5]; ke[5][2]=ke[2][5];   ke[5][4]=ke[4][5]; ke[5][5]=ke[2][2];
}
```

有兴趣的读者也可以将其改写成 FORTRAN 语言。

3.2.5 空间杆件单元

从物理概念和计算特点上讲，空间杆件结构与平面杆件结构同属一类结构，因此，有关平面杆件结构的基本理论和概念完全适用于空间杆件结构。只是对于空间杆件单元，每个结点的自由度不同，因此，单元刚度矩阵的阶数也不同。

实际工程多为空间杆系结构，用有限单元法辅助计算机进行空间杆系结构的受力与变形分析比把空间杆系简化成平面杆系所得结构进行分析更精确。对于空间杆件单元，除了单元杆端力和结点位移数目较平面杆件单元多外，其分析方法与平面杆件单元类似。下面以空间刚架单元为例进行分析。

对于空间刚架单元，设局部坐标系的$\bar{x}$轴为单元的形心主轴，横截面的两个主轴分别为$\bar{y}$轴和$\bar{z}$轴，$\bar{x}$、$\bar{y}$、$\bar{z}$轴的确定符合右手定则，如图 3.10 所示。设杆横截面面积为A，单元长度为l，在$\bar{x}\bar{z}$平面内抗弯刚度为EI_y，在$\bar{x}\bar{y}$平面内的抗弯刚度为EI_z，杆件的抗扭刚度为GI_p。空间刚架每个结点有 6 个位移分量和 6 个结点力分量，在局部坐标系下设它们分别为：

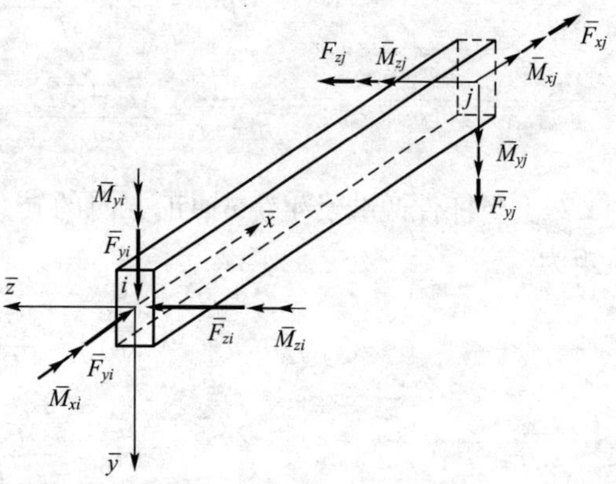

图 3.10 空间杆单元示意图

$$\bar{\boldsymbol{\delta}}^{ⓔ}=\left[\bar{u}_i \quad \bar{v}_i \quad \bar{w}_i \quad \bar{\theta}_{xi} \quad \bar{\theta}_{yi} \quad \bar{\theta}_{zi} \;\vdots\; \bar{u}_j \quad \bar{v}_j \quad \bar{w}_j \quad \bar{\theta}_{xj} \quad \bar{\theta}_{yj} \quad \bar{\theta}_{zj}\right]^{\mathrm{T}}$$

$$\bar{\boldsymbol{F}}^{ⓔ}=\left[\bar{F}_{xi} \quad \bar{F}_{yi} \quad \bar{F}_{zi} \quad \bar{M}_{xi} \quad \bar{M}_{yi} \quad \bar{M}_{zi} \;\vdots\; \bar{F}_{xj} \quad \bar{F}_{yj} \quad \bar{F}_{zj} \quad \bar{M}_{xj} \quad \bar{M}_{yj} \quad \bar{M}_{zj}\right]^{\mathrm{T}}$$

下面建立局部坐标系下的单元刚度方程。

首先，求出当杆端位移$\bar{\boldsymbol{\delta}}^{ⓔ}$中杆两端沿一个方向发生位移而其余方向位移分量为 0 时的杆端力，计算过程如下所示。

(1) 当杆件两端发生沿$\bar{x}$轴正方向的位移时［图 3.11(a)］，仅沿$\bar{x}$轴方向产生内力，杆端力为：

$$\bar{F}_{xi}=\frac{EA}{l}(\bar{u}_i-\bar{u}_j)，\bar{F}_{xj}=-\frac{EA}{l}(\bar{u}_i-\bar{u}_j)$$

(2) 当杆件两端发生沿$\bar{y}$轴正方向的位移时［图 3.11(b)］，杆的两端会同时产生沿$\bar{y}$轴方向的剪力和$\bar{x}O\bar{y}$平面内的弯矩，弯矩为：

$$\bar{M}_{zi}=\bar{M}_{zj}=\frac{6EI_z}{l^2}(\bar{v}_i-\bar{v}_j)$$

由弯矩可以求出剪力为：

$$\bar{F}_{yi}=\frac{\bar{M}_{zi}+\bar{M}_{zj}}{l}=\frac{12EI_z}{l^3}(\bar{v}_i-\bar{v}_j)$$

$$\bar{F}_{yj}=-\bar{F}_{yi}=-\frac{12EI_z}{l^3}(\bar{v}_i-\bar{v}_j)$$

(3) 当杆件两端发生沿$\bar{z}$轴正方向的位移时［图 3.11(c)］，杆的两端会同时产生沿$\bar{z}$轴方向的剪力和$\bar{x}O\bar{z}$平面内的弯矩，杆端弯矩为：

$$\bar{M}_{zi}=\bar{M}_{zj}=-\frac{6EI_z}{l^2}(\bar{w}_i-\bar{w}_j)$$

杆端剪力为：

$$\bar{F}_{zi}=-\frac{\bar{M}_{zi}+\bar{M}_{zj}}{l}=\frac{12EI_z}{l^3}(\bar{w}_i-\bar{w}_j)$$

$$\bar{F}_{zj}=\frac{\bar{M}_{zi}+\bar{M}_{zj}}{l}=-\frac{12EI_z}{l^3}(\bar{w}_i-\bar{w}_j)$$

(4) 当杆件两端发生绕$\bar{x}$轴正方向的转角位移时［图 3.11(d)］，杆的两端产生扭矩，扭矩为：

$$\bar{M}_{xi}=\frac{GI_p}{l}(\bar{\theta}_{xi}-\bar{\theta}_{xj})$$

$$\bar{M}_{xj}=-\frac{GI_p}{l}(\bar{\theta}_{xi}-\bar{\theta}_{xj})$$

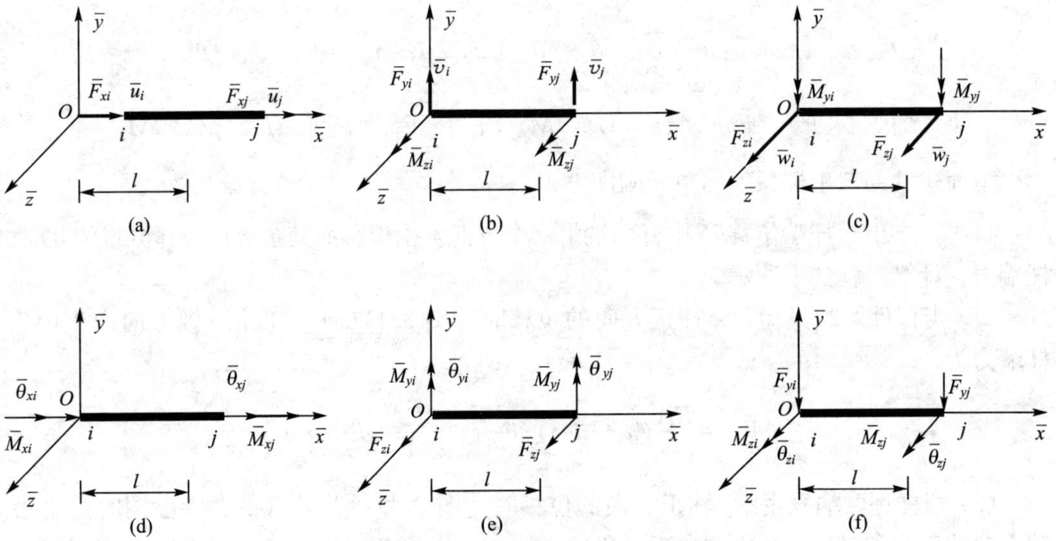

图 3.11　空间杆单元受力分解

(5) 当杆件两端发生绕$\bar{y}$轴正方向的转角位移时［图 3.11(e)］，杆的两端会同时产生沿$\bar{z}$轴方向的剪力和$\bar{x}O\bar{z}$平面内的弯矩，杆端弯矩为：

$$\bar{M}_{yi}=\frac{4EI_y}{l}\theta_{yi}+\frac{2EI_y}{l}\theta_{yj}$$

$$\bar{M}_{yj}=\frac{2EI_y}{l}\theta_{yi}+\frac{4EI_y}{l}\theta_{yj}$$

杆端剪力为：

$$\bar{F}_{zi}=-\frac{\bar{M}_{yi}+\bar{M}_{yj}}{l}=-\frac{6EI_y}{l^2}(\bar{\theta}_{yi}+\bar{\theta}_{yj})$$

$$\bar{F}_{zj}=-\bar{F}_{zi}=\frac{6EI_y}{l^2}(\bar{\theta}_{yi}+\bar{\theta}_{yj})$$

(6) 当杆件两端发生绕$\bar{z}$轴正方向的转角位移时［图 3.11(f)］，杆的两端会同时产生沿$\bar{y}$轴方向的剪力和$\bar{x}O\bar{y}$平面内的弯矩，杆端弯矩为：

$$\bar{M}_{zi}=\frac{4EI_z}{l}\theta_{zi}+\frac{2EI_z}{l}\theta_{zj}$$

$$\bar{M}_{zj}=\frac{2EI_z}{l}\theta_{zi}+\frac{4EI_z}{l}\theta_{zj}$$

杆端剪力为：

$$\bar{F}_{yi}=\frac{\bar{M}_{zi}+\bar{M}_{zj}}{l}=\frac{6EI_z}{l^2}(\bar{\theta}_{zi}+\bar{\theta}_{zj})$$

$$\bar{F}_{yj}=-\bar{F}_{yi}=-\frac{6EI_z}{l^2}(\bar{\theta}_{zi}+\bar{\theta}_{zj})$$

将上述杆端内力叠加并整理写成矩阵形式，得到空间杆单元的刚度方程：

$$\begin{bmatrix}\bar{F}_{xi}\\ \bar{F}_{yi}\\ \bar{F}_{zi}\\ \bar{M}_{xi}\\ \bar{M}_{yi}\\ \bar{M}_{zi}\\ \hdashline \bar{F}_{xj}\\ \bar{F}_{yj}\\ \bar{F}_{zj}\\ \bar{M}_{xj}\\ \bar{M}_{yj}\\ \bar{M}_{zj}\end{bmatrix}=\left[\begin{array}{cccccc:cccccc}
\frac{EA}{l} & 0 & 0 & 0 & 0 & 0 & -\frac{EA}{l} & 0 & 0 & 0 & 0 & 0\\
0 & \frac{12EI_z}{l^3} & 0 & 0 & 0 & \frac{6EI_z}{l^2} & 0 & -\frac{12EI_z}{l^3} & 0 & 0 & 0 & \frac{6EI_z}{l^2}\\
0 & 0 & \frac{12EI_y}{l^3} & 0 & -\frac{6EI_y}{l^2} & 0 & 0 & 0 & -\frac{12EI_y}{l^3} & 0 & -\frac{6EI_y}{l^2} & 0\\
0 & 0 & 0 & \frac{GI_p}{l} & 0 & 0 & 0 & 0 & 0 & -\frac{GI_p}{l} & 0 & 0\\
0 & 0 & -\frac{6EI_y}{l^2} & 0 & \frac{4EI_y}{l} & 0 & 0 & 0 & \frac{6EI_y}{l^2} & 0 & \frac{2EI_y}{l} & 0\\
0 & \frac{6EI_z}{l^2} & 0 & 0 & 0 & \frac{4EI_z}{l} & 0 & -\frac{6EI_z}{l^2} & 0 & 0 & 0 & \frac{2EI_z}{l}\\
\hdashline
-\frac{EA}{l} & 0 & 0 & 0 & 0 & 0 & \frac{EA}{l} & 0 & 0 & 0 & 0 & 0\\
0 & -\frac{12EI_z}{l^3} & 0 & 0 & 0 & -\frac{6EI_z}{l^2} & 0 & \frac{12EI_z}{l^3} & 0 & 0 & 0 & -\frac{6EI_z}{l^2}\\
0 & 0 & -\frac{12EI_y}{l^3} & 0 & \frac{6EI_y}{l^2} & 0 & 0 & 0 & \frac{12EI_y}{l^3} & 0 & \frac{6EI_y}{l^2} & 0\\
0 & 0 & 0 & -\frac{GI_p}{l} & 0 & 0 & 0 & 0 & 0 & \frac{GI_p}{l} & 0 & 0\\
0 & 0 & -\frac{6EI_y}{l^2} & 0 & \frac{2EI_y}{l} & 0 & 0 & 0 & \frac{6EI_y}{l^2} & 0 & \frac{4EI_y}{l} & 0\\
0 & \frac{6EI_z}{l^2} & 0 & 0 & 0 & \frac{2EI_z}{l} & 0 & -\frac{6EI_z}{l^2} & 0 & 0 & 0 & \frac{4EI_z}{l}
\end{array}\right]\begin{bmatrix}\bar{u}_i\\ \bar{v}_i\\ \bar{w}_i\\ \bar{\theta}_{xi}\\ \bar{\theta}_{yi}\\ \bar{\theta}_{zi}\\ \hdashline \bar{u}_j\\ \bar{v}_j\\ \bar{w}_j\\ \bar{\theta}_{xj}\\ \bar{\theta}_{yj}\\ \bar{\theta}_{zj}\end{bmatrix} \tag{3-35}$$

式中，E 为弹性模量；G 为剪切模量；A 为单元横截面面积；l 为单元长度；I_z为截面绕$\bar{z}$轴的惯性矩；I_y为截面绕$\bar{y}$轴的惯性矩；I_p为绕 x 轴的极惯性矩。

将式(3-35)写成用矩阵表示的形式：

$$\bar{\boldsymbol{F}}^{ⓔ}=\bar{\boldsymbol{k}}^{ⓔ}\bar{\boldsymbol{\delta}}^{ⓔ} \tag{3-36}$$

其中的单元刚度矩阵为：

$$
\bar{k}^{ⓔ}=\left[\begin{array}{cccccc:cccccc}
\frac{EA}{l} & 0 & 0 & 0 & 0 & 0 & -\frac{EA}{l} & 0 & 0 & 0 & 0 & 0 \\
0 & \frac{12EI_z}{l^3} & 0 & 0 & 0 & \frac{6EI_z}{l^2} & 0 & -\frac{12EI_z}{l^3} & 0 & 0 & 0 & \frac{6EI_z}{l^2} \\
0 & 0 & \frac{12EI_y}{l^3} & 0 & -\frac{6EI_y}{l^2} & 0 & 0 & 0 & -\frac{12EI_y}{l^3} & 0 & -\frac{6EI_y}{l^2} & 0 \\
0 & 0 & 0 & \frac{GI_p}{l} & 0 & 0 & 0 & 0 & 0 & -\frac{GI_p}{l} & 0 & 0 \\
0 & 0 & -\frac{6EI_y}{l^2} & 0 & \frac{4EI_y}{l} & 0 & 0 & 0 & \frac{6EI_y}{l^2} & 0 & \frac{2EI_y}{l} & 0 \\
0 & \frac{6EI_z}{l^2} & 0 & 0 & 0 & \frac{4EI_z}{l} & 0 & -\frac{6EI_z}{l^2} & 0 & 0 & 0 & \frac{2EI_z}{l} \\
\hdashline
-\frac{EA}{l} & 0 & 0 & 0 & 0 & 0 & \frac{EA}{l} & 0 & 0 & 0 & 0 & 0 \\
0 & -\frac{12EI_z}{l^3} & 0 & 0 & 0 & -\frac{6EI_z}{l^2} & 0 & \frac{12EI_z}{l^3} & 0 & 0 & 0 & -\frac{6EI_z}{l^2} \\
0 & 0 & -\frac{12EI_y}{l^3} & 0 & \frac{6EI_y}{l^2} & 0 & 0 & 0 & \frac{12EI_y}{l^3} & 0 & \frac{6EI_y}{l^2} & 0 \\
0 & 0 & 0 & -\frac{GI_p}{l} & 0 & 0 & 0 & 0 & 0 & \frac{GI_p}{l} & 0 & 0 \\
0 & 0 & -\frac{6EI_y}{l^2} & 0 & \frac{2EI_y}{l} & 0 & 0 & 0 & \frac{6EI_y}{l^2} & 0 & \frac{4EI_y}{l} & 0 \\
0 & \frac{6EI_z}{l^2} & 0 & 0 & 0 & \frac{2EI_z}{l} & 0 & -\frac{6EI_z}{l^2} & 0 & 0 & 0 & \frac{4EI_z}{l}
\end{array}\right] \tag{3-37}
$$

对于空间杆单元的单元刚度矩阵$\bar{k}^{ⓔ}$，可以做如下理解。

(1) 矩阵$\bar{k}^{ⓔ}$的第1、7列和第1、7行相交元素组成的矩阵表示杆件单元只受轴力时的单元刚度矩阵。

(2) 矩阵$\bar{k}^{ⓔ}$的第4、10列和第4、10行相交元素组成的矩阵表示杆单元只受扭转作用时对应的单元刚度矩阵。

(3) 矩阵$\bar{k}^{ⓔ}$的第2、6、8、12列和第2、6、8、12行相交元素组成的矩阵表示杆单元在xy平面发生纯弯曲时的单元刚度矩阵。

(4) 矩阵$\bar{k}^{ⓔ}$的第3、5、9、11列和第3、5、9、11行相交元素组成的矩阵表示杆单元在xz平面发生纯弯曲时的单元刚度矩阵，但这里应该注意的是，此时结点力$\bar{M}_{yi}$、$\bar{M}_{yj}$的方向与坐标轴的正方向相反。

上述四种组合变形按照杆端力和结点位移分量的顺序对应排列，即可以组成空间刚架单元的单元刚度矩阵。

3.2.6 单元刚度矩阵的性质

从前面的分析可以看出，单元刚度矩阵具有如下性质。

(1) 单元刚度矩阵$\bar{k}^{ⓔ}$为对称矩阵，其元素满足 $k_{ij}=k_{ji}(i\neq j)$。

(2) 单元刚度矩阵$\bar{k}^{ⓔ}$中的每个元素代表单位杆端位移引起的杆端力。其中，元素 k_{ij} 的物理意义是第j 个杆端位移分量等于1(其余位移分量等于0)时，所引起的第i个杆端力的分量值。

(3) 一般单元的单元刚度矩阵$\bar{k}^{ⓔ}$是奇异矩阵，它的元素组成的行列式等于零，即$|\bar{k}^{ⓔ}|=0$。根据奇异矩阵的性质，$\bar{k}^{ⓔ}$没有逆矩阵。也就是说，如果给定杆端位移$\bar{\delta}^{ⓔ}$，根据式(3-33)或式(3-37)可以求出杆端力$\bar{F}^{ⓔ}$的唯一解，但反过来，如果已知杆端力$\bar{F}^{ⓔ}$，则不能根据$\bar{\delta}^{ⓔ}=(\bar{k}^{ⓔ})^{-1}\bar{F}_d^{ⓔ}$ 来确定杆端位移$\bar{\delta}^{ⓔ}$的唯一解。因为即使在杆端力已知的情况下，由于单元两端无任何约束，所以除杆端自身变形外，单元还可以发生任意的刚体位移。举例来说，如果物体处于静止状态，我们可以说其处于平衡状态，但反过来，如果物体处于平衡状态，则我们不能说其一定处于静止状态。

(4) 单元刚度矩阵$\bar{k}^{ⓔ}$具有分块的性质，即可以用子矩阵表示$\bar{k}^{ⓔ}$。在式(3-32)、式(3-34)和式(3-37)中，用虚线把$\bar{k}^{ⓔ}$分为四个子矩阵，把$\bar{F}^{ⓔ}$和$\bar{\delta}^{ⓔ}$各分为两个子矩阵，因此式(3-33)又可以写为：

$$\begin{bmatrix}\bar{F}_i^{ⓔ}\\ \cdots\\ \bar{F}_j^{ⓔ}\end{bmatrix}=\begin{bmatrix}\bar{k}_{ii}^{ⓔ} & \bar{k}_{ij}^{ⓔ}\\ \bar{k}_{ji}^{ⓔ} & \bar{k}_{jj}^{ⓔ}\end{bmatrix}\begin{bmatrix}\bar{\delta}_i^{ⓔ}\\ \cdots\\ \bar{\delta}_j^{ⓔ}\end{bmatrix} \tag{3-38}$$

其中，对平面杆件有：

$$\bar{F}_i^{ⓔ}=[\bar{F}_{xi}\quad \bar{F}_{yi}\quad \bar{M}_i]^{T}$$
$$\bar{F}_j^{ⓔ}=[\bar{F}_{xj}\quad \bar{F}_{yj}\quad \bar{M}_j]^{T}$$
$$\bar{\delta}_i^{ⓔ}=[\bar{u}_i\quad \bar{v}_i\quad \bar{\theta}_i]^{T}$$
$$\bar{\delta}_j^{ⓔ}=[\bar{u}_j\quad \bar{v}_j\quad \bar{\theta}_j]^{T}$$

对空间杆件有：

$$\bar{F}_i^{ⓔ}=[\bar{F}_{xi}\quad \bar{F}_{yi}\quad \bar{F}_{zi}\quad \bar{F}_{xj}\quad \bar{M}_{yi}\quad \bar{M}_{zj}]^{T}$$
$$\bar{F}_j^{ⓔ}=[\bar{F}_{xj}\quad \bar{F}_{yj}\quad \bar{F}_{zj}\quad \bar{F}_{xj}\quad \bar{M}_{yj}\quad \bar{M}_{zj}]^{T}$$
$$\bar{\delta}_i^{ⓔ}=[\bar{u}_i\quad \bar{v}_i\quad \bar{w}_i\quad \bar{\theta}_{xi}\quad \bar{\theta}_{yi}\quad \bar{\theta}_{zi}]^{T}$$
$$\bar{\delta}_j^{ⓔ}=[\bar{u}_j\quad \bar{v}_j\quad \bar{w}_j\quad \bar{\theta}_{xj}\quad \bar{\theta}_{yj}\quad \bar{\theta}_{zj}]^{T}$$

用子矩阵形式表示单元刚度矩阵和单元刚度方程，可以使其表达的物理意义更加清楚。在单元刚度矩阵$\bar{k}^{ⓔ}$中，其任意子矩阵$\bar{k}_{rs}^{ⓔ}$表示杆端力$\bar{F}_r^{ⓔ}$ 和杆端位移$\bar{\delta}_s^{ⓔ}$ 之间的关系。

3.3 整体分析

为了建立平面杆件结构的整体平衡方程，必须把局部坐标系下单元刚度矩阵和单元结点力向量转换到整体坐标系下，而为了计算单元在局部坐标系下的杆端力，又必须把单元在整体坐标系下的位移转换到局部坐标系下，下面来推导这些转换关系。

3.3.1 平面杆系问题坐标变换矩阵

结构离散时建立了两套坐标系(局部坐标系和整体坐标系)，上述单元分析是在局部坐标系中进行的，杆轴为$\bar{x}$轴，另外两轴为惯性主轴的局部坐标系。而实际杆件体系中的每根杆件(单元)方位除连续梁外并不相同，对于某一单元来说，当其局部坐标系与整个结构的整体坐标系不一致时，则由单元分析的物理量必须通过坐标转换首先变换到整体坐标系中，然后再进行整体分析，这里介绍一下求坐标变换矩阵的方法。

图3.12为同原点的两个坐标系，图3.12(a)中单元的杆端力都是在局部坐标系$\bar{x}O\bar{y}$表示的，图3.12(b)表示杆端力在整体坐标系xOy中的方向。

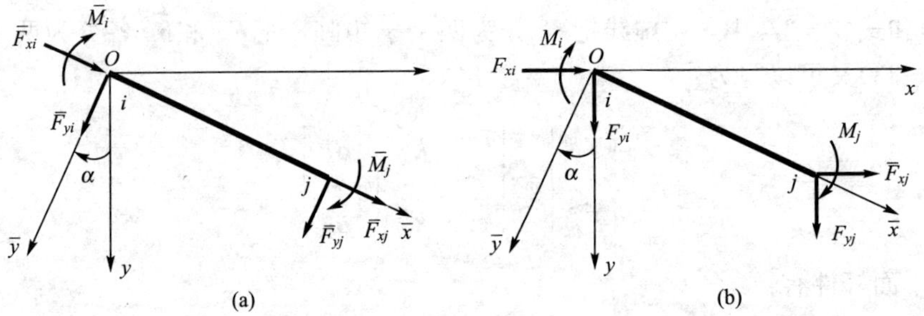

图3.12 平面问题两种坐标系下杆端力转换关系示意图

为了导出整体坐标系和局部坐标系中杆端力之间的关系，将整体坐标系中的杆端力F_{xi}、F_{yi}分别投影到局部坐标系中的$\bar{x}$、$\bar{y}$轴上，或者说将整体坐标系中的杆端力F_{xi}、F_{yi}分解为$\bar{x}$、$\bar{y}$上的分力，即

$$\begin{cases}\bar{F}_{xi}=F_{xi}\cos\alpha+F_{yi}\sin\alpha\\ \bar{F}_{yi}=-F_{xi}\sin\alpha+F_{yi}\cos\alpha\end{cases}\tag{3-39}$$

这里，α表示由整体坐标系的x轴转到局部坐标系$\bar{x}$轴的转角，角度转动的正负由右手定则确定，对于平面杆系结构，本书中以顺时针方向转动为正。在两个坐标系中，力偶分量保持不变，即有

$$\bar{M}_i=M_i\tag{3-40}$$

同理，对于j端的杆端力，有

$$\begin{cases}\bar{F}_{xj}=F_{xj}\cos\alpha+F_{yj}\sin\alpha\\ \bar{F}_{yj}=-F_{xj}\sin\alpha+F_{yj}\cos\alpha\\ \bar{M}_j=M_j\end{cases}\tag{3-41}$$

将式(3-39)、式(3-40)、式(3-41)表示为矩阵形式：

$$\begin{bmatrix}\overline{F}_{xi}\\ \overline{F}_{yi}\\ \overline{M}_i\\ \overline{F}_{xj}\\ \overline{F}_{yj}\\ \overline{M}_j\end{bmatrix}=\begin{bmatrix}\cos\alpha & \sin\alpha & 0 & 0 & 0 & 0\\ -\sin\alpha & \cos\alpha & 0 & 0 & 0 & 0\\ 0 & 0 & 1 & 0 & 0 & 0\\ 0 & 0 & 0 & \cos\alpha & \sin\alpha & 0\\ 0 & 0 & 0 & -\sin\alpha & \cos\alpha & 0\\ 0 & 0 & 0 & 0 & 0 & 1\end{bmatrix}\begin{bmatrix}F_{xi}\\ F_{yi}\\ M_i\\ F_{xj}\\ F_{yj}\\ M_j\end{bmatrix} \tag{3-42}$$

将式(3-42)写成如下所示矩阵形式：

$$\overline{\boldsymbol{F}}^{ⓔ}=\boldsymbol{T}^{ⓔ}\boldsymbol{F}^{ⓔ} \tag{3-43}$$

式中，

$$\boldsymbol{T}^{ⓔ}=\begin{bmatrix}\cos\alpha & \sin\alpha & 0 & 0 & 0 & 0\\ -\sin\alpha & \cos\alpha & 0 & 0 & 0 & 0\\ 0 & 0 & 1 & 0 & 0 & 0\\ 0 & 0 & 0 & \cos\alpha & \sin\alpha & 0\\ 0 & 0 & 0 & -\sin\alpha & \cos\alpha & 0\\ 0 & 0 & 0 & 0 & 0 & 1\end{bmatrix} \tag{3-44}$$

为两种坐标系下单元杆端力的坐标变换矩阵。

局部坐标系下的单元杆端力矩阵为：

$$\overline{\boldsymbol{F}}^{ⓔ}=[\overline{F}_{xi}\quad \overline{F}_{yi}\quad \overline{M}_i\quad \overline{F}_{xj}\quad \overline{F}_{yj}\quad \overline{M}_j]^{\mathrm{T}} \tag{3-45}$$

整体坐标系下的单元杆端力矩阵为：

$$\boldsymbol{F}^{ⓔ}=[F_{xi}\quad F_{yi}\quad M_i\quad F_{xj}\quad F_{yj}\quad M_j] \tag{3-46}$$

从坐标转换矩阵$\boldsymbol{T}^{ⓔ}$的表达式(3-44)可以看出，$\boldsymbol{T}^{ⓔ}$为正交矩阵，其逆矩阵等于其转置矩阵，即

$$\boldsymbol{T}^{ⓔ-1}=\boldsymbol{T}^{ⓔ\mathrm{T}} \tag{3-47}$$

并且

$$\overline{\boldsymbol{T}}^{ⓔ-1}\overline{\boldsymbol{T}}^{ⓔ}=\boldsymbol{I} \tag{3-48}$$

式中，$\boldsymbol{I}$为单位矩阵。

同理可以得到两种坐标系下的杆端位移之间的转换关系为：

$$\bar{\boldsymbol{\delta}}^{ⓔ}=\boldsymbol{T}^{ⓔ}\boldsymbol{\delta}^{ⓔ} \tag{3-49}$$

$\bar{\boldsymbol{\delta}}^{ⓔ}$和$\boldsymbol{\delta}^{ⓔ}$分别为局部坐标系和整体坐标系下的杆端位移矩阵，$\boldsymbol{T}^{ⓔ}$为转换矩阵。将式(3-43)、式(3-49)代入式(3-33)中，可得：

$$\boldsymbol{T}^{ⓔ}\boldsymbol{F}^{ⓔ}=\bar{\boldsymbol{k}}^{ⓔ}\boldsymbol{T}^{ⓔ}\boldsymbol{\delta}^{ⓔ} \tag{3-50}$$

式(3-50)两边同乘以$\boldsymbol{T}^{ⓔ-1}$，并考虑式(3-47)和式(3-48)，可以得到：

$$\boldsymbol{F}^{ⓔ}=\boldsymbol{T}^{ⓔ-1}\bar{\boldsymbol{k}}^{ⓔ}\boldsymbol{T}^{ⓔ}\boldsymbol{\delta}^{ⓔ}=\boldsymbol{T}^{ⓔ\mathrm{T}}\bar{\boldsymbol{k}}^{ⓔ}\boldsymbol{T}^{ⓔ}\boldsymbol{\delta}^{ⓔ}$$

令

$$\boldsymbol{k}^{ⓔ}=\boldsymbol{T}^{ⓔ\mathrm{T}}\bar{\boldsymbol{k}}^{ⓔ}\boldsymbol{T}^{ⓔ} \tag{3-51}$$

得：

$$\boldsymbol{F}^{ⓔ}=\boldsymbol{k}^{ⓔ}\boldsymbol{\delta}^{ⓔ} \tag{3-52}$$

式(3-52)即为整体坐标系下的单元刚度方程。式(3-51)为两种坐标系下单元刚度矩阵的转换公式，利用该式可求得整体坐标系下的单元刚度矩阵。

对于轴力单元来说，在整体坐标系下的杆端力矩阵和杆端位移矩阵分别为：

$$\boldsymbol{F}^{ⓔ}=\begin{bmatrix}F_{xi} & F_{yi} & F_{xj} & F_{yj}\end{bmatrix}^{\mathrm{T}}$$

$$\boldsymbol{\delta}^{ⓔ}=\begin{bmatrix}u_i & v_i & u_j & v_j\end{bmatrix}^{\mathrm{T}}$$

由于不需要考虑杆端转角位移θ和杆端力偶M，故在坐标转换矩阵式(3-44)中应删去第3、6行和第3、6列元素，轴力单元的坐标转换矩阵为：

$$\boldsymbol{T}^{ⓔ}=\begin{bmatrix}\cos\alpha & \sin\alpha & 0 & 0\\ -\sin\alpha & \cos\alpha & 0 & 0\\ 0 & 0 & \cos\alpha & \sin\alpha\\ 0 & 0 & -\sin\alpha & \cos\alpha\end{bmatrix} \tag{3-53}$$

对于一般单元来说，若$\alpha=0$，则有$\boldsymbol{k}^{ⓔ}=\bar{\boldsymbol{k}}^{ⓔ}$。

从前面的分析可以看出，整体坐标系下的单元刚度矩阵$\boldsymbol{k}^{ⓔ}$与局部坐标系下的单元刚度矩阵$\bar{\boldsymbol{k}}^{ⓔ}$是同阶矩阵，它们具有类似的性质。

下面是计算平面刚架单元坐标转换矩阵的函数。

```
void coord_trans_beam_2d( float xi,float yi,float xj,float yj,float**Te,int n)
/*-------------------------------------------------------------------------------------------
    功能:计算平面刚架单元的坐标转换矩阵
---------------------------------------------------------------------------------------------
    输入:
        xi,yi:单元起点 x,y 坐标
        xj,yj:单元终点 x,y 坐标
            n:转换矩阵的大小,只能为 6
    输出:
        Te:二维数组,Te[n][n],存放转换矩阵的元素
-------------------------------------------------------------------------------------------*/
{
    int i,j;
    float len;                  //单元长度
    float lxbx,lxby;            //局部坐标系的 x 轴与整体坐标系的 x、y 轴的方向余弦
    len=sqrt((xj-xi)*(xj-xi)+(yj-yi)*(yj-yi));
    lxbx=(xj-xi)/len;           //cos
    lxby=(yj-yi)/len;           //sin
    for(i=0;i<n;i++){
        for(j=0;j<n;j++)Te[i][j]=0.0;
    }
    Te[0][0]=lxbx;          Te[0][1]=lxby;
    Te[1][0]=-lxby;         Te[1][1]=lxbx;
```

```
    Te[2][2]=1.0;
    Te[3][3]=lxbx;        Te[3][4]=lxby;
    Te[4][3]=-lxby;       Te[4][4]=lxbx;
    Te[5][5]=1.0;
}
```

3.3.2 空间杆系问题坐标变换矩阵

对于平面杆件体系来说，局部坐标系下的单元刚度矩阵可以通过坐标转换得到整体坐标系下的单元刚度矩阵，对于空间杆系结构来说，可以通过同样的方法得到整体坐标系下的单元刚度矩阵，下面进行简要介绍。

首先，考察结点 i 在局部坐标系 $O\bar{x}\bar{y}\bar{z}$ 下的杆端力 $\bar{F}_{xi}$、$\bar{F}_{yi}$、$\bar{F}_{zi}$ 与在整体坐标系下的杆端力 F_{xi}、F_{yi}、F_{zi} 的关系。设 $\bar{x}$ 轴与 x、y、z 轴的夹角分别为 $\bar{x}x$、$\bar{x}y$、$\bar{x}z$（图 3.13），则 $\bar{x}$ 轴与 x、y、z 轴的方向余弦分别为：

$$l_{\bar{x}x}=\cos(\bar{x},\ x),\quad l_{\bar{x}y}=\cos(\bar{x},\ y),\ l_{\bar{x}z}=\cos(\bar{x},\ z) \tag{3-54}$$

将杆端力 F_{xi}、F_{yi}、F_{zi} 向 $\bar{x}$ 轴投影，可以求得杆端力 $\bar{F}_{xi}$：

$$\bar{F}_{xi}=F_{xi}l_{\bar{x}x}+F_{yi}l_{\bar{x}y}+F_{zi}l_{\bar{x}z}$$

同理，可以求得 $\bar{F}_{yi}$ 和 $\bar{F}_{zi}$：

$$\bar{F}_{yi}=F_{xi}l_{\bar{y}x}+F_{yi}l_{\bar{y}y}+F_{zi}l_{\bar{y}z}$$

$$\bar{F}_{zi}=F_{xi}l_{\bar{z}x}+F_{yi}l_{\bar{z}y}+F_{zi}l_{\bar{z}z}$$

用矩阵形式表示为：

$$\begin{bmatrix}\bar{F}_{xi}\\ \bar{F}_{yi}\\ \bar{F}_{zi}\end{bmatrix}=\begin{bmatrix}l_{\bar{x}x} & l_{\bar{x}y} & l_{\bar{x}z}\\ l_{\bar{y}x} & l_{\bar{y}y} & l_{\bar{y}z}\\ l_{\bar{z}x} & l_{\bar{z}y} & l_{\bar{z}z}\end{bmatrix}\begin{bmatrix}F_{xi}\\ F_{yi}\\ F_{zi}\end{bmatrix} \tag{3-55}$$

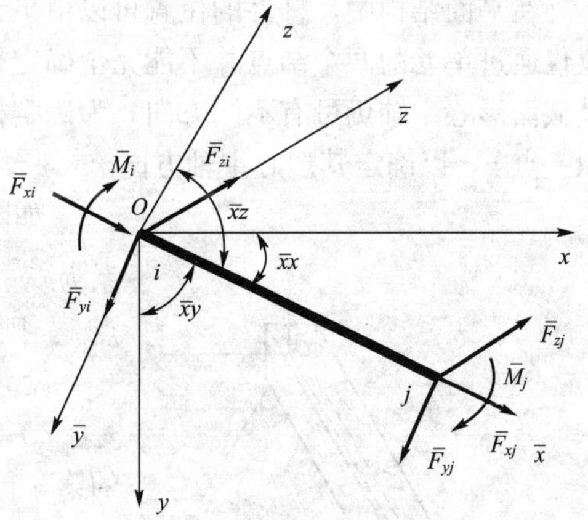

图 3.13 空间问题两种坐标系下杆端力转换关系示意图

式(3-55)即为结点 i 的杆端力在局部坐标系和整体坐标系下的转换关系。其中的矩阵

$$\boldsymbol{\lambda}=\begin{bmatrix}l_{\bar{x}x} & l_{\bar{x}y} & l_{\bar{x}z}\\ l_{\bar{y}x} & l_{\bar{y}y} & l_{\bar{y}z}\\ l_{\bar{z}x} & l_{\bar{z}y} & l_{\bar{z}z}\end{bmatrix} \tag{3-56}$$

称为关系矩阵。

与上面的推导类似，同样可以用 M_{xi}、M_{yi}、M_{zi} 表示 $\bar{M}_{xi}$、$\bar{M}_{yi}$、$\bar{M}_{zi}$，并且对于结点 j 的相对应的转换关系，其转换关系矩阵同样为 $\boldsymbol{\lambda}$。

综上所述，整体坐标系下单元杆端力矩阵与局部坐标系下单元杆端力矩阵关系为：

$$\bar{\boldsymbol{F}}^{ⓔ}=\boldsymbol{T}^{ⓔ}\boldsymbol{F}^{ⓔ} \tag{3-57}$$

其中 $\boldsymbol{T}^{ⓔ}$ 为：

$$\boldsymbol{T}^{ⓔ}=\begin{bmatrix}\boldsymbol{\lambda} & 0 & 0 & 0\\ 0 & \boldsymbol{\lambda} & 0 & 0\\ 0 & 0 & \boldsymbol{\lambda} & 0\\ 0 & 0 & 0 & \boldsymbol{\lambda}\end{bmatrix} \tag{3-58}$$

称为空间坐标系的单元转换矩阵，它是 12×12 阶矩阵，且为正交矩阵，满足：

$$\boldsymbol{T}^{ⓔ-1}=\boldsymbol{T}^{ⓔ\mathrm{T}}$$

对于杆端位移，用同样的方法可以推导出在局部坐标系和整体坐标系中的转换关系为：

$$\bar{\boldsymbol{\delta}}^{ⓔ}=\boldsymbol{T}^{ⓔ}\boldsymbol{\delta}^{ⓔ} \tag{3-59}$$

将式(3-57)、式(3-59)代入式(3-36)中，可得空间刚架杆件单元在整体坐标系中的单元刚度方程为：

$$\boldsymbol{F}^{ⓔ}=\boldsymbol{k}^{ⓔ}\boldsymbol{\delta}^{ⓔ} \tag{3-60}$$

其中，

$$\boldsymbol{k}^{ⓔ}=\boldsymbol{T}^{ⓔ\mathrm{T}}\bar{\boldsymbol{k}}^{ⓔ}\boldsymbol{T}^{ⓔ} \tag{3-61}$$

表示空间单元在整体坐标系中的单元刚度矩阵。可以看出，式(3-60)和式(3-61)与平面结构中对应的表达式完全一致，其不同之处仅在于单元转换矩阵不同。

在平面结构中，杆件的位置可以由单元的两个结点 i 和 j 确定，但在空间结构体系里，仅仅通过单元的两个结点并不能完全确定杆件在空间的位置，因为主惯性轴相同的 ij 杆，其截面形心主轴仍可有不同方向。为确定杆件在空间的确切位置，还需要在杆件轴线外另取一点 k，以确定其形心主轴方向。

如图 3.14 所示，杆件整体坐标系为 xyz，局部坐标系为 $\bar{x}\bar{y}\bar{z}$，$\bar{O}\bar{y}$ 为杆件截面形心主轴之一，在杆件外取一点 k，则单元的位置可由 i、j、k 三点的坐标确定。

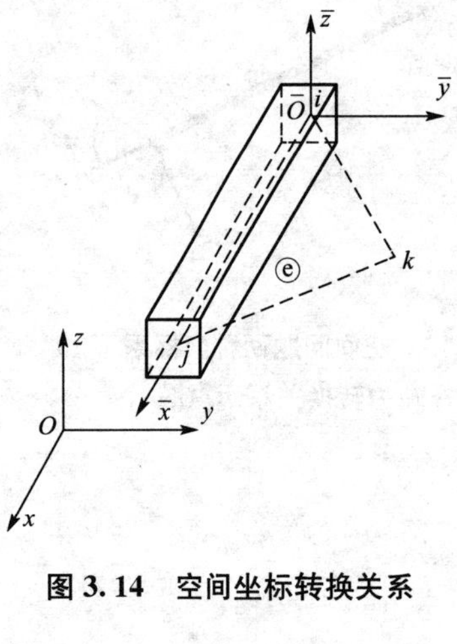

图 3.14　空间坐标转换关系

设 i、j、k 三点在整体坐标系中的坐标分别为(x_i, y_i, z_i)、(x_j, y_j, z_j)、(x_k, y_k, z_k)，则式(3-56)中的第一行元素可以确定如下：

$$\left.\begin{aligned} l_{\bar{x}x}&=\frac{x_j-x_i}{l}\\ l_{\bar{x}y}&=\frac{y_j-y_i}{l}\\ l_{\bar{x}z}&=\frac{z_j-z_i}{l}\end{aligned}\right\} \tag{3-62}$$

其中，l 为杆长，可按照式(3-62)求得：

$$l=\sqrt{(x_j-x_i)^2+(y_j-y_i)^2+(z_j-z_i)^2} \tag{3-63}$$

则局部坐标系中 $\bar{O}\bar{x}$ 轴方向的矢量 $\bar{\boldsymbol{x}}$ 可以表示为：

$$\bar{\boldsymbol{x}}=l_{\bar{x}x}\boldsymbol{i}+l_{\bar{x}y}\boldsymbol{j}+l_{\bar{x}z}\boldsymbol{k} \tag{3-64}$$

其中，$\boldsymbol{i}$、$\boldsymbol{j}$、$\boldsymbol{k}$ 为 $Oxyz$ 三个坐标轴方向的单位矢量。

在整体坐标系中，矢量$\overrightarrow{ik}$和$\overrightarrow{jk}$可表示为：

$$\overrightarrow{ik}=(x_k-x_i,\ y_k-y_i,\ z_k-z_i),\ \overrightarrow{jk}=(x_k-x_j,\ y_k-y_j,\ z_k-z_j)$$

平面 ijk 与$\overline{O}\overline{z}$轴的矢量$\boldsymbol{z}$ 垂直，根据矢量运算规则，有

$$\bar{\boldsymbol{z}}=\overrightarrow{ik}\times\overrightarrow{jk}=\begin{vmatrix} \boldsymbol{i} & \boldsymbol{j} & \boldsymbol{k} \\ x_k-x_i & y_k-y_i & z_k-z_i \\ x_k-x_j & y_k-y_j & z_k-z_j \end{vmatrix} \tag{3-65}$$

令

$$YZ=\begin{vmatrix} y_k-y_i & z_k-z_i \\ y_k-y_j & z_k-z_j \end{vmatrix},\ ZX=-\begin{vmatrix} x_k-x_i & z_k-z_i \\ x_k-x_j & z_k-z_j \end{vmatrix},\ XY=\begin{vmatrix} x_k-x_i & y_k-y_i \\ x_k-x_j & y_k-y_j \end{vmatrix}$$

则有

$$\bar{\boldsymbol{z}}=YZ\boldsymbol{i}+ZX\boldsymbol{j}+XY\boldsymbol{k} \tag{3-66}$$

$\overline{O}\overline{z}$轴的方向余弦为：

$$\left.\begin{aligned} l_{\bar{z}x}&=YZ/l_2 \\ l_{\bar{z}y}&=ZX/l_2 \\ l_{\bar{z}z}&=XY/l_2 \end{aligned}\right\} \tag{3-67}$$

其中，

$$l_2=\sqrt{(YZ)^2+(ZX)^2+(XY)^2} \tag{3-68}$$

由$\overline{O}\overline{y}$轴的方向余弦之和等于 1，则

$$l_{\bar{y}x}^2+l_{\bar{y}y}^2+l_{\bar{y}z}^2=1 \tag{3-69}$$

由三坐标轴相互垂直，可得：

$$\bar{\boldsymbol{y}}\cdot\bar{\boldsymbol{x}}=0 \tag{3-70}$$

$$\bar{\boldsymbol{y}}\cdot\bar{\boldsymbol{z}}=\bar{\boldsymbol{y}}\cdot(\bar{\boldsymbol{x}}\times\overrightarrow{ik})=0 \tag{3-71}$$

联立式(3-69)、式(3-70)、式(3-71)得：

$$\left.\begin{aligned} l_{\bar{y}x}&=S_1/l_3 \\ l_{\bar{y}y}&=S_2/l_3 \\ l_{\bar{y}z}&=S_3/l_3 \end{aligned}\right\} \tag{3-72}$$

式中，

$$S_1=(1-l_{\bar{x}x}^2)(x_k-x_i)-l_{\bar{x}x}l_{\bar{x}y}(y_k-y_i)-l_{\bar{x}x}l_{\bar{x}z}(z_k-z_i)$$

$$S_2=-l_{\bar{x}x}l_{\bar{x}y}(x_k-x_i)+(1-l_{\bar{x}y}^2)(y_k-y_i)-l_{\bar{x}y}l_{\bar{x}z}(z_k-z_i)$$

$$S_3=-l_{\bar{x}x}l_{\bar{x}z}(x_k-x_i)-l_{\bar{x}y}l_{\bar{x}z}(y_k-y_i)+(1-l_{\bar{x}z}^2)(z_k-z_i)$$

$$l_3=\sqrt{S_1^2+S_2^2+S_3^2}$$

由式(3-62)、式(3-67)、式(3-72)便可确定空间坐标转换矩阵(3-58)。

下面是计算空间刚架单元坐标转换矩阵的函数。

```
void coord_trans_bean_2d(float xi,float yi,float zi,float xj,float yj,float zj,float
xk,float yk,float zk,float**Te,int n)
/*-----------------------------------------------------------------------------------------
    功能:计算空间刚架单元的坐标转换矩阵
------------------------------------------------------------------------------------------
    输入:
        xi,yi,zi:单元起点 x,y,z 坐标
        xj,yj,zj:单元终点 x,y,z 坐标
        xk,yk,zk:单元参考点 x,y,z 坐标
                n:转换矩阵的大小,只能为 12,可以省略
    输出:
        Te:二维数组,Te[n][n],存放转换矩阵的元素
-----------------------------------------------------------------------------------------*/
{
    int i,j;
    float len;                //单元长度
    float lxbx,lxby,lxbz;     //局部坐标系的 x 轴与整体坐标系的 x、y、z 轴的方向余弦
    float lybx,lyby,lybz;     //局部坐标系的 y 轴与整体坐标系的 x、y、z 轴的方向余弦
    float lzbx,lzby,lzbz;     //局部坐标系的 z 轴与整体坐标系的 x、y、z 轴的方向余弦
    len=sqrt((xj-xi)*(xj-xi)+(yj-yi)*(yj-yi)+(zj-zi)*(zj-zi));
    lxbx=(xj-xi)/len;
    lxby=(yj-yi)/len;
    lxbz=(zj-zi)/len;

    float YZ,ZX,XY;
    YZ=(yk-yi)*(zk-zj)-(zk-zi)*(yk-yj);
    ZX=-(xk-xi)*(zk-zj)+(zk-zi)*(xk-xj);
    XY=(xk-xi)*(yk-yj)-(yk-yi)*(xk-xj);
    len=sqrt(YZ*YZ+ZX*ZX+XY*XY);
    lzbx=YZ/len;
    lzby=ZX/len;
    lzbz=XY/len;

    float s1,s2,s3;
    s1=(1-lxbx*lxbx)*(xk-xi)-lxbx*lxby*(yk-yi)-lxbx*lxbz*(zk-zi);
    s2=-lxby*lxbx*(xk-xi)+(1-lxby*lxby)*(yk-yi)-lxby*lxbz*(zk-zi);
    s3=-lxbz*lxbx*(xk-xi)-lxbz*lxby*(yk-yi)+(1-lxbz*lxbz)*(zk-zi);
    len=sqrt(s1*s1+s2*s2+s3*s3);
    lybx=s1/len;
    lyby=s2/len;
    lybz=s3/len;

    for(i=0;i<n;i++){
```

```
        for(j=0;j<n;j++)Te[i][j]=0.0;
    }

    for(i=0;i<12;i+=3){
        Te[i][i]=lxbx;      Te[i]  [i+1]=lxby;    Te[i][i+2]=lxbz;
        Te[i+1][i]=lybx;    Te[i+1][i+1]=lyby;    Te[i+1][i+2]=lybz;
        Te[i+2][i]=lzbx;    Te[i+2][i+1]=lzby;    Te[i+2][i+2]=lzbz;
    }
}
```

3.3.3 杆系结构的整体分析

对杆系结构进行单元分析，仅仅是有限元分析中的第一步，目的是要对整个结构进行分析，研究结构的整体性能。因此，在对结构的各单元分析完成后，必须将单元分析的结果进行整合，即对结构进行整体分析。整体分析的过程实际上是将单元分析的结果进行有效组合，建立整体刚度方程并求解结点位移的过程。根据对结点位移的编码方式，可分为“后处理法”和“先处理法”来建立整体刚度方程。

1. 后处理法

所谓后处理法，就是由单元刚度矩阵形成整体刚度矩阵，建立刚度方程后再引入支承条件，进而求解结点位移的方法。运用这种方法时，首先假设所有结点位移均为未知量，按照顺序统一进行编码，如图 3.15 所示的平面杆件单元。

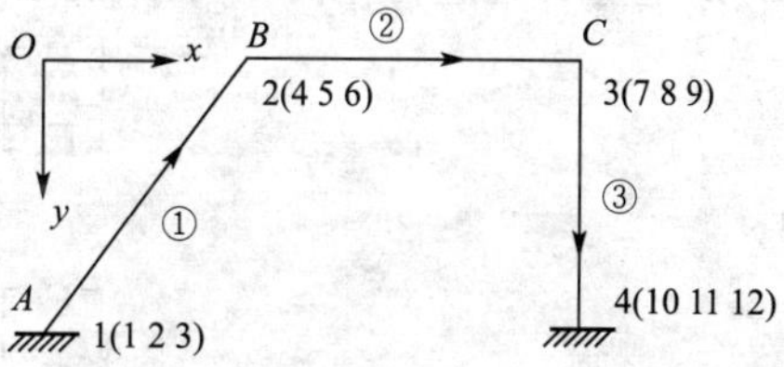

图 3.15 后处理法位移编码示意图

结点位移矩阵为：

$$\boldsymbol{\delta}=[\boldsymbol{\delta}_1 \quad \boldsymbol{\delta}_2 \quad \boldsymbol{\delta}_3 \quad \boldsymbol{\delta}_4]^{\mathrm{T}}$$
$$=[u_1 \quad v_1 \quad \theta_1 \quad u_2 \quad v_2 \quad \theta_2 \quad u_3 \quad v_3 \quad \theta_3 \quad u_4 \quad v_4 \quad \theta_4]^{\mathrm{T}}$$

结点荷载矩阵为：

$$\boldsymbol{F}=[\boldsymbol{F}_1 \quad \boldsymbol{F}_2 \quad \boldsymbol{F}_3 \quad \boldsymbol{F}_4]^{\mathrm{T}}$$
$$=[F_{1x} \quad F_{1y} \quad M_1 \quad F_{2x} \quad F_{2y} \quad M_2 \quad F_{3x} \quad F_{3y} \quad M_3 \quad F_{4x} \quad F_{4y} \quad M_4]^{\mathrm{T}}$$

求出各单元刚度方程后，根据平衡条件和位移连续条件，可以建立整个结构的位移法方程：

$$\begin{bmatrix}\boldsymbol{F}_1\\ \boldsymbol{F}_2\\ \boldsymbol{F}_3\\ \boldsymbol{F}_4\end{bmatrix}=\begin{bmatrix}\boldsymbol{k}_{ii}^{①} & \boldsymbol{k}_{ij}^{①} & 0 & 0\\ \boldsymbol{k}_{ji}^{①} & \boldsymbol{k}_{jj}^{①}+\boldsymbol{k}_{ii}^{②} & \boldsymbol{k}_{ij}^{②} & 0\\ 0 & \boldsymbol{k}_{ji}^{②} & \boldsymbol{k}_{jj}^{②}+\boldsymbol{k}_{ii}^{③} & \boldsymbol{k}_{ij}^{③}\\ 0 & 0 & \boldsymbol{k}_{ji}^{③} & \boldsymbol{k}_{jj}^{③}\end{bmatrix}\begin{bmatrix}\boldsymbol{\delta}_1\\ \boldsymbol{\delta}_2\\ \boldsymbol{\delta}_3\\ \boldsymbol{\delta}_4\end{bmatrix}$$

将上式写成矩阵形式为：

$$\boldsymbol{F}=\boldsymbol{K}\boldsymbol{\delta} \tag{3-73}$$

其中，$\boldsymbol{K}$ 为结构的整体刚度矩阵，有

$$\boldsymbol{K}=\begin{bmatrix} K_{11} & K_{12} & K_{13} & K_{14} \\ K_{21} & K_{22} & K_{23} & K_{24} \\ K_{31} & K_{32} & K_{33} & K_{34} \\ K_{41} & K_{42} & K_{43} & K_{44} \end{bmatrix} \tag{3-74}$$

但应该注意到，在建立方程(3-73)的过程中，假设所有结点位移未知，因此整个结构在外力作用下，除了发生弹性变形外，还可能发生刚体位移，这样各结点位移不能唯一确定，即式(3-74)为奇异矩阵，不能求逆矩阵，或者说对式(3-73)求解可得到无穷多个解。实际上，在图3.15所示刚架中，结点1和结点4均为固定端，其6个位移分量均为0，即有

$$u_1=v_1=\theta_1=u_4=v_4=\theta_4=0$$

这样，将上述支承条件引入方程(3-73)中，即令式(3-73)中的$\boldsymbol{\delta}_1$和$\boldsymbol{\delta}_4$等于0，可得到修改后的整体刚度方程：

$$\begin{bmatrix} \boldsymbol{F}_1 \\ \boldsymbol{F}_2 \\ \boldsymbol{F}_3 \\ \boldsymbol{F}_4 \end{bmatrix}=\begin{bmatrix} K_{11} & K_{12} & K_{13} & K_{14} \\ K_{21} & K_{22} & K_{23} & K_{24} \\ K_{31} & K_{32} & K_{33} & K_{34} \\ K_{41} & K_{42} & K_{43} & K_{44} \end{bmatrix}\begin{bmatrix} 0 \\ \boldsymbol{\delta}_2 \\ \boldsymbol{\delta}_3 \\ 0 \end{bmatrix}$$

对上述方程进行化简，可以得到两组方程：

$$\begin{bmatrix} \boldsymbol{F}_2 \\ \boldsymbol{F}_3 \end{bmatrix}=\begin{bmatrix} K_{22} & K_{23} \\ K_{32} & K_{33} \end{bmatrix}\begin{bmatrix} \boldsymbol{\delta}_2 \\ \boldsymbol{\delta}_3 \end{bmatrix} \tag{3-75}$$

和

$$\begin{bmatrix} \boldsymbol{F}_1 \\ \boldsymbol{F}_4 \end{bmatrix}=\begin{bmatrix} K_{12} & 0 \\ 0 & K_{43} \end{bmatrix}\begin{bmatrix} \boldsymbol{\delta}_2 \\ \boldsymbol{\delta}_3 \end{bmatrix} \tag{3-76}$$

这样，利用式(3-75)可以求得结点位移$\boldsymbol{\delta}_2$和$\boldsymbol{\delta}_3$，再根据式(3-76)可以求得支座反力$\boldsymbol{F}_1$和$\boldsymbol{F}_4$。

上述步骤是就特定的结构进行讨论的，实际上对于一般杆件结构来说，均可以按上述步骤进行分析，不管结构具有多少个结点位移分量，通过调整其顺序，总可以将其分为两组，一组包含所有未知结点位移分量$\boldsymbol{\delta}_f$，另一组包含所有已知结点位移分量$\boldsymbol{\delta}_r$，对应的结点力分量也可以分别表示为$\boldsymbol{F}_f$和$\boldsymbol{F}_r$，即

$$\boldsymbol{\delta}=\begin{bmatrix} \boldsymbol{\delta}_f \\ \boldsymbol{\delta}_r \end{bmatrix},\quad \boldsymbol{F}=\begin{bmatrix} \boldsymbol{F}_f \\ \boldsymbol{F}_r \end{bmatrix}$$

与此相对应，整体刚度矩阵K也可以重新排列，分为4个子块。这样整体刚度方程可以重新写为：

$$\begin{bmatrix} \boldsymbol{F}_f \\ \boldsymbol{F}_r \end{bmatrix}=\begin{bmatrix} K_{ff} & K_{fr} \\ K_{rf} & K_{rr} \end{bmatrix}\begin{bmatrix} \boldsymbol{\delta}_f \\ \boldsymbol{\delta}_r \end{bmatrix}$$

展开以后写成：

$$\boldsymbol{F}_f=K_{ff}\boldsymbol{\delta}_f+K_{fr}\boldsymbol{\delta}_r \tag{3-77}$$

$$\boldsymbol{F}_r=K_{rf}\boldsymbol{\delta}_f+K_{rr}\boldsymbol{\delta}_r \tag{3-78}$$

已知$\boldsymbol{F}_f$和$\boldsymbol{\delta}_r$时，可以根据式(3-77)计算$\boldsymbol{\delta}_f$，然后根据式(3-78)计算支座反力$\boldsymbol{F}_r$。

2. 先处理法

所谓先处理法，就是先引入支承条件，即仅对未知结点位移进行编码，得到的位移矩阵中不包含已知的约束位移分量，可以直接得到方程(3-77)来求解自由结点位移分量。

如图 3.16 所示的平面刚架结构，由于在 A 和 F 处为固定支座，其位移为 0，故位移编码为 0；E 处为固定铰支座，线位移为 0，角位移不为 0，故其角位移编码不为 0，线位移编码为 0；在 C 处，BC 杆与 EC 杆在 C 点刚接，然后与 DC 杆铰接，故 BC 杆和 EC 杆在 C 端有相同的角位移和线位移，但 DC 杆在 C 端的角位移与 $BC(EC)$ 杆在 C 端的角位移不相同，因此在 C 处编两个结点 3 和 4，但结点 3 和 4 的线位移相同，故采用相同的编号，各结点位移编码如图 3.16 所示。

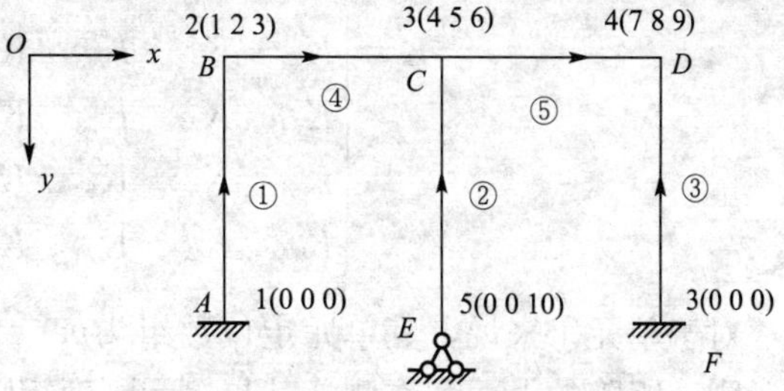

图 3.16　先处理法位移编码示意图

综上所述，利用先处理法对单元结点位移编码时，仅对独立的位移分量按自然数顺序编号，若某些位移分量由于连接条件的限制彼此相等，则编为同一位移号。在支座处，由于刚性约束而使位移分量为零时，则对应的编号为 0。

3. 杆系结构整体刚度矩阵

下面以先处理法为例，介绍如何将离散的单元重新集装成整体结构，使其满足力的平衡条件和位移的连续条件，得到结构的整体刚度方程。

由单元刚度矩阵集成整体刚度矩阵通常采用刚度集成法。其计算过程可以分为两步：首先求出各单元的贡献矩阵(将单元刚度矩阵扩阶为与整体刚度矩阵同阶的矩阵)，然后将它们叠加起来形成整体刚度矩阵。但这样处理在实际中很少采用，因为在编程过程中需先将各单元的刚度矩阵扩阶成单元贡献矩阵储存起来，而各单元贡献矩阵的阶数与整体刚度矩阵的阶数相同，因此占用的计算机内存空间非常大，不利于节约资源，并且在实际中有可能耗尽所有资源。故在实际中并不是采用贡献矩阵法，而是利用各单元的定位数组，采用“边定位，边累加”的方法。

所谓单元的定位数组，就是将单元ⓔ的始端及末端的位移编码排成一行(始端在前，末端在后)，写成如下的形式：

$$\overline{m}^{ⓔ}=(m_1\quad m_2\quad m_3\quad \cdots\quad m_n)$$

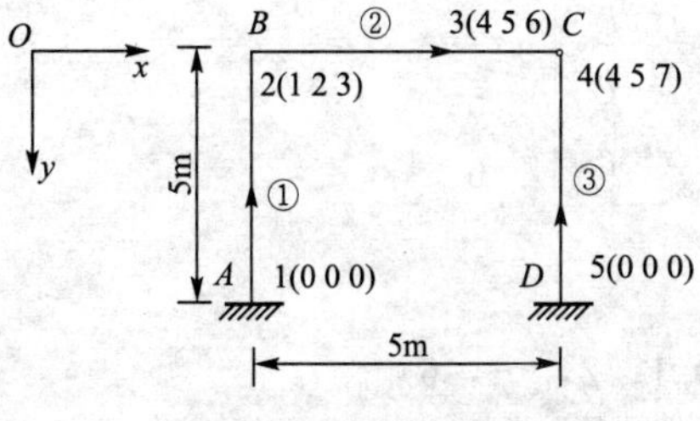

图 3.17　先处理法

如图 3.17 所示，各单元的定位数组分别为：

$$m^{①}=(0\quad 0\quad 0\ \vdots\ 1\quad 2\quad 3)$$
$$m^{②}=(1\quad 2\quad 3\ \vdots\ 4\quad 5\quad 6)$$
$$m^{③}=(0\quad 0\quad 0\ \vdots\ 4\quad 5\quad 7)$$

这样处理得到的整体刚度矩阵与叠加所有贡献矩阵得到的结果完全一致，且可以节约大量的存储空间。

结构有 3 个单元，5 个结点，7 个独立的位移

分量，这样其整体刚度矩阵应为 7×7 阶矩阵，即

$$\boldsymbol{K}=\begin{bmatrix} K_{11} & K_{12} & K_{13} & K_{14} & K_{15} & K_{16} & K_{17} \\ K_{21} & K_{22} & K_{23} & K_{24} & K_{25} & K_{26} & K_{27} \\ K_{31} & K_{32} & K_{33} & K_{34} & K_{35} & K_{36} & K_{37} \\ K_{41} & K_{42} & K_{43} & K_{44} & K_{45} & K_{46} & K_{47} \\ K_{51} & K_{52} & K_{53} & K_{54} & K_{55} & K_{56} & K_{57} \\ K_{61} & K_{62} & K_{63} & K_{64} & K_{65} & K_{66} & K_{67} \\ K_{71} & K_{72} & K_{73} & K_{74} & K_{75} & K_{76} & K_{77} \end{bmatrix}$$

对于单元①来说，其单元定位数组为$m^{①}=(0\quad 0\quad 0\ \vdots\ 1\quad 2\quad 3)$，将定位数组标记在单元刚度矩阵的上面和右侧，其与单元刚度矩阵一起写成如下形式：

$$\begin{array}{c} \quad\quad 0 \quad\quad 0 \quad\quad 0 \ \vdots\ 1 \quad\quad 2 \quad\quad 3 \\ \boldsymbol{k}^{①}=\left[\begin{array}{ccc:ccc} k_{11} & k_{12} & k_{13} & k_{14} & k_{15} & k_{16} \\ k_{21} & k_{22} & k_{23} & k_{24} & k_{25} & k_{26} \\ k_{31} & k_{32} & k_{33} & k_{34} & k_{35} & k_{36} \\ \hdashline k_{41} & k_{42} & k_{43} & k_{44} & k_{45} & k_{46} \\ k_{51} & k_{52} & k_{53} & k_{54} & k_{55} & k_{56} \\ k_{61} & k_{62} & k_{63} & k_{64} & k_{65} & k_{66} \end{array}\right]^{①} \begin{array}{c} 0 \\ 0 \\ 0 \\ \hdashline 1 \\ 2 \\ 3 \end{array} \end{array}$$

按先处理法，单元刚度矩阵中对应位移分量编号为 0 的元素不进入整体刚度矩阵，非 0 位移编码指明了其余各元素在整体刚度矩阵中的行、列号。例如，$k_{54}^{①}$对应于第 5 行位移编码为 2，第 4 列的位移编码为 1，则它在整体刚度矩阵中应放在 K_{21} 的位置。以此类推，$\boldsymbol{k}^{①}$ 中各元素在整体刚度矩阵 $\boldsymbol{K}$ 中的位置为：

$$\begin{array}{lll} k_{44}^{①}\rightarrow K_{11} & k_{45}^{①}\rightarrow K_{12} & k_{46}^{①}\rightarrow K_{13} \\ k_{54}^{①}\rightarrow K_{21} & k_{55}^{①}\rightarrow K_{22} & k_{56}^{①}\rightarrow K_{23} \\ k_{64}^{①}\rightarrow K_{31} & k_{65}^{①}\rightarrow K_{32} & k_{66}^{①}\rightarrow K_{33} \end{array}$$

单元②的刚度矩阵和它的定位数组为：

$$\begin{array}{c} \quad\quad 1 \quad\quad 2 \quad\quad 3 \ \vdots\ 4 \quad\quad 5 \quad\quad 6 \\ \boldsymbol{k}^{②}=\left[\begin{array}{ccc:ccc} k_{11} & k_{12} & k_{13} & k_{14} & k_{15} & k_{16} \\ k_{21} & k_{22} & k_{23} & k_{24} & k_{25} & k_{26} \\ k_{31} & k_{32} & k_{33} & k_{34} & k_{35} & k_{36} \\ \hdashline k_{41} & k_{42} & k_{43} & k_{44} & k_{45} & k_{46} \\ k_{51} & k_{52} & k_{53} & k_{54} & k_{55} & k_{56} \\ k_{61} & k_{62} & k_{63} & k_{64} & k_{65} & k_{66} \end{array}\right]^{②} \begin{array}{c} 1 \\ 2 \\ 3 \\ \hdashline 4 \\ 5 \\ 6 \end{array} \end{array}$$

$\boldsymbol{k}^{②}$ 中各元素在整体刚度矩阵 $\boldsymbol{K}$ 中的位置为：

$$k_{ij}^{②}\rightarrow K_{ij}\quad (i=1,\ 2,\ \cdots,\ 6;\ j=1,\ 2,\ \cdots,\ 6)$$

单元③的刚度矩阵和它的定位数组为：

$$
\begin{array}{c} \begin{matrix} 0 & 0 & 0 & 4 & 5 & 7 \end{matrix} \\
\boldsymbol{k}^{③}=\left[\begin{array}{ccc:ccc}
k_{11} & k_{12} & k_{13} & k_{14} & k_{15} & k_{16} \\
k_{21} & k_{22} & k_{23} & k_{24} & k_{25} & k_{26} \\
k_{31} & k_{32} & k_{33} & k_{34} & k_{35} & k_{36} \\ \hdashline
k_{41} & k_{42} & k_{43} & k_{44} & k_{45} & k_{46} \\
k_{51} & k_{52} & k_{53} & k_{54} & k_{55} & k_{56} \\
k_{61} & k_{62} & k_{63} & k_{64} & k_{65} & k_{66}
\end{array}\right]^{③} \begin{matrix} 0 \\ 0 \\ 0 \\ 4 \\ 5 \\ 7 \end{matrix}
\end{array}
$$

$\boldsymbol{k}^{③}$中各元素在整体刚度矩阵$\boldsymbol{K}$中的位置为：

$$
\begin{matrix}
k_{44}^{③}\rightarrow K_{44} & k_{45}^{③}\rightarrow K_{45} & k_{46}^{③}\rightarrow K_{47} \\
k_{54}^{③}\rightarrow K_{54} & k_{55}^{③}\rightarrow K_{55} & k_{56}^{③}\rightarrow K_{57} \\
k_{64}^{③}\rightarrow K_{74} & k_{65}^{③}\rightarrow K_{75} & k_{66}^{③}\rightarrow K_{77}
\end{matrix}
$$

这样，按照以上所讲的定位方法，将$\boldsymbol{k}^{①}$、$\boldsymbol{k}^{②}$、$\boldsymbol{k}^{③}$中的相关元素累加到整体刚度矩阵对应的元素上，可以得到整体刚度矩阵：

$$
\boldsymbol{K}=\begin{bmatrix}
k_{44}^{①}+k_{11}^{②} & k_{45}^{①}+k_{12}^{②} & k_{46}^{①}+k_{13}^{②} & k_{14}^{②} & k_{15}^{②} & k_{16}^{②} & 0 \\
k_{54}^{①}+k_{21}^{②} & k_{55}^{①}+k_{22}^{②} & k_{56}^{①}+k_{23}^{②} & k_{24}^{②} & k_{25}^{②} & k_{26}^{②} & 0 \\
k_{64}^{①}+k_{31}^{②} & k_{65}^{①}+k_{32}^{②} & k_{66}^{①}+k_{33}^{②} & k_{34}^{②} & k_{35}^{②} & k_{36}^{②} & 0 \\
k_{41}^{②} & k_{42}^{②} & k_{43}^{②} & k_{44}^{②}+k_{44}^{③} & k_{45}^{②}+k_{45}^{③} & k_{46}^{②} & k_{46}^{③} \\
k_{51}^{②} & k_{52}^{②} & k_{53}^{②} & k_{54}^{②}+k_{54}^{③} & k_{55}^{②}+k_{55}^{③} & k_{56}^{②} & k_{56}^{③} \\
k_{61}^{②} & k_{62}^{②} & k_{63}^{②} & k_{64}^{②} & k_{65}^{②} & k_{66}^{②} & 0 \\
0 & 0 & 0 & k_{64}^{③} & k_{65}^{③} & 0 & k_{66}^{③}
\end{bmatrix}
$$

在实际编程过程中，集成整体刚度矩阵的过程为“边定位，边累加”，其过程可以概括如下。

(1) 根据最大位移编号数，建立整体刚度矩阵$\boldsymbol{K}$并存储空间、初始化0，若位移个数为n，则整体刚度矩阵为$n\times n$阶矩阵。

(2) 对单元循环，根据其定位数组，将其元素累加到整体刚度矩阵$\boldsymbol{K}$中对应的元素上，直到处理完所有的单元为止。

例 3-1 如图3.18所示刚架结构$ABCD$，各杆件截面尺寸相同，$A=0.5\text{m}^2$，材料性质一样，杆件尺寸如图所示，弹性模量$E=3\times10^3\text{MPa}$，截面惯性矩$I=\frac{1}{24}\text{m}^4$，试求刚架的整体刚度矩阵$\boldsymbol{K}$。

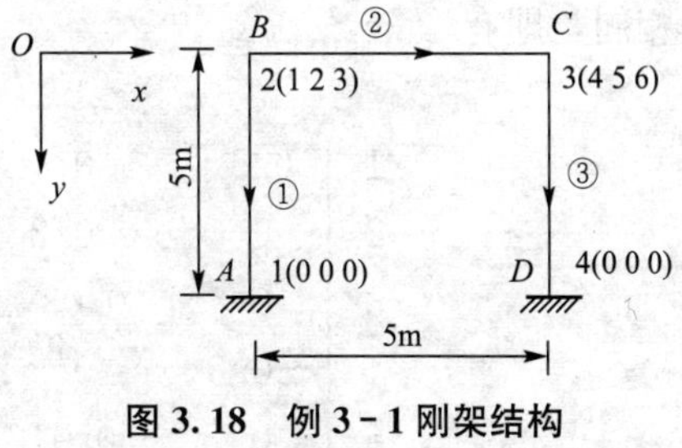

图 3.18 例 3-1 刚架结构

解：(1) 单元划分、建立局部坐标系和整体坐标系(图3.18)，对单元和结点编号。

$$\frac{EA}{l}=0.3\times10^3,\quad \frac{4EI}{l}=0.1\times10^3,\quad \frac{6EI}{l^2}=0.03\times10^3,\quad \frac{12EI}{l^3}=0.012\times10^3$$

(2) 计算局部坐标系中的单元刚度矩阵$\bar{k}^{ⓔ}$。由于单元①、②、③的几何尺寸完全一样，因此其单元刚度矩阵$\bar{k}^{①}=\bar{k}^{②}=\bar{k}^{③}$，根据式(3-34)可以得到刚度矩阵：

$$\bar{\boldsymbol{k}}^{①}=\bar{\boldsymbol{k}}^{②}=\bar{\boldsymbol{k}}^{③}=\left[\begin{array}{ccc|ccc} 0.3 & 0 & 0 & -0.3 & 0 & 0 \\ 0 & 0.012 & 0.03 & 0 & -0.012 & 0.03 \\ 0 & 0.03 & 0.1 & 0 & -0.03 & 0.05 \\ \hline -0.3 & 0 & 0 & 0.3 & 0 & 0 \\ 0 & -0.012 & -0.03 & 0 & 0.012 & -0.03 \\ 0 & 0.03 & 0.05 & 0 & -0.03 & 0.1 \end{array}\right]\times 10^{3}$$

(3) 计算整体坐标系中的单元刚度矩阵。对于单元①，其局部坐标系与整体坐标系的夹角为90°，故根据式(3-44)，计算其坐标转换矩阵为：

$$\boldsymbol{T}^{①}=\left[\begin{array}{ccc|ccc} 0 & 1 & 0 & 0 & 0 & 0 \\ -1 & 0 & 0 & 0 & 0 & 0 \\ 0 & 0 & 1 & 0 & 0 & 0 \\ \hline 0 & 0 & 0 & 0 & 1 & 0 \\ 0 & 0 & 0 & -1 & 0 & 0 \\ 0 & 0 & 0 & 0 & 0 & 1 \end{array}\right]$$

单元①的定位数组为：

$$m^{①}=(1\quad 2\quad 3\ \vdots\ 0\quad 0\quad 0)$$

根据式(3-51)计算单元①在整体坐标系下的单元刚度矩阵为：

$$\boldsymbol{k}^{①}=\boldsymbol{T}^{①\mathrm{T}}\bar{\boldsymbol{k}}^{①}\boldsymbol{T}^{①}=\begin{array}{c} \\ 1 \\ 2 \\ 3 \\ 0 \\ 0 \\ 0 \end{array}\begin{array}{c} \begin{array}{cccccc} 1 & 2 & 3 & 0 & 0 & 0 \end{array} \\ \left[\begin{array}{ccc|ccc} 0.012 & 0 & -0.03 & -0.012 & 0 & -0.03 \\ 0 & 0.3 & 0 & 0 & -0.3 & 0 \\ -0.03 & 0 & 0.1 & 0.03 & 0 & 0.05 \\ \hline -0.012 & 0 & 0.03 & 0.012 & 0 & 0.03 \\ 0 & -0.3 & 0 & 0 & 0.3 & 0 \\ -0.03 & 0 & 0.05 & 0.03 & 0 & 0.1 \end{array}\right] \end{array}\times 10^{3}$$

对于单元②，由于其局部坐标系与整体坐标系一致，因此两种坐标系下的单元刚度矩阵相同，即有

$$\boldsymbol{k}^{②}=\begin{array}{c} \\ 1 \\ 2 \\ 3 \\ 4 \\ 5 \\ 6 \end{array}\begin{array}{c} \begin{array}{cccccc} 1 & 2 & 3 & 4 & 5 & 6 \end{array} \\ \left[\begin{array}{ccc|ccc} 0.3 & 0 & 0 & -0.3 & 0 & 0 \\ 0 & 0.012 & 0.03 & 0 & -0.012 & 0.03 \\ 0 & 0.03 & 0.1 & 0 & -0.03 & 0.05 \\ \hline -0.3 & 0 & 0 & 0.3 & 0 & 0 \\ 0 & -0.012 & -0.03 & 0 & 0.012 & -0.03 \\ 0 & 0.03 & 0.05 & 0 & -0.03 & 0.1 \end{array}\right] \end{array}\times 10^{3}$$

对于单元③，其局部坐标系与整体坐标系的夹角为90°，同理可得其整体坐标系下的单元刚度矩阵为：

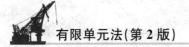

$$\boldsymbol{k}^{③}=\begin{array}{c} \\ 4\\5\\6\\0\\0\\0 \end{array}\begin{array}{c} \begin{array}{cccccc} 4 & 5 & 6 & 0 & 0 & 0 \end{array} \\ \left[\begin{array}{ccc:ccc} 0.012 & 0 & -0.03 & -0.012 & 0 & -0.03 \\ 0 & 0.3 & 0 & 0 & -0.3 & 0 \\ -0.03 & 0 & 0.1 & 0.03 & 0 & 0.05 \\ \hdashline -0.012 & 0 & 0.03 & 0.012 & 0 & 0.03 \\ 0 & -0.3 & 0 & 0 & 0.3 & 0 \\ -0.03 & 0 & 0.05 & 0.03 & 0 & 0.1 \end{array}\right] \end{array}\times 10^3$$

(4) 根据先处理法形成如下所示整体刚度矩阵 $\boldsymbol{K}$。

$$\boldsymbol{K}=\begin{bmatrix} 0.312 & 0 & -0.03 & -0.3 & 0 & 0 \\ 0 & 0.312 & 0.03 & 0 & -0.012 & 0.03 \\ -0.03 & 0.03 & 0.2 & 0 & -0.03 & 0.05 \\ -0.3 & 0 & 0 & 0.312 & 0 & -0.03 \\ 0 & -0.012 & -0.03 & 0 & 0.312 & -0.03 \\ 0 & 0.03 & 0.05 & -0.03 & -0.03 & 0.2 \end{bmatrix}\times 10^3$$

以上就是平面结构整体刚度矩阵的计算过程，对于空间结构来说，其处理过程完全一致，不同的是单元刚度矩阵为 12×12 的方阵，对应的定位数组有 12 个元素。

3.4 等效结点荷载和边界条件

作用在结构上的荷载按其作用位置不同，可分为结点荷载和非结点荷载两种。由于用有限元法分析结构时，整体平衡方程本质上是各结点的平衡方程，因此必须把非结点荷载按静力等效的原则等效到结点上，形成等效结点荷载。

3.4.1 非结点荷载的处理

根据有限元方法的离散思想，需将作用于单元上的外荷载(包括集中荷载、面分布荷载、体分布荷载、力偶等)按照虚功等效的原则等效到结点上，成为等效结点荷载 $\boldsymbol{F}_E$。这里的虚功等效，是指原力系与等效结点荷载在任何可能的微小位移(虚位移)上所做的虚功相等。

实际上，在前面的分析中已经介绍了求等效结点荷载的方法，如式(3-8)、式(3-17)、式(3-26)分别可用来求不同情况下的等效结点荷载。通常，可以做如下考虑。

第一步，在局部坐标系下求单元ⓔ的固端力$\overline{\boldsymbol{F}}_f^{ⓔ}$。对于某个单元ⓔ，假定单元的两端均固定，然后根据静力平衡求得固定端的反力，表 3-1 列出了几种非结点荷载作用下单元的固端力计算公式。

表 3-1　平面刚架单元固端力

荷载类型	荷载简图	单元固端力		
			始端 i	终端 j
1	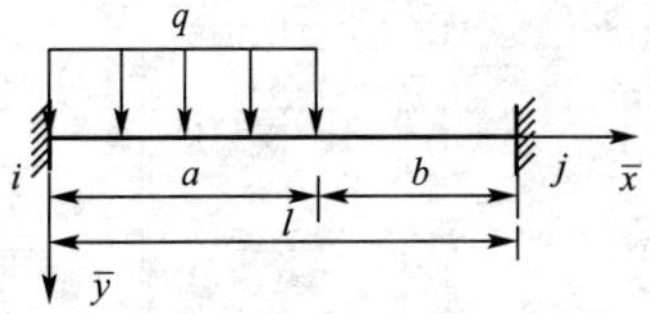	$\overline{F}_{fx}^{\textcircled{e}}$	0	0
		$\overline{F}_{fy}^{\textcircled{e}}$	$-\frac{1}{2}qa\left(2-2\frac{a^2}{l^2}+\frac{a^3}{l^3}\right)$	$-\frac{1}{2}\frac{qa^3}{l^2}\left(2-\frac{a}{l}\right)$
		$\overline{M}_{f}^{\textcircled{e}}$	$-\frac{qa^2}{12}\left(6-8\frac{a}{l}+3\frac{a^2}{l^2}\right)$	$\frac{qa^3}{12l}\left(4-3\frac{a}{l}\right)$
2	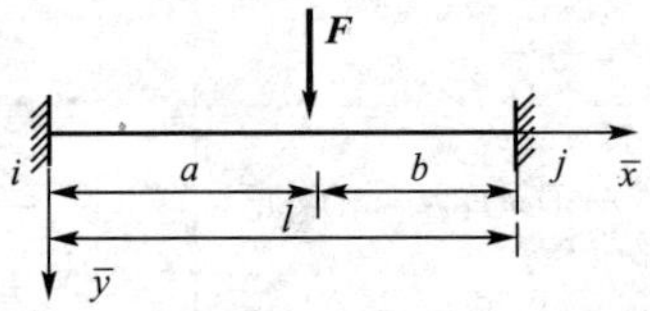	$\overline{F}_{fx}^{\textcircled{e}}$	0	0
		$\overline{F}_{fy}^{\textcircled{e}}$	$-F\frac{b^2}{l^2}\left(1+2\frac{a}{l}\right)$	$-F\frac{a^2}{l^2}\left(1+2\frac{b}{l}\right)$
		$\overline{M}_{f}^{\textcircled{e}}$	$-F\frac{ab^2}{l^2}$	$F\frac{a^2b}{l^2}$
3	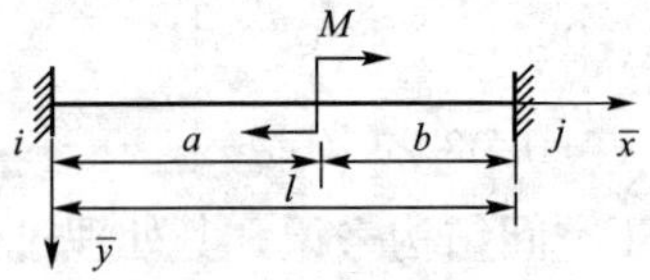	$\overline{F}_{fx}^{\textcircled{e}}$	0	0
		$\overline{F}_{fy}^{\textcircled{e}}$	$M\frac{6ab}{l^3}$	$-M\frac{6ab}{l^3}$
		$\overline{M}_{f}^{\textcircled{e}}$	$M\frac{b}{l}\left(2-3\frac{b}{l}\right)$	$M\frac{a}{l}\left(2-3\frac{a}{l}\right)$
4	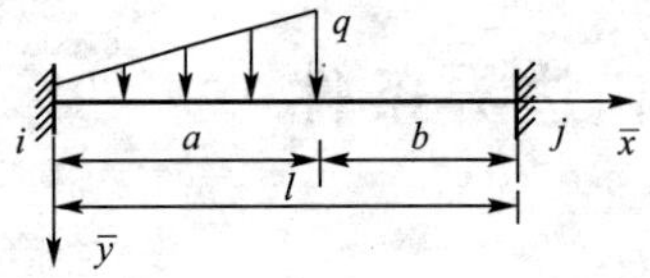	$\overline{F}_{fx}^{\textcircled{e}}$	0	0
		$\overline{F}_{fy}^{\textcircled{e}}$	$-\frac{qa}{4}\left(2-3\frac{a^2}{l^2}+1.6\frac{a^3}{l^3}\right)$	$-\frac{qa^3}{4l^2}\left(3-1.6\frac{a}{l}\right)$
		$\overline{M}_{f}^{\textcircled{e}}$	$-\frac{qa^2}{6}\left(2-3\frac{a}{l}+1.2\frac{a^2}{l^2}\right)$	$\frac{qa^3}{4l}\left(1-0.8\frac{a}{l}\right)$
5	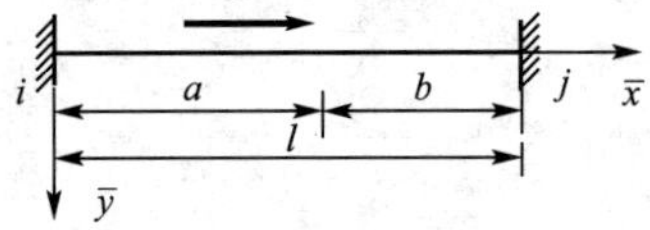	$\overline{F}_{fx}^{\textcircled{e}}$	$-F\frac{b}{l}$	$-F\frac{a}{l}$
		$\overline{F}_{fy}^{\textcircled{e}}$	0	0
		$\overline{M}_{f}^{\textcircled{e}}$	0	0
6	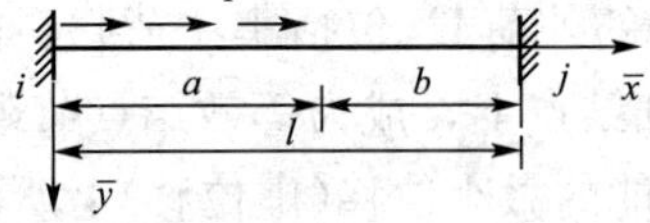	$\overline{F}_{fx}^{\textcircled{e}}$	$-pa\left(1-\frac{a}{2l}\right)$	$-p\frac{a^2}{2l}$
		$\overline{F}_{fy}^{\textcircled{e}}$	0	0
		$\overline{M}_{f}^{\textcircled{e}}$	0	0
7	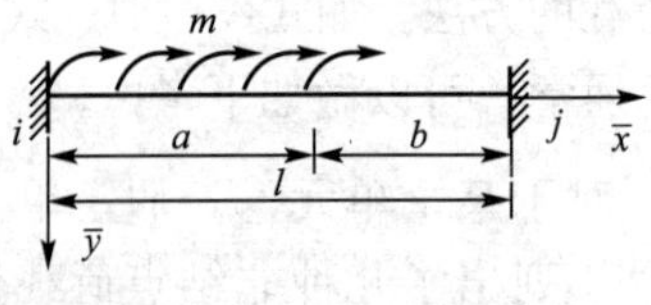	$\overline{F}_{fx}^{\textcircled{e}}$	0	0
		$\overline{F}_{fy}^{\textcircled{e}}$	$m\frac{a^2}{l^2}\left(\frac{a}{l}+3\frac{b}{l}\right)$	$-m\frac{a^2}{l^2}\left(\frac{a}{l}+3\frac{b}{l}\right)$
		$\overline{M}_{f}^{\textcircled{e}}$	$-m\frac{ab^2}{l^2}$	$m\frac{a^2b}{l^2}$

第二步，根据单元固端力求单元ⓔ的等效结点荷载$F_E^{(e)}$。根据局部坐标系与整体坐标系单元杆端力的变换式，固端内力在两种坐标系下的变换形式可以写成：

$$F_f^{(e)} = T^{(e)T} \overline{F}_f^{(e)} \tag{3-79}$$

因此，整体坐标系下的等效结点荷载矩阵$F_E^{(e)}$ 可以由式(3-80)计算：

$$F_E^{(e)} = -F_f^{(e)} \tag{3-80}$$

以下函数用来计算二维杆单元的等效结点荷载。

```
void loading_beam2d (float L,int eLType,float Q1,float Q2,float a,float b,float * fe,
int n)
/* ----------------------------------------------------------------------------------------
    输入:
        L:单元长度
        eLType:荷载类型,见下面解释
        Q1,Q2:荷载在开始点、结束点的大小,对于集中荷载,Q2 不起作用
        a:Q1 作用点距 i 结点的距离
        b:荷载作用长度,集中荷载为 0
        n:等效结点荷载矩阵的大小,此处为 6
    输出:
        fe:等效结点荷载矩阵,大小为 6
---------------------------------------------------------------------------------------- */
{
float L2,L3;
float a2,a3,b2,b3;
float Fxi,Fyi,Mi,Fxj,Fyj,Mj;

L2=L*L;
L3=L*L2;
a2=a*a;
a3=a*a2;
b2=b*b;
b3=b*b2;

switch(eLType){
    case 1://线分布力,指向 y 轴
        Fxi=0.0;
        Fyi=(20*a3+2*b3+10*a2*(2*b-3*L)+10*a*b*(b-2*L)-5*b2*L+10*L3)*Q1+(20*
            a3+8*b3+10*a*b*(3*b-4*L)+10*a2*(4*b-3*L)-15*b2*L+10*L3)*Q2;
        Fyi*=b/(20.0*L3);
        Mi=(30*a3+30*a2*(b-2*L)+5*a*(3*b2-8*b*L+6*L2)+b*(3*b2-10*b*L+10*L2))
            *Q1+(30*a3+60*a2*(b-L)+5*a*(9*b2-16*b*L+6*L2)+2*b*(6*b2-15*b*L+10
```

```
        *L2))*Q2;
    Mi*=b/(60.0*L2);

    Fxj=0.0;
      Fyj= (20*a3+b2*(2*b-5*L)+10*a2*(2*b-3*L)-10*a*b*(b-2*L))*Q1+(20*a3+b2*
          (8*b-15*L)+ 10*a*b*(3*b-4*L)-10*a2*(4*b-3*L))*Q2;
    Fyj*=-b/(20.0*L3);
    Mj=(30*a3+b2*(3*b-5*L)+5*a*b*(3*b-4*L)+30*a2*(b-L))*Q1+(30*a3+5*a*b*
        (9*b-8*L)+3*b2*(4*b-5*L)+30*a2*(2*b-L))*Q2;
    Mj*=b/(60.0*L2);
    break;
case 2://集中力,指向y轴
    Fxi=0.0;
    Fyi=Q1*(L+2*a)*(L-a)*(L-a)/L3;
    Mi=Q1*a*(L-a)*(L-a)/L2;
    Fxj=0.0;
    Fyj=Q1*a*a*(3*L-2*a)/L3;
    Mj=Q1*a*a*(a-L)/L2;
    break;
case 3://线分布力偶,指向z轴
        Fxi=0.0;
        Fyi=(6*a2+4*a*b+b2-6*a*L-2*b*L)*Q1+
             (6*a2+8*a*b+3*b2-6*a*L-4*b*L)* Q2;
        Fyi*=b/(2.0*L3);
        Mi=(18*a2+3*b2+12*a*(b-2*L)-8*b*L+6*L2)*Q1+
            (18*a2+9*b2+24*a*(b-L)-16*b*L+6*L2)*Q2;
        Mi*=b/(12.0*L2);
        Fxj=0.0;
        Fyj=(6*a2+4*a*b+b2-6*a*L-2*b*L)*Q1+
             (6*a2+8*a*b+3*b2-6*a*L-4*b*L)*Q2;
        Fyj*= -b/(2.0*L3);
        Mj=(18*a2+b*(3*b-4*L)+12*a*(b-L))*Q1+
            (18*a2+24*a*b+9*b2-12*a*L-8*b*L)*Q2;
        Mj*=b/(12.0*L2);
        break;
case 4://集中力偶,指向z轴
        Fxi=0.0;
        Fyi=6*Q1*a*(a-L)/L3;
        Mi=Q1*(L2-4*L*a+3*a2)/L2;
        Fxj=0.0;
        Fyj=6*Q1*a*(L-a)/L3;
        Mj=Q1*a*(3*a-2*L)/L2;
```

```
            break;
    case 5://线分布力,指向 x 轴
            Fxi=-b*((3*a+b-3*L)*Q1+(3*a+2*b-3*L)*Q2)/(6.0*L);
            Fyi=0.0;
            Mi=0.0;
            Fxj=b*((3*a+b)*Q1+(3*a+2*b)*Q2)/(6.0*L);
            Fyj=0.0;
            Mj=0.0;
            break;
    case 6://集中力,指向 x 轴
            Fxi=Q1*(L-a)/L;
            Fyi=0.0;
            Mi=0.0;
            Fxj=Q1*a/L;
            Fyj=0.0;
            Mj=0.0;
            break;
    default:
            Fxi=0.0;
            Fyi=0.0;
            Mi=0.0;
            Fxj=0.0;
            Fyj=0.0;
            Mj=0.0;
            break;
}

fe[0]=Fxi;  fe[1]=Fyi;  fe[2]=Mi;
fe[3]=Fxj;  fe[4]=Fyj;  fe[5]=Mj;
return;
}
```

荷载类型说明：

(1) 线分布的力(指向 y 轴)。

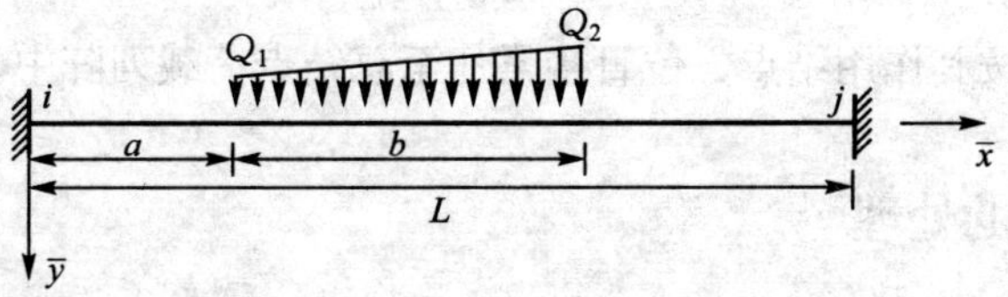

(2) 集中力(指向 y 轴)。

(3) 线分布的力偶(指向 z 轴)。

(4) 集中力偶(指向 z 轴)。

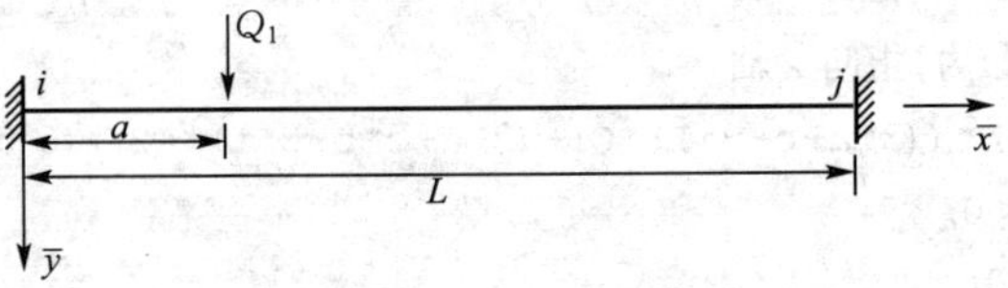

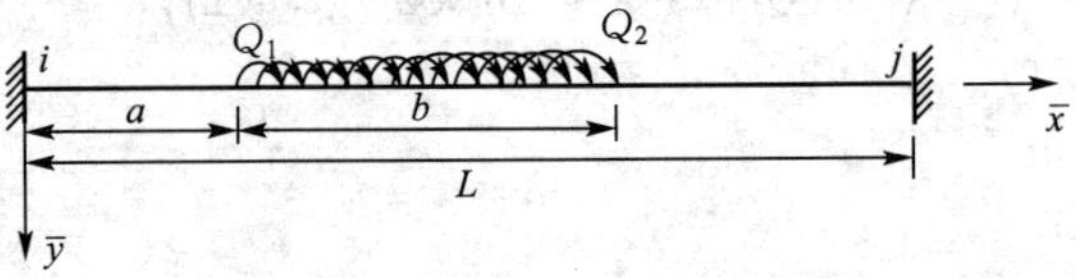

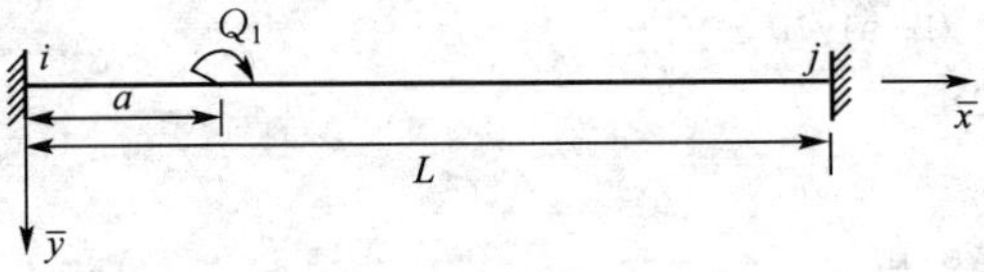

(5) 线分布的力(指向 x 轴)。

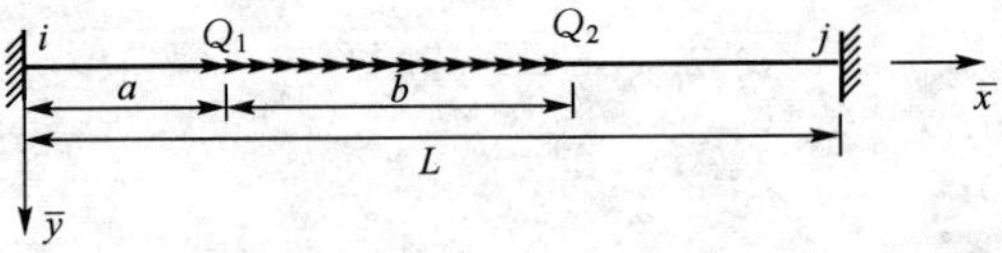

(6) 集中力(指向 x 轴)。

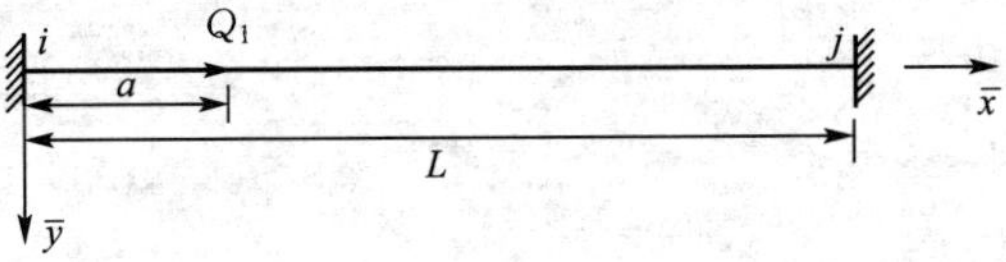

3.4.2 等效结点荷载

前面将作用于杆件上的非结点荷载通过坐标转换矩阵，得到了整体坐标系下非结点荷载的等效结点荷载，将其和直接作用于结点上的结点荷载 $\boldsymbol{F}_d$ 叠加可得总结点荷载 $\boldsymbol{F}$，或称“综合结点荷载”。

$$\boldsymbol{F}=\boldsymbol{F}_E+\boldsymbol{F}_d \tag{3-81}$$

结点荷载 $\boldsymbol{F}_d$ 可按其作用结点方位直接累加至总结点荷载列阵中。

3.4.3 边界条件的处理

1. 铰结点

在杆系结构中，除了刚性结点外，通常会有一些杆件通过铰结点与其他杆件连结，如图 3.19 所示的杆件系统中，有 4 根杆件汇交于 D 点，其中 BD 杆在 D 端通过铰支座与其他杆件铰接，其余3根杆为刚性接触。对于这样的铰结点，具有以下性质。

(1) 铰结点上的各杆具有相同的线位移，但截面的转角位移不相同。

(2) 结点上具有铰接杆端时不承受弯矩作用。如图3.19(a)所示结构中，BD杆在D端的杆端弯矩为0，只有CD、ED、GD杆在结点D上与外弯矩保持平衡。

对于这样的结点，在对其进行单元划分时，通常考虑在D处设置两个结点。按照先处理法，对图3.19(a)所示结构进行位移编码，如图3.19(b)所示。

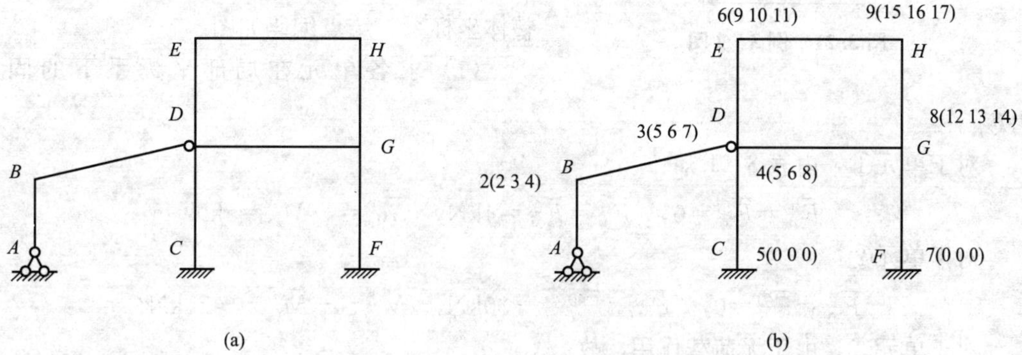

图3.19 铰结点的处理示意图

2. 弹性支承点

在实际工程中，有时会遇到弹性支承的情况(图3.20)，这时一般将弹性支座看作是在结构约束点沿约束方向的一个弹簧，弹簧的刚度系数为k，k在数值上等于使弹簧支座沿约束方向产生单位位移时所需施加的力。

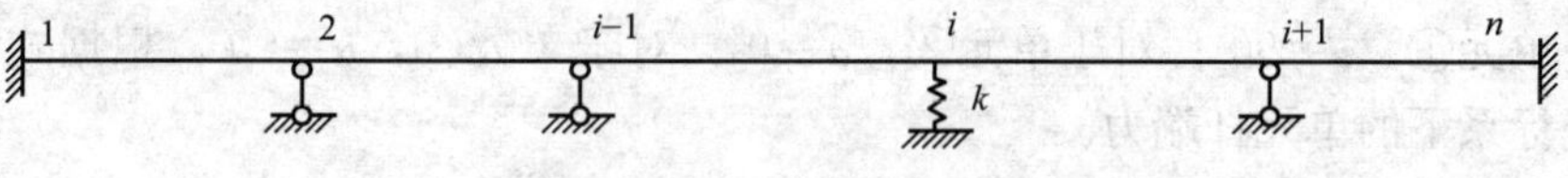

图3.20 弹性支承点的处理示意图

设结构的第i个结点位移分量δ_i为弹性支座约束，弹簧的刚度系数为k，则结构产生δ_i位移时所引起的支座反力为：

$$F_R=-k\delta_i$$

这里的负号表示支座反力方向与约束点位移方向始终相反。F_R作用在受约束的结点上，它是结点外力的一部分。由整体刚度方程可知，第i个平衡方程应为：

$$K_{i1}\delta_1+K_{i2}\delta_2+\cdots+K_{ii}\delta_i+\cdots+K_{in}\delta_n=F_i+F_R$$

式中，F_i为原有的第i个结点上的荷载分量i。将F_R代入并进行整理可得：

$$K_{i1}\delta_1+K_{i2}\delta_2+\cdots+(K_{ii}+k)\delta_i+\cdots+K_{in}\delta_n=F_i$$

这样就引入了弹性支承的约束条件。根据以上的分析，引入弹性支承的具体做法可以归结为：先解除弹性支承点约束，在i处给一个结点号，形成总刚度矩阵；然后在总刚度矩阵中将第i行的主元素K_{ii}加上弹性支承的刚度系数k，此时第i行变为：

$$K_{i1}\quad K_{i2}\quad K_{i3}\cdots K_{ii}+k\cdots K_{in}$$

以上介绍的处理方法既适用于以线位移为弹性约束的情况，同样也适用于以角位移为弹性约束的情况。如果结构有多个弹性支座，可同时引入，即只需将相应的主对角线元素加上相应的弹簧刚度系数就可以了。

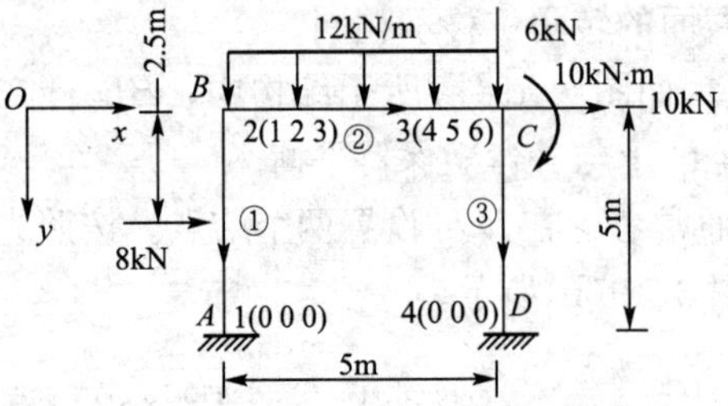

图 3.21 例 3-2 图

例 3-2 求图 3.21 所示刚架的等效结点荷载。

解： 建立如图 3.21 所示单元坐标系和结构整体坐标系，结点编码如图。

(1) 求各单元在局部坐标系下的固端力$\overline{\boldsymbol{F}}_f^{ⓔ}$。

对于单元①，由表 3-1 知：

$$\overline{F}_{xi}^{\textcircled{1}}=\overline{F}_{xj}^{\textcircled{1}}=0,\quad \overline{F}_{yi}^{\textcircled{1}}=\overline{F}_{yi}^{\textcircled{1}}=4\text{kN},\quad \overline{M}_i^{\textcircled{1}}=-\overline{M}_j^{\textcircled{1}}=5\text{kN}$$

对于单元②：

$$\overline{F}_{xi}^{\textcircled{2}}=\overline{F}_{xj}^{\textcircled{2}}=0,\quad \overline{F}_{yi}^{\textcircled{1}}=\overline{F}_{yj}^{\textcircled{1}}=-30\text{kN},\quad \overline{M}_i^{\textcircled{1}}=-\overline{M}_j^{\textcircled{1}}=-25\text{kN}$$

对于单元③，由于无荷载作用，故

$$\overline{F}_{xi}^{\textcircled{1}}=\overline{F}_{xj}^{\textcircled{1}}=0,\quad \overline{F}_{yi}^{\textcircled{1}}=\overline{F}_{yj}^{\textcircled{1}}=0,\quad \overline{M}_i^{\textcircled{1}}=-\overline{M}_j^{\textcircled{1}}=0$$

将单元①～③的固端力写成矩阵形式：

$$\overline{\boldsymbol{F}}_f^{\textcircled{1}}=\left[\begin{array}{ccc:ccc}0 & 4 & 5 & 0 & 4 & -5\end{array}\right]^{\mathrm{T}}$$

$$\overline{\boldsymbol{F}}_f^{\textcircled{2}}=\left[\begin{array}{ccc:ccc}0 & -30 & -25 & 0 & -30 & 25\end{array}\right]^{\mathrm{T}}$$

$$\overline{\boldsymbol{F}}_f^{\textcircled{3}}=\left[\begin{array}{ccc:ccc}0 & 0 & 0 & 0 & 0 & 0\end{array}\right]^{\mathrm{T}}$$

(2) 求整体坐标系下各单元的等效结点荷载。

对于单元①，$\alpha=90°$；对于单元②，$\alpha=0°$；对于单元③，$\alpha=90°$，根据式(3-79)可得整体坐标系下的单元杆端力。

$$\boldsymbol{F}_f^{\textcircled{1}}=\boldsymbol{T}^{\textcircled{1}\mathrm{T}}\overline{\boldsymbol{F}}_f^{\textcircled{1}}=\left[\begin{array}{ccc:ccc}\overset{1}{-4} & \overset{2}{0} & \overset{3}{5} & \overset{0}{-4} & \overset{0}{0} & \overset{0}{-5}\end{array}\right]^{\mathrm{T}}$$

$$\boldsymbol{F}_f^{\textcircled{2}}=\boldsymbol{T}^{\textcircled{2}\mathrm{T}}\overline{\boldsymbol{F}}_f^{\textcircled{2}}=\left[\begin{array}{ccc:ccc}\overset{1}{0} & \overset{2}{-30} & \overset{3}{-25} & \overset{4}{0} & \overset{5}{-30} & \overset{6}{25}\end{array}\right]^{\mathrm{T}}$$

$$\boldsymbol{F}_f^{\textcircled{3}}=\boldsymbol{T}^{\textcircled{3}\mathrm{T}}\overline{\boldsymbol{F}}_f^{\textcircled{3}}=\left[\begin{array}{ccc:ccc}\overset{4}{0} & \overset{5}{0} & \overset{6}{0} & \overset{0}{0} & \overset{0}{0} & \overset{0}{0}\end{array}\right]^{\mathrm{T}}$$

由式(3-80)和式(3-81)并利用先处理法可得整体坐标系下的总结点荷载矩阵：

$$\boldsymbol{F}=\left[\begin{array}{ccc:ccc}\overset{1}{4} & \overset{2}{30} & \overset{3}{20} & \overset{4}{10} & \overset{5}{36} & \overset{6}{-15}\end{array}\right]^{\mathrm{T}}$$

3.5 应用实例

应用有限元位移法对杆系结构进行分析，如果按照“先处理法”的思想，其步骤可以归纳如下。

(1) 对单元进行划分，整理原始数据，对单元和结点进行编号，确定每个单元的局部坐标系和整个结构的整体坐标系。

(2) 计算局部坐标系中的单元刚度矩阵。

(3) 确定每个单元的坐标转换矩阵，计算整体坐标系下的单元刚度矩阵。

(4) 根据各单元的位移分量编号，形成单元的定位数组，按照“对号入座，同号叠加”的方法，形成结构的整体刚度矩阵。

(5) 计算总的结点荷载矩阵。在这一步中，必须首先将非结点荷载转换成等效结点荷载，再与对应的结点荷载叠加，形成总的结点荷载矩阵。

(6) 求解结构的整体刚度方程，计算未知的结点位移矩阵。

(7) 计算各单元的杆端力。

(8) 对计算结果进行整理，如果需要，作出其内力图。

下面结合实例来讲述有限元方法的应用。

例3-3 如图3.22所示刚架，试用有限单元法分析，作出其内力图。其中，各杆截面尺寸相同，材料性质一样，杆长 $AB=BC=l=5\text{m}$，截面面积 $A=0.5\text{m}^2$，弹性模量 $E=30\text{MPa}$，截面惯性矩 $I=\dfrac{1}{24}\text{m}^4$。

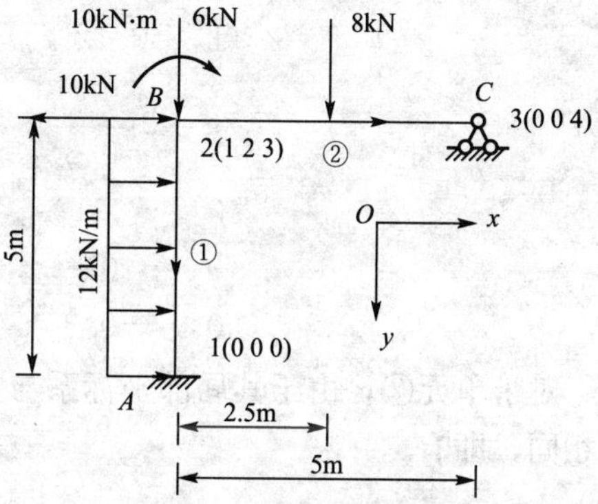

图3.22 例3-3图

解：(1) 单元划分、建立局部坐标系和整体坐标系(图3.22)，并对数据进行整理，对单元和结点编号。

$$\frac{EA}{l}=3\times10^6 \quad \frac{4EI}{l}=1\times10^6$$

$$\frac{6EI}{l^2}=0.3\times10^6 \quad \frac{12EI}{l^3}=0.12\times10^6$$

(2) 求局部坐标系中的单元刚度矩阵 $\bar{k}^{ⓔ}$。由于单元①、单元②的尺寸完全一样，因此其单元刚度矩阵 $\bar{k}^{①}=\bar{k}^{②}$，根据式(3-34)可以得到：

$$\bar{k}^{①}=\bar{k}^{②}=\left[\begin{array}{ccc|ccc} 3 & 0 & 0 & -3 & 0 & 0 \\ 0 & 0.12 & 0.3 & 0 & -0.12 & 0.3 \\ 0 & 0.3 & 1 & 0 & -0.3 & 0.5 \\ \hline -3 & 0 & 0 & 3 & 0 & 0 \\ 0 & -0.12 & -0.3 & 0 & 0.12 & -0.3 \\ 0 & 0.3 & 0.5 & 0 & -0.3 & 1 \end{array}\right]\times10^6$$

(3) 求整体坐标系中的单元刚度矩阵。对于单元①，其局部坐标系与整体坐标系的夹角为 90°，故根据式(3-44)计算其坐标转换矩阵为：

$$\boldsymbol{T}^{①}=\begin{bmatrix} 0 & 1 & 0 & 0 & 0 & 0 \\ -1 & 0 & 0 & 0 & 0 & 0 \\ 0 & 0 & 1 & 0 & 0 & 0 \\ 0 & 0 & 0 & 0 & 1 & 0 \\ 0 & 0 & 0 & -1 & 0 & 0 \\ 0 & 0 & 0 & 0 & 0 & 1 \end{bmatrix}$$

单元的定位数组为：

$$m^{①}=(1\quad 2\quad 3\quad 0\quad 0\quad 0)$$

根据式(3-51)计算单元①在整体坐标系下的单元刚度矩阵为：

$$\boldsymbol{k}^{①}=\begin{array}{c} \\ 1 \\ 2 \\ 3 \\ 0 \\ 0 \\ 0 \end{array}\begin{array}{c} \begin{array}{cccccc} 1 & 2 & 3 & 0 & 0 & 0 \end{array} \\ \left[\begin{array}{ccc:ccc} 0.12 & 0 & -0.3 & -0.12 & 0 & -0.3 \\ 0 & 3 & 0 & 0 & -3 & 0 \\ -0.3 & 0 & 1 & 30 & 0 & 0.5 \\ \hdashline -0.12 & 0 & 0.3 & 0.12 & 0 & 0.3 \\ 0 & -3 & 0 & 0 & 3 & 0 \\ -0.3 & 0 & 0.5 & 0.3 & 0 & 1 \end{array}\right] \end{array}\times 10^{6}$$

对于单元②，由于其局部坐标系与整体坐标系一致，因此两种坐标系下的单元刚度矩阵相同，即有

$$\boldsymbol{k}^{②}=\bar{\boldsymbol{k}}^{②}=\begin{array}{c} \\ 1 \\ 2 \\ 3 \\ 0 \\ 0 \\ 4 \end{array}\begin{array}{c} \begin{array}{cccccc} 1 & 2 & 3 & 0 & 0 & 4 \end{array} \\ \left[\begin{array}{ccc:ccc} 3 & 0 & 0 & -3 & 0 & 0 \\ 0 & 0.12 & 0.3 & 0 & -0.12 & 0.3 \\ 0 & 0.3 & 1 & 0 & -0.3 & 0.5 \\ \hdashline -3 & 0 & 0 & 3 & 0 & 0 \\ 0 & -0.12 & -0.3 & 0 & 0.12 & -0.3 \\ 0 & 0.3 & 0.5 & 0 & -0.3 & 1 \end{array}\right] \end{array}\times 10^{6}$$

(4) 形成整体刚度矩阵 $\boldsymbol{K}$。根据前面介绍的方法建立如下所示整体刚度矩阵。

$$\boldsymbol{K}=\begin{bmatrix} 3.12 & 0 & -0.3 & 0 \\ 0 & 3.12 & 0.3 & 0.3 \\ -0.3 & 0.3 & 2 & 0.5 \\ 0 & 0.3 & 0.5 & 1 \end{bmatrix}\times 10^{6}$$

(5) 求总结点荷载。

首先，求各单元在局部坐标系中的固端内力 $\overline{\boldsymbol{F}}_{f}^{ⓔ}$。对于单元①(这里应该注意，其局部坐标系的 $\bar{y}$ 轴方向向左)，$q=-12\text{kN/m}$，$a=l=5\text{m}$，$b=0$，根据表 3-1 可得：

$$\overline{F}_{fxi}^{①}=\overline{F}_{fxj}^{①}=0,\quad \overline{F}_{fyi}^{①}=\overline{F}_{fyj}^{①}=30\text{kN},\quad \overline{M}_{fi}^{①}=-\overline{M}_{fj}^{①}=25\text{kN}\cdot\text{m}$$

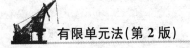

对于单元②，$F=8\text{kN}$，$a=b=2.5\text{m}$，$l=5\text{m}$，根据表 3-1 可得：

$$\overline{F}_{fxi}^{②}=\overline{F}_{fxj}^{②}=0,\ \overline{F}_{fyi}^{②}=\overline{F}_{fyj}^{②}=-4\text{kN},\ \overline{M}_{fi}^{②}=-\overline{M}_{fj}^{②}=-5\text{kN}\cdot\text{m}$$

因此有

$$\overline{\boldsymbol{F}}_f^{①}=[0\quad 30\quad 25\ \vdots\ 0\quad 30\quad -25]^{\mathrm{T}}$$

$$\overline{\boldsymbol{F}}_f^{②}=[0\quad -4\quad -5\ \vdots\ 0\quad -4\quad 5]^{\mathrm{T}}$$

其次，求整体坐标系下各单元的等效结点荷载。对于单元①，$\alpha=90°$；对于单元②，$\alpha=0°$，由式(3-79)、式(3-80)求得各单元的等效结点荷载为：

$$\begin{matrix} & 1 & 2 & 3 & \vdots & 0 & 0 & 0 \\ \boldsymbol{F}_E^{①}= & [30 & 0 & -25 & \vdots & 30 & 0 & 25]^{\mathrm{T}} \end{matrix}$$

$$\begin{matrix} & 1 & 2 & 3 & \vdots & 0 & 0 & 4 \\ \boldsymbol{F}_E^{②}= & [0 & 4 & 5 & \vdots & 0 & 4 & -5]^{\mathrm{T}} \end{matrix}$$

第三，求刚架等效结点荷载矩阵。按照“同号叠加”的方法，有

$$\boldsymbol{F}_E=[30\quad 4\quad -20\quad -5]^{\mathrm{T}}$$

第四，求直接作用在结点上的荷载。

$$\boldsymbol{F}_D=[-10\quad 6\quad 10\quad 0]^{\mathrm{T}}$$

最后，求总的结点荷载矩阵。

$$\boldsymbol{F}=\boldsymbol{F}_D+\boldsymbol{F}_E=[20\quad 10\quad -10\quad -5]^{\mathrm{T}}$$

(6) 求解结构的整体刚度方程，计算未知的结点位移矩阵 $\boldsymbol{\delta}$。这里的整体刚度方程为：

$$10^6\times\begin{bmatrix} 3.12 & 0 & -0.3 & 0 \\ 0 & 3.12 & 0.3 & 0.3 \\ -0.3 & 0.3 & 2 & 0.5 \\ 0 & 0.3 & 0.5 & 1 \end{bmatrix}\begin{bmatrix} u_2 \\ v_2 \\ \theta_2 \\ \theta_3 \end{bmatrix}=\begin{bmatrix} 20 \\ 10 \\ -10 \\ -5 \end{bmatrix}$$

解得：

$$\boldsymbol{\delta}=\begin{bmatrix} u_2 \\ v_2 \\ \theta_2 \\ \theta_3 \end{bmatrix}=\begin{bmatrix} 6.0654 \\ 3.9729 \\ -3.5865 \\ -4.3986 \end{bmatrix}\times 10^{-6}$$

(7) 计算各单元的杆端内力。首先从求出的结点位移矩阵 $\boldsymbol{\delta}$ 中取出各单元在整体坐标系下的杆端位移矩阵 $\boldsymbol{\delta}^{ⓔ}$，有

$$\boldsymbol{\delta}^{①}=\begin{bmatrix} u_2 \\ v_2 \\ \theta_2 \\ \hdashline u_1 \\ v_1 \\ \theta_1 \end{bmatrix}=\begin{bmatrix} 6.0654 \\ 3.9729 \\ -3.5865 \\ \hdashline 0 \\ 0 \\ 0 \end{bmatrix}\times 10^{-6},\quad \boldsymbol{\delta}^{②}=\begin{bmatrix} u_2 \\ v_2 \\ \theta_2 \\ \hdashline u_3 \\ v_3 \\ \theta_3 \end{bmatrix}=\begin{bmatrix} 6.0654 \\ 3.9729 \\ -3.5865 \\ \hdashline 0 \\ 0 \\ -4.3986 \end{bmatrix}\times 10^{-6}$$

然后计算杆端内力。对于单元①，有

$$\overline{\boldsymbol{F}}^{①}=\bar{\boldsymbol{k}}^{①}\bar{\boldsymbol{\delta}}^{①}+\overline{\boldsymbol{F}}_{f}^{①}=\bar{\boldsymbol{k}}^{①}\boldsymbol{T}^{①}\boldsymbol{\delta}^{①}+\overline{\boldsymbol{F}}_{f}^{①}$$

$$=10^{6}\times\left[\begin{array}{ccc:ccc}3&0&0&-3&0&0\\0&0.12&0.3&0&-0.12&0.3\\0&0.3&1&0&-0.3&0.5\\\hdashline -3&0&0&3&0&0\\0&-0.12&-0.3&0&3.12&-0.3\\0&0.3&0.5&0&-0.3&1\end{array}\right]\left[\begin{array}{ccc:ccc}0&1&0&0&0&0\\-1&0&0&0&0&0\\0&0&1&0&0&0\\\hdashline 0&0&0&0&1&0\\0&0&0&-1&0&0\\0&0&0&0&0&1\end{array}\right]$$

$$\times10^{6}\times\left[\begin{array}{c}6.0654\\3.9729\\-3.5865\\\hdashline 0\\0\\0\end{array}\right]+\left[\begin{array}{c}0\\30\\25\\\hdashline 0\\30\\-25\end{array}\right]=\left[\begin{array}{c}11.919\text{kN}\\28.196\text{kN}\\19.594\text{kN}\cdot\text{m}\\\hdashline -11.919\text{kN}\\31.804\text{kN}\\-28.613\text{kN}\cdot\text{m}\end{array}\right]$$

对于单元②，有

$$\overline{\boldsymbol{F}}^{②}=\bar{\boldsymbol{k}}^{②}\bar{\boldsymbol{\delta}}^{②}+\overline{\boldsymbol{F}}_{f}^{②}=\bar{\boldsymbol{k}}^{②}\boldsymbol{\delta}^{②}+\overline{\boldsymbol{F}}_{f}^{②}$$

$$=10^{6}\times\left[\begin{array}{ccc:ccc}3&0&0&-3&0&0\\0&0.12&0.3&0&-0.12&0.3\\0&0.3&1&0&-0.3&0.5\\\hdashline -3&0&0&3&0&0\\0&-0.12&-0.3&0&3.12&-0.3\\0&0.3&0.5&0&-0.3&1\end{array}\right]$$

$$\times10^{-6}\times\left[\begin{array}{c}6.0654\\3.9729\\-3.5865\\\hdashline 0\\0\\-4.3986\end{array}\right]+\left[\begin{array}{c}0\\-4\\-5\\\hdashline 0\\-4\\5\end{array}\right]=\left[\begin{array}{c}18.196\text{kN}\\-5.919\text{kN}\\-9.594\text{kN}\cdot\text{m}\\\hdashline -18.196\text{kN}\\-2.081\text{kN}\\0\end{array}\right]$$

(8) 根据结点平衡条件，计算支座反力。

$$\boldsymbol{F}_{R1}=\left[\begin{array}{c}-31.804\text{kN}\\-11.919\text{kN}\\-28.613\text{kN}\cdot\text{m}\end{array}\right],\quad \boldsymbol{F}_{R3}=\left[\begin{array}{c}-18.196\text{kN}\\-2.081\text{kN}\\0\end{array}\right]$$

根据已知结果，作出内力图和位移曲线，如图3.23所示。

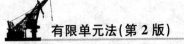

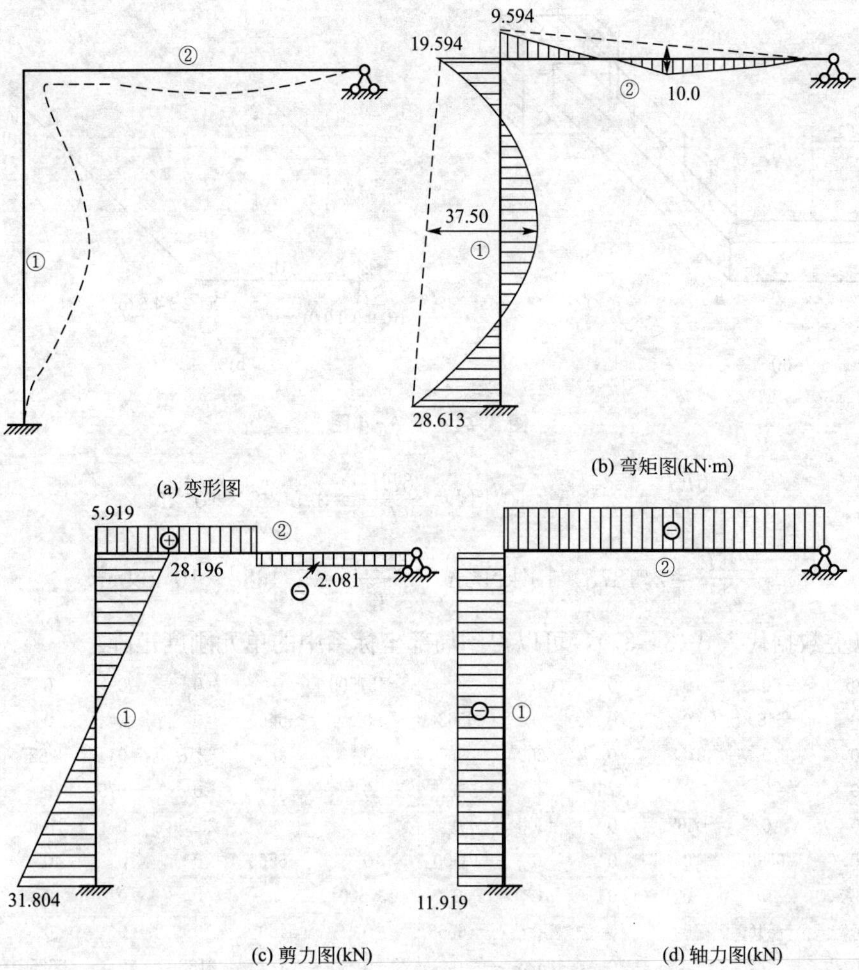

图 3.23　内力图和位移曲线

例 3-4　求如图 3.24(a)所示的刚架 B 点位移及各杆的内力。设各杆材料和几何性质相同，杆长 $AB=BC=l=2.4\text{m}$，截面面积 $A=0.005\text{m}^2$，弹性模量 $E=2.1\times10^2\text{GPa}$，剪切模量 $G=9\times10^4\text{MPa}$，极惯性矩 $I=2.6\times10^{-5}\text{m}^4$，惯性矩 $I_y=1.2\times10^{-5}\text{m}^4$，惯性矩 $I_z=3.0\times10^{-5}\text{m}^4$，外力 $F=10\text{kN}$，$q=15\text{kN/m}$。

解：(1) 确定结点，进行单元划分，建立整体坐标系和各单元局部坐标系［图 3.24(b)］，其中局部坐标系的$\bar{x}$轴如图中所示，$\bar{y}$轴向下，$\bar{z}$轴根据右手定则确定。

(2) 形成局部坐标系中的单元刚度矩阵$\bar{\boldsymbol{k}}^{ⓔ}$。根据已知条件，可以计算出：

$$\frac{EA}{l}=4.375\times10^5\text{kN/m},\quad \frac{GI}{l}=9.75\times10^2\text{kN}\cdot\text{m}$$

$$\frac{2EI_y}{l}=2.1\times10^3\text{kN}\cdot\text{m},\quad \frac{4EI_y}{l}=4.2\times10^3\text{kN}\cdot\text{m}$$

$$\frac{2EI_z}{l}=5.25\times10^3\text{kN}\cdot\text{m},\quad \frac{4EI_z}{l}=1.05\times10^4\text{kN}\cdot\text{m}$$

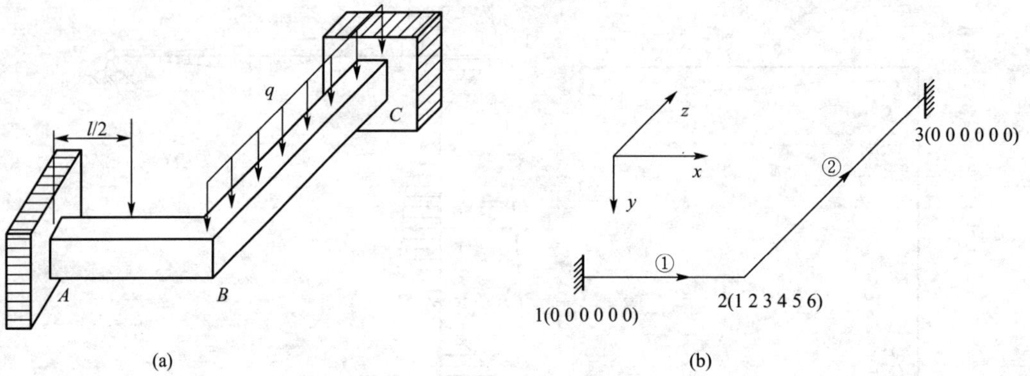

图 3.24　例 3-4 图

$$\frac{6EI_y}{l^2}=2.625\times10^3\,\text{kN},\quad \frac{6EI_y}{l^2}=6.5626\times10^3\,\text{kN}$$

$$\frac{12EI_y}{l^3}=2.1875\times10^3\,\text{kN/m},\quad \frac{12EI_z}{l^3}=5.4688\times10^3\,\text{kN/m}$$

将以上数据代入式(3-37)，可以得到局部坐标系中的单元刚度矩阵：

$$\bar{\boldsymbol{k}}^{①}=\left[\begin{array}{cccccc:cccccc}
437500 & 0 & 0 & 0 & 0 & 0 & -437500 & 0 & 0 & 0 & 0 & 0\\
0 & 5469 & 0 & 0 & 0 & 6563 & 0 & -5469 & 0 & 0 & 0 & 6563\\
0 & 0 & 2188 & 0 & -2625 & 0 & 0 & 0 & -2188 & 0 & -2625 & 0\\
0 & 0 & 0 & 975 & 0 & 0 & 0 & 0 & 0 & -975 & 0 & 0\\
0 & 0 & -2625 & 0 & 4200 & 0 & 0 & 0 & 2625 & 0 & 2100 & 0\\
0 & 6563 & 0 & 0 & 0 & 10500 & 0 & -6563 & 0 & 0 & 0 & 5250\\
\hdashline
-437500 & 0 & 0 & 0 & 0 & 0 & 437500 & 0 & 0 & 0 & 0 & 0\\
0 & -5469 & 0 & 0 & 0 & -6563 & 0 & 5469 & 0 & 0 & 0 & -6563\\
0 & 0 & -2188 & 0 & 2625 & 0 & 0 & 0 & 2188 & 0 & 2625 & 0\\
0 & 0 & 0 & -975 & 0 & 0 & 0 & 0 & 0 & 975 & 0 & 0\\
0 & 0 & -2625 & 0 & 2100 & 0 & 0 & 0 & 2625 & 0 & 4200 & 0\\
0 & 6563 & 0 & 0 & 0 & 5250 & 0 & -6563 & 0 & 0 & 0 & 10500
\end{array}\right]$$

$$\bar{\boldsymbol{k}}^{②}=\bar{\boldsymbol{k}}^{①}$$

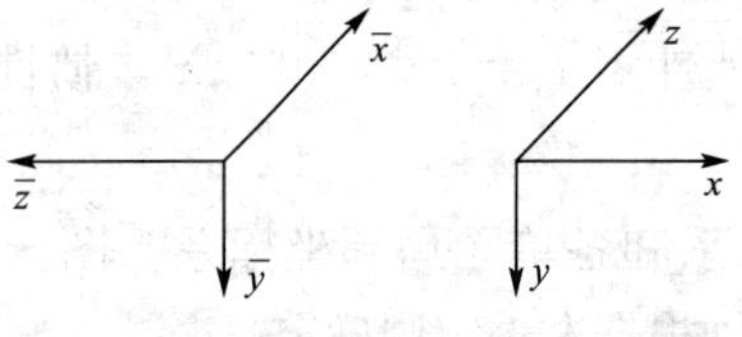

图 3.25　单元②局部坐标与整体坐标的关系

(3) 形成整体坐标系中的单元刚度矩阵$\boldsymbol{k}^{ⓔ}$。对于单元①，因局部坐标系与整体坐标系相同，故有

$$\boldsymbol{k}^{①}=\bar{\boldsymbol{k}}^{①}$$

对于单元②，其局部坐标系与整体坐标系如图3.25所示，因此局部坐标系与整体坐标系的关系矩阵为：

$$\boldsymbol{\lambda}=\begin{bmatrix}0 & 0 & 1\\ 0 & 1 & 0\\ -1 & 0 & 0\end{bmatrix}$$

这样，其单元坐标转换矩阵为：

$$
\boldsymbol{T}^{②}=\begin{bmatrix}\lambda & 0 & 0 & 0\\ 0 & \lambda & 0 & 0\\ 0 & 0 & \lambda & 0\\ 0 & 0 & 0 & \lambda\end{bmatrix}
$$

根据两种坐标系下单元刚度矩阵的转换关系：

$$
\boldsymbol{k}^{ⓔ}=\boldsymbol{T}^{ⓔ\mathrm{T}}\bar{\boldsymbol{k}}^{ⓔ}\boldsymbol{T}^{ⓔ}
$$

可求得整体坐标系下单元②的单元刚度矩阵：

$$
\boldsymbol{k}^{②}=\left[\begin{array}{cccccc|cccccc}
2188 & 0 & 0 & 0 & 2625 & 0 & -2188 & 0 & 0 & 0 & 2625 & 0\\
0 & 5469 & 0 & -6563 & 0 & 0 & 0 & -5469 & 0 & -6563 & 0 & 0\\
0 & 0 & 437500 & 0 & 0 & 0 & 0 & 0 & -437500 & 0 & 0 & 0\\
0 & -6563 & 0 & 10500 & 0 & 0 & 0 & 6563 & 0 & 5250 & 0 & 0\\
2625 & 0 & 0 & 0 & 4200 & 0 & -2625 & 0 & 0 & 0 & 2100 & 0\\
0 & 0 & 0 & 0 & 0 & 975 & 0 & 0 & 0 & 0 & 0 & -975\\
\hline
-2188 & 0 & 0 & 0 & -2625 & 0 & 2188 & 0 & 0 & 0 & -2625 & 0\\
0 & -5469 & 0 & 6563 & 0 & 0 & 0 & 5469 & 0 & 6563 & 0 & 0\\
0 & 0 & -437500 & 0 & 0 & 0 & 0 & 0 & 437500 & 0 & 0 & 0\\
0 & -6563 & 0 & 5250 & 0 & 0 & 0 & 6563 & 0 & 10500 & 0 & 0\\
2625 & 0 & 0 & 0 & 2100 & 0 & -2625 & 0 & 0 & 0 & 4200 & 0\\
0 & 0 & 0 & 0 & 0 & -975 & 0 & 0 & 0 & 0 & 0 & 975
\end{array}\right]
$$

(4) 求整体刚度矩阵。单元①的定位数组为：

$$
\boldsymbol{m}^{①}=(0\quad 0\quad 0\quad 0\quad 0\quad 0\ \vdots\ 1\quad 2\quad 3\quad 4\quad 5\quad 6)
$$

单元②的定位数组为：

$$
\boldsymbol{m}^{②}=(1\quad 2\quad 3\quad 4\quad 5\quad 6\ \vdots\ 0\quad 0\quad 0\quad 0\quad 0\quad 0)
$$

根据定位数组和单元刚度矩阵可以求得整体刚度矩阵：

$$
\boldsymbol{K}=\begin{bmatrix}
439688 & 0 & 0 & 0 & 2625 & 0\\
0 & 10938 & 0 & -6563 & 0 & -6563\\
0 & 0 & 439688 & 0 & 2625 & 0\\
0 & -6563 & 0 & 11475 & 0 & 0\\
2625 & 0 & 2625 & 0 & 8400 & 0\\
0 & -6563 & 0 & 0 & 0 & 11475
\end{bmatrix}
$$

(5) 求总结点荷载。单元①和单元②的固端力矩阵分别为：

$$
\overline{\boldsymbol{F}}_{f}^{①}=[0\quad -5\quad 0\quad 0\quad 0\quad -3\ \vdots\ 0\quad -5\quad 0\quad 0\quad 0\quad 3]^{\mathrm{T}}
$$

$$
\overline{\boldsymbol{F}}_{f}^{②}=[0\quad 18\quad 0\quad 0\quad 0\quad -7.2\ \vdots\ 0\quad 18\quad 0\quad 0\quad 0\quad 7.2]^{\mathrm{T}}
$$

根据公式

$$
\boldsymbol{F}_{E}^{ⓔ}=-\boldsymbol{T}^{ⓔ\mathrm{T}}\overline{\boldsymbol{F}}_{f}^{ⓔ}
$$

在整体坐标系下，单元①和单元②的等效结点荷载分别为：

$$\overline{F}_E^{①}=[0\quad 5\quad 0\quad 0\quad 0\quad 3\ \vdots\ 0\quad 5\quad 0\quad 0\quad 0\quad -3]^T$$

$$\overline{F}_E^{②}=[0\quad 18\quad 0\quad -7.2\quad 0\quad 0\ \vdots\ 0\quad 18\quad 0\quad 7.2\quad 0\quad 0]^T$$

根据定位数组，可得总的结点荷载矩阵为：

$$F=[0\quad 23\quad 0\quad -7.2\quad 0\quad -3]^T$$

(6) 求解结构的整体刚度方程，计算未知的结点位移矩阵 $\boldsymbol{\delta}$。这里的整体刚度方程为：

$$F=K\cdot\boldsymbol{\delta}$$

求得结点未知位移为：

$$\boldsymbol{\delta}=[0\quad 5.0029\times10^{-3}\quad 0\quad 2.2337\times10^{-3}\quad 0\quad 2.5997\times10^{-3}]^T$$

(7) 求单元杆端力。

$$\overline{F}^{①}=\overline{k}^{①}\overline{\boldsymbol{\delta}}^{①}+\overline{F}_f^{①}=\overline{k}^{①}T^{①}\boldsymbol{\delta}^{①}+\overline{F}_f^{①}$$

$$=[0\quad -15.302\quad 0\quad -2.178\quad 0\quad -22.186\ \vdots\ 0\quad 5.302\quad 0\quad 2.178\quad 0\quad -2.532]$$

$$\overline{F}^{②}=\overline{k}^{②}\overline{\boldsymbol{\delta}}^{②}+\overline{F}_f^{②}=\overline{k}^{②}T^{②}\boldsymbol{\delta}^{②}+\overline{F}_f^{②}$$

$$=[0\quad -5.299\quad 0\quad 2.535\quad 0\quad 2.180\ \vdots\ 0\quad -30.703\quad 0\quad -2.535\quad 0\quad 28.302]$$

(8) 绘内力图，如图 3.26 所示。

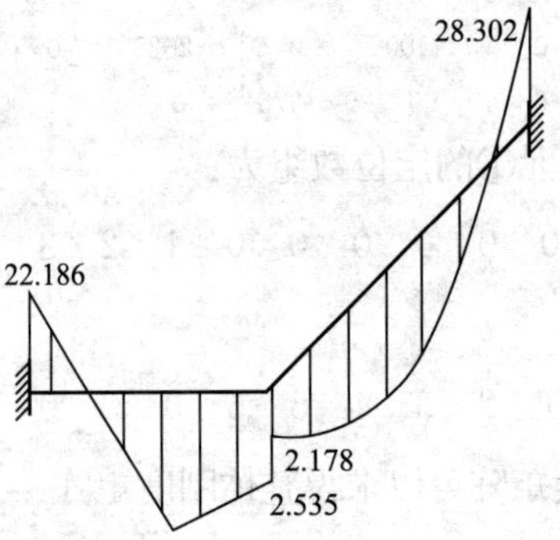

(a) 弯矩图(kN·m)

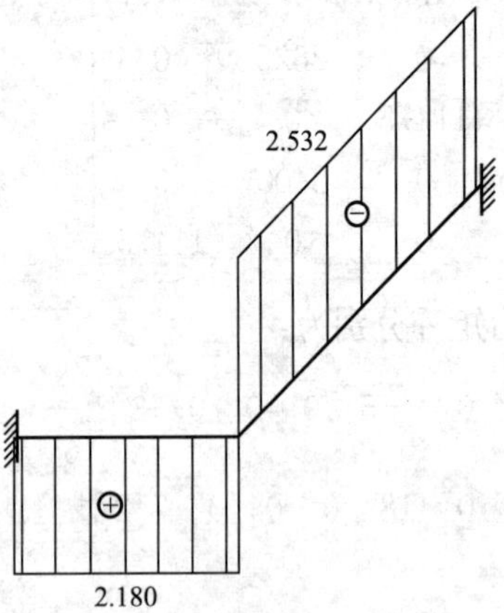

(b) 扭矩图(kN·m)

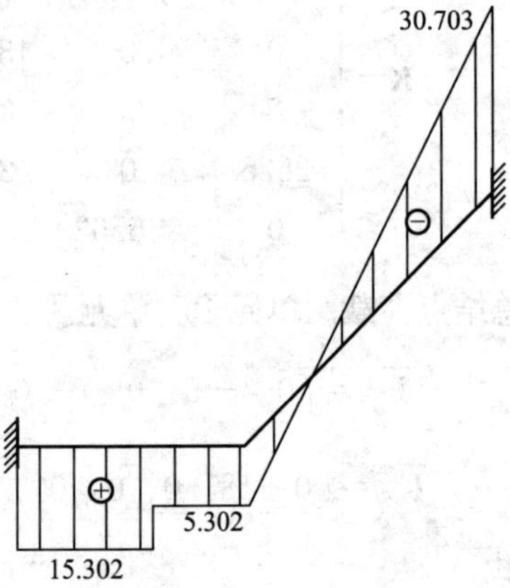

(c) 剪力图(kN)

图 3.26　内力图

3.6 有限元程序设计方法

有限元方法能成功地解决各种各样的固体力学问题，如杆系、板与壳、复杂的三维物体和大变形问题等。不论结构的几何形状和边界条件多么复杂，不论材料性质和外加荷载如何多变，使用有限元方法均可获得满意的答案，有限元解决实际问题的能力远远超过了经典的方法，并且已经取得了很大的成就，因而受到普遍重视。无论是大型飞机、大型舰船，还是高层建筑、水利大坝，均可使用有限元方法方便地对其进行结构分析。现在，掌握有限元方法的原理和应用，对于一个从事结构分析与设计的工程师来说，已经是必不可少的了。有限元方法的实施，离不开程序设计。如果一个结构工程师不仅懂得有限元方法的原理，而且还会应用有限元程序设计方法，无疑会在工作中如虎添翼。

程序设计的基本目标是用算法对问题的原始数据进行处理，从而获得所期望的效果。但这仅仅是程序设计的基本要求。要全面提高程序的质量，提高编程效率，使程序具有良好的可读性、可靠性、可维护性以及良好的结构，编制出好的程序，应当是每位程序设计工作者追求的目标，而要做到这一点，就必须掌握正确的程序设计方法和技术。

一般来讲，程序开发的过程大致可分为三个阶段：①程序功能的规定；②程序结构的设计，源程序及其说明的编写；③调试和纠错。

目前在实际的程序开发中，流行着两种截然不同的方法，即面向过程的方法和面向对象的方法。大量的资料显示，在开发大型应用软件时，面向对象的方法与传统的过程化程序设计方法相比，具有很大的优越性。然而在开发一些规模不大的中小型程序时，面向过程的方法仍然有一定的优势。

本节将以平面杆系结构的静力分析为例，介绍用面向过程的方法进行有限元主体程序设计。

3.6.1 结构化与模块化程序设计方法

1. 结构化程序设计

结构化程序的概念首先是从以往编程过程中无限制地使用转移语句而提出的。转移语句可以使程序的控制流程强制性地转向程序的任一处，如果一个程序中多处出现这种转移情况，将会导致程序流程无序可循，程序结构杂乱无章，这样的程序是令人难以理解和接受的，并且容易出错。因此，实际中很少用这种转移语句，并提出三种基本结构语句，即顺序结构、选择结构和循环结构。1996 年，计算机科学家 Bohm 和 Jacopini 证明了这样的事实：任何简单或复杂的算法都可以由这三种基本结构组合而成。

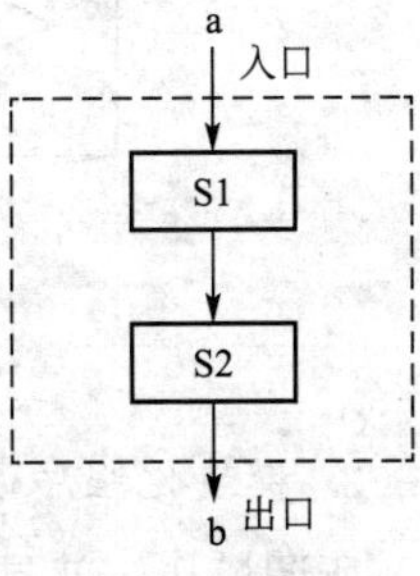

图 3.27 顺序结构

(1) 顺序结构表示程序中的各操作是按照它们出现的先后顺序执行的，其流程如图 3.27 所示，整个结构只有一个入口点 a 和一个出口点 b。这种结构的特点是：程序从入口点 a 开始，按顺序执行所有操作，直到出口点 b 处，所以称为顺序结构。

(2) 选择结构表示程序的处理步骤出现了分支，它需要根据某一特定的条件选择其中的一个分支执行。选择结构有单选择、双选择和多选择三种形式(图 3.28)。

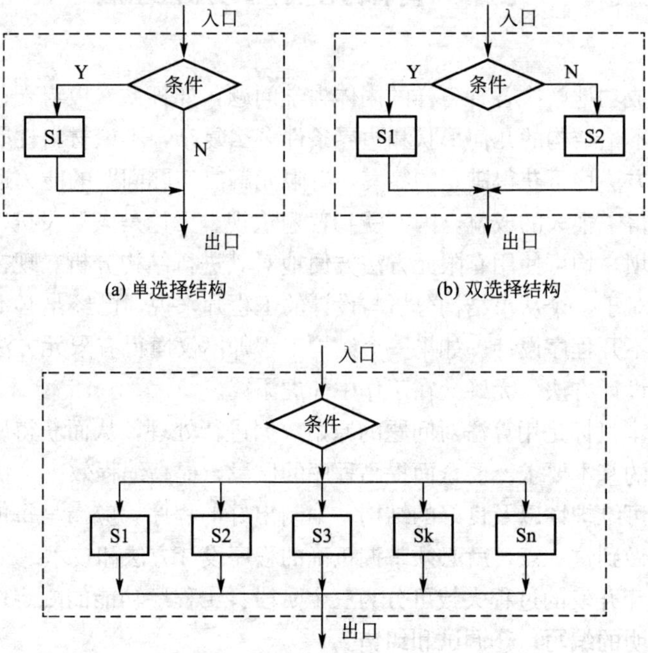

(a) 单选择结构

(b) 双选择结构

(c) 多选择结构

图 3.28　选择结构

(3) 循环结构表示程序反复执行某个或某些操作，直到某条件为假(或为真)时才可终止循环。循环结构的基本形式有两种：当型循环和直到型循环(图 3.29)。当型循环：先判断条件，当满足给定的条件时执行循环体，并且在循环终端处流程自动返回到循环入口；如果条件不满足，则退出循环体直接到达流程出口处。直到型循环：从结构入口处直接执行循环体，在循环终端处判断条件，如果条件不满足，返回入口处继续执行循环体，直到条件为真时再退出循环到达流程出口处，是先执行后判断。

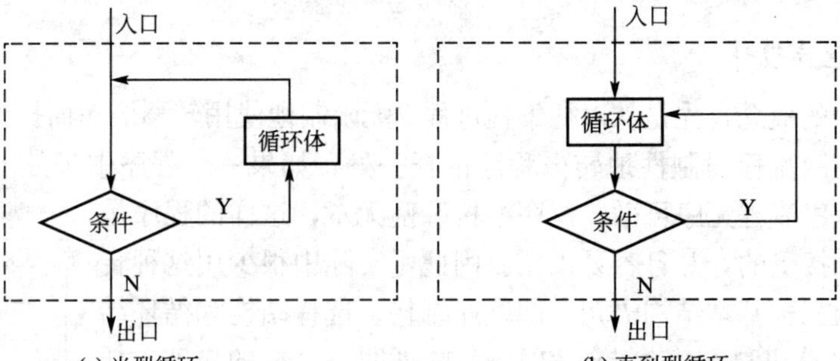

(a) 当型循环

(b) 直到型循环

图 3.29　循环结构

2. 模块化程序设计

所谓模块，就是具有一定功能的相对独立的程序段。每个模块都由对外接口和内部处理功能梁部分组成。对外部而言，通过向该模块传递一定的参数，经过模块处理，完成一定的功能后再返回。如C/C++、C#语言中的函数，FORTRAN语言中的子程序等。一般来说，模块具有如下特性。

(1) 每个模块都有一个名称以便被其他模块调用。

(2) 每个模块都具有明确的功能。

(3) 除主模块(如C语言的main函数)外，原则上各模块可以相互调用。

(4) 每个模块都可以作为一个独立的编译单位进行编译和调试。

3. 面向对象的程序设计

面向对象的程序设计方法是一种新的程序设计思想，这种基本思想是运用对象、类、继承、封装、聚合、消息传递、多态性等概念来构造系统进行程序设计。该方法强调直接以问题域中的事物为中心来思考问题、认识问题，并根据这些事物的本质特征，把它们表示为系统中的对象，作为系统构成的基本单位。它对描述事物的属性、特点及事物之间的关系具有一种先进的软件开发方法，它较传统的程序设计思想更接近于人的思维，它把待求解问题变得简单，而且是一整套关于如何看待软件系统与现实关系，以什么观点来研究问题并进行求解，以及进行系统构造的软件方法学。

与结构化程序设计相比，面向对象的程序设计更结构化、更模块化、更抽象。面向对象方法的主要特点如下所示。

(1) 从问题域中客观存在的事物出发来构造软件系统，用对象作为这些事物的抽象表示，并以此作为系统的基本构成单位。

(2) 事物的静态特征由对象的属性表示，动态特征由对象的方法表示。

(3) 对象的属性与方法结合成一个整体。

(4) 对事物进行分类。

(5) 运用抽象的原则。

(6) 复杂对象可以由简单对象聚合。

(7) 对象间通过消息进行通信。

(8) 通过关联表达对象之间的静态关系。

面向对象方法的优点如下所示。

(1) 维护简单。面向对象方法支持、鼓励软件工程实践中的信息隐藏、数据抽象和封装，在一个对象内的修改被局部隔离。

(2) 可扩充性。可以根据需要在各个类中增加内容，而不影响其他类。

(3) 代码重用。面向对象开发鼓励重用，不仅包括软件的重用，还包括分析、设计的模型重用。

所以面向对象方法是当今计算机领域的主流技术，对促进计算机科学技术发展具有十分重要的意义。

3.6.2 杆系结构基本处理模块

有限元的程序设计内容通常包括三部分：前处理、分析计算、后处理。其中，前处理主要负责读入数据、生成模型、网格划分，为有限元的计算做好准备；分析计算主要是进行有限元矩阵的计算、组装、求解；后处理主要对计算的结果进行各个方式、各个角度的输出，如图3.30所示。

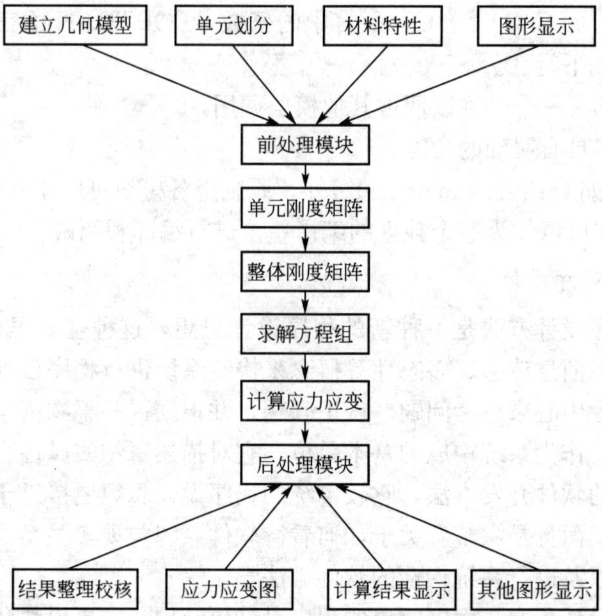

图 3.30 有限元程序基本处理模块

前处理模块的主要功能是为后面的有限元计算准备必要的数据，这些数据包括几何模型的建立、单元的划分(包括单元数、单元编码、结点数、结点坐标、结点编码等)、材料的性质(如单元长度、截面面积、弹性模量、剪切模量、截面惯性矩、极惯性矩等)、荷载信息等，这些信息按照一定的格式保存在文件中，以备以后读取。通常好的程序还可以将生成的有限元模型用图形的形式直观地显示出来。

分析计算模块是有限元分析的主题和核心，主要包括以下几个方面。

(1) 计算单元的刚度矩阵。

(2) 组装总体刚度矩阵。

(3) 根据已知的位移边界条件，进行约束处理，消除总体刚度矩阵的奇异性。

(4) 求解整体刚度矩阵，得出结点的位移向量。

(5) 根据结点的位移向量求出每个单元的应力和应变状态。

后处理模块的主要功能是对有限元的计算结果进行整理，根据不同的需要绘制各种图件，如弯矩图、剪力图、轴力图、位移曲线图、应力应变图等，更复杂一点的程序可以将计算结果以彩色等值线显示、梯度显示、矢量显示、粒子流迹显示、立体切片显示、透明及半透明显示(可看到结构内部)等图形方式显示出来。

本章小结

本章从简单结构入手，详细介绍了有限元方法分析问题的基本思想以及基本解题过程，包括单元划分方法、位移场的选取、单元刚度矩阵的建立、等效结点荷载的计算、结构的整体分析等；同时介绍了有限元程序设计方法，并就如何编写计算机程序对杆系结构进行有限元分析进行了介绍。

通过本章学习，学生应了解杆系结构的离散化方法，熟练掌握单元划分的基本原则、有限元方法分析问题的基本过程，熟悉等效结点荷载的计算方法，能够运用所学知识对杆系结构进行有限元分析，能够编写杆系结构的计算机程序。

习 题

3.1 试用 FORTRAN 语言或 C/C++语言编写关于矩阵运算的程序模块(包括矩阵的加、减、乘、转置、求逆、行列式计算等)。

3.2 试用 FORTRAN 语言或 C/C++语言编写用 Gauss 主元素消去法求解线性方程组的程序模块。

3.3 试用 FORTRAN 语言或 C/C++语言编写平面桁架结构的有限元分析程序，并用所编写的程序对某一桁架结构进行分析。

3.4 试用 FORTRAN 语言或 C/C++语言编写平面刚架结构的有限元分析程序，并用所编写的程序对某一刚架结构进行分析。

3.5 试用 FORTRAN 语言或 C/C++语言编写空间桁架结构的有限元分析程序，并用所编写的程序对某一桁架结构进行分析。

3.6 试用 FORTRAN 语言或 C/C++语言编写空间刚架结构的有限元分析程序，并用所编写的程序对某一刚架结构进行分析。

3.7 试推导图 3.31 所示三种情况的等效结点荷载。

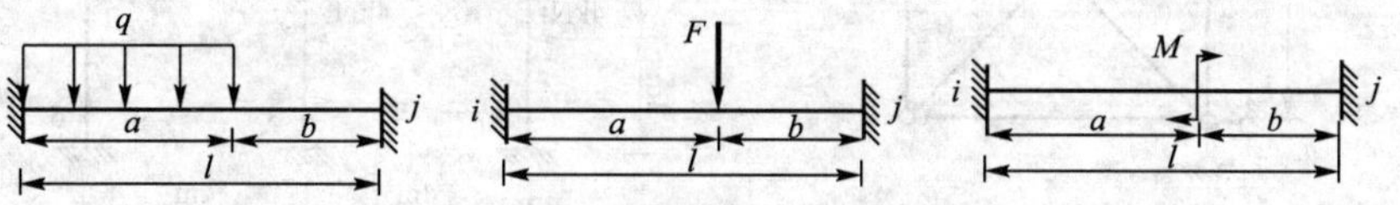

图 3.31 习题 3.7 图

3.8 用先处理法计算图 3.32 所示结构刚度矩阵的元素 K_{22}、K_{33}、K_{13}。

3.9 用先处理法计算图 3.33 所示刚架结构刚度矩阵的元素 K_{22}、K_{34}、K_{15}，设 EI、EA 均为常数。

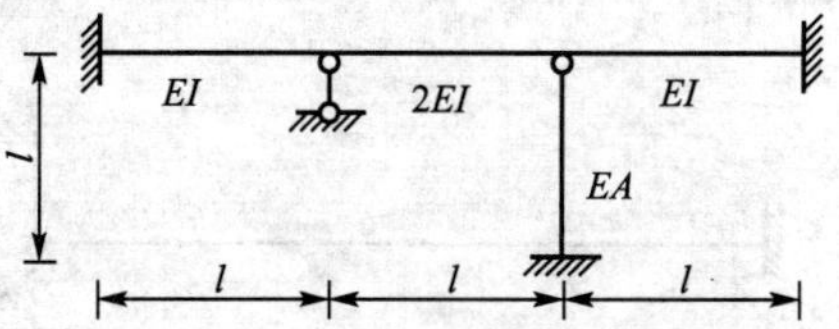

图 3.32 习题 3.8 图

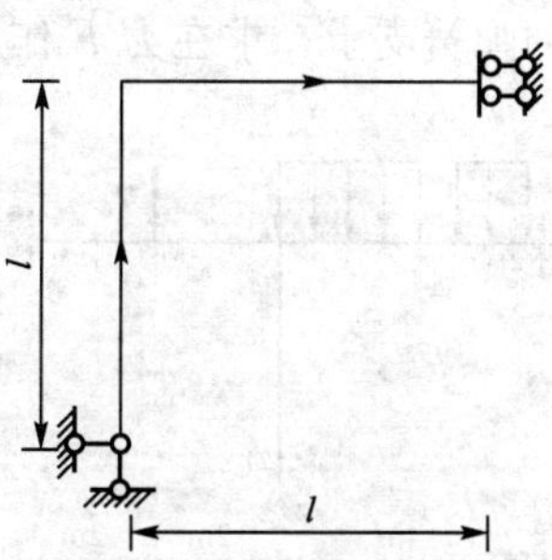

图 3.33 习题 3.9 图

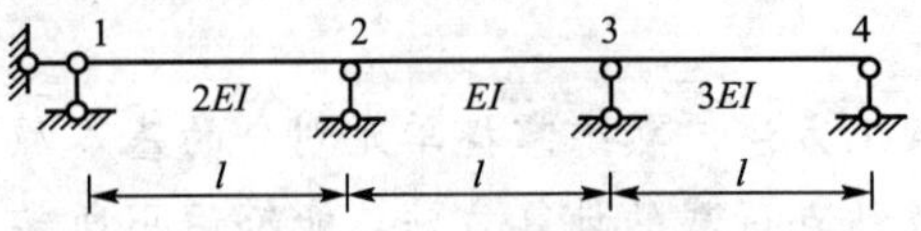

图 3.34　习题 3.10 图

3.10　用先处理法写出图 3.34 所示梁的结构刚度矩阵 K。

3.11　分析图 3.35 所示结构，其中 $AB=BC=CD=5\text{m}$，$ED=EF=FG=3.5\text{m}$，$E=40\text{GPa}$，$A=0.02\text{m}^2$，$I=4\times10^{-4}\text{m}^4$。

3.12　试分别用先处理法和后处理法计算图 3.36 所示的刚架结构，设 E、I、A 为常数。

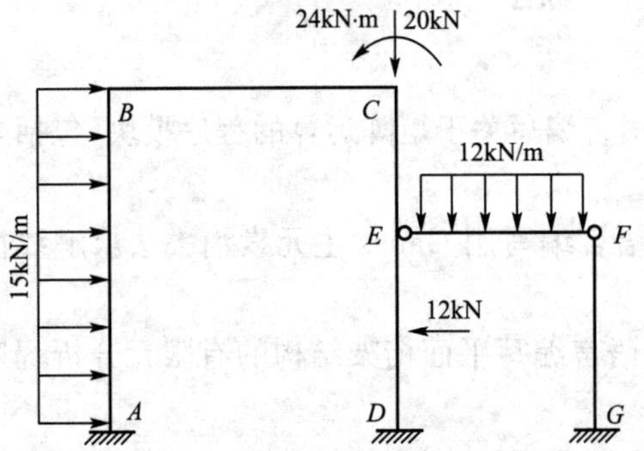

图 3.35　习题 3.11 图

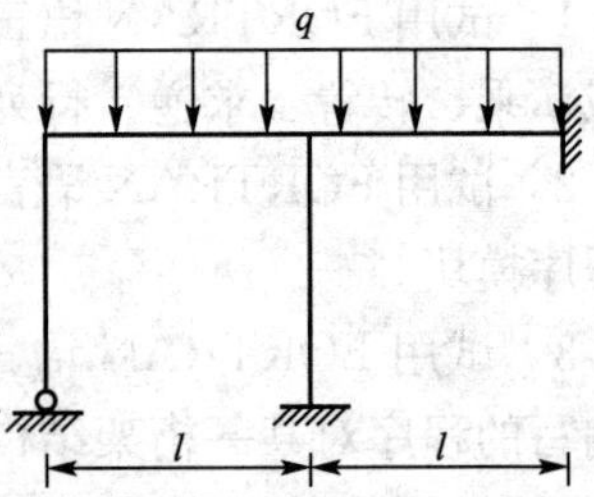

图 3.36　习题 3.12 图

3.13　如图 3.37 所示桁架，设各杆 EA 为常数，试求桁架内力。

3.14　计算图 3.38 所示结构结点 4 的等效结点荷载列阵。

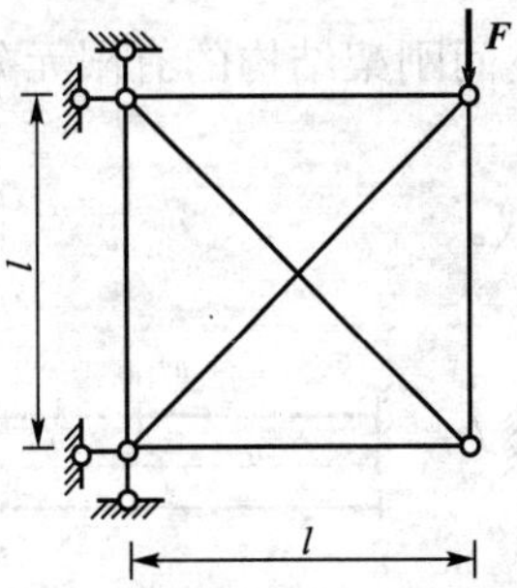

图 3.37　习题 3.13 图

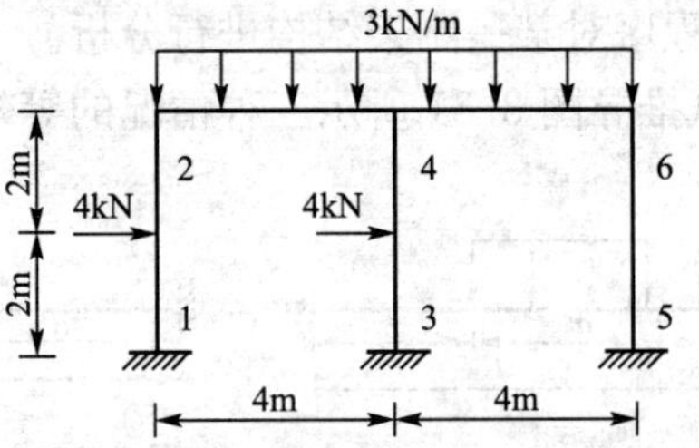

图 3.38　习题 3.14 图

3.15　计算图 3.39 所示的刚架结构的内力。已知所有杆件的截面相同，且 $E=20\text{GPa}$，$A=0.2\text{m}^2$，$I=3\times10^{-4}\text{m}^4$，$q=10\text{kN/m}$，$F=60\text{kN}$。

3.16　如图 3.40 所示，抗弯刚度为 EI，长度为 l 的悬臂梁 AB，在其自由端有刚度系数为 k 的弹簧支承，求在力 F 作用下梁中点的挠度和转角。

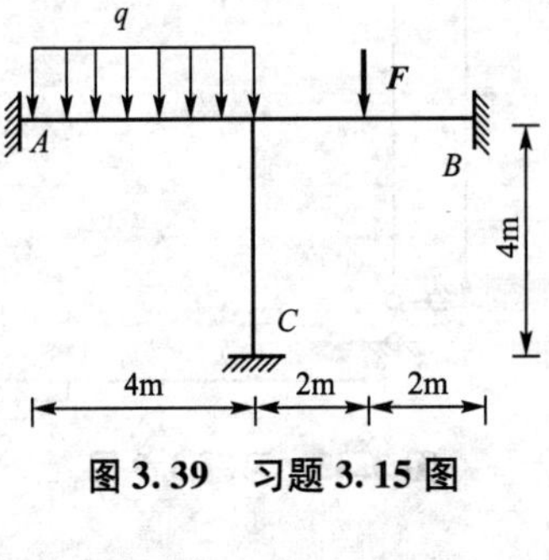

图 3.39　习题 3.15 图

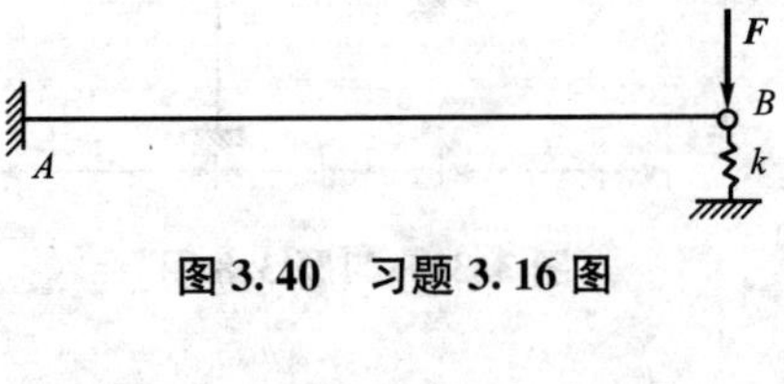

图 3.40　习题 3.16 图

3.17　求图 3.41 所示平面桁架各杆的轴力，已知各杆 EA 相同且 $EA=2\times10^5$kN。

3.18　试求图 3.42 所示结构 ABC 梁的弯矩图，设 E、I、A 为常数。

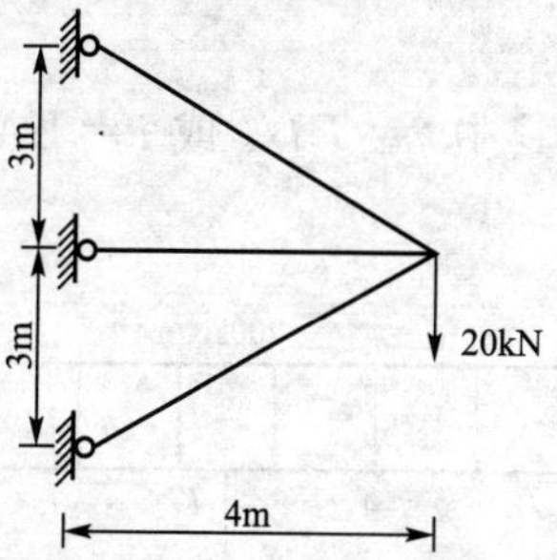

图 3.41　习题 3.17 图

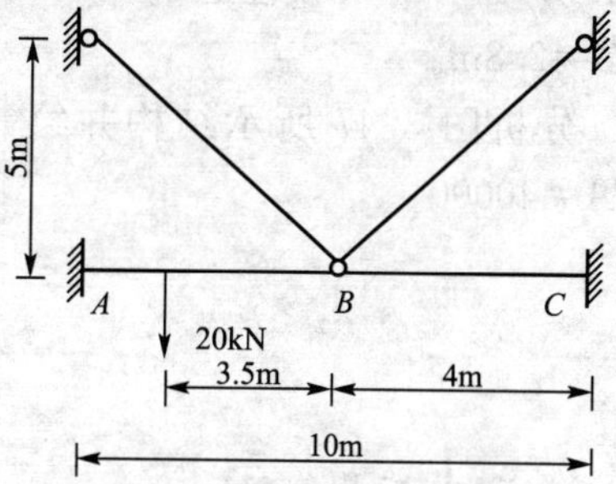

图 3.42　习题 3.18 图

3.19　试写出图 3.43 所示空间刚架结构的结点信息和结点位移向量的编号及单元定位数组。

3.20　试计算图 3.44 所示结构各杆的轴力及 C 点的竖向位移。已知各杆材料相同，截面面积相同，$A=0.025\text{m}^2$，$E=30$GPa。

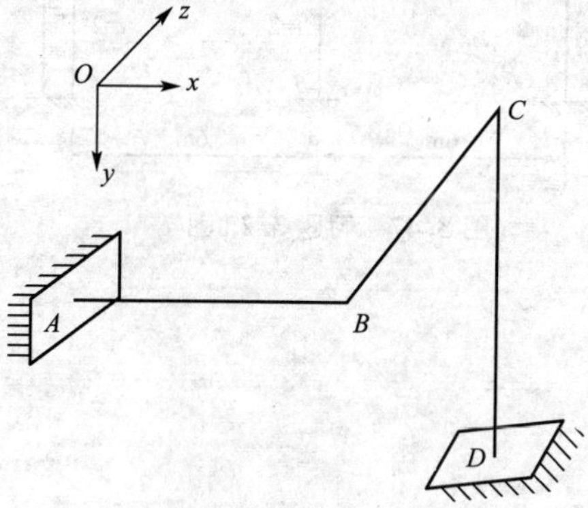

图 3.43　习题 3.19 图

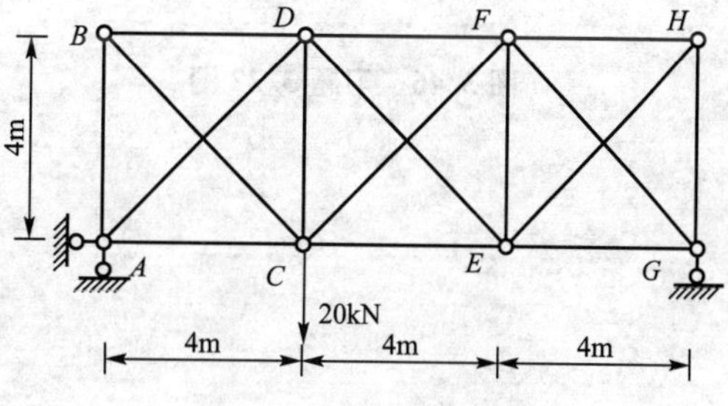

图 3.44　习题 3.20 图

3.21　试计算图 3.45 所示空间桁架各杆的轴力。已知各杆材料相同，截面面积相同，$A=0.01\text{m}^2$，$E=300$GPa。

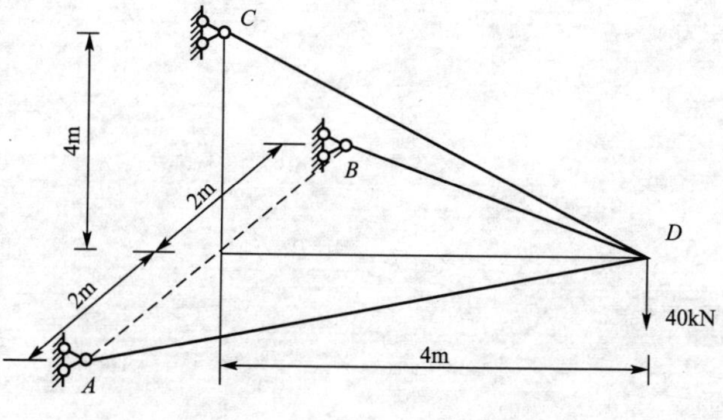

图 3.45　习题 3.21 图

3.22　试计算图3.46所示空间刚架的内力及结点A的位移。已知各杆材料相同，截面面积$A=0.036\text{m}^2$，弹性模量$E=210\text{GPa}$，$G=84\text{GPa}$，极惯性矩$I=1.44\times10^{-3}\text{m}^4$，惯性矩$I_y=1.8\times10^{-3}\text{m}^4$，惯性矩$I_z=6.3\times10^{-4}\text{m}^4$，力$F=1360\text{kN}$，$EO=DO=CO=BO=7.2\text{m}$，$AO=2.8\text{m}$。

3.23　分析图3.47所示结构并绘制有关图件，其中$i=EI/l$或$i=EA/l$，$EI=30000$，$EA=40000$。

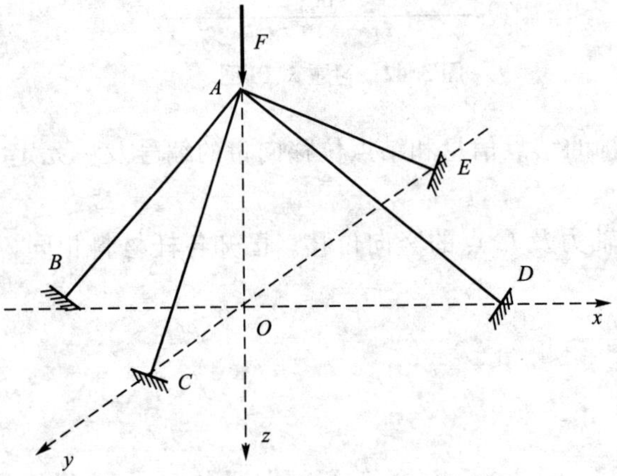

图3.46　习题3.22图

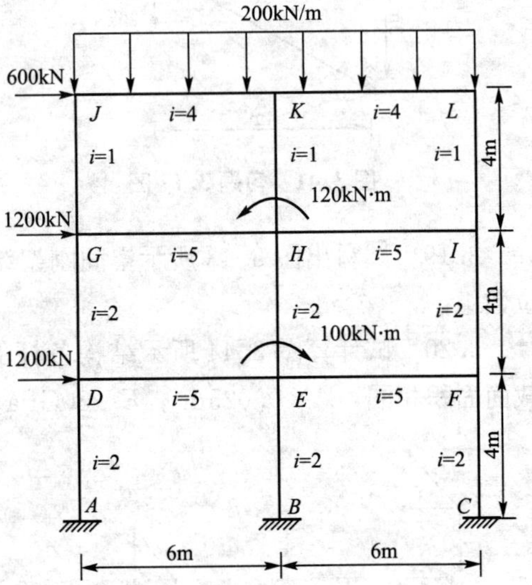

图3.47　习题3.23图

第4章 薄板弯曲问题的有限单元法

教学目标

本章主要讲述薄板弯曲问题有限单元法分析的基本原理，包括3结点三角形薄板单元、4结点矩形薄板单元、8结点Hencky等参单元。通过本章的学习，应达到以下目标。

(1) 了解薄板弯曲问题的基本假设。
(2) 掌握薄板弯曲问题的基本方程。
(3) 掌握3结点三角形薄板单元的分析。
(4) 掌握4结点矩形薄板单元的分析。
(5) 了解8结点Hencky等参单元。

教学要求

知识要点	能力要求	相关知识
薄板弯曲的基本方程	(1) 了解薄板弯曲问题的基本假设 (2) 掌握基本方程	(1) 薄板的概念 (2) 假设条件 (3) 薄板弯曲问题的应力和应变分量 (4) 几何方程、物理方程 (5) 边界条件
3结点三角形薄板单元	(1) 掌握单元的位移函数 (2) 掌握单元刚度矩阵的计算 (3) 掌握等效结点荷载的计算 (4) 编制计算程序	(1) 位移函数 (2) 刚度方程的建立 (3) 等效结点荷载的计算
4结点矩形薄板单元	(1) 掌握单元的位移函数 (2) 掌握单元刚度矩阵的计算 (3) 掌握等效结点荷载的计算 (4) 编制计算程序	(1) 位移函数 (2) 刚度方程的建立 (3) 等效结点荷载的计算
8结点Hencky等参单元	(1) 了解Hencky假设条件 (2) 熟悉Hencky等参单元的分析	(1) 横向剪切变形 (2) Hencky板的几何方程 (3) Hencky单元刚度方程

基本概念

薄板、内力矩阵、薄板单元、Hencky假设、扭率。

引例

弹性薄板在工程中应用很广，对一些简单的矩形或圆形薄板，如等厚、单跨、无大孔口等，可用经典理论方法来求解。但是对工程中经常遇到的复杂情况，如变厚、多跨、大孔口、外形不规则以及受到弹性梁、柱支承的薄板，则经典理论方法无能为力，如果采用有限单元法来进行分析，却非常方便。

4.1 薄板弯曲基本方程

如图4.1所示的平板，由两个比较大的平行平面和垂直于这两个平面的棱柱面所围成的区域，其中两个比较大的平行平面称为板面。两板面之间的距离为板的厚度(本书用h表示)，平分板厚的中间平面称为板的中面。若板面的最小边长(矩形板的长与宽中较小者，圆板的半径)用b表示，通常根据比值h/b的大小将板分为：

薄膜：$\frac{h}{b}<\left(\frac{1}{80}\sim\frac{1}{100}\right)$

薄板：$\left(\frac{1}{80}\sim\frac{1}{100}\right)<\frac{h}{b}<\left(\frac{1}{5}\sim\frac{1}{8}\right)$

厚板：$\frac{h}{b}>\left(\frac{1}{5}\sim\frac{1}{8}\right)$

当板上受有一般荷载时，总可以把个荷载分解为两个分量：一个是平行于板中面的中面荷载(也称纵向荷载)；另一个是垂直于中面的法向荷载(也称横向荷载)。对于中面荷载，可以认为它们沿薄板的厚度均匀分布，因而它们所引起的位移、应变和应力，可以按平面应力问题进行分析。横向荷载将使薄板发生弯曲，所引起的位移、应变和应力，应按薄板弯曲问题进行计算。当薄板弯曲时，中面所弯成的曲面称为弹性曲面，而中面内各点在垂直于中面方向的位移称为挠度。

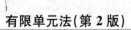

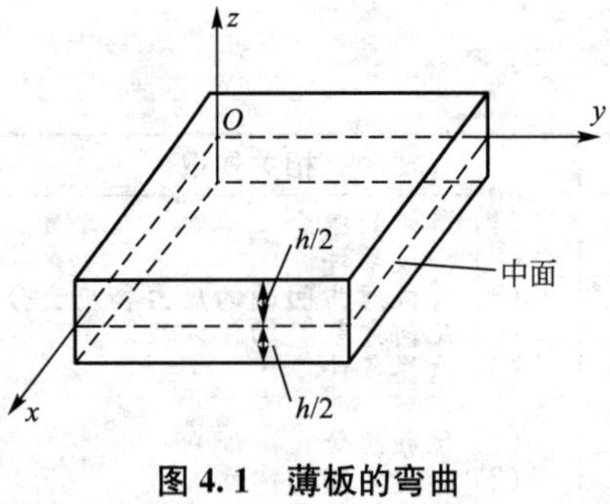

图4.1　薄板的弯曲

本节只介绍薄板弯曲的小挠度理论，也就是只讨论这样的薄板：它虽然很薄，但仍具有相当的弯曲刚度，因而它的挠度远小于其厚度。如果薄板的弯曲刚度较小，以致挠度与厚度属于同阶大小，则须另行建立所谓的大挠度弯曲理论。如果薄板的弯曲刚度很小，以致挠度远大于厚度，则薄板成为薄膜。

4.1.1 基本假设

建立如图 4.1 所示的坐标系，取薄板的中面为 xy 面，z 轴垂直于中面。分析薄板弯曲的挠度问题时，和材料力学中分析直梁的弯曲问题时相似(薄板的中面相当于直梁的轴线，薄板的弹性曲面相当于直梁的挠曲线)，也采用一些由实践经验得到的基本假设，使问题大大简化，但同时又能在一定程度上反映实际情况。

薄板弯曲问题属于弹性力学的研究范畴，除弹性力学关于理想弹性体与小变形等基本的假设外，还必须补充一些关于变形状态和应力分布的假设条件，这些基本假设是：

(1) 薄板的法线变形前后没有伸缩，也就是板的厚度保持不变，即 $\varepsilon_z=0$，因此有 $\dfrac{\partial w}{\partial z}=0$，这说明 z 方向位移 w 仅是 x 和 y 的函数，不随 z 而变，有 $w=w(x,\ y)$；

(2) 变形前的中面法线在变形后仍是弹性曲面的法线，或者说薄板的法线(z 方向线段)与 x 方向或 y 方向的线段保持垂直，没有剪应变，即 $\gamma_{yz}=0$，$\gamma_{zx}=0$；

(3) 薄板中面内各点，没有平行于中面的位移，即 $u|_{z=0}=0$，$v|_{z=0}=0$；

(4) 忽略挤压应力 σ_z 所引起的变形。

4.1.2 几何方程

根据基本假设(2)，可知：

$$\gamma_{yz}=\frac{\partial v}{\partial z}+\frac{\partial w}{\partial y}=0,\quad \gamma_{zx}=\frac{\partial w}{\partial x}+\frac{\partial u}{\partial z}=0$$

上式也可写成：

$$\frac{\partial v}{\partial z}=-\frac{\partial w}{\partial y},\quad \frac{\partial u}{\partial z}=-\frac{\partial w}{\partial x} \tag{4-1}$$

对式(4-1)进行积分，根据假设条件(1)，有

$$\begin{cases} u=-z\dfrac{\partial w}{\partial x}+f_1(x,\ y) \\ v=-z\dfrac{\partial w}{\partial y}+f_2(x,\ y) \end{cases} \tag{4-2}$$

根据假设条件(3)$u|_{z=0}=0$，$v|_{z=0}=0$，代入到式(4-2)得：

$$\begin{cases} f_1(x,\ y)=0 \\ f_2(x,\ y)=0 \end{cases}$$

于是式(4-2)就简化为：

$$\begin{cases} u=-z\dfrac{\partial w}{\partial x} \\ v=-z\dfrac{\partial w}{\partial y} \end{cases} \tag{4-3}$$

其中，$u=-z\dfrac{\partial w}{\partial x}$的几何意义示于图 4.2 中。

中面上的 A 点变形后移到 A'点，挠度为 w。弹性曲面沿 x 方向的倾角为$\dfrac{\partial w}{\partial x}$。在 A 点

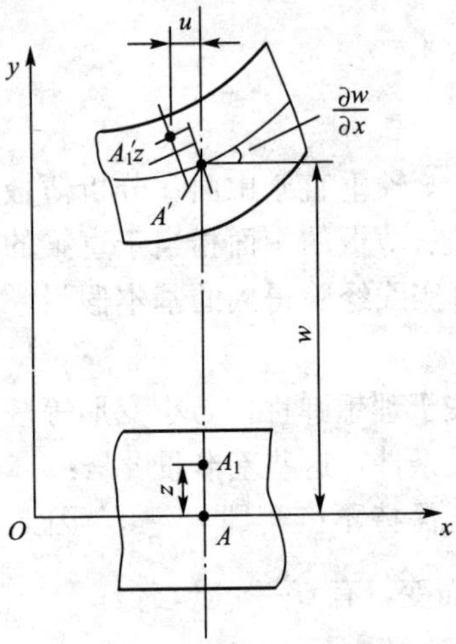

图 4.2　薄板的位移

的法线上取点 A_1(设 A_1 与 A 点的距离为 z)，变形后 A_1 点移到 A_1'点。根据法线假设，变形后的法线 $A'A_1'$与弹性曲面垂直，即法线 $A'A_1'$与 z 轴的夹角也是$\frac{\partial w}{\partial x}$。因此 A'_1点沿 x 方向的位移为$u=-z\frac{\partial w}{\partial x}$，其中负号是因为位移 u 的方向与 x 轴方向相反。$v=-z\frac{\partial w}{\partial y}$的几何意义与$u=-z\frac{\partial w}{\partial x}$相类似。

根据前面的假设条件，薄板弯曲时的应变可以表示为：

$$\boldsymbol{\varepsilon}=\begin{bmatrix}\varepsilon_x\\ \varepsilon_y\\ \gamma_{xy}\end{bmatrix}=\begin{bmatrix}\frac{\partial u}{\partial x}\\ \frac{\partial v}{\partial y}\\ \frac{\partial u}{\partial y}+\frac{\partial v}{\partial x}\end{bmatrix}=z\begin{bmatrix}-\frac{\partial^2 w}{\partial x^2}\\ -\frac{\partial^2 w}{\partial y^2}\\ -2\frac{\partial^2 w}{\partial x\partial y}\end{bmatrix} \tag{4-4}$$

这就是弯曲薄板的应变与挠度之间的几何方程。

在小变形情况下，$-\frac{\partial^2 w}{\partial x^2}$和$-\frac{\partial^2 w}{\partial y^2}$分别为弹性曲面在 x 方向和 y 方向的曲率χ_x和χ_y，而$-2\frac{\partial^2 w}{\partial x\partial y}$为弹性曲面在 x 方向和 y 方向的扭率χ_{xy}。这三个参数称作弹性曲面的弯扭变形分量，它们完全确定了薄板内各点的应变分量。用矩阵可表示为：

$$\boldsymbol{\chi}=\begin{bmatrix}\chi_x & \chi_y & \chi_{xy}\end{bmatrix}^{\mathrm{T}}=\begin{bmatrix}-\frac{\partial^2 w}{\partial x^2} & -\frac{\partial^2 w}{\partial y^2} & -2\frac{\partial^2 w}{\partial x\partial y}\end{bmatrix}^{\mathrm{T}} \tag{4-5}$$

将式(4-5)代入式(4-4)，得到：

$$\boldsymbol{\varepsilon}=z\boldsymbol{\chi} \tag{4-6}$$

从式(4-6)中可以看出，薄板内所有各点的应变分量都可由弹性曲面的弯扭变形求出。因此，有时也把式(4-5)称作薄板弯曲问题的几何方程。

4.1.3　物理方程

基本假设(4)说明：可以忽略挤压应力 σ_z引起的变形。因此薄板内各点的应变分量可用应力分量来表示，即

$$\varepsilon_x=\frac{\sigma_x-\mu\sigma_y}{E},\quad \varepsilon_y=\frac{\sigma_y-\mu\sigma_x}{E},\quad \gamma_{xy}=\frac{2(1+\mu)\tau_{xy}}{E} \tag{4-7a}$$

这和薄板平面应力问题中的物理方程相同，由式(4-7a)解出应力，可得：

$$\sigma_x=\frac{E}{1-\mu^2}(\varepsilon_x+\mu\varepsilon_y),\quad \sigma_y=\frac{E}{1-\mu^2}(\varepsilon_y+\mu\varepsilon_x),\quad \tau_{xy}=\frac{E}{2(1+\mu)}\gamma_{xy} \tag{4-7b}$$

将式(4-4)代入式(4-7b)，得到用挠度表示的应力分量，用矩阵来表示可写成：

$$\boldsymbol{\sigma}=\begin{bmatrix}\sigma_x\\ \sigma_y\\ \tau_{xy}\end{bmatrix}=\boldsymbol{D\varepsilon}=z\boldsymbol{D}\begin{bmatrix}-\dfrac{\partial^2 w}{\partial x^2}\\ -\dfrac{\partial^2 w}{\partial y^2}\\ -2\dfrac{\partial^2 w}{\partial x\partial y}\end{bmatrix}=z\boldsymbol{D}\boldsymbol{\chi} \tag{4-8}$$

式中，$\boldsymbol{D}$ 为：

$$\boldsymbol{D}=\frac{E}{1-\mu^2}\begin{bmatrix}1 & \mu & 0\\ \mu & 1 & 0\\ 0 & 0 & \dfrac{1-\mu}{2}\end{bmatrix} \tag{4-9}$$

在薄板的弯曲问题中，由于大多数情况下，都很难使得应力分量在薄板的侧面上(板边上)精确地满足应力边界条件，而只能使这些应力分量所组成的内力整体地满足边界条件，因此，有必要考察薄板横截面上的内力。

从薄板内取出一个平行六面体(图 4.3)，它在 x 方向和 y 方向上具有单位宽度，在 z 方向的高度为 h，下面分析其横截面上的内力。

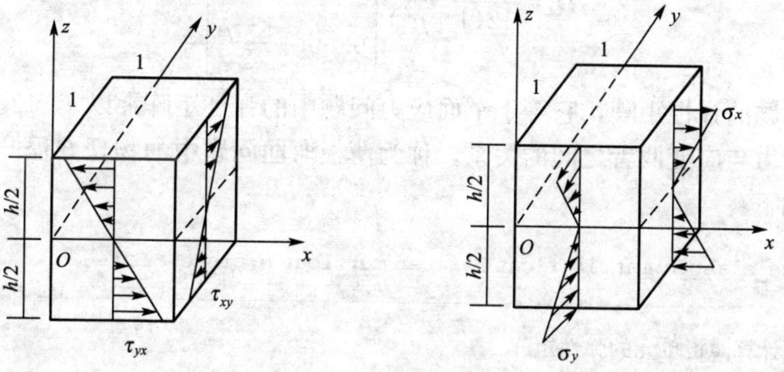

图 4.3 薄板中的内力

在 x 为常量的横截面上，作用有 σ_x 和 τ_{xy}。由于 σ_x 和 τ_{xy} 都和 z 成正比，所以它们在薄板全厚度上的代数和分别等于零。只可能分别合成弯矩和扭矩。用 M_x 表示由 σ_x 所合成的单位宽度上的弯矩，有

$$M_x=\int_{-h/2}^{h/2}\sigma_x z\,\mathrm{d}z \tag{4-10}$$

将式(4-8)中的 σ_x 的表达式代入式(4-10)，并对 z 积分，得到：

$$M_x=-\frac{Eh^3}{12(1-\mu^2)}\left(\frac{\partial^2 w}{\partial x^2}+\mu\frac{\partial^2 w}{\partial y^2}\right) \tag{4-11}$$

应力分量 τ_{xy} 将合成扭矩：

$$M_{xy}=\int_{-h/2}^{h/2}\tau_{xy}z\,\mathrm{d}z$$

将式(4-8)中 τ_{xy} 的表达式代入上式，并对 z 积分，得到：

$$M_{xy}=-\frac{Eh^3}{12(1+\mu)}\cdot\frac{\partial^2 w}{\partial x\partial y} \tag{4-12}$$

同样地，在 y 为常量的横截面上，每单位宽度上的于 σ_y 和 τ_{yx} 也分别合成如下的弯矩和扭矩：

$$M_y = \int_{-h/2}^{h/2} \sigma_y z \, dz = -\frac{Eh^3}{12(1-\mu^2)}\left(\frac{\partial^2 w}{\partial y^2} + \mu \frac{\partial^2 w}{\partial x^2}\right) \tag{4-13}$$

$$M_{yx} = \int_{-h/2}^{h/2} \tau_{yx} z \, dz = -\frac{Eh^3}{12(1+\mu)} \cdot \frac{\partial^2 w}{\partial x \partial y} \tag{4-14}$$

在这里可以看到，由剪应力 τ_{xy} 和 τ_{yx} 的互等关系，得到扭矩 M_{xy} 和 M_{yx} 的互等关系。将式(4-11)、式(4-12)和式(4-13)合并起来，用矩阵表示，则有

$$\boldsymbol{M} = \begin{bmatrix} M_x \\ M_y \\ M_{xy} \end{bmatrix} = \boldsymbol{D}_f \begin{bmatrix} -\dfrac{\partial^2 w}{\partial x^2} \\ -\dfrac{\partial^2 w}{\partial y^2} \\ -2\dfrac{\partial^2 w}{\partial x \partial y} \end{bmatrix} = \boldsymbol{D}_f \boldsymbol{\chi} \tag{4-15}$$

其中，

$$\boldsymbol{D}_f = \frac{Eh^3}{12(1-\mu^2)} \begin{bmatrix} 1 & \mu & 0 \\ \mu & 1 & 0 \\ 0 & 0 & \dfrac{1-\mu}{2} \end{bmatrix} \tag{4-16}$$

是薄板弯曲问题的弹性矩阵，它等于平面应力问题中的弹性矩阵乘以 $h^3/12$。式(4-15)表示了薄板的内力与应变两者之间的关系，称为薄板弯曲问题中的物理方程。计算薄板弹性矩阵的函数如下：

```
void plate_elastic_matrix(float E,float mu,float h,float**Df)
/*----------------------------------------------------------------------------------
   功能:计算薄板单元的弹性矩阵
------------------------------------------------------------------------------------
   输入:
      E:弹性模量
      mu:泊松比
      h:薄板的厚度
   输出:
      Df:二维数组,存放弹性矩阵,D[3][3],调用该程序前 Df 必须分配内存
----------------------------------------------------------------------------------*/
{
    float coef;

    coef=E*h*h*h/(12.0*(1-mu*mu));
    Df[0][0]=coef;       Df[0][1]=coef*mu;   Df[0][2]=0.0;
    Df[1][0]=Df[0][1];   Df[1][1]=coef;      Df[1][2]=0.0;
    Df[2][0]=0.0;        Df[2][1]=0.0;       Df[2][2]=coef*(1-mu)/2.0;
}
```

弯矩和扭矩 M_x、M_y、M_{xy}、M_{yx} 的方向及其作用面的位置示于图 4.4(a)中。为了更清楚地表示力偶的方向及其作用面位置，以后按右手螺旋法则用双箭头矢量来表示力偶，如图 4.4(b)所示(图中所示各力偶的方向均为正)。

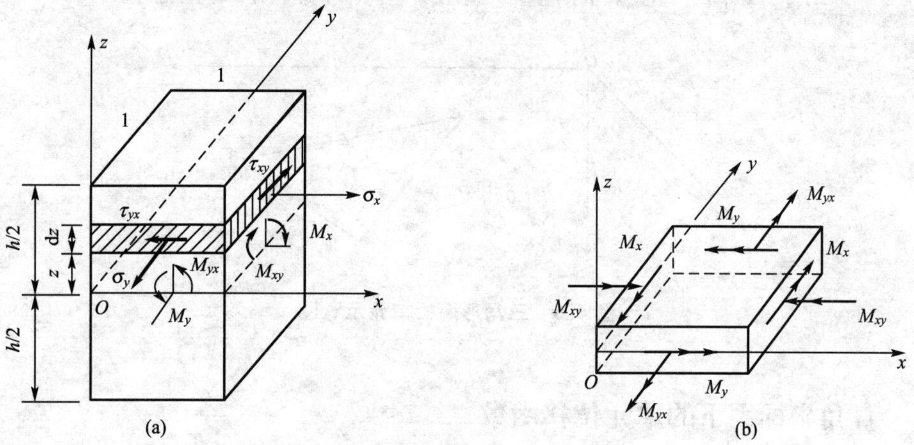

图 4.4 薄板中弯矩和扭矩示意图

从式(4-15)中解出$\partial^2 w/\partial x^2$、$\partial^2 w/\partial y^2$、$2\partial^2 w/\partial x\partial y$，再代入式(4-8)，就得到各应力分量与内力之间的关系式。

$$\boldsymbol{\sigma}=[\sigma_x \quad \sigma_y \quad \tau_{xy}]^{\mathrm{T}}=\frac{12z}{h^3}[M_x \quad M_y \quad M_{xy}]^{\mathrm{T}}=\frac{12z}{h^3}\boldsymbol{M} \tag{4-17}$$

4.2 三角形薄板单元

用有限单元法对薄板弯曲问题进行分析时，同样需要选择单元的形状，常用的有三角形单元和矩形单元。由于相邻结点之间需要传递力矩，通常将结点看做刚性连接，每个结点有三个位移分量。根据式(4-3)可知，x 方向和 y 方向的位移 u 和 v 分别与 z 方向位移 w 关于 x 和 y 的一阶偏导数有关，因此薄板弯曲问题分析时其结点位移分量取为：w、θ_x、θ_y，其中，

$$\theta_x=\frac{\partial w}{\partial y}, \quad \theta_y=-\frac{\partial w}{\partial x} \tag{4-18}$$

这里的正负符号可以这样理解：如图 4.5(a)所示，$\frac{\partial w}{\partial y}$表示 yz 平面内曲线 C 上一点的斜率，$\frac{\partial w}{\partial x}$表示 zx 平面内曲线 D 上一点的斜率，在三维坐标系中，坐标系的旋转正方向为 $x\rightarrow y\rightarrow z\rightarrow x$，因此在图 4.5(a)中 θ_x 为正，而在图 4.5(b)中 θ_y的方向为负，因此在式(4-18)中 θ_y前面出现一个负号。

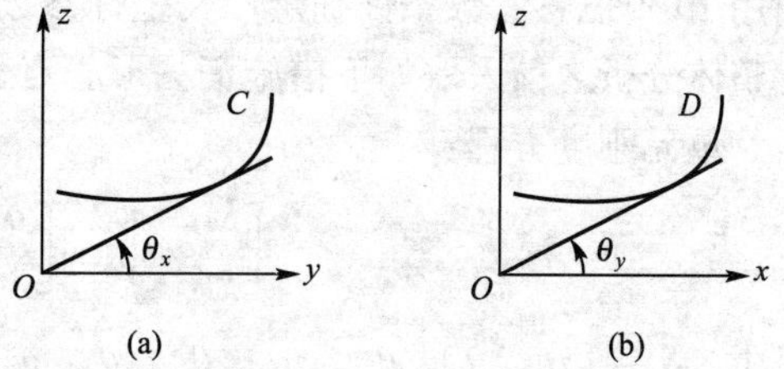

图 4.5 扭转角的正负关系

本节将对 3 结点三角形薄板单元进行介

绍，每个结点有3个自由度，共有9个自由度，它也是一种非完全协调的单元。如图4.6所示，其单元结点位移矩阵和荷载矩阵分别为：

$$\boldsymbol{\delta}^{ⓔ}=[w_i \quad \theta_{xi} \quad \theta_{yi} \quad w_j \quad \theta_{xj} \quad \theta_{yj} \quad w_m \quad \theta_{xm} \quad \theta_{ym}]$$

$$\boldsymbol{F}^{ⓔ}=[F_i \quad M_{xi} \quad M_{yi} \quad F_2 \quad M_{xj} \quad M_{yj} \quad F_3 \quad M_{xm} \quad M_{ym}]^{\mathrm{T}}$$

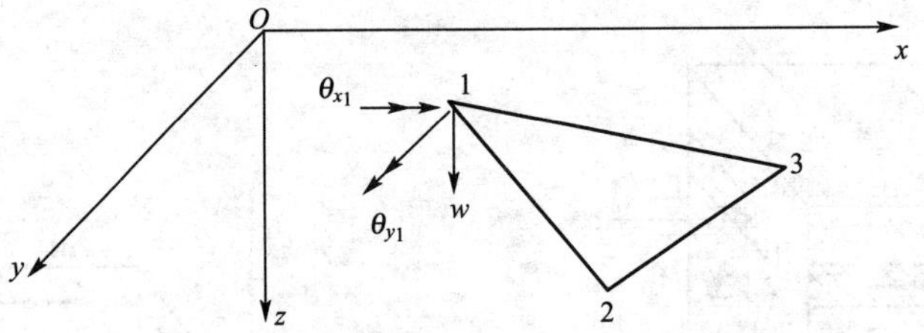

图4.6 三角形薄板单元示意图

4.2.1 直角坐标系下的单元位移函数

在直角坐标系下，为保证挠度 w 为坐标变量 x 和 y 的全三次多项式，从帕斯卡三角形可知必须要有10项，但三角形3个结点只能有9个自由度，若舍去三次项中的任一项，显然都无法保证对坐标的不变性，为此 Tocher 提出了一种解决方案如下：

$$w=\alpha_1+\alpha_2 x+\alpha_3 y+\alpha_4 x^2+\alpha_5 xy+\alpha_6 y^2+\alpha_7 x^3+\alpha_8 (x^2 y+xy^2)+\alpha_9 y^3 \tag{4-19}$$

但是，当三角形的两边分别平行坐标 x 轴、y 轴时，从式(4-19)无法通过结点的位移条件来确定广义坐标参数 $\alpha_1 \sim \alpha_9$，为此必须在离散化时设法避免边界单元不出现上述现象，但实际计算时，单元划分往往是自动进行的，很难保证上述条件。如果能够保证上述条件，分析结果表明此位移模式对应的单元能得到很好的结果。

另一解决方案是 Adini 提出的，其位移函数为：

$$w=\alpha_1+\alpha_2 x+\alpha_3 y+\alpha_4 x^2+\alpha_5 y^2+\alpha_6 x^3+\alpha_7 x^2 y+\alpha_8 xy^2+\alpha_9 y^3 \tag{4-20}$$

此方案由于舍去了二次项 xy，故常扭率 $\dfrac{\partial^2 w}{\partial x \partial y}$ 无法得到保证，从而位移偏小，精度很差。这也可以从挠曲函数的 Taylor 级数展开来说明，由于不包含完全二次项，故只能有一阶精确度。

还有一种 Bell 提出的解决方案，他对三角形单元除了取3个角点作为结点外，取形心点挠度作为位移参数，从而取位移模式为全三次多项式：

$$w=\alpha_1+\alpha_2 x+\alpha_3 y+\alpha_4 x^2+\alpha_5 xy+\alpha_6 y^2+\alpha_7 x^3+\alpha_8 x^2 y+\alpha_9 xy^2+\alpha_{10} y^3 \tag{4-21}$$

利用10个位移参数条件确定广义坐标参数 $\alpha_1 \sim \alpha_{10}$，通过分析建立起单元刚度、荷载矩阵，在整体分析之前采取如下措施消去形心点自由度。

单元刚度方程：

$$\begin{bmatrix} \boldsymbol{k}_{11} & \boldsymbol{k}_{12} \\ \boldsymbol{k}_{21} & \boldsymbol{k}_{22} \end{bmatrix}\begin{bmatrix} \boldsymbol{\delta}_1 \\ \boldsymbol{\delta}_{10} \end{bmatrix}=\begin{bmatrix} \boldsymbol{S}_1 \\ \boldsymbol{0} \end{bmatrix}+\begin{bmatrix} \boldsymbol{F}_{eq,1} \\ \boldsymbol{F}_{eq,10} \end{bmatrix} \tag{4-22}$$

式中，$\boldsymbol{\delta}_1=[w_i \quad \theta_{xi} \quad \theta_{yi} \quad w_j \quad \theta_{xj} \quad \theta_{yj} \quad w_m \quad \theta_{xm} \quad \theta_{ym}]^{\mathrm{T}}$等。从式(4-22)的第二个方程可解出：

$$\boldsymbol{\delta}_{10}=\boldsymbol{k}_{22}^{-1}(\boldsymbol{F}_{eq,10}-\boldsymbol{k}_{21}\boldsymbol{\delta}_1)$$

将其代入式(4-22)第一个方程并进行整理，可得：

$$(\boldsymbol{k}_{11}-\boldsymbol{k}_{12}\boldsymbol{k}_{22}^{-1}\boldsymbol{k}_{21})\boldsymbol{\delta}_1=\boldsymbol{S}_1+(\boldsymbol{F}_{eq,1}-\boldsymbol{k}_{12}\boldsymbol{k}_{22}^{-1}\boldsymbol{F}_{eq,10})$$

设：

单元刚度矩阵：$\boldsymbol{k}^{ⓔ}=\boldsymbol{k}_{11}-\boldsymbol{k}_{12}\boldsymbol{k}_{22}^{-1}\boldsymbol{k}_{21}$

等效结点荷载：$\boldsymbol{F}^{ⓔ}=\boldsymbol{F}_{eq,1}-\boldsymbol{k}_{12}\boldsymbol{k}_{22}^{-1}\boldsymbol{F}_{eq,10}$

则单元刚度方程为：$\boldsymbol{k}^{ⓔ}\boldsymbol{\delta}_1=\boldsymbol{S}_1+\boldsymbol{F}^{ⓔ}$

通过静力凝聚最后获得了9个自由度的三角形单元。但是Zienkiowicz曾指出这样所得到的单元不能保证收敛性，因此，通常采用另外一种位移模式，即下面介绍的面积坐标下的单元位移模式。

4.2.2 面积坐标下的单元位移函数

面积坐标的一次、二次、三次项分别有以下各项：

一次项：L_i、L_j、L_m

二次项：L_i^2、L_j^2、L_m^2、L_iL_j、L_jL_m、L_mL_i

三次项：L_i^3、L_j^3、L_m^3、$L_i^2L_j$、$L_j^2L_m$、$L_m^2L_i$、$L_iL_j^2$、$L_jL_m^2$、$L_mL_i^2$、$L_iL_jL_m$

式中，L_i、L_j、L_m为面积坐标(关于面积坐标的定义参见第2章)。由式(2-47)可知，x、y的完全一次多项式可用面积坐标的3项一次项的线性组合进行表示，即为：

$$\alpha_1L_i+\alpha_2L_j+\alpha_3L_m$$

x、y的完全二次多项式可用面积坐标的3项一次项和6项二次项中的任意3项的线性组合表示，如：

$$\alpha_1L_i+\alpha_2L_j+\alpha_3L_m+\alpha_4L_iL_j+\alpha_5L_jL_m+\alpha_6L_mL_i$$

同样，x、y的完全三次多项式应至少包含三次项中的4项，并在余下的各项和一次项、二次项中任选6项，共10项的线性组合，如：

$$\begin{aligned}&\alpha_1L_i+\alpha_2L_j+\alpha_3L_m+\alpha_4L_i^2L_j+\alpha_5L_iL_j^2+\alpha_6L_i^2L_m\\&+\alpha_7L_m^2L_j+\alpha_8L_m^2L_i+\alpha_9L_i^2L_m+\alpha_{10}L_iL_jL_m\end{aligned}\tag{4-23}$$

由于3结点三角形薄板单元只有9个自由度，因此在位移多项式中只能确定9个系数。这样前面讨论的完全三次多项式应减少一个独立的项。注意到式(4-23)中最后一项$L_iL_jL_m$在三个结点处有：

$$L_iL_jL_m=\frac{\partial}{\partial x}(L_iL_jL_m)=\frac{\partial}{\partial y}(L_iL_jL_m)=0$$

因此，可将其归入到其他三次项中。Zienkiowicz等采用如下的位移模式：

$$\begin{aligned}w=&\alpha_1L_i+\alpha_2L_j+\alpha_3L_m+\alpha_4\left(L_i^2L_j+\frac{1}{2}L_iL_jL_m\right)+\alpha_5\left(L_iL_j^2+\frac{1}{2}L_iL_jL_m\right)\\&+\alpha_6\left(L_j^2L_m+\frac{1}{2}L_iL_jL_m\right)+\alpha_7\left(L_m^2L_j+\frac{1}{2}L_iL_jL_m\right)+\alpha_8\left(L_m^2L_i+\frac{1}{2}L_iL_jL_m\right)\\&+\alpha_9\left(L_i^2L_m+\frac{1}{2}L_iL_jL_m\right)\end{aligned}\tag{4-24}$$

根据已知条件，在三个结点处分别可得：

在 i 结点处：$L_i=1$，$L_j=0$，$L_m=0$，$w=w_i$，$\theta_{xi}=\left(\frac{\partial w}{\partial y}\right)_i$，$\theta_{yi}=\left(\frac{\partial w}{\partial x}\right)_i$

在 j 结点处：$L_i=0$，$L_j=1$，$L_m=0$，$w=w_j$，$\theta_{xj}=\left(\frac{\partial w}{\partial y}\right)_j$，$\theta_{yj}=\left(\frac{\partial w}{\partial x}\right)_j$

在 m 结点处：$L_i=0$，$L_j=0$，$L_m=1$，$w=w_m$，$\theta_{xm}=\left(\frac{\partial w}{\partial y}\right)_m$，$\theta_{ym}=\left(\frac{\partial w}{\partial x}\right)_m$

利用复合函数的求导法则，有

$$\begin{cases}\dfrac{\partial}{\partial x}=\dfrac{1}{2A}\left(b_i\dfrac{\partial}{\partial L_i}+b_j\dfrac{\partial}{\partial L_j}+b_m\dfrac{\partial}{\partial L_m}\right)\\ \dfrac{\partial}{\partial y}=\dfrac{1}{2A}\left(c_i\dfrac{\partial}{\partial L_i}+c_j\dfrac{\partial}{\partial L_j}+c_m\dfrac{\partial}{\partial L_m}\right)\end{cases}\tag{4-25}$$

这样，在结点 i 处，有

$$w_i=\alpha_1$$

$$\theta_{xi}=\frac{1}{2A}[c_i\alpha_1+c_j(\alpha_2+\alpha_4)+c_m(\alpha_3+\alpha_9)]$$

$$\theta_{yi}=-\frac{1}{2A}[b_i\alpha_1+b_j(\alpha_2+\alpha_4)+b_m(\alpha_3+\alpha_9)]$$

在结点 j 处，有

$$w_j=\alpha_2$$

$$\theta_{xj}=\frac{1}{2A}[c_i(\alpha_1+\alpha_5)+c_j\alpha_2+c_m(\alpha_3+\alpha_6)]$$

$$\theta_{yj}=-\frac{1}{2A}[b_i(\alpha_1+\alpha_5)+b_j\alpha_2+b_m(\alpha_3+\alpha_6)]$$

在结点 m 处，有

$$w_m=\alpha_3$$

$$\theta_{xm}=\frac{1}{2A}[c_i(\alpha_1+\alpha_8)+c_j(\alpha_2+\alpha_7)+c_m\alpha_3]$$

$$\theta_{ym}=-\frac{1}{2A}[b_i(\alpha_1+\alpha_8)+b_j(\alpha_2+\alpha_7)+b_m\alpha_3]$$

根据上面的三组方程可以确定广义坐标参数 $\alpha_1\sim\alpha_9$，然后将其带入式(4-24)，整理后可以得到：

$$w=N_iw_i+N_{xi}\theta_{xi}+N_{yi}\theta_{yi}+N_jw_j+N_{xj}\theta_{xj}+N_{yj}\theta_{yj}+N_mw_m+N_{xm}\theta_{xm}+N_{ym}\theta_{ym}$$

记为：

$$w=\boldsymbol{N\delta}^{ⓔ}\tag{4-26}$$

这里形函数如下：

$$\begin{cases}N_i=L_i+L_i^2L_j+L_i^2L_m-L_iL_j^2-L_iL_m^2\\ N_{xi}=b_j\left(L_i^2L_m+\dfrac{1}{2}L_iL_jL_m\right)-b_m\left(L_i^2L_m+\dfrac{1}{2}L_iL_jL_m\right)\\ N_{yi}=c_j\left(L_i^2L_m+\dfrac{1}{2}L_iL_jL_m\right)-c_m\left(L_i^2L_j+\dfrac{1}{2}L_iL_jL_m\right)\end{cases}\tag{4-27}$$

式(4-27)中下标按照 $i\to j\to m\to i$ 的规则轮换。其中，

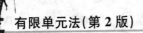

$$\begin{cases} L_i=\dfrac{1}{2A}(a_i+b_ix+c_iy) \\ a_i=x_jy_m-x_my_j \qquad (i,\ j,\ m) \\ b_i=y_j-y_m \\ c_i=-x_j+x_m \end{cases}$$

推导上述形函数的表达式，也可以采用下面的方法。根据面积坐标的关系，有

$$L_iL_jL_m=L_iL_j(1-L_i-L_j)=L_iL_m(1-L_i-L_m)=L_jL_m(1-L_j-L_m)$$

因此式(4－24)可改写成：

$$w=\alpha_1L_i+\alpha_2L_j+\alpha_3L_m+\alpha_4L_jL_m+\alpha_5L_mL_i+\alpha_6L_iL_j+\alpha_7(L_jL_m^2-L_mL_j^2) +\alpha_8(L_mL_i^2-L_iL_m^2)+\alpha_9(L_iL_j^2-L_jL_i^2) \tag{4-28}$$

从式(4－28)出发，可按如下两步法确定形函数：

(1)以 w、$\theta_i=\dfrac{\partial w}{\partial L_i}$、$\theta_j=\dfrac{\partial w}{\partial L_j}$作为结点自由度(位移参数)，求对应它们的形函数；

(2)利用关系式

$$\begin{bmatrix}\theta_i\\ \theta_j\end{bmatrix}=\begin{bmatrix}\dfrac{\partial w}{\partial L_i}\\ \dfrac{\partial w}{\partial L_j}\end{bmatrix}=\begin{bmatrix}c_j & -b_j\\ -c_i & b_i\end{bmatrix}\begin{bmatrix}\dfrac{\partial w}{\partial x}\\ \dfrac{\partial w}{\partial y}\end{bmatrix}=\begin{bmatrix}c_j & -b_j\\ -c_i & b_i\end{bmatrix}\begin{bmatrix}-\theta_y\\ \theta_x\end{bmatrix} \tag{4-29}$$

将(1)中的 θ_i、θ_j变换成 θ_x、θ_y，然后进行合并整理即可得到对于(w、θ_x、θ_y)结点位移参数的形函数，具体推导这里不详述，有兴趣的读者可以自行完成。

对于上述形函数，可以证明收敛性的必要条件可以得到满足，但连续性条件并不完全满足。因为在单元的公共边界上挠度函数连续，但法向斜率并不连续，因此在使用3结点三角形薄板单元时应注意。实际计算表明，只要其单元形状接近等边三角形或等腰直角三角形，其计算结果是比较好的。

4.2.3　单元刚度方程

根据式(4－26)建立起来的单元挠度场，可以用前面介绍的方法建立其单元刚度方程。下面以面积坐标的形函数来推导并给出三角形单元的显式单元刚度矩阵。

根据式(4－5)有：

$$\boldsymbol{\chi}=\begin{bmatrix}-\dfrac{\partial^2 w}{\partial x^2}\\ -\dfrac{\partial^2 w}{\partial y^2}\\ -2\dfrac{\partial^2 w}{\partial x\partial y}\end{bmatrix}=\boldsymbol{J}\begin{bmatrix}-\dfrac{\partial^2 w}{\partial L_i^2}\\ -\dfrac{\partial^2 w}{\partial L_j{}^2}\\ -2\dfrac{\partial^2 w}{\partial L_i\partial L_j}\end{bmatrix} \tag{4-30}$$

将式(4－26)代入式(4－30)有：

$$\boldsymbol{\chi}=\boldsymbol{JLH}\boldsymbol{\delta}^{ⓔ}=\boldsymbol{B}\boldsymbol{\delta}^{ⓔ} \tag{4-31}$$

其中，

$$\boldsymbol{J}=-\frac{1}{4A^2}\begin{bmatrix} b_i^2 & b_j{}^2 & b_ib_j \\ c_i^2 & c_j{}^2 & c_ic_j \\ 2b_ic_i & 2b_jc_j & b_ic_j+b_jc_i \end{bmatrix} \tag{4-32}$$

$$\boldsymbol{L}=\begin{bmatrix} L_i & L_j & L_m & & & & & & \\ & & & L_i & L_j & L_m & & & \\ & & & & & & L_i & L_j & L_m \end{bmatrix} \tag{4-33}$$

$$\boldsymbol{H}=-\begin{bmatrix} 0 & -4b_j & -4c_j & 0 & 0 & 0 & 0 & -2b_j & -2c_j \\ 2 & b_i & c_i & -2 & -(b_m-b_i) & -(c_m-c_i) & 0 & -b_m & -c_m \\ 2 & 2b_j & 2c_j & 0 & 0 & 0 & -2 & 4b_j & 4c_j \\ -2 & -(b_j-b_m) & -(c_j-c_m) & 2 & -b_j & -c_j & 0 & b_m & c_m \\ 0 & 0 & 0 & 0 & 4b_i & 4c_i & 0 & 2b_i & 2c_i \\ 0 & 0 & 0 & 2 & -2b_i & -2c_i & -2 & -4b_i & -4c_i \\ -2 & -(5b_j+3b_m) & -(5c_j+3c_m) & 0 & -(b_m-b_i) & -(c_m-c_i) & 2 & -(b_i+3b_j) & -(c_i+3c_j) \\ 0 & -(b_j-b_m) & -(c_j-c_m) & -2 & 3b_m+5b_i & 3c_m+5c_i & 2 & 3b_i+b_j & 3c_i+c_j \\ 0 & b_j-b_m & c_j-c_m & 0 & b_m-b_i & b_m-b_i & 0 & -3(b_i-b_j) & -3(c_i-c_j) \end{bmatrix} \tag{4-34}$$

则单元的应变能为：

$$U=\frac{1}{2}\int_A \boldsymbol{\chi}^{\mathrm{T}}\boldsymbol{M}\mathrm{d}x\mathrm{d}y \tag{4-35}$$

将式(4-15)、式(4-31)代入式(4-35)得：

$$U=\frac{1}{2}\int_A (\boldsymbol{B}\boldsymbol{\delta}^{ⓔ})^{\mathrm{T}}\boldsymbol{D}_f\boldsymbol{B}\,\boldsymbol{\delta}^{ⓔ}\mathrm{d}x\mathrm{d}y=\frac{1}{2}\boldsymbol{\delta}^{ⓔ\mathrm{T}}\int_A \boldsymbol{B}^{\mathrm{T}}\boldsymbol{D}_f\boldsymbol{B}\mathrm{d}x\mathrm{d}y\,\boldsymbol{\delta}^{ⓔ}$$

若单元只承受结点荷载的作用，其所做的功为：

$$\mathrm{W}=\boldsymbol{\delta}^{ⓔ\mathrm{T}}\boldsymbol{F}^{ⓔ}$$

系统的总势能为：

$$\Pi=U-W=\frac{1}{2}\boldsymbol{\delta}^{ⓔ\mathrm{T}}\int_A \boldsymbol{B}^{\mathrm{T}}\boldsymbol{D}_f\boldsymbol{B}\mathrm{d}x\mathrm{d}y\,\boldsymbol{\delta}^{ⓔ}-\boldsymbol{\delta}^{ⓔ\mathrm{T}}\,\boldsymbol{F}^{ⓔ}$$

根据极小势能原理，系统稳定时其总势能的变分为零，即

$$\Delta\Pi=\int_A \boldsymbol{B}^{\mathrm{T}}\boldsymbol{D}^f\boldsymbol{B}\mathrm{d}x\mathrm{d}y\,\boldsymbol{\delta}^{ⓔ}-\boldsymbol{F}^{ⓔ}=0$$

因此有：

$$\int_A \boldsymbol{B}^{\mathrm{T}}\boldsymbol{D}_f\boldsymbol{B}\mathrm{d}x\mathrm{d}y\,\boldsymbol{\delta}^{ⓔ}=\boldsymbol{F}^{ⓔ} \tag{4-36}$$

其中，

$$\boldsymbol{k}^{ⓔ}=\int_A \boldsymbol{B}^{\mathrm{T}}\,\boldsymbol{D}_f\,\boldsymbol{B}\mathrm{d}x\mathrm{d}y=\int_A \boldsymbol{H}^{\mathrm{T}}\,\boldsymbol{L}^{\mathrm{T}}\,\boldsymbol{J}^{\mathrm{T}}\,\boldsymbol{D}_f\boldsymbol{J}\boldsymbol{L}\boldsymbol{H}\mathrm{d}x\mathrm{d}y=\boldsymbol{H}^{\mathrm{T}}\int_A \boldsymbol{L}^{\mathrm{T}}\,\boldsymbol{J}^{\mathrm{T}}\,\boldsymbol{D}^f\,\boldsymbol{J}\boldsymbol{L}\mathrm{d}x\mathrm{d}y\,\boldsymbol{H} \tag{4-37}$$

为 3 结点三角形薄板单元的单元刚度矩阵。设常量矩阵：

$$\boldsymbol{D}_J=\boldsymbol{J}^{\mathrm{T}}\boldsymbol{D}_f\boldsymbol{J}=\begin{bmatrix} d_{11} & d_{12} & d_{13} \\ d_{21} & d_{22} & d_{23} \\ d_{31} & d_{32} & d_{33} \end{bmatrix} \tag{4-38}$$

则式(4-37)中的积分：

$$\int_A \boldsymbol{L}^{\mathrm{T}}\boldsymbol{J}^{\mathrm{T}}\boldsymbol{D}_f\boldsymbol{J}\boldsymbol{L}\,\mathrm{d}x\mathrm{d}y=\int_A \boldsymbol{L}^{\mathrm{T}}\boldsymbol{D}_J\boldsymbol{L}\,\mathrm{d}x\mathrm{d}y \tag{4-39}$$

其中，

$$\boldsymbol{L}^{\mathrm{T}}\boldsymbol{D}_J\boldsymbol{L}=\left[\begin{array}{ccc:ccc:ccc}
L_id_{11}L_i & L_id_{11}L_j & L_id_{11}L_m & L_id_{12}L_i & L_id_{12}L_j & L_id_{12}L_m & L_id_{13}L_i & L_id_{13}L_j & L_id_{13}L_m\\
L_jd_{11}L_i & L_jd_{11}L_j & L_jd_{11}L_m & L_jd_{12}L_i & L_jd_{12}L_j & L_jd_{12}L_m & L_jd_{13}L_i & L_jd_{13}L_j & L_jd_{13}L_m\\
L_md_{11}L_i & L_md_{11}L_j & L_md_{11}L_m & L_md_{12}L_i & L_md_{12}L_j & L_md_{12}L_m & L_md_{13}L_i & L_md_{13}L_j & L_md_{13}L_m\\ \hdashline
L_id_{21}L_i & L_id_{21}L_j & L_id_{21}L_m & L_id_{22}L_i & L_id_{22}L_j & L_id_{22}L_m & L_id_{23}L_i & L_id_{23}L_j & L_id_{23}L_m\\
L_jd_{21}L_i & L_jd_{21}L_j & L_jd_{21}L_m & L_jd_{22}L_i & L_jd_{22}L_j & L_jd_{22}L_m & L_jd_{23}L_i & L_jd_{23}L_j & L_jd_{23}L_m\\
L_md_{21}L_i & L_md_{21}L_j & L_md_{21}L_m & L_md_{22}L_i & L_md_{22}L_j & L_md_{22}L_m & L_md_{23}L_i & L_md_{23}L_j & L_md_{23}L_m\\ \hdashline
L_id_{31}L_i & L_id_{31}L_j & L_id_{31}L_m & L_id_{32}L_i & L_id_{32}L_j & L_id_{32}L_m & L_id_{33}L_i & L_id_{33}L_j & L_id_{33}L_m\\
L_jd_{31}L_i & L_jd_{31}L_j & L_jd_{31}L_m & L_jd_{32}L_i & L_jd_{32}L_j & L_jd_{32}L_m & L_jd_{33}L_i & L_jd_{33}L_j & L_jd_{33}L_m\\
L_md_{31}L_i & L_md_{31}L_j & L_md_{31}L_m & L_md_{32}L_i & L_md_{32}L_j & L_md_{32}L_m & L_md_{33}L_i & L_md_{33}L_j & L_md_{33}L_m
\end{array}\right]$$

$$=\begin{bmatrix}\boldsymbol{G}_{11} & \boldsymbol{G}_{12} & \boldsymbol{G}_{13}\\ \boldsymbol{G}_{21} & \boldsymbol{G}_{22} & \boldsymbol{G}_{23}\\ \boldsymbol{G}_{31} & \boldsymbol{G}_{32} & \boldsymbol{G}_{33}\end{bmatrix} \tag{4-40}$$

其中，

$$\boldsymbol{G}_{pq}=\begin{bmatrix}L_id_{pq}L_i & L_id_{pq}L_j & L_id_{pq}L_m\\ L_jd_{pq}L_i & L_jd_{pq}L_j & L_jd_{pq}L_m\\ L_md_{pq}L_i & L_md_{pq}L_j & L_md_{pq}L_m\end{bmatrix}\quad (p,\ q=1,\ 2,\ 3)$$

可见式(4-40)中的积分除常数 d_{pq} 不同外，其每一个分块矩阵的积分结果都是一样的，因此利用公式

$$\int_A L_i^{\alpha}L_j^{\beta}L_m^{\gamma}\,\mathrm{d}x\mathrm{d}y=\frac{\alpha!\beta!\gamma!}{(\alpha+\beta+\gamma+2)!}2A \tag{4-41}$$

有

$$\int_A\begin{bmatrix}L_id_{pq}L_i & L_id_{pq}L_j & L_id_{pq}L_m\\ L_jd_{pq}L_i & L_jd_{pq}L_j & L_jd_{pq}L_m\\ L_md_{pq}L_i & L_md_{pq}L_j & L_md_{pq}L_m\end{bmatrix}\mathrm{d}x\mathrm{d}y=d_{pq}\frac{A}{12}\begin{bmatrix}2 & 1 & 1\\ 1 & 2 & 1\\ 1 & 1 & 2\end{bmatrix}=d_{pq}\boldsymbol{I}_B$$

因此式(4-39)的积分可以写为：

$$\int_A \boldsymbol{L}^{\mathrm{T}}\boldsymbol{D}_J\boldsymbol{L}\,\mathrm{d}x\mathrm{d}y=\begin{bmatrix}d_{11}\boldsymbol{I}_B & d_{12}\boldsymbol{I}_B & d_{13}\boldsymbol{I}_B\\ d_{21}\boldsymbol{I}_B & d_{22}\boldsymbol{I}_B & d_{23}\boldsymbol{I}_B\\ d_{31}\boldsymbol{I}_B & d_{32}\boldsymbol{I}_B & d_{33}\boldsymbol{I}_B\end{bmatrix}=\boldsymbol{D}_B$$

这样，3结点三角形薄板单元的单元刚度矩阵为：

$$\boldsymbol{k}^{ⓔ}=\int_A \boldsymbol{B}^{\mathrm{T}}\boldsymbol{D}_f\boldsymbol{B}\,\mathrm{d}x\mathrm{d}y=\int_A \boldsymbol{H}^{\mathrm{T}}\boldsymbol{L}^{\mathrm{T}}\boldsymbol{J}^{\mathrm{T}}\boldsymbol{D}_f\boldsymbol{J}\boldsymbol{L}\boldsymbol{H}\,\mathrm{d}x\mathrm{d}y=\boldsymbol{H}^{\mathrm{T}}\boldsymbol{D}_B\boldsymbol{H} \tag{4-42}$$

4.2.4 等效结点荷载

若单元上受垂直中面的分布荷载 $q(x,\ y)$ 作用，则等效结点荷载为：

$$F_E^{\circledS} = \int_A N^T q(x,y) \mathrm{d}x\mathrm{d}y \tag{4-38}$$

当 q 为常数时，有

$$F_E^{\circledS} = qA\left[\frac{1}{3} \quad \frac{1}{24}(b_2-b_3) \quad \frac{1}{24}(c_2-c_3) \quad \frac{1}{3} \quad \frac{1}{24}(b_3-b_1) \quad \frac{1}{24}(c_3-c_1) \quad \frac{1}{3} \quad \frac{1}{24}(b_1-b_2) \quad \frac{1}{24}(c_1-c_2)\right]^T \tag{4-44}$$

4.3 矩形薄板单元

由于 3 结点三角形薄板单元的计算精度比较低，因此在实际运用中经常用到矩形单元，下面我们对 4 结点矩形薄板单元进行分析。

4.3.1 单元位移函数

设薄板被离散成若干矩形单元的集合，单元的结点位移与结点荷载(正向)如图 4.7 所示。

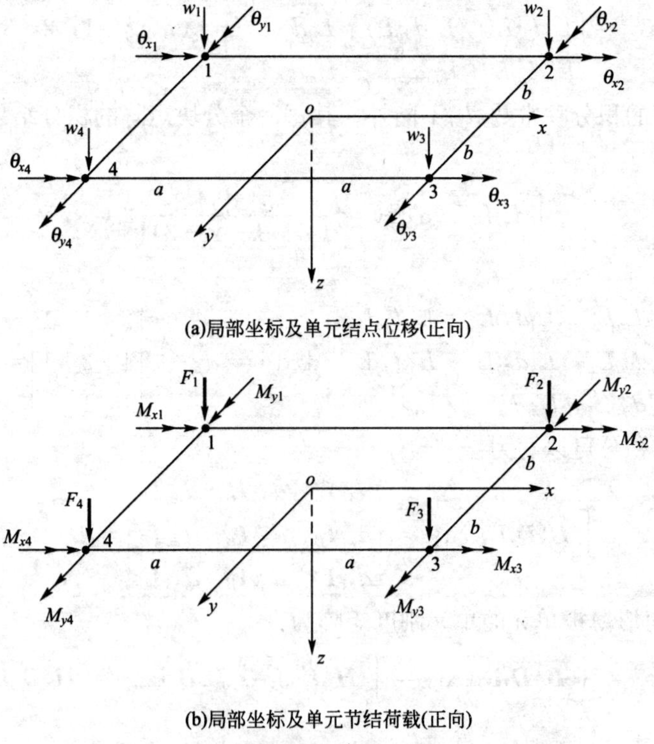

图 4.7 矩形单元结点位移与结点力示意图

若引入如下矩阵符号：

$$\boldsymbol{\delta}_i = [w_i \quad \theta_{ix} \quad \theta_{iy}]^T \quad (i=1, 2, 3, 4)$$

$$\boldsymbol{F}_i=[F_i \quad M_{xi} \quad M_{yi}]^{\mathrm{T}} \quad (i=1,\ 2,\ 3,\ 4)$$

则单元结点位移矩阵为：

$$\boldsymbol{\delta}^{ⓔ}=[\boldsymbol{\delta}_1^{\mathrm{T}} \quad \boldsymbol{\delta}_2^{\mathrm{T}} \quad \boldsymbol{\delta}_3^{\mathrm{T}} \quad \boldsymbol{\delta}_4^{\mathrm{T}}]^{\mathrm{T}} \tag{4-45}$$

单元结点荷载矩阵为：

$$\boldsymbol{F}^{ⓔ}=[\boldsymbol{F}_1^{\mathrm{T}} \quad \boldsymbol{F}_2^{\mathrm{T}} \quad \boldsymbol{F}_3^{\mathrm{T}} \quad \boldsymbol{F}_4^{\mathrm{T}}]^{\mathrm{T}} \tag{4-46}$$

因为单元结点位移参数(每结点的挠度和绕两坐标轴的转角)总计有 12 个(故称 12 自由度，也记作 ACM 单元)，其 z 方向的位移是唯一的一个基本未知量，故依照 Pascal 三角形及多项式位移模式的选取规则，取如下的位移函数：

$$\begin{aligned} w=&\alpha_1+\alpha_2 x+\alpha_3 y+\alpha_4 x^2+\alpha_5 xy+\alpha_6 y^2+\alpha_7 x^3+\alpha_8 x^2 y+\\ &\alpha_9 xy^2+\alpha_{10} y^3+\alpha_{11} x^3 y+\alpha_{12} xy^3 \end{aligned} \tag{4-47}$$

式中四次项所以取 $x^3 y$ 和 xy^3 是为了保证坐标的不变性和曲率、扭率具有相同方次。对式(4-47)求导可得：

$$\theta_x=\frac{\partial w}{\partial y}=\alpha_3+\alpha_5 x+2\alpha_6 y+\alpha_8 x^2+2\alpha_9 xy+3\alpha_{10} y^2+\alpha_{11} x^3+3\alpha_{12} xy^2 \tag{4-48}$$

$$-\theta_y=\frac{\partial w}{\partial x}=\alpha_2+2\alpha_4 x+\alpha_5 y+3\alpha_7 x^2+2\alpha_8 xy+\alpha_9 y^2+3\alpha_{11} x^2 y+\alpha_{12} y^3 \tag{4-49}$$

将结点坐标和结点位移代入式(4-47)、式(4-48)和式(4-49)可以得到 12 个方程，写成矩阵形式有：

$$\boldsymbol{\delta}^{ⓔ}=\boldsymbol{A}\boldsymbol{\alpha}$$

式中，

$$\boldsymbol{A}=\left[\begin{array}{cccccccccccc}
1 & -a & -b & a^2 & ab & b^2 & -a^3 & -a^2 b & -ab^2 & -b^3 & a^3 b & ab^3 \\
0 & 0 & 1 & 0 & -a & -2b & 0 & a^2 & 2ab & 3b^2 & -a^3 & -3ab^2 \\
0 & -1 & 0 & 2a & b & 0 & -3a^2 & -2ab & -b^2 & 0 & 3a^2 b & b^3 \\
\hline
1 & a & -b & a^2 & -ab & b^2 & a^3 & -a^2 b & ab^2 & -b^3 & -a^3 b & -ab^3 \\
0 & 0 & 1 & 0 & a & -2b & 0 & a^2 & -2ab & 3b^2 & a^3 & 3ab^2 \\
0 & -1 & 0 & -2a & b & 0 & -3a^2 & 2ab & -b^2 & 0 & 3a^2 b & b^3 \\
\hline
1 & a & b & a^2 & ab & b^2 & a^3 & a^2 b & ab^2 & b^3 & a^3 b & ab^3 \\
0 & 0 & 1 & 0 & a & 2b & 0 & a^2 & 2ab & 3b^2 & a^3 & 3ab^2 \\
0 & -1 & 0 & -2a & -b & 0 & -3a^2 & -2ab & -b^2 & 0 & -3a^2 b & -b^3 \\
\hline
1 & -a & b & a^2 & -ab & b^2 & -a^3 & a^2 b & -ab^2 & b^3 & -a^3 b & -ab^3 \\
0 & 0 & 1 & 0 & -a & 2b & 0 & a^2 & -2ab & 3b^2 & -a^3 & -3ab^2 \\
0 & -1 & 0 & 2a & -b & 0 & -3a^2 & 2ab & -b^2 & 0 & -3a^2 b & -b^3
\end{array}\right]$$

$$\boldsymbol{\alpha}=[\alpha_1 \quad \alpha_2 \quad \alpha_3 \quad \cdots \quad \alpha_{12}]^{\mathrm{T}}$$

由此可得：

$$\boldsymbol{\alpha}=\boldsymbol{A}^{-1}\boldsymbol{\delta}^{ⓔ}$$

式中，$\boldsymbol{A}^{-1}$ 为 $\boldsymbol{A}$ 的逆矩阵。将所求得的 $\boldsymbol{\alpha}$ 代回式(4-47)并经整理后，即可得用正则坐标表示的形函数如下：

$$\begin{aligned} w=&N_1 w_1+N_{x1}\theta_{x1}+N_{y1}\theta_{y1}+N_2 w_2+N_{x2}\theta_{x2}+N_{y2}\theta_{y2}+\\ &N_3 w_3+N_{x3}\theta_{x3}+N_{y3}\theta_{y3}+N_4 w_4+N_{x4}\theta_{x4}+N_{y4}\theta_{y4} \end{aligned} \tag{4-50}$$

其中，

$$\begin{cases} N_i=\dfrac{1}{8}\left(1+\dfrac{x}{x_i}\right)\left(1+\dfrac{y}{y_i}\right)\left[2+\dfrac{x}{x_i}\left(1-\dfrac{x}{x_i}\right)+\dfrac{y}{y_i}\left(1-\dfrac{y}{y_i}\right)\right] \\ N_{xi}=-\dfrac{1}{8}y_i\left(1+\dfrac{x}{x_i}\right)\left(1+\dfrac{y}{y_i}\right)^2\left(1-\dfrac{y}{y_i}\right) \qquad (i=1,\ 2,\ 3,\ 4) \\ N_{yi}=\dfrac{1}{8}x_i\left(1+\dfrac{x}{x_i}\right)^2\left(1+\dfrac{y}{y_i}\right)\left(1-\dfrac{x}{x_i}\right) \end{cases} \tag{4-51}$$

引入

$$\xi=\frac{x}{a},\quad \eta=\frac{y}{b},\quad \xi_i=\frac{x_i}{a},\quad \eta_i=\frac{y_i}{b} \tag{4-52}$$

则有

$$\begin{cases} N_i=\dfrac{1}{8}(1+\xi_i\xi)(1+\eta_i\eta)(2+\xi_i\xi+\eta_i\eta-\xi^2-\eta^2) \\ N_{xi}=-\dfrac{1}{8}b\eta_i(1+\xi_i\xi)(1+\eta_i\eta)(1-\eta^2) \qquad (i=1,\ 2,\ 3,\ 4) \\ N_{yi}=\dfrac{1}{8}a\xi_i(1+\xi_i\xi)(1+\eta_i\eta)(1-\xi^2) \end{cases}$$

当然，上述形函数也可由试凑法得到，由于篇幅所限这里仅仅以 N_1 为例加以说明。由形函数性质可知 N_1 应满足如下条件：

$$\begin{cases} N_1(x_1,\ y_1)=1 \\ N_1(x_j,\ y_j)=0 \quad (j=2,\ 3,\ 4) \\ \dfrac{\partial N_1}{\partial x}=\dfrac{\partial N_1}{a\partial \xi}\bigg|_{(x_j,y_j)}=0 \quad (j=1,\ 2,\ 3,\ 4) \\ \dfrac{\partial N_1}{\partial y}=\dfrac{\partial N_1}{b\partial \eta}\bigg|_{(x_j,y_j)}=0 \quad (j=1,\ 2,\ 3,\ 4) \end{cases} \tag{a}$$

为自动满足 $N_1(x_j,\ y_j)=0\ (j=2,\ 3,\ 4)$，而且考虑到式(4-47)中没有 $\xi^2\eta^2$ 项，ξ、η 的最高项次为 3，因此可设：

$$N_1=(1-\xi)(1-\eta)(a'+b'\xi+c'\eta+d'\xi^2+e'\eta^2) \tag{b}$$

由此：

$$\frac{\partial N_1}{\partial \xi}=-(1-\eta)(a'+b'\xi+c'\eta+d'\xi^2+e'\eta^2)+(1-\xi)(1-\eta)(b'+2d'\xi) \tag{c}$$

$$\frac{\partial N_1}{\partial \eta}=-(1-\xi)(a'+b'\xi+c'\eta+d'\xi^2+e'\eta^2)+(1-\xi)(1-\eta)(c'+2e'\eta) \tag{d}$$

式(c)自动满足 $\dfrac{\partial N_1}{\partial \xi}\bigg|_3=\dfrac{\partial N_1}{\partial \xi}\bigg|_4=0$；式(d)自动满足 $\dfrac{\partial N_1}{\partial \eta}\bigg|_2=\dfrac{\partial N_1}{\partial \eta}\bigg|_3=0$。由所剩的其他导数条件可得：

$$\frac{\partial N_1}{\partial \xi}\bigg|_1=-2(a'-b'-c'+d'+e')+4(b'-2d')=0 \tag{e}$$

$$\frac{\partial N_1}{\partial \xi}\bigg|_2=-2(a'+b'-c'+d'+e')=0 \tag{f}$$

$$\frac{\partial N_1}{\partial \eta}\bigg|_1=-2(a'-b'-c'+d'+e')+4(c'-2e')=0 \tag{g}$$

$$\left.\frac{\partial N_1}{\partial \eta}\right|_4=-2(a'-b'+c'+d'+e')=0 \tag{h}$$

由式(f)与式(h)可得：

$$b'=c' \tag{i}$$

由式(i)、式(e)和式(g)可得：

$$d'=e' \tag{j}$$

式(j)代入式(h)［或式(f)］可得：

$$a'=-2d' \tag{k}$$

将式(i)、(j)、(k)代回式(e)可得：

$$b'=d' \tag{l}$$

综上分析可得：

$$N_1=-d'(1-\xi)(1-\eta)(2-\xi-\eta-\xi^2-\eta^2) \tag{m}$$

由 $N_1(1)\equiv 1$ 可得 $-d'=1/8$ (n)

最终得到：

$$N_1=(1-\xi)(1-\eta)(2-\xi-\eta-\xi^2-\eta^2)/8 \tag{4-53}$$

显然式(4-53)与式(4-51)的第一个式子(注意：此时对于结点1，$\xi_1=-1$，$\eta_1=-1$)结果完全相同。其他形函数可用相似思路来建立，这里不再赘述。但必须强调的是这种除函数本身外还有函数导数作位移参数的试凑法建形函数的思路，也可用于二维问题等，从而建立少结点高阶的一些单元。

一经获得形函数，则形函数矩阵 $\boldsymbol{N}$ 为：

$$\boldsymbol{N}=[\boldsymbol{N}_1 \quad \boldsymbol{N}_2 \quad \boldsymbol{N}_3 \quad \boldsymbol{N}_4] \tag{4-54}$$

其中：$\boldsymbol{N}_i=[N_i \quad N_{xi} \quad N_{yi}](i=1,2,3,4)$

单元的挠度 $w(x, y)=w(\xi, \eta)$ 可写作：

$$w=\boldsymbol{N}\boldsymbol{\delta}^{ⓔ} \tag{4-55}$$

4.3.2 应力分析

将位移插值表达式(4-55)代入式(4-5)，整理后得到单元的应变为：

$$\boldsymbol{\chi}=\boldsymbol{B}\boldsymbol{\delta}^{ⓔ} \tag{4-56}$$

其中的几何矩阵：

$$\boldsymbol{B}=[\boldsymbol{B}_1 \quad \boldsymbol{B}_2 \quad \boldsymbol{B}_3 \quad \boldsymbol{B}_4] \tag{4-57}$$

子矩阵：

$$\boldsymbol{B}_i=\frac{1}{4x_iy_i}\begin{bmatrix} \dfrac{3x(y+y_i)}{x_i^2} & 0 & \dfrac{(3x+x_i)(y+y_i)}{x_i} \\ \dfrac{3y(x+x_i)}{y_i^2} & -\dfrac{(x+x_i)(3y+y_i)}{y_i} & 0 \\ \dfrac{3x^2y_i^2+x_i^2(3y^2-4y_i^2)}{x_i^2y_i^2} & \dfrac{(-3y+y_i)(y+y_i)}{y_i} & \dfrac{(3x-x_i)(x+x_i)}{x_i} \end{bmatrix} \quad (i=1,2,3,4) \tag{4-58}$$

将式(4-56)代入式(4-16)可以得到：

$$\boldsymbol{M}=\boldsymbol{D}_f\boldsymbol{B}\boldsymbol{\delta}^{ⓔ}=\boldsymbol{S}\boldsymbol{\delta}^{ⓔ} \tag{4-59}$$

其中$\boldsymbol{S}$称为内力矩阵，其表达形式如下：

$$\boldsymbol{S}=\boldsymbol{D}_f\boldsymbol{B}=\boldsymbol{D}_f[\boldsymbol{B}_1 \quad \boldsymbol{B}_2 \quad \boldsymbol{B}_3 \quad \boldsymbol{B}_4]=[\boldsymbol{S}_1 \quad \boldsymbol{S}_2 \quad \boldsymbol{S}_3 \quad \boldsymbol{S}_4] \tag{4-60}$$

在四个结点处的内力矩阵分别为：

$$\boldsymbol{S}_1=\frac{Eh^3}{48ab(1-\mu^2)}\left[\begin{matrix} 6\left(\frac{b}{a}+\mu\frac{a}{b}\right) & 8\mu a & -8b & -6\frac{b}{a} \\ 6\left(\frac{a}{b}+\mu\frac{b}{a}\right) & 8a & -8\mu b & -6\mu\frac{b}{a} \\ 1-\mu & 2(1-\mu)b & 2(1-\mu)a & -(1-\mu) \end{matrix}\right.$$

$$\left.\begin{matrix} 0 & -4b & 0 & 0 & 0 & -6\mu\frac{a}{b} & 4\mu a & 0 \\ 0 & -4\mu b & 0 & 0 & 0 & -6\frac{a}{b} & 4a & 0 \\ -2(1-\mu)b & 0 & 1-\mu & 0 & 0 & -(1-\mu) & 0 & 2(1-\mu)a \end{matrix}\right]$$

$$\boldsymbol{S}_2=\frac{Eh^3}{48ab(1-\mu^2)}\left[\begin{matrix} -6\frac{b}{a} & 0 & 4b & 6\left(\frac{b}{a}+\mu\frac{a}{b}\right) \\ -6\mu\frac{b}{a} & 0 & 4\mu b & 6\left(\frac{a}{b}+\mu\frac{b}{a}\right) \\ 1-\mu & 2(1-\mu)b & 0 & -(1-\mu) \end{matrix}\right.$$

$$\left.\begin{matrix} 8\mu a & 8b & -6\mu\frac{a}{b} & 4\mu a & 0 & 0 & 0 & 0 \\ 8a & 8\mu b & -6\frac{a}{b} & 4a & 0 & 0 & 0 & 0 \\ -2(1-\mu)b & -2(1-\mu)a & 1-\mu & 0 & 2(1-\mu)a & -(1-\mu) & 0 & 0 \end{matrix}\right]$$

$$\boldsymbol{S}_3=\frac{Eh^3}{48ab(1-\mu^2)}\left[\begin{matrix} 0 & 0 & 0 & -6\mu\frac{a}{b} & -4\mu a & 0 \\ 0 & 0 & 0 & -6\frac{a}{b} & -4a & 0 \\ 1-\mu & 0 & 0 & -(1-\mu) & 0 & -2(1-\mu)a \end{matrix}\right.$$

$$\left.\begin{matrix} 6\left(\frac{b}{a}+\mu\frac{a}{b}\right) & -8\mu a & 8b & -6\frac{b}{a} & 0 & 4b \\ 6\left(\frac{a}{b}+\mu\frac{b}{a}\right) & -8a & 8\mu b & -6\mu\frac{b}{a} & 0 & 4\mu b \\ 1-\mu & -2(1-\mu)b & 2(1-\mu)a & -(1-\mu) & 2(1-\mu)b & 0 \end{matrix}\right]$$

$$\boldsymbol{S}_4=\frac{Eh^3}{48ab(1-\mu^2)}\left[\begin{matrix} -6\mu\frac{a}{b} & -4\mu a & 0 & 0 & 0 & 0 \\ -6\frac{a}{b} & -4a & 0 & 0 & 0 & 0 \\ 1-\mu & 0 & -2(1-\mu)a & -(1-\mu) & 0 & 0 \end{matrix}\right.$$

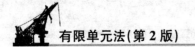

$$
\begin{matrix}
-6\,\dfrac{b}{a} & 0 & -4b & 6\left(\dfrac{b}{a}+\mu\,\dfrac{a}{b}\right) & -8\mu a & -8b \\
-6\mu\,\dfrac{b}{a} & 0 & -4\mu b & 6\left(\dfrac{a}{b}+\mu\,\dfrac{b}{a}\right) & -8a & -8\mu b \\
1-\mu & -2(1-\mu)b & 0 & -(1-\mu) & 2(1-\mu)b & 2(1-\mu)a
\end{matrix}\right]
$$

4.3.3 单元刚度矩阵

对于 4 结点矩形薄板单元，其单元刚度矩阵依然具有如下的形式：

$$
\boldsymbol{k}^{ⓔ} = \int_A \boldsymbol{B}^{\mathrm{T}} D_f \boldsymbol{B}\,\mathrm{d}A \tag{4-61}
$$

因此，可以得到：

$$
\boldsymbol{k}^{ⓔ} = \frac{Eh^3}{360(1-\mu^2)ab}
\begin{bmatrix}
k_1 & & & & & & & & & & & \\
k_4 & k_2 & & & & & & \text{对} & & & & \\
-k_5 & -k_6 & k_3 & & & & & & & & & \\
k_7 & k_{10} & k_{11} & k_1 & & & & & \text{称} & & & \\
k_{10} & k_8 & 0 & k_4 & k_2 & & & & & & & \\
-k_{11} & 0 & k_9 & k_5 & k_6 & k_3 & & & & & & \\
k_{12} & -k_{15} & k_{16} & k_{17} & -k_{20} & k_{21} & k_1 & & & & & \\
k_{15} & k_{13} & 0 & k_{20} & k_{18} & 0 & -k_4 & k_2 & & & & \\
-k_{16} & 0 & k_{14} & k_{21} & 0 & k_{19} & k_5 & -k_6 & k_3 & & & \\
k_{17} & -k_{20} & -k_{21} & k_{12} & -k_{15} & -k_{16} & k_7 & -k_{10} & -k_{11} & k_1 & & \\
k_{20} & k_{18} & 0 & k_{15} & k_{13} & 0 & -k_{10} & k_8 & 0 & -k_4 & k_2 & \\
-k_{21} & 0 & k_{19} & k_{16} & 0 & k_{14} & k_{11} & 0 & k_9 & -k_5 & k_6 & k_3
\end{bmatrix} \tag{4-62}
$$

其中，

$k_1 = 21-6\mu+30\,\dfrac{b^2}{a^2}+30\,\dfrac{a^2}{b^2}$　　$k_2 = 8b^2-8\mu b^2+40a^2$

$k_3 = 8a^2-8\mu a^2+40b^2$　　$k_4 = 3b+12\mu b+30\,\dfrac{a^2}{b}$

$k_5 = 3a+12\mu a+30\,\dfrac{b^2}{a}$　　$k_6 = 30\mu ab$

$k_7 = -21+6\mu-30\,\dfrac{b^2}{a^2}+15\,\dfrac{a^2}{b^2}$　　$k_8 = -8b^2+8\mu b^2+20a^2$

$k_9 = -2a^2+2\mu a^2+20b^2$　　$k_{10} = -3b-12\mu b+15\,\dfrac{a^2}{b}$

$k_{11} = 3a-3\mu a+30\,\dfrac{b^2}{a}$　　$k_{12} = 21-6\mu-15\,\dfrac{b^2}{a^2}-15\,\dfrac{a^2}{b^2}$

$k_{13} = 2b^2-2\mu b^2+10a^2$　　$k_{14} = 2a^2-2\mu a^2+10b^2$

$k_{15}=-3b+3\mu b+15\dfrac{a^2}{b}$ $\qquad k_{16}=-3a+3\mu a+15\dfrac{b^2}{a}$

$k_{17}=-21+6\mu+15\dfrac{b^2}{a^2}-30\dfrac{a^2}{b^2}$ $\qquad k_{18}=-2b^2+2\mu b^2+20a^2$

$k_{19}=-8a^2+8\mu a^2+20b^2$ $\qquad k_{20}=3b-3\mu b+30\dfrac{a^2}{b}$

$k_{21}=-3a-12\mu a+15\dfrac{b^2}{a}$

4.3.4 等效结点荷载的计算

等效结点荷载矩阵为：

$$\boldsymbol{F}_E^{ⓔ}=[F_{E1}\quad M_{Ex1}\quad M_{Ey1}\quad F_{E2}\quad M_{Ex2}\quad M_{Ey2}\quad F_{E3}\quad M_{Ex3}\quad M_{Ey3}\quad F_{E4}\quad M_{Ex4}\quad M_{Ey4}]^{\mathrm{T}}$$

当非结点荷载为垂直于板单元分布的面力 $q(x, y)$时，其等效结点荷载为：

$$\boldsymbol{F}_E^{ⓔ}=\int_A \boldsymbol{N}^{\mathrm{T}}q(x,y)\mathrm{d}x\mathrm{d}y \tag{4-63}$$

若 $q(x, y)$为常量，则

$$\boldsymbol{F}_E^{ⓔ}=qab\left[1\quad \frac{b}{3}\quad -\frac{a}{3}\quad 1\quad \frac{b}{3}\quad \frac{a}{3}\quad 1\quad -\frac{b}{3}\quad \frac{a}{3}\quad 1\quad -\frac{b}{3}\quad \frac{a}{3}\right]^{\mathrm{T}} \tag{4-64}$$

通常，当单元尺寸比较小时，等效结点力矩对位移和内力的影响远小于法向荷载的影响，因此在实际计算时通常可以忽略，从而简化为：

$$\boldsymbol{F}_E^{ⓔ}=qab\ [1\quad 0\quad 0\quad 1\quad 0\quad 0\quad 1\quad 0\quad 0\quad 1\quad 0\quad 0]^{\mathrm{T}} \tag{4-65}$$

当非结点荷载为作用在单元上的集中力 F_p时，其等效结点荷载为：

$$\boldsymbol{F}_E^{ⓔ}=\boldsymbol{N}(x_p,\ y_p)^{\mathrm{T}}F_p \tag{4-66}$$

其中 x_p、y_p为集中力作用点位置。若集中力作用在单元中心，则

$$\boldsymbol{F}_E^{ⓔ}=\frac{F_p}{8}\ [2\quad b\quad -a\quad 2\quad b\quad a\quad 2\quad -b\quad a\quad 2\quad -b\quad -a]^{\mathrm{T}} \tag{4-67}$$

同样，上式可以简化为：

$$\boldsymbol{F}_E^{ⓔ}=\frac{F_p}{4}=\ [1\quad 0\quad 0\quad 1\quad 0\quad 0\quad 1\quad 0\quad 0\quad 1\quad 0\quad 0]^{\mathrm{T}} \tag{4-68}$$

4.3.5 实例分析

设四边固定的正方形的弹性薄板(图 4.8)，其边长为 l，厚度为 h，弹性模量为 E，泊松比为 $\mu=0.3$，整个板面受到均匀的法向分布荷载 q_0作用，求板中点的挠度和内力。

分析：根据对称性，可以取四分之一板面进行计算(图中阴影部分)，为了计算简单，将其作为一个单元，结点编号如图 4.8 所示。

根据已知条件，有

$$a=b=\frac{l}{4}$$

等效结点荷载采用式(4-59)计算，其大小为：

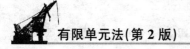

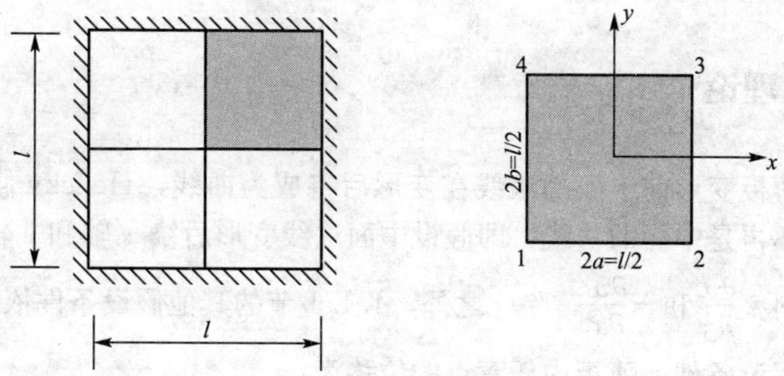

图 4.8　四边固支的矩形板求解

$$\boldsymbol{F}_E=\frac{q_0 l^2}{16}\begin{bmatrix}1 & 0 & 0 & 1 & 0 & 0 & 1 & 0 & 0 & 1 & 0 & 0\end{bmatrix}^{\mathrm{T}}$$

其约束条件为：

$$w_2=w_3=w_4=0$$

$$\theta_{x1}=\theta_{y1}=\theta_{x2}=\theta_{y2}=\theta_{x3}=\theta_{y3}=\theta_{x4}=\theta_{y4}=0$$

因此，实际上只有一个未知数 w_1。根据式(4－56)计算其单元刚度矩阵，形成整体刚度方程并引入约束条件后可以得到：

$$k_{11}w_1=\frac{q_0 l^2}{16}$$

其中，

$$k_{11}=\frac{Eh^3}{360(1-\mu^2)ab}\left(21-6\mu+30\,\frac{b^2}{a^2}+30\,\frac{a^2}{b^2}\right)=\frac{2Eh^3}{15(1-\mu^2)l^3}(27-2\mu)$$

代入得到：

$$w_1=0.0161577\,\frac{q_0 l^4}{Eh^3}$$

该问题精确解为：　$0.0137592\,\dfrac{q_0 l^4}{Eh^3}$

其结点 1 的内力为：

$$\boldsymbol{M}=\begin{bmatrix}M_x\\ M_y\\ M_{xy}\end{bmatrix}=\boldsymbol{S}\boldsymbol{\delta}^{ⓔ}=\frac{Eh^3}{48ab(1-\mu^2)}\begin{bmatrix}6\left(\dfrac{b}{a}+\mu\,\dfrac{a}{b}\right)\\ 6\left(\dfrac{a}{b}+\mu\,\dfrac{b}{a}\right)\\ 1-\mu\end{bmatrix}w_1=\begin{bmatrix}0.0461648\\ 0.0461648\\ 0.0041429\end{bmatrix}q_0 l^2$$

4.4　8 结点四边形薄板等参单元

前面介绍的 3 结点三角形单元和 4 结点矩形单元尽管计算比较简单，但对于边界的适应能力较弱，并且是基于 4.1.1 节的假设条件，没有考虑横向剪切变形的影响。若实际中需要考虑横向剪切变形的影响(即认为 $\gamma_{yz}\neq 0$、$\gamma_{zx}\neq 0$)，则前面介绍的单元就不适应了。本节将介绍一种比较简单的考虑横向剪切变形的影响单元，其是根据汉盖(Hencky)理论建立起来的。

4.4.1 Hencky 理论

一般来说，薄板变形前中面的法线在变形后将成为曲线，Hencky 假设中面法线变形后仍为直线，但不再是中面的法线，即假设中面法线变形后绕 x 轴和 y 轴的转角 θ_x 和 θ_y 在数值上不再等于斜率 $\frac{\partial w}{\partial y}$ 和 $-\frac{\partial w}{\partial x}$，除此之外，4.1.1 节的其他假设条件依然成立。

根据上面的假设条件，薄板内任意点的位移为：

$$u=z\theta_y(x,\ y),\quad v=-z\theta_x(x,\ y),\quad w=w(x,\ y) \tag{4-69}$$

则可得其应变矩阵为：

$$\boldsymbol{\varepsilon}=\begin{bmatrix}\varepsilon_x\\ \varepsilon_y\\ \gamma_{xy}\\ \gamma_{yz}\\ \gamma_{zx}\end{bmatrix}=\begin{bmatrix}z\dfrac{\partial\theta_y}{\partial x}\\ -z\dfrac{\partial\theta_x}{\partial y}\\ z\left(\dfrac{\partial\theta_y}{\partial y}-\dfrac{\partial\theta_x}{\partial x}\right)\\ \dfrac{\partial w}{\partial y}-\theta_x\\ \dfrac{\partial w}{\partial x}+\theta_y\end{bmatrix} \tag{4-70}$$

引入微分算子

$$\boldsymbol{A}=\begin{bmatrix}0 & 0 & z\dfrac{\partial}{\partial x}\\ 0 & -z\dfrac{\partial}{\partial y} & 0\\ 0 & -z\dfrac{\partial}{\partial x} & z\dfrac{\partial}{\partial y}\\ \dfrac{\partial}{\partial y} & -1 & 0\\ \dfrac{\partial}{\partial x} & 0 & 1\end{bmatrix} \tag{4-71}$$

则有

$$\boldsymbol{\varepsilon}=\boldsymbol{A}\boldsymbol{d} \tag{4-72}$$

这里 $\boldsymbol{d}=[w\quad \theta_x\quad \theta_y]^{\mathrm{T}}$，其应力为：

$$\boldsymbol{\sigma}=\boldsymbol{D}\boldsymbol{\varepsilon}=\boldsymbol{D}\boldsymbol{A}\boldsymbol{d} \tag{4-73}$$

其中，$\boldsymbol{D}$ 为弹性矩阵。

4.4.2 8 结点 Hencky 板单元的位移函数

如图 4.9 所示的变厚度、中面为平面曲边四边形的 8 结点板单元，其中面形状和厚度可表示为：

$$x=\sum_{i=1}^{8}N_i x_i \quad y=\sum_{i=1}^{8}N_i y_i \quad h=\sum_{i=1}^{8}N_i h_i \tag{4-74}$$

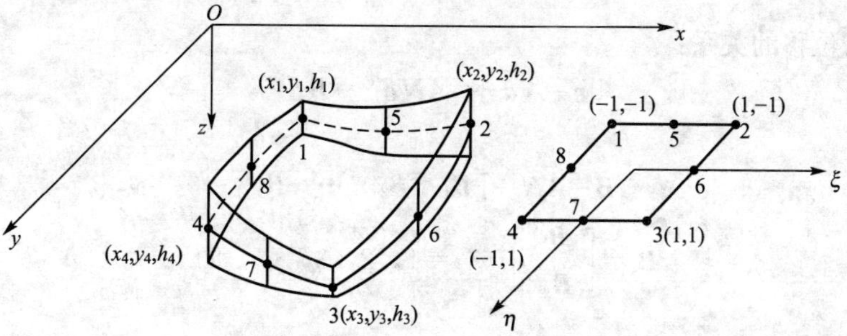

图 4.9　8 结点 Hencky 板单元示意图

式(4-74)中的形函数 N_i 为：

$$N_i=\begin{cases}\dfrac{1}{4}(1+\xi_0)(1+\eta_0)(\xi_0+\eta_0-1) & (i=1,\ 2,\ 3,\ 4)\\ \dfrac{1}{2}(1-\xi^2)(1+\eta_0) & (i=5,\ 7)\\ \dfrac{1}{2}(1-\eta^2)(1+\xi_0) & (i=6,\ 8)\end{cases} \tag{4-75}$$

其中，$\xi_0=\xi_i\xi$，$\eta_0=\eta_i\eta$。

由 $u=z\theta_y(x,\ y)$、$v=-z\theta_x(x,\ y)$ 、$w=w(x,\ y)$，可见，单元任意一点的位移$(u,\ v,\ w)$可由此处的挠度 w 和两个转角 θ_x、θ_y决定，因此若设：

$$w=\sum_{i=1}^{8}N_i w_i \quad \theta_x=\sum_{i=1}^{8}N_i\theta_{xi} \quad \theta_y=\sum_{i=1}^{8}N_i\theta_{yi} \tag{4-76}$$

也即由形函数插值构造，则从式(4-69)可得：

$$\boldsymbol{u}=[u \quad v \quad w]^{\mathrm{T}}=\sum_{i=1}^{8}\begin{bmatrix}0 & 0 & zN_i\\ 0 & -zN_i & 0\\ N_i & 0 & 0\end{bmatrix}\begin{bmatrix}w_i\\ \theta_{xi}\\ \theta_{yi}\end{bmatrix} \tag{4-77}$$

若将式(4-77)写成矩阵形式，则有

$$\boldsymbol{d}^{ⓔ}=[w \quad \theta_x \quad \theta_y]^{\mathrm{T}}=[N_1\boldsymbol{I} \quad N_2\boldsymbol{I} \quad \cdots \quad N_8\boldsymbol{I}]\ \boldsymbol{\delta}^{ⓔ} \tag{4-78}$$

其中 $\boldsymbol{I}$ 为 3×3 的单位矩阵，结点位移矩阵为：

$$\boldsymbol{\delta}^{ⓔ}=[w_1 \quad \theta_{x1} \quad \theta_{y1} \quad \cdots \quad w_8 \quad \theta_{x8} \quad \theta_{y8}]^{\mathrm{T}} \tag{4-79}$$

记形函数矩阵 $\boldsymbol{N}$ 为：

$$\boldsymbol{N}=[N_1\boldsymbol{I} \quad N_2\boldsymbol{I} \quad \cdots \quad N_8\boldsymbol{I}] \tag{4-80}$$

则式(4-79)改为：

$$\boldsymbol{d}^{ⓔ}=\boldsymbol{N}\boldsymbol{\delta}^{ⓔ} \tag{4-81}$$

式(4-81)即为 8 结点板单元的位移模式，由等参单元的单元分析可知此位移模式是完备和协调的。为便于讨论，以下假设 h 为常数(即只讨论等厚板单元)。

4.4.3 单元刚度矩阵

由应变与位移的关系：

$$\boldsymbol{\varepsilon}=\boldsymbol{A}\,\boldsymbol{d}^{ⓔ}=\boldsymbol{A}\boldsymbol{N}\boldsymbol{\delta}^{ⓔ}=\boldsymbol{B}\,\boldsymbol{\delta}^{ⓔ} \tag{4-82}$$

式中，

$$\boldsymbol{B}=\boldsymbol{A}\boldsymbol{N}=[\boldsymbol{B}_1\quad \boldsymbol{B}_2\quad \cdots\quad \boldsymbol{B}_8] \tag{4-83}$$

$$\boldsymbol{B}_i=\begin{bmatrix} z\boldsymbol{B}_{i1} \\ \boldsymbol{B}_{i2}\end{bmatrix}\quad (i=1,\ 2,\ 3,\ \cdots,\ 8) \tag{4-84}$$

其中，

$$\boldsymbol{B}_{i1}=\begin{bmatrix} 0 & 0 & \dfrac{\partial N_i}{\partial x} \\ 0 & -\dfrac{\partial N_i}{\partial y} & 0 \\ 0 & -\dfrac{\partial N_i}{\partial x} & \dfrac{\partial N_i}{\partial y}\end{bmatrix}\quad \boldsymbol{B}_{i2}=\begin{bmatrix} \dfrac{\partial N_i}{\partial y} & -N_i & 0 \\ \dfrac{\partial N_i}{\partial x} & 0 & N_i\end{bmatrix} \tag{4-85}$$

对于线弹性各向同性板，弹性矩阵 $\boldsymbol{D}$ 可写成：

$$\boldsymbol{D}=\begin{bmatrix} \boldsymbol{E}_1 & \boldsymbol{0}_{3\times 2} \\ \boldsymbol{0}_{2\times 3} & \boldsymbol{E}_2\end{bmatrix} \tag{4-86}$$

其中，$\boldsymbol{0}$ 为零矩阵，下标表示其大小。

$$\boldsymbol{E}_1=\frac{E}{1-\mu^2}\begin{bmatrix} 1 & \mu & 0 \\ \mu & 1 & 0 \\ 0 & 0 & \dfrac{1-\mu}{2}\end{bmatrix}\quad \boldsymbol{E}_2=\frac{E}{2(1+\mu)}\begin{bmatrix} 1 & 0 \\ 0 & 1\end{bmatrix} \tag{4-87}$$

因此应力矩阵 $\boldsymbol{\sigma}$ 为：

$$\boldsymbol{\sigma}=\boldsymbol{D}\boldsymbol{\varepsilon}=\boldsymbol{D}\boldsymbol{B}\,\boldsymbol{\delta}^{ⓔ}=\boldsymbol{S}\,\boldsymbol{\delta}^{ⓔ} \tag{4-88}$$

式中，$\boldsymbol{S}=\boldsymbol{D}\boldsymbol{B}=[\boldsymbol{S}_1\quad \boldsymbol{S}_2\quad \cdots\quad \boldsymbol{S}_8]$

$$\boldsymbol{S}_i=\boldsymbol{D}\boldsymbol{B}_i=\begin{bmatrix} z\boldsymbol{E}_1\boldsymbol{B}_{i1} \\ \boldsymbol{E}_2\boldsymbol{B}_{i2}\end{bmatrix}\quad (i=1,\ 2,\ \cdots,\ 8) \tag{4-89}$$

由式(4-88)即可按如下定义来计算内力，它们可表达如下：

$$\begin{aligned}
M_x &= \int_{-h/2}^{h/2}\sigma_x z\,\mathrm{d}z = \sum_{i=1}^{8}\left(-D_2\frac{\partial N_i}{\partial y}\theta_{xi}+D_1\frac{\partial N_i}{\partial x}\theta_{yi}\right)\\
M_y &= \int_{-h/2}^{h/2}\sigma_y z\,\mathrm{d}z = \sum_{i=1}^{8}\left(-D_1\frac{\partial N_i}{\partial y}\theta_{xi}+D_2\frac{\partial N_i}{\partial x}\theta_{yi}\right)\\
M_{xy} &= \int_{-h/2}^{h/2}\tau_{xy} z\,\mathrm{d}z = D_3\sum_{i=1}^{8}\left(-\frac{\partial N_i}{\partial x}\theta_{xi}+\frac{\partial N_i}{\partial y}\theta_{yi}\right)\\
Q_y &= \int_{-h/2}^{h/2}\tau_{yz}\,\mathrm{d}z = D_4\sum_{i=1}^{8}\left(\frac{\partial N_i}{\partial y}w_i-N_i\theta_{xi}\right)\\
Q_x &= \int_{-h/2}^{h/2}\tau_{zx}\,\mathrm{d}z = D_4\sum_{i=1}^{8}\left(\frac{\partial N_i}{\partial x}w_i+N_i\theta_{yi}\right)
\end{aligned} \tag{4-90}$$

式中，

$$
\begin{aligned}
D_1 &= \frac{Eh^3}{12(1-\mu^2)} \quad D_2 = \mu D_1 \\
D_3 &= \frac{Eh^3}{24(1+\mu)} \quad D_4 = \frac{Eh}{2(1+\mu)}
\end{aligned}
\tag{4-91}
$$

如果将单元刚度矩阵 $\boldsymbol{k}$ 写成$[\boldsymbol{k}_{ij}]_{8\times 8}$的形式，则其中子矩阵 $\boldsymbol{k}_{ij}$ 可按式(4－92)计算：

$$
\begin{aligned}
\boldsymbol{k}_{ij} &= \int_{-h/2}^{h/2}\left(\int_{-1}^{1}\int_{-1}^{1}\boldsymbol{B}_i^{\mathrm{T}}\boldsymbol{D}\boldsymbol{B}_j \det\boldsymbol{J}\mathrm{d}\xi\mathrm{d}\eta\right)\mathrm{d}z \\
&= \int_{-1}^{1}\int_{-1}^{1}\left(\int_{-h/2}^{h/2}\boldsymbol{B}_i^{\mathrm{T}}\boldsymbol{D}\boldsymbol{B}_j\mathrm{d}z\right)\det\boldsymbol{J}\mathrm{d}\xi\mathrm{d}\eta \qquad (i,j=1,2,\cdots,8) \\
&= \int_{-1}^{1}\int_{-1}^{1}\left(\frac{h^3}{12}\boldsymbol{B}_{i1}^{\mathrm{T}}\boldsymbol{E}_1\boldsymbol{B}_{j1} + h\boldsymbol{B}_{i2}^{\mathrm{T}}\boldsymbol{E}_2\boldsymbol{B}_{j2}\right)\det\boldsymbol{J}\mathrm{d}\xi\mathrm{d}\eta
\end{aligned}
\tag{4-92}
$$

若令

$$
\boldsymbol{H} = [\boldsymbol{H}_{ij}]_{3\times 3} = \frac{h^3}{12}\boldsymbol{B}_{i1}^{\mathrm{T}}\boldsymbol{E}_1\boldsymbol{B}_{j1} + h\boldsymbol{B}_{i2}^{\mathrm{T}}\boldsymbol{E}_2\boldsymbol{B}_{j2} \tag{4-93}
$$

于是式(4－92)改写成：

$$
\boldsymbol{k}_{ij} = \int_{-1}^{1}\int_{-1}^{1}\boldsymbol{H}\det\boldsymbol{J}\mathrm{d}\xi\mathrm{d}\eta \tag{4-94}
$$

经运算后可得式(4－93)矩阵 $\boldsymbol{H}$ 的元素为：

$$
\left.
\begin{aligned}
H_{11} &= D_4\left(\frac{\partial N_i}{\partial y}\frac{\partial N_i}{\partial y} + \frac{\partial N_i}{\partial x}\frac{\partial N_i}{\partial x}\right) \\
H_{12} &= -D_4\frac{\partial N_i}{\partial y}N_j \\
H_{13} &= D_4\frac{\partial N_i}{\partial x}N_j \\
H_{21} &= -D_4\frac{\partial N_j}{\partial y}N_i \\
H_{22} &= D_1\frac{\partial N_i}{\partial y}\frac{\partial N_j}{\partial y} + D_3\frac{\partial N_i}{\partial x}\frac{\partial N_j}{\partial x} + D_4N_iN_j \\
H_{23} &= -D_2\frac{\partial N_i}{\partial y}\frac{\partial N_j}{\partial x} - D_3\frac{\partial N_i}{\partial x}\frac{\partial N_j}{\partial y} \\
H_{31} &= D_4\frac{\partial N_j}{\partial x}N_i \\
H_{32} &= -D_2\frac{\partial N_i}{\partial x}\frac{\partial N_j}{\partial y} - D_3\frac{\partial N_j}{\partial x}\frac{\partial N_i}{\partial y} \\
H_{33} &= D_1\frac{\partial N_i}{\partial x}\frac{\partial N_j}{\partial x} + D_3\frac{\partial N_i}{\partial y}\frac{\partial N_j}{\partial y} + D_4N_iN_j
\end{aligned}
\right\}
\tag{4-95}
$$

为了利用式(4－94)和式(4－95)积分得到子矩阵 $\boldsymbol{k}_{ij}$，还必须利用如下导数关系：

$$
\begin{bmatrix} \dfrac{\partial}{\partial x} \\ \dfrac{\partial}{\partial y} \end{bmatrix} = (\det\boldsymbol{J})^{-1}\begin{bmatrix} \sum\limits_{i=1}^{8}\dfrac{\partial N_i}{\partial \eta}y_i & -\sum\limits_{i=1}^{8}\dfrac{\partial N_i}{\partial \xi}y_i \\ -\sum\limits_{i=1}^{8}\dfrac{\partial N_i}{\partial \eta}x_i & \sum\limits_{i=1}^{8}\dfrac{\partial N_i}{\partial \xi}x_i \end{bmatrix}\begin{bmatrix} \dfrac{\partial}{\partial \xi} \\ \dfrac{\partial}{\partial \eta} \end{bmatrix} \tag{4-96}
$$

关于等效结点荷载的计算，若单元上作用有横向分布荷载 $q(x, y)$，则其等效结点荷载为：

$$
\begin{aligned}
\boldsymbol{F}_E^{ⓔ} &= \int_{-1}^{1}\int_{-1}^{1}\boldsymbol{N}^{\mathrm{T}}\begin{bmatrix} q(x,y) \\ 0 \\ 0 \end{bmatrix}\det\boldsymbol{J}\mathrm{d}\xi\mathrm{d}\eta \\
&= [\boldsymbol{F}_{e1} \quad 0 \quad 0 \quad \boldsymbol{F}_{e2} \quad 0 \quad 0 \quad \cdots \quad \boldsymbol{F}_{e8} \quad 0 \quad 0]^{\mathrm{T}}
\end{aligned} \tag{4-97}
$$

式中，

$$
\boldsymbol{F}_{ei} = \int_{-1}^{1}\int_{-1}^{1}\boldsymbol{N}_i q\left(\sum_{i=1}^{8}\boldsymbol{N}_i y_i,\ \sum_{i=1}^{8}\boldsymbol{N}_i y_i\right)\det\boldsymbol{J}\mathrm{d}\xi\mathrm{d}\eta \quad (i=1,\ 2,\ \cdots,\ 8) \tag{4-98}
$$

对于板边缘作用有分布弯矩、扭矩、剪力的情况，读者可以查阅有关文献，这里不再赘述。计算实践表明，当采用2×2高斯积分时本节单元也可用于薄板分析，但太薄时将产生剪切闭锁现象，这是本单元的一个缺点。

本章小结

薄板弯曲问题与前面所介绍的平面和空间连续体问题不同，其最小势能原理中包括场函数的最高阶导数是2阶（而不是1阶），因此要求位移函数在单元边界上满足C_1的连续性，本章的核心是如何构造满足要求的位移函数。

本章详细地介绍了用于薄板弯曲问题有限单元法分析的3结点三角形薄板单元和4结点矩形薄板单元，并对8结点Hencky等参单元进行了介绍。当然，薄板弯曲问题有限单元法分析中所使用的单元类型远不只介绍的这三种，如6结点三角形单元、8结点矩形单元以及等参单元等。

本章介绍的3结点三角形薄板单元和4结点矩形薄板单元是一种非完全协调的单元。对于3结点三角形薄板单元，实际计算表明，只要其单元形状接近等边三角形或等腰直角三角形，其计算结果是比较好的。而4结点矩形薄板单元可以通过小片试验，如果其是收敛的，其精度也比较好。

习　　题

4.1　用虚位移原理推导矩形单元的单元刚度矩阵。

4.2　编写3结点三角形薄板单元和4结点矩形薄板单元的计算程序。

4.3　试利用面积坐标和直角坐标的关系推导式(4-22)。

4.4　试分析4结点矩形薄板单元位移函数的协调性。

4.5　如图4.10所示，矩形薄板的OA边为固定边，OC为简支边，AB边和CB边是自由边。薄板除在B点作用有横向集中力F之外，还在整个板面上受有均布荷载q_0，将此薄板划分为一个单元。

(1) 试写出其整体荷载向量。

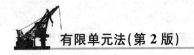

(2) 写出各结点的位移边界条件。

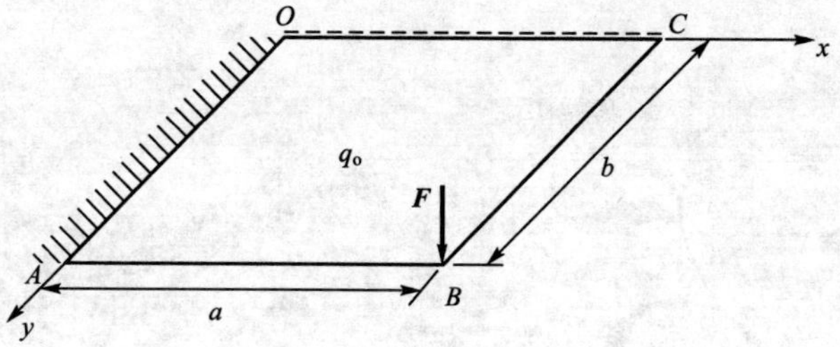

图 4.10 习题 4.5 图

4.6 设有正方形薄板，四边简支，边长为 $2L$，其中心作用有集中力，将此薄板划分成四个相同的矩形单元。

(1) 试求薄板中心点的挠度和内力。

(2) 若将板划分为两个相同的矩形单元，写出薄板的整体刚度方程，并求结点位移。

4.7 设四边固定的正方形的弹性薄板(图 4.11)，其边长为 $2l$，厚度为 h，弹性模量为 E，泊松比为 $\mu=0.3$，整个板面受到均匀的法向分布荷载 q_0 作用，分别用 3 结点三角形单元和 4 结点矩形单元计算板中点的挠度和内力，并对结果进行比较。若四边简支，其情况又怎样？

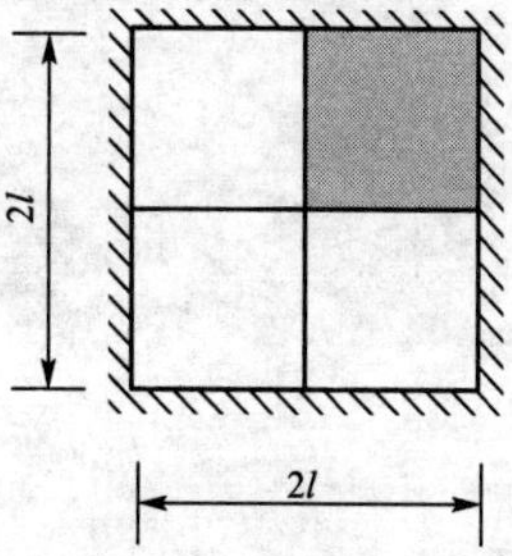

图 4.11 习题 4.7 图

4.8 如图 4.12 所示，用三角形单元对两边固支、两边简支的方形薄板进行离散，两种单元划分方式，哪种方式比较好？为什么？

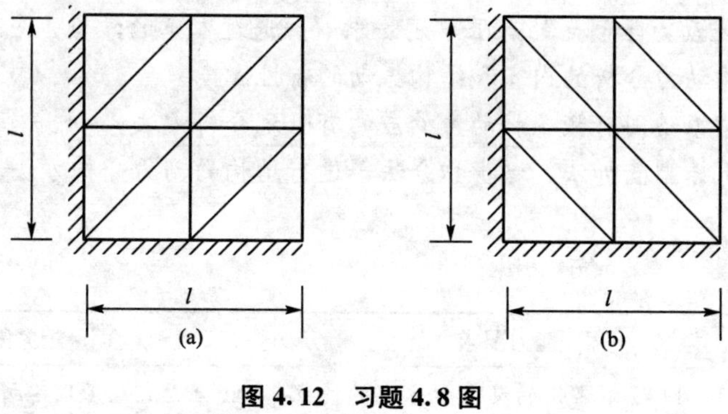

图 4.12 习题 4.8 图

4.9 试分析 4 结点矩形薄板单元位移函数中四次项为什么选 x^3y 和 xy^3 这两项，而没有选择其他项？若选用 x^4 和 y^4 这两项将导致什么结果？

4.10 4 结点矩形薄板单元挠度 w 和切向转角 θ_x 协调，法向转角 θ_y 不协调，因此称为非完全协调元，怎样证明该结论的正确性？

第5章 动力学问题的有限单元法

教学目标

本章主要讲述动力学问题的有限单元法求解。通过本章的学习，应达到以下目标。

(1) 了解结构动力分析的内容和结构振动的特性。

(2) 掌握结构振动固有频率和动力响应的有限元分析方法。

(3) 掌握运用振型叠加法、逐步积分法等进行结构的动力分析方法。

教学要求

知识要点	能力要求	相关知识
动力学问题基本方程推导及简化	(1) 了解常用的动力学方程的建立方法 (2) 掌握单元的运动方程推导方法 (3) 动力学运动方程的简化方法	(1) 达朗伯原理建立动力学方程 (2) 哈密顿原理建立动力学方程 (3) 一致质量矩阵与协调质量矩阵的概念 (4)运动方程的简化方法
动力响应问题分析的基本内容	(1) 掌握特征值问题的求解方法和步骤 (2) 掌握特征值与振型的基本性质	(1) 特征值的求解 (2) 振型的正交性质 (3) 振型的规则化
动力学问题求解方法	(1) 了解动力学问题常用的求解方法 (2) 掌握振型叠加法和逐步积分法	(1) 振型叠加法 (2) 逐步积分法

基本概念

协调质量矩阵、集中质量矩阵、堆聚质量矩阵；阻尼矩阵；拉格朗日方程；粘滞阻尼；无阻尼自由振动；静力缩聚；主副自由度切割线。

引例

作用在结构上的荷载除了静荷载之外，还有动荷载，如地震、风、行人、海浪等，因此熟悉结构在动荷载作用下的有限元分析更具有实用意义。结构的动力分析通常包括计算结构的振型，结构在动荷载作用下各结点随时间变化的位移、速度、加速度、应力等。

5.1 概　　述

前面几章所讲内容均属于静力分析，其特点是施加到结构上的外荷载不会使结构产生加速度，且外荷载的大小和方向不随时间变化，因而结构所产生的位移和应力也不随时间变化，即作用于弹性结构上的荷载与时间无关，而由此求得的结点位移和单元应力也与时间无关。然而，实际工程中的结构一般总是受到随时间变化的荷载作用(动力荷载，如高速旋转的电机、离心压缩机、高层建筑和厂房承受强风、地震作用等)。当这种动荷载与静荷载相比不占重要地位时，它的影响往往可以忽略不计，只需作静力分析即可。当这种动荷载与静荷载相比占重要地位时，就需要进行动力分析。例如，各种工程结构在地震作用下、船舶受海浪冲击等。此外，有时动荷载是往复地作用于结构上，虽然其大小似乎也可忽略不计，但由于其作用的频率与结构的某一固有频率接近(会引起共振)，会引起结构物产生很大的变形和内力，因此需要进行动力分析。

由此可见，结构的动力分析内容基本上可分为以下两种。

(1) 计算结构的固有频率和振型，从而了解结构的振动特性，以便更好地利用或减少振动。

(2) 分析结构在动荷载作用下的动力响应特性(各个结点随时间变化的位移、速度、加速度以及各个单元随时间而变的应力等)，计算结构振动时动应力和动位移的大小及其变化规律。

本章将导出有限元法的结构动力方程，介绍有关质量矩阵和阻尼矩阵的计算方法，然后把计算结构固有频率和振型的问题归结为一个求特征值的问题，并就特征值问题的求法及结构动力响应问题的求法做了专门的探讨。

5.2 动力学问题的基本方程

用有限单元法进行动力分析的基本过程为：①将结构离散化，即把结构划分成离散的单元；②考虑单元的性质，建立单元的质量矩阵、刚度矩阵、阻尼矩阵、荷载矩阵，推导出单元体的运动方程；③进行单元特性分析和结构的整体分析，组合与叠加各单元的质量矩阵、刚度矩阵、阻尼矩阵，得到整个离散系统的运动方程；④求解特征方程，得出频率与振型，或求解动力响应和动应力等问题。

描述结构动力学特征的基本力学变量和方程与前面的静力问题求解类似，但增加了惯性力和阻尼力两项，且所有的变量都将随时间而变化。

结构的振动方程可用多种方法建立，如达朗伯原理(动静法)、拉格朗日函数法、哈密顿原理等，本节分别介绍用达朗伯原理和哈密顿原理建立动力有限元方程。

1. 达朗伯原理

在静力问题中用有限元法建立的平衡方程是：

$$\boldsymbol{K\delta}=\boldsymbol{F} \tag{5-1a}$$

在动力问题中，应用达朗伯原理建立结构各结点的运动方程仍具有与式(5-1a)相同的形式，只不过结点位移和结点荷载都是时间的函数，式(5-1a)变为：

$$\boldsymbol{K\delta}(t)=\boldsymbol{F}(t) \tag{5-1b}$$

式中，$\boldsymbol{\delta}(t)$为结点的动位移，它是时间的函数；$\boldsymbol{K\delta}(t)$是 t 时刻的结点位移产生的弹性恢复力，它与该时刻的结点外力 $\boldsymbol{F}(t)$构成动态平衡。

在动力情况下，结构承受的荷载(集中荷载、分布荷载)可随时间而变化，是时间的函数，按有限元方法将此种荷载等效到结点上，得到的结点荷载向量 $\boldsymbol{F}(t)$也是时间的函数。

此外，结构在运动情况下，各点除位移 $\boldsymbol{\delta}$ 外，还有速度$\dot{\boldsymbol{\delta}}$及加速度$\ddot{\boldsymbol{\delta}}$，根据达朗伯原理，结构上应当附加惯性力。设材料的密度为 ρ，则结构单位体积的惯性力为$-\rho\ddot{\boldsymbol{\delta}}$，这对结构来说相当于又受到了另外一种体积力，大小与结构的加速度成正比，方向与加速度$\ddot{\boldsymbol{\delta}}$方向相反。另外，在结构运动过程中，还会受到周围介质和来自结构内部的阻力，精确地描述这种阻力的变化规律是很困难的，一般采用阻力与速度$\dot{\boldsymbol{\delta}}$成比例的近似线性假定，如阻力系数为 c，则单位体积的阻力为$-c\dot{\boldsymbol{\delta}}$，这对结构来说相当于另一种体积力，大小与结构的速度$\dot{\boldsymbol{\delta}}$成正比，方向与速度方向相反。

按有限元方法，用单元结点位移 $\boldsymbol{\delta}^e$进行插值表示单元内部位移 $\boldsymbol{d}^{ⓔ}$：

$$\boldsymbol{d}^{ⓔ}=\boldsymbol{N\delta}^{ⓔ} \tag{5-2}$$

将式(5-2)分别对时间求一阶导数和二阶导数得到速度和加速度：

$$\dot{\boldsymbol{d}}^{ⓔ}=\boldsymbol{N}\dot{\boldsymbol{\delta}}^{ⓔ} \tag{5-3}$$

$$\ddot{\boldsymbol{d}}^{ⓔ}=N\ddot{\boldsymbol{\delta}}^{ⓔ} \tag{5-4}$$

将单元惯性力$-\rho\ddot{\boldsymbol{d}}^{ⓔ}$与阻力$-c\dot{\boldsymbol{d}}^{ⓔ}$作为体积力，并按照结点等效原则等效到单元各结点上，得到相应的单元等效结点荷载向量：

$$\begin{aligned} F_g^{ⓔ} &= -\iiint_V \boldsymbol{N}^{\mathrm{T}}\rho\ddot{\boldsymbol{d}}^{ⓔ}\,\mathrm{d}V \\ F_C^{ⓔ} &= -\iiint_V \boldsymbol{N}^{\mathrm{T}}c\,\dot{\boldsymbol{d}}^{ⓔ}\,\mathrm{d}V \end{aligned} \tag{5-5}$$

将式(5-3)和式(5-4)代入式(5-5)得：

$$F_g^{ⓔ} = -\iiint_V \boldsymbol{N}^{\mathrm{T}}\rho\boldsymbol{N}\,\ddot{\boldsymbol{\delta}}^{ⓔ}\,\mathrm{d}V = -\iiint_V \boldsymbol{N}^{\mathrm{T}}\rho\boldsymbol{N}\,\mathrm{d}V\,\ddot{\boldsymbol{\delta}}^{ⓔ} = -\boldsymbol{m}^{ⓔ}\,\ddot{\boldsymbol{\delta}}^{ⓔ} \tag{5-6}$$

$$F_C^{ⓔ} = -\iiint_V \boldsymbol{N}^{\mathrm{T}}c\boldsymbol{N}\,\dot{\boldsymbol{\delta}}^{ⓔ}\,\mathrm{d}V = -\iiint_V \boldsymbol{N}^{\mathrm{T}}\rho\boldsymbol{N}\,\mathrm{d}V\,\dot{\boldsymbol{\delta}}^{ⓔ} = -\boldsymbol{C}^{ⓔ}\,\ddot{\boldsymbol{\delta}}^{ⓔ} \tag{5-7}$$

式中，

$$\boldsymbol{m}^{ⓔ} = \iiint_V \boldsymbol{N}^{\mathrm{T}}\rho\boldsymbol{N}\,\mathrm{d}V \tag{5-8}$$

为单元质量矩阵，由于式(5-8)中的形函数矩阵与推导刚度矩阵时的形函数矩阵一致，故其质量矩阵也称一致质量矩阵。

$$\boldsymbol{C}^{ⓔ} = \iiint_V \boldsymbol{N}^{\mathrm{T}}c\boldsymbol{N}\,\mathrm{d}V \tag{5-9}$$

称为单元阻尼矩阵。由式(5-8)和式(5-9)可知，单元质量矩阵和单元阻尼矩阵是对称的。

将等效结点荷载、惯性力与阻尼力叠加得到方程：

$$\boldsymbol{m}^{ⓔ}\ddot{\boldsymbol{\delta}}^{ⓔ} + \boldsymbol{C}^{ⓔ}\dot{\boldsymbol{\delta}}^{ⓔ} + \boldsymbol{k}^{ⓔ}\boldsymbol{\delta}^{ⓔ} = \boldsymbol{F}^{ⓔ} \tag{5-10}$$

对于整个结构，可以得到其动力方程：

$$\boldsymbol{M}\ddot{\boldsymbol{\delta}} + \boldsymbol{C}\dot{\boldsymbol{\delta}} + \boldsymbol{K}\boldsymbol{\delta} = \boldsymbol{F} \tag{5-11}$$

式中，$\boldsymbol{M}$ 为结构质量矩阵或总质量矩阵；$\boldsymbol{C}$ 为结构阻尼矩阵；$\boldsymbol{K}$ 为总体刚度矩阵；$\boldsymbol{\delta}$ 为结点位移。

可见结构质量矩阵和结构阻尼矩阵分别为单元质量矩阵和单元阻尼矩阵的叠加，其叠加方法与结构刚度矩阵的形成完全一样，借助于单元定位向量，用单元刚度集成法完成叠加过程。由于$\boldsymbol{m}^{ⓔ}$和$\boldsymbol{C}^{ⓔ}$是对称的，因而叠加合成的$\boldsymbol{M}$和$\boldsymbol{C}$也是对称的。

式(5-11)是结点位移的二阶微分方程，称为结构的动力方程。对于不同的结构，可以选用不同的单元、不同的形函数矩阵，但动力方程式(5-11)的建立过程都是一样的。

如果结构没有受外荷载作用，并忽略阻尼力，则动力方程式(5-11)可简化为：

$$\boldsymbol{M}\ddot{\boldsymbol{\delta}} + \boldsymbol{K}\boldsymbol{\delta} = 0 \tag{5-12}$$

即结构的无阻尼自由振动方程。

弹性结构的振动实际上是连续体的振动，位移$\boldsymbol{\delta}$是连续的，具有无限多个自由度。经有限元离散化处理后，单元内的位移按假定的位移形式来变化，可用结点位移插值表示。这样，连续系统的运动就离散化为有限个自由度系统的运动。

2. 哈密顿原理

将单元离散化，取其中任一单元体，设单元体的动能为 T，应变能为 U，阻尼消耗的能量为 W_c，外力的势能为 W_e，建立该问题的拉格朗日方程为：

$$L = T - U + W_c + W_e \tag{5-13}$$

设单元体内的任意一点的位移矢量为$\boldsymbol{d}^{ⓔ}$，单元体上各结点的位移矢量为$\boldsymbol{\delta}^{ⓔ}$，$\boldsymbol{d}^{ⓔ}$和$\boldsymbol{\delta}^{ⓔ}$均为时间 t 的函数，将单元体中任意一点的位移矢量$\boldsymbol{d}^{ⓔ}$用单元上各结点的位移矢量$\boldsymbol{\delta}^{ⓔ}$表示：

$$\boldsymbol{d}^{ⓔ} = \boldsymbol{N}\boldsymbol{\delta}^{ⓔ} \tag{5-14}$$

式中，$\boldsymbol{N}$ 为形函数矩阵，它是坐标 x、y 和 z 的函数。

设单元体内任意一点的位移为 $u(t)$、$v(t)$和 $w(t)$，它们都是关于时间 t 的函数，则单元体中的位移矢量$\boldsymbol{d}^{ⓔ}$又可以表示为：

$$\boldsymbol{d}^{ⓔ}=[u(t) \quad v(t) \quad w(t)]^{\mathrm{T}} \tag{5-15}$$

将位移矢量$\boldsymbol{d}^{ⓔ}$对时间求一阶导数得：

$$\dot{\boldsymbol{d}}^{ⓔ}=[\dot{u}(t) \quad \dot{v}(t) \quad \dot{w}(t)]^{\mathrm{T}}=\boldsymbol{N}\dot{\boldsymbol{\delta}}^{ⓔ} \tag{5-16}$$

则单元的动能为：

$$T=\frac{1}{2}\int_V \rho \dot{\boldsymbol{d}}^{ⓔ\mathrm{T}} \dot{\boldsymbol{d}}^{ⓔ} \mathrm{d}V \tag{5-17}$$

将式(5-14)代入式(5-17)中，得：

$$T=\frac{1}{2}\int_V \rho \dot{\boldsymbol{\delta}}^{ⓔ\mathrm{T}} \boldsymbol{N}^{\mathrm{T}}\boldsymbol{N} \dot{\boldsymbol{\delta}}^{ⓔ} \mathrm{d}V \tag{5-18}$$

式中，ρ为单元的密度。

根据弹性力学理论，应变与结点位移的关系为：

$$\boldsymbol{\varepsilon}=\boldsymbol{B}\boldsymbol{\delta}^{ⓔ} \tag{5-19}$$

式中，$\boldsymbol{B}$为应变位移矩阵，也称为几何矩阵，它与时间t无关。

单元体上的应力为：

$$\boldsymbol{\sigma}=\boldsymbol{D}\boldsymbol{\varepsilon}=\boldsymbol{D}\boldsymbol{B}\boldsymbol{\delta}^{ⓔ} \tag{5-20}$$

$\boldsymbol{D}$为应力应变关系矩阵，也称为弹性矩阵，则单元体的应变能为：

$$U=\frac{1}{2}\int_V \boldsymbol{\varepsilon}^{\mathrm{T}}\boldsymbol{\sigma}\mathrm{d}V \tag{5-21}$$

将式(5-19)、式(5-20)代入式(5-21)得：

$$U=\frac{1}{2}\int_V \boldsymbol{\delta}^{ⓔ\mathrm{T}}\boldsymbol{B}^{\mathrm{T}}\boldsymbol{D}\boldsymbol{B}\boldsymbol{\delta}^{ⓔ}\mathrm{d}V \tag{5-22}$$

考虑有阻尼振动，其阻尼大小与速度成正比(粘滞阻尼)，阻尼系数为c，即

$$\boldsymbol{F}_c=-c\dot{\boldsymbol{d}}^{ⓔ}$$

则单元体上阻尼力耗散的能量为：

$$W_c=-\frac{1}{2}\int_V c\,\boldsymbol{\delta}^{ⓔ\mathrm{T}}\boldsymbol{N}^{\mathrm{T}}\boldsymbol{N}\dot{\boldsymbol{\delta}}^{ⓔ}\mathrm{d}V \tag{5-23}$$

单元体上外力势能为：

$$W_{e1}=\int_V \boldsymbol{d}^{ⓔ\mathrm{T}}\boldsymbol{p}_V\mathrm{d}V=\int_V \boldsymbol{\delta}^{ⓔ\mathrm{T}}\boldsymbol{N}^{\mathrm{T}}\boldsymbol{p}_V\mathrm{d}V \tag{5-24}$$

$$W_{e2}=\int_S \boldsymbol{d}^{ⓔ\mathrm{T}}\boldsymbol{p}_S\mathrm{d}S=\int_S \boldsymbol{\delta}^{ⓔ\mathrm{T}}\boldsymbol{N}^{\mathrm{T}}\boldsymbol{p}_S\mathrm{d}S \tag{5-25}$$

其中，W_{e1}、W_{e2}分别为体力和面力的势能，$\boldsymbol{p}_V=[f_x \quad f_y \quad f]^{\mathrm{T}}$为体力，$\boldsymbol{p}_S=[\bar{f}_x \quad \bar{f}_y \quad \bar{f}_z]^{\mathrm{T}}$为面力。将式(5-18)、式(5-22)、式(5-23)、式(5-24)和式(5-25)代入式(5-13)拉格朗日方程得：

$$L=\frac{1}{2}\left[\dot{\boldsymbol{\delta}}^{ⓔ\mathrm{T}}\int_V\rho\boldsymbol{N}^{\mathrm{T}}\boldsymbol{N}\mathrm{d}V\,\dot{\boldsymbol{\delta}}^{ⓔ}-\boldsymbol{\delta}^{ⓔ\mathrm{T}}\int_V\boldsymbol{B}^{\mathrm{T}}\boldsymbol{D}\boldsymbol{B}\mathrm{d}V\,\boldsymbol{\delta}^{ⓔ}-\boldsymbol{\delta}^{ⓔ\mathrm{T}}\int_V c\boldsymbol{N}^{\mathrm{T}}\boldsymbol{N}\mathrm{d}V\,\dot{\boldsymbol{\delta}}^{ⓔ}\right]+$$
$$\boldsymbol{\delta}^{ⓔ\mathrm{T}}\left[\int_V\boldsymbol{N}^{\mathrm{T}}\boldsymbol{p}_V\mathrm{d}V+\int_S\boldsymbol{N}^{\mathrm{T}}\boldsymbol{p}_S\mathrm{d}S\right]\tag{5-26}$$

由哈密顿原理，在区间$(t_1,\ t_2)$上对 L 积分，并使其变分等于零，考虑到 $\boldsymbol{D}$ 的对称性，有

$$\Delta L=\int_{t_1}^{t_2}\left[\Delta\,\dot{\boldsymbol{\delta}}^{ⓔ\mathrm{T}}\int_V\rho\boldsymbol{N}^{\mathrm{T}}\mathrm{d}V\,\dot{\boldsymbol{\delta}}^{ⓔ}-\Delta\,\boldsymbol{\delta}^{ⓔ\mathrm{T}}\int_V\boldsymbol{B}^{\mathrm{T}}\boldsymbol{D}\boldsymbol{B}\mathrm{d}V\,\boldsymbol{\delta}^{ⓔ}-\Delta\,\boldsymbol{\delta}^{ⓔ\mathrm{T}}\int_V \mathrm{c}\boldsymbol{N}^{\mathrm{T}}\boldsymbol{N}\mathrm{d}V\,\dot{\boldsymbol{\delta}}^{ⓔ}\right]\mathrm{d}t+$$
$$\int_{t_1}^{t_2}\Delta\,\boldsymbol{\delta}^{ⓔ\mathrm{T}}\left[\int_V\boldsymbol{N}^{\mathrm{T}}\boldsymbol{p}_V\mathrm{d}V+\int_S\boldsymbol{N}^{\mathrm{T}}\boldsymbol{p}_S\mathrm{d}S\right]\mathrm{d}t=0\tag{5-27}$$

对式(5－27)右侧的第一项分部积分，有

$$\int_{t_1}^{t_2}\left[\Delta\,\dot{\boldsymbol{\delta}}^{ⓔ\mathrm{T}}\int_V\rho\boldsymbol{N}^{\mathrm{T}}\boldsymbol{N}\mathrm{d}V\,\dot{\boldsymbol{\delta}}^{ⓔ}\right]\mathrm{d}t=$$
$$\left[\Delta\,\boldsymbol{\delta}^{ⓔ\mathrm{T}}\int_V\rho\boldsymbol{N}^{\mathrm{T}}\boldsymbol{N}\mathrm{d}V\,\dot{\boldsymbol{\delta}}^{ⓔ}\right]_{t_1}^{t_2}-\int_{t_1}^{t_2}\left[\Delta\,\boldsymbol{\delta}^{ⓔ\mathrm{T}}\int_V\rho\boldsymbol{N}^{\mathrm{T}}\boldsymbol{N}\mathrm{d}V\,\ddot{\boldsymbol{\delta}}^{ⓔ}\right]\mathrm{d}t\tag{5-28}$$

其中，$\Delta\,\boldsymbol{\delta}^{ⓔ}(t_1)=0$，$\Delta\,\boldsymbol{\delta}^{ⓔ}(t_2)=0$，则式(5－28)右侧只有第二项不为零，有

$$\Delta L=\int_{t_1}^{t_2}\Delta\,\boldsymbol{\delta}^{ⓔ\mathrm{T}}\left[-\int_V\rho\boldsymbol{N}^{\mathrm{T}}\boldsymbol{N}\mathrm{d}V\,\ddot{\boldsymbol{\delta}}^{ⓔ}-\int_V c\boldsymbol{N}^{\mathrm{T}}\boldsymbol{N}\mathrm{d}V\,\dot{\boldsymbol{\delta}}^{ⓔ}-\int_V\boldsymbol{B}^{\mathrm{T}}\boldsymbol{D}\boldsymbol{B}\mathrm{d}V\,\boldsymbol{\delta}^{ⓔ}\right]\mathrm{d}t+$$
$$\int_{t_1}^{t_2}\Delta\,\boldsymbol{\delta}^{ⓔ\mathrm{T}}\left[\int_V\boldsymbol{N}^{\mathrm{T}}\boldsymbol{p}_V\mathrm{d}V+\int_S\boldsymbol{N}^{\mathrm{T}}\boldsymbol{p}_S\mathrm{d}S\right]\mathrm{d}t=0\tag{5-29}$$

令$\boldsymbol{k}^{ⓔ}$、$\boldsymbol{m}^{ⓔ}$、$\boldsymbol{C}^{ⓔ}$、$\boldsymbol{F}^{ⓔ}$分别为单元的刚度矩阵、质量矩阵、阻尼矩阵和荷载矩阵，则有

$$\boldsymbol{k}^{ⓔ}=\int_V\boldsymbol{B}^{\mathrm{T}}\boldsymbol{D}\boldsymbol{B}\mathrm{d}V\tag{5-30}$$

$$\boldsymbol{m}^{ⓔ}=\int_V\rho\boldsymbol{N}^{\mathrm{T}}\boldsymbol{N}\mathrm{d}V\tag{5-31}$$

$$\boldsymbol{C}^{ⓔ}=\int_V c\boldsymbol{N}^{\mathrm{T}}\boldsymbol{N}\mathrm{d}V\tag{5-32}$$

$$\boldsymbol{F}^{ⓔ}=\int_V\boldsymbol{N}^{\mathrm{T}}\boldsymbol{p}_V\mathrm{d}V+\int_S\boldsymbol{N}^{\mathrm{T}}\boldsymbol{p}_S\mathrm{d}S\tag{5-33}$$

则式(5－29)可简化为：

$$\Delta L=\int_{t_1}^{t_2}\Delta(\boldsymbol{\delta}^{ⓔ})^{\mathrm{T}}(\boldsymbol{k}^{ⓔ}\,\boldsymbol{\delta}^{ⓔ}+\boldsymbol{m}^{ⓔ}\,\ddot{\boldsymbol{\delta}}^{ⓔ}+\boldsymbol{C}^{ⓔ}\,\dot{\boldsymbol{\delta}}^{ⓔ}-\boldsymbol{F}^{ⓔ})\mathrm{d}t=0\tag{5-34}$$

考虑到单元位移的变分 $\Delta(\boldsymbol{\delta}^{e})^{\mathrm{T}}$ 的任意性，由式(5－34)可得单元的运动方程为：

$$\boldsymbol{m}^{ⓔ}\ddot{\boldsymbol{\delta}}^{ⓔ}+\boldsymbol{C}^{ⓔ}\dot{\boldsymbol{\delta}}^{ⓔ}+\boldsymbol{k}^{ⓔ}\boldsymbol{\delta}^{ⓔ}=\boldsymbol{F}^{ⓔ}\tag{5-35}$$

由式(5－35)知，利用哈密顿原理建立的运动方程式(5－35)与利用达朗伯原理建立的方程式(5－10)完全一样。

5.3 质量矩阵与阻尼矩阵

5.3.1 局部坐标系下的单元质量矩阵

结构振动分析将涉及结构的刚度矩阵、质量矩阵和阻尼矩阵，由式(5-30)可知，动力学问题中的刚度矩阵与静力问题中的刚度矩阵完全相同，而质量矩阵则通过式(5-31)来进行计算。对于一种单元，只要得到它的形函数矩阵，就可以很快地计算出质量矩阵，由阻尼矩阵的计算公式可知，它的计算方法与质量矩阵的计算方法相同，只是有关的系数不同而已。下面给出常见单元的质量矩阵。

一般来说，质量矩阵分为两种，即协调质量矩阵(或一致质量矩阵)和集中质量矩阵。当形函数矩阵 **N** 采用了与推导刚度矩阵相一致的形函数时，所得的质量矩阵称为协调质量矩阵。

1. 杆单元质量矩阵

如图5.1所示2结点平面杆件单元，其材料线密度为$\bar{m}$，单元长度为l，单元的质量为$m=\bar{m}l$。

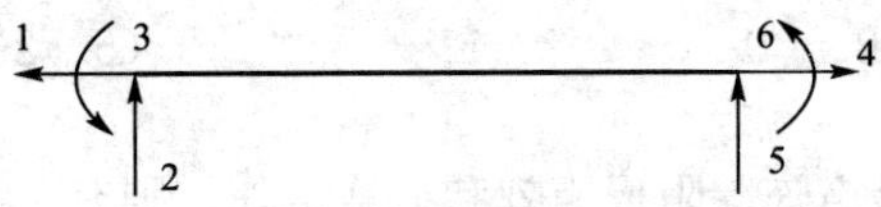

图5.1　平面杆单元

1) 协调质量矩阵

在局部坐标系下，结点位移列阵和形函数矩阵分别为：

$$\boldsymbol{\delta}^{(e)}=\begin{bmatrix}\bar{u}_1 & \bar{v}_1 & \bar{\theta}_1 & \vdots & \bar{u}_2 & \bar{v}_2 & \bar{\theta}_2\end{bmatrix}^T \tag{5-36}$$

$$\boldsymbol{N}=\begin{bmatrix}N_1 & 0 & 0 & N_2 & 0 & 0\\ 0 & N_3 & N_4 & 0 & N_5 & N_6\end{bmatrix} \tag{5-37}$$

其中，$N_1=1-\dfrac{x}{l}$，$N_2=\dfrac{x}{l}$，$N_3=1-\dfrac{3x^2}{l^2}+\dfrac{2x^3}{l^3}$，$N_4=x\left(1-2\dfrac{x}{l}+\dfrac{x^2}{l^2}\right)$，$N_5=\dfrac{3x^2}{l^2}-\dfrac{2x^3}{l^3}$，$N_6=-\dfrac{x^2}{l}+\dfrac{x^3}{l^2}$为单元形函数。

将式(5-37)代入式(5-31)计算出其质量矩阵为：

$$\boldsymbol{m}^{(e)}=\int_0^l \rho \boldsymbol{N}^{\mathrm{T}}\boldsymbol{N}\mathrm{d}x \tag{5-38}$$

积分得：

$$\boldsymbol{m}^{(e)}=\frac{m}{420}\begin{bmatrix}140 & 0 & 0 & 70 & 0 & 0\\ 0 & 156 & 22l & 0 & 54 & -13l\\ 0 & 22l & 4l^2 & 0 & 13l & -3l^2\\ 70 & 0 & 0 & 140 & 0 & 0\\ 0 & 54 & 13l & 0 & 156 & -22l\\ 0 & -13l & -3l^2 & 0 & -22l & 4l^2\end{bmatrix} \tag{5-39}$$

若不考虑单元的轴向变形，则其协调质量矩阵为：

$$\boldsymbol{m}^{ⓔ}=\frac{m}{420}\begin{bmatrix}156 & 22l & 54 & -13l\\ 22l & 4l^2 & 13l & -3l^2\\ 54 & 13l & 156 & -22l\\ -13l & -3l^2 & -22l & 4l^2\end{bmatrix} \tag{5-40}$$

若仅考虑单元的轴向变形，则其协调质量矩阵为：

$$\boldsymbol{m}^{ⓔ}=\frac{m}{6}\begin{bmatrix}2 & 1\\ 1 & 2\end{bmatrix} \tag{5-41}$$

2)集中质量矩阵

将分布质量按某种原则换算成结点集中质量，按单元动力自由度顺序放入相应位置，即可形成单元集中质量矩阵。当质量均匀分布时，最简单且常用的方法是按照结点所分担的线段、面积和体积确定该结点的集中质量大小。因为假设质量集中成质点，故没有转动惯量，与转动自由度相应的惯量为零。

对于杆单元，将单元质量均匀分担到两个结点上，则其单元质量矩阵为：

$$\boldsymbol{m}^{ⓔ}=\frac{m}{2}\left[\begin{array}{ccc|ccc}1 & & & & & \\ & 1 & & & 0 & \\ & & 0 & & & \\ \hline & & & 1 & & \\ & 0 & & & 1 & \\ & & & & & 0\end{array}\right] \tag{5-42}$$

若忽略单元的轴向变形，则其质量矩阵为：

$$\boldsymbol{m}^{ⓔ}=\frac{m}{2}\left[\begin{array}{cc|cc}1 & & & 0\\ & 0 & & \\ \hline & & 1 & \\ 0 & & & 0\end{array}\right] \tag{5-43}$$

若仅考虑单元的轴向变形，则其质量矩阵为：

$$\boldsymbol{m}^{ⓔ}=\frac{m}{2}\begin{bmatrix}1 & 0\\ 0 & 1\end{bmatrix} \tag{5-44}$$

2. 平面3结点三角形单元

如图5.2所示，设材料密度为ρ，单元面积为A，厚度为t，则单元质量$m=\rho At$。

1) 协调质量矩阵

由式(5-31)可得其协调质量矩阵：

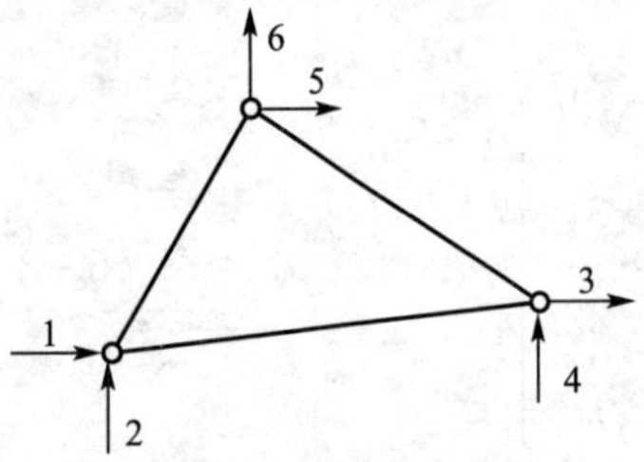

图 5.2 平面 3 结点三角形单元

$$
\boldsymbol{m}^{ⓔ}=\frac{m}{3}\begin{bmatrix}
0.5 & 0 & 0.25 & 0 & 0.25 & 0 \\
0 & 0.5 & 0 & 0.25 & 0 & 0.25 \\
0.25 & 0 & 0.5 & 0 & 0.25 & 0 \\
0 & 0.25 & 0 & 0.5 & 0 & 0.25 \\
0.25 & 0 & 0.25 & 0 & 0.5 & 0 \\
0 & 0.25 & 0 & 0.25 & 0 & 0.5
\end{bmatrix} \tag{5-45}
$$

2）集中质量矩阵

每个结点分担单元面积的 1/3，所以每个结点分担单元质量的 1/3，所以单元的质量矩阵为：

$$
\boldsymbol{m}^{ⓔ}=\frac{m}{3}\begin{bmatrix}
1 & & & & & \\
 & 1 & & & 0 & \\
 & & 1 & & & \\
 & & & 1 & & \\
 & 0 & & & 1 & \\
 & & & & & 1
\end{bmatrix} \tag{5-46}
$$

3. 平面 4 结点矩形单元

如图 5.3 所示，设材料密度为 ρ，单元面积为 A，厚度为 t，则单元质量 $m=\rho At$。

1）协调质量矩阵

平面 4 结点矩形单元的协调质量矩阵为：

$$
\boldsymbol{m}^{ⓔ}=\frac{m}{36}\begin{bmatrix}
4 & 0 & 2 & 0 & 1 & 0 & 2 & 0 \\
0 & 4 & 0 & 2 & 0 & 1 & 0 & 2 \\
2 & 0 & 4 & 0 & 2 & 0 & 1 & 0 \\
0 & 2 & 0 & 4 & 0 & 2 & 0 & 1 \\
1 & 0 & 2 & 0 & 4 & 0 & 2 & 0 \\
0 & 1 & 0 & 2 & 0 & 4 & 0 & 2 \\
2 & 0 & 1 & 0 & 2 & 0 & 4 & 0 \\
0 & 2 & 0 & 1 & 0 & 2 & 0 & 4
\end{bmatrix} \tag{5-47}
$$

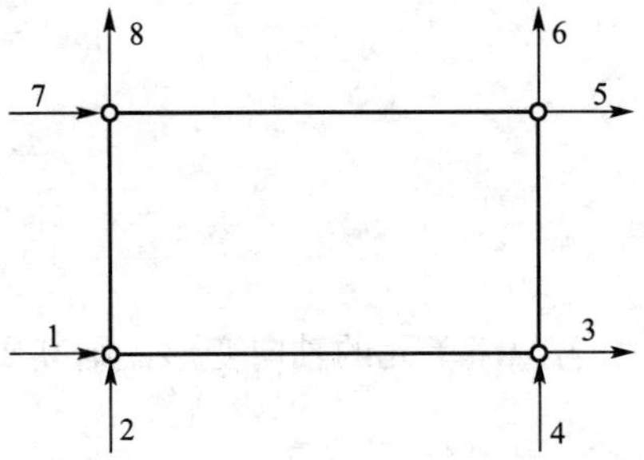

图 5.3 平面 4 结点矩形单元

2）集中质量矩阵

每个结点分担单元面积的 1/4，故其单元质量矩阵为：

$$
\boldsymbol{m}^{ⓔ}=\frac{m}{4}\begin{bmatrix}
1 & & & & & & & \\
 & 1 & & & & & 0 & \\
 & & 1 & & & & & \\
 & & & 1 & & & & \\
 & & & & 1 & & & \\
 & & & & & 1 & & \\
 & 0 & & & & & 1 & \\
 & & & & & & & 1
\end{bmatrix} \tag{5-48}
$$

4. 矩形薄板单元

如图 5.4 所示，设材料密度为 ρ，单元面积为 A，厚度为 t，则单元质量 $m=\rho At$。

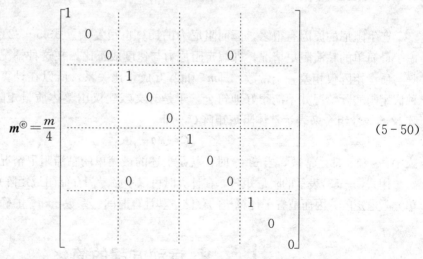

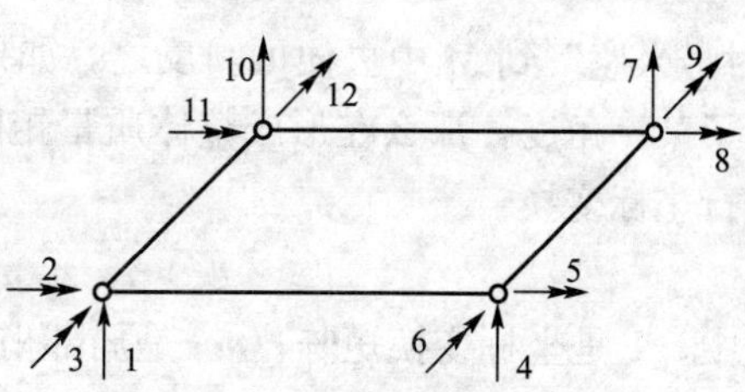

图 5.4　矩形薄板单元

1）协调质量矩阵

矩形薄板单元的协调质量矩阵为：

$$
\boldsymbol{m}^{ⓔ}=\frac{m}{25200}\times
\left[\begin{array}{ccc:ccc:ccc:ccc}
3454 & & & & & & & & & & & \\
922b & 320b^2 & & & & & & & & & & \\
-922a & -252ab & 320a^2 & & & & & & & & & \\
\hdashline
1226 & 398b & -548b & 3454 & & & & & & & & \\
398b & 160b^2 & -168ab & 922b & 320b^2 & & \text{对} & \text{称} & & & & \\
548a & 168ab & -240a^2 & a22a & 252ab & 320a^2 & & & & & & \\
\hdashline
394 & 232b & -232a & 1226 & 548b & 398a & 3454 & & & & & \\
-232b & -120b^2 & 112ab & -548b & -240b^2 & -168ab & -922b & 320b^2 & & & & \\
232a & 112ab & -120a^2 & 398a & 168ab & 160a^2 & 922a & -252ab & & & & \\
\hdashline
1226 & 548b & -398a & 394 & 232b & 232a & 1226 & -398b & 548a & 3454 & & \\
-548b & -240b^2 & 168ab & -232b & -120b^2 & -112ab & 398b & 160b^2 & -168ab & -922b & 320b^2 & \\
-398a & -168ab & 160a^2 & -232a & -112ab & -120a^2 & -548a & 168ab & -240a^2 & -922a & 252ab & 320a^2
\end{array}\right]
\tag{5-49}
$$

式中，$2a$ 和 $2b$ 为矩形单元的边长。

2）集中质量矩阵

每个结点分担单元面积的 1/4，故其单元质量矩阵为：

$$
\boldsymbol{m}^{ⓔ}=\frac{m}{4}
\left[\begin{array}{ccc:ccc:ccc:ccc}
1 & & & & & & & & & & & \\
& 0 & & & & & & & & & & \\
& & 0 & & & & & & 0 & & & \\
\hdashline
& & & 1 & & & & & & & & \\
& & & & 0 & & & & & & & \\
& & & & & 0 & & & & & & \\
\hdashline
& & & & & & 1 & & & & & \\
& & & & & & & 0 & & & & \\
& & & 0 & & & & & 0 & & & \\
\hdashline
& & & & & & & & & 1 & & \\
& & & & & & & & & & 0 & \\
& & & & & & & & & & & 0
\end{array}\right]
\tag{5-50}
$$

5.3.2　总体质量矩阵

上述计算得到的单元质量矩阵 $\boldsymbol{m}^{ⓔ}$ 是相对于单元局部坐标系的，如果局部坐标系与整体坐标系仅仅是平移关系，那么在形成整体质量矩阵 $\boldsymbol{M}$ 时，只要把 $\boldsymbol{m}^{ⓔ}$ 中的各个子块直接

“对号入座”到 $\boldsymbol{M}$ 中去便可。反之，如果局部坐标系与整体坐标系不是平移关系，而是旋转了某一角度，那么在形成整体质量矩阵 $\boldsymbol{M}$ 时，就应该和形成整体刚度矩阵 $\boldsymbol{K}$ 一样，先进行坐标变换：

$$\boldsymbol{m}^{ⓔ}=\boldsymbol{T}^{\mathrm{T}}\ \bar{\boldsymbol{m}}^{ⓔ}\boldsymbol{T} \tag{5-51}$$

式中，$\boldsymbol{T}$ 是坐标变换矩阵；$\bar{\boldsymbol{m}}^{ⓔ}$ 是局部坐标系下的单元质量矩阵；$\boldsymbol{m}^{ⓔ}$ 是整体坐标系数下的单元质量矩阵。然后再把变换后的单元质量矩阵 $\boldsymbol{m}^{ⓔ}$ “对号入座”到 $\boldsymbol{M}$ 中去，最终所形成的矩阵称为总体质量矩阵。

计算经验表明，在单元数目相同的条件下，采用一致质量矩阵计算出的振动频率和集中质量矩阵计算出的振动频率，两者相差无几；而对于振型来说，采用一致质量矩阵则要比集中质量矩阵来得精确些。不过，由于集中质量矩阵是一个对角线矩阵，所需的存储量较小，并且在计算上能带来非常多的好处。因此，在实际计算中，大多采用集中质量矩阵。

一般来讲，结构的整体质量矩阵 $\boldsymbol{M}$ 是由各个单元质量矩阵集合而成。但是，有时候在某些结构的结点上还可能附有真实的集中质量，这些集中质量对结构的动态特性有着不可忽略的影响。例如，在对汽车底座进行动力分析时，发动机质量附加在某些结点上，成为集中质量，对于这种结构，整体质量矩阵除了由各个单元质量矩阵集合而成外，还必须加上附加在各个结点上的集中质量，即

$$\boldsymbol{M}=\boldsymbol{M}_e+\boldsymbol{M}_c \tag{5-52}$$

式中，$\boldsymbol{M}_e$ 由各个单元质量矩阵集合而成；$\boldsymbol{M}_c$ 是附加的集中质量矩阵，是一对角线方阵，其阶数与 $\boldsymbol{M}_e$ 相同，对于没有任何集中质量的那些结点，则在 $\boldsymbol{M}_c$ 中相应的位置上应置零。

5.3.3 阻尼矩阵

产生阻尼的原因有很多，因而阻尼力的计算也很复杂。式(5-32)中的阻尼矩阵仅考虑了最简单的粘滞阻尼情况，即假定阻尼力与速度成正比，在这种情况下，单元的阻尼矩阵与质量矩阵仅相差一个常数，即 $\boldsymbol{m}^{ⓔ}$ 和 $\boldsymbol{C}^{ⓔ}$ 互成正比关系，所以在计算上很方便。但是这种假定与实际情况并不能很好地符合，于是有文献建议用整体质量矩阵 $\boldsymbol{M}$ 和整体刚度矩阵 $\boldsymbol{K}$ 的线性组合来表示整体阻尼矩阵 $\boldsymbol{C}$，即

$$\boldsymbol{C}=\alpha\boldsymbol{M}+\beta\boldsymbol{K} \tag{5-53}$$

式中：α 和 β 都是常数，当 $\beta=0$ 时，就是上述的最简单的粘滞阻尼情况。

用式(5-53)表示的阻尼矩阵，在计算时可以不必专门存储阻尼矩阵 $\boldsymbol{C}$，也不必计算各个单元阻尼矩阵，因而节省了计算机的存储量和计算时间。系数 α 和 β 的确定可参阅有关文献。

5.4 运动方程的简化

在结构动力分析中，荷载与时间有关，所以动力分析比静力分析要复杂得多，计算量也大得多，为了减少工作量，通常需要采用合理的计算方法和计算程序，也可从力学角度简化运动方程。

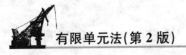

1. 静力缩聚

如果在质量矩阵中忽略一部分自由度方向的质量，可把没有质量的结点位移集中在一起，记为 $\boldsymbol{\delta}_b$，有质量的另一部分结点位移记为 $\boldsymbol{\delta}_a$，忽略阻尼时，运动方程的分块形式为

$$\begin{bmatrix} \boldsymbol{M}_{aa} & 0 \\ 0 & 0 \end{bmatrix}\begin{bmatrix} \ddot{\boldsymbol{\delta}}_a \\ \ddot{\boldsymbol{\delta}}_b \end{bmatrix}+\begin{bmatrix} \boldsymbol{K}_{aa} & \boldsymbol{K}_{ab} \\ \boldsymbol{K}_{ba} & \boldsymbol{K}_{bb} \end{bmatrix}\begin{bmatrix} \boldsymbol{\delta}_a \\ \boldsymbol{\delta}_b \end{bmatrix}=\begin{bmatrix} \boldsymbol{F}_a \\ \boldsymbol{F}_b \end{bmatrix} \tag{5-54}$$

或展开为：

$$\boldsymbol{M}_{aa}\ddot{\boldsymbol{\delta}}_a+\boldsymbol{K}_{aa}\boldsymbol{\delta}_a+\boldsymbol{K}_{ab}\boldsymbol{\delta}_b=\boldsymbol{F}_a \tag{5-55}$$

和

$$\boldsymbol{K}_{ba}\boldsymbol{\delta}_a+\boldsymbol{K}_{bb}\boldsymbol{\delta}_b=\boldsymbol{F}_b \tag{5-56}$$

式(5-56)实际上是一个代数方程，由于其忽略了惯性力，且无阻尼，因而其荷载与弹性力相平衡，其解为：

$$\boldsymbol{\delta}_b=\boldsymbol{K}_{bb}^{-1}(\boldsymbol{F}_b-\boldsymbol{K}_{ba}\boldsymbol{\delta}_a) \tag{5-57}$$

将式(5-57)代入式(5-55)得：

$$\boldsymbol{M}_{aa}\ddot{\boldsymbol{\delta}}_a+\boldsymbol{K}_{aa}^{*}\boldsymbol{\delta}_a=\boldsymbol{F}_a^{*} \tag{5-58}$$

其中，

$$\begin{aligned} \boldsymbol{K}_{aa}^{*}&=\boldsymbol{K}_{aa}-\boldsymbol{K}_{ab}\boldsymbol{K}_{\mathrm{bb}}{}^{-1}\boldsymbol{K}_{ba} \\ \boldsymbol{F}_a^{*}&=\boldsymbol{F}_a-\boldsymbol{K}_{ab}\boldsymbol{K}_{bb}{}^{-1}\boldsymbol{F}_b \end{aligned} \tag{5-59}$$

式中，$\boldsymbol{K}_{aa}^{*}$ 为缩聚后的刚度矩阵；$\boldsymbol{F}_a^{*}$ 为相应的有效荷载。由式(5-58)求出 $\boldsymbol{\delta}_a$，回代入式(5-57)可求得 $\boldsymbol{\delta}_b$，这种降阶求解运动方程的方法称为静力缩聚法。在刚架、板壳类结构的有限元动力分析中，通常可忽略对应于结点转角的质量，将结点转角自由度按此法消去，只求解对应于结点线位移(甚至仅是挠度或侧移)的降阶运动方程。

计算表明，在静力缩聚后自由度减少的系统中，其低阶部分的固有频率和振型与原来未经缩聚系统的低阶部分的固有频率和振型是很相近的，高阶部分的解误差较大。

2. 主副自由度法

如果进一步人为地(凭经验)选若干个主要结点位移作为 $\boldsymbol{\delta}_a$，称作“主自由度”；另一部分结点位移作为 $\boldsymbol{\delta}_b$，称作“副自由度”，同时不考虑副自由度方向的质量、阻力和荷载，则式(5-56)变为：

$$\boldsymbol{K}_{ba}\boldsymbol{\delta}_a+\boldsymbol{K}_{bb}\boldsymbol{\delta}_b=0 \tag{5-60}$$

这相当一个弹性约束方程，可解出：

$$\boldsymbol{\delta}_b=-\boldsymbol{K}_{bb}^{-1}\boldsymbol{K}_{ba}\boldsymbol{\delta}_a \tag{5-61}$$

则主、副自由度可统一表示为：

$$\boldsymbol{\delta}=\begin{bmatrix} \boldsymbol{\delta}_a \\ \boldsymbol{\delta}_b \end{bmatrix}=\begin{bmatrix} \boldsymbol{I} \\ -\boldsymbol{K}_{bb}^{-1}\boldsymbol{K}_{ba} \end{bmatrix}\boldsymbol{\delta}_a=\boldsymbol{T}\boldsymbol{\delta}_a \tag{5-62}$$

其中，$\boldsymbol{T}$ 可以认为是一个变换矩阵。通过式(5-61)就可将高阶自由度 $\boldsymbol{\delta}$ 的动力问题变换为低阶自由度 $\boldsymbol{\delta}_a$ 的动力问题。

将式(5-62)代入运动方程(5-35)中，并左乘 $\boldsymbol{T}^{\mathrm{T}}$，得：

$$\boldsymbol{T}^{\mathrm{T}}\boldsymbol{M}\boldsymbol{T}\ddot{\boldsymbol{\delta}}_a+\boldsymbol{T}^{\mathrm{T}}\boldsymbol{C}\boldsymbol{T}\dot{\boldsymbol{\delta}}_a+\boldsymbol{T}^{\mathrm{T}}\boldsymbol{K}\boldsymbol{T}\boldsymbol{\delta}_a=\boldsymbol{T}^{\mathrm{T}}\boldsymbol{F} \tag{5-63}$$

简写成：

$$M^{*}\ddot{\boldsymbol{\delta}}_{a}+C^{*}\dot{\boldsymbol{\delta}}_{a}+K^{*}\boldsymbol{\delta}_{a}=F^{*} \tag{5-64}$$

其中，

$$M^{*}=T^{\mathrm{T}}MT$$
$$C^{*}=T^{\mathrm{T}}CT$$
$$K^{*}=T^{\mathrm{T}}KT$$
$$F^{*}=T^{\mathrm{T}}F$$

用这种方法求解低阶频率和振型是可行的。但随着频率阶数升高，误差将增大，所以不宜用该法分析高阶的频率和振型。

5.5 结构动力响应

结构的动力响应是求结构的振动频率和振型，求结构的自振频率和振型也称对结构进行模态分析，是结构动力计算的主要内容之一。计算经验表明，结构的阻尼对结构的频率和振型的影响很小，所以求频率振型时可以不考虑阻尼的影响，此时求解系统的无阻尼自由振动方程式为：

$$M\ddot{\boldsymbol{\delta}}+K\boldsymbol{\delta}=0 \tag{5-65}$$

5.5.1 特征值问题

计算结构的自振频率(固有频率)及振型是动力分析中的基本内容。实际经验证明，阻尼结构的自振频率和振型对计算的影响很小，所以在计算频率和振型时可以略去不计。令激振力为零，其动力方程为式(5-12)无阻尼自由振动方程。作自由振动的系统，各质点作简谐振动，其位移通解可表示为：

$$\boldsymbol{\delta}=\boldsymbol{\phi}\cos(\omega t+\varphi) \tag{5-66}$$

式中，$\boldsymbol{\phi}$是各结点的振幅向量(即振型)；ω是与该振型相对应的频率；φ是相位角。将式(5-66)代入式(5-65)中，并消去$\cos(\omega t+\varphi)$因子，得：

$$(K-\omega^{2}M)\boldsymbol{\phi}=0 \tag{5-67}$$

因而求解式(5-65)就转化为寻找满足式(5-67)的ω^2值和非零向量$\boldsymbol{\phi}$，这种问题称为广义特征值问题。记$\lambda=\omega^2$，λ和$\boldsymbol{\phi}$分别称为广义特性值和广义特征向量。

方程式(5-67)是齐次的线性代数方程组，由于结构在自由振动时，各结点的振幅$\boldsymbol{\phi}$不可能全为零，所以式(5-67)必存在非零解，而要有非零解则系数行列式必须等于零，即

$$|K-\omega^{2}M|=0 \tag{5-68}$$

如果结构经离散化后有n个自由度，则结构的刚度矩阵K和质量矩阵M都是n阶方程，将行列式(5-68)展开，就得到一个关于ω^2的n次一元代数方程，称为频率方程。由此可以解出结构的n个固有频率ω_1、ω_2、…、ω_n。一般在多阶固有频率中，ω_1表示最低频

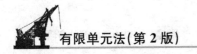

率(基频)，并按由小到大依次排列如下：

$$\omega_1 < \omega_2 < \cdots < \omega_n$$

对于每个固频率 ω_i，由式(5-67)可确定一组各结点的振幅值 $\boldsymbol{\phi}_i$，它们相互间应保持固定的比值，但绝对值可任意变化，构成一个向量，称为特征向量，在工程上通常称为结构的振型。通常按式(5-69)选取特征向量 $\boldsymbol{\phi}_i$ 的数值，即

$$\boldsymbol{\phi}_i^{\mathrm{T}}\boldsymbol{M}\boldsymbol{\phi}_i = 1 \tag{5-69}$$

这样的特征向量称为结构的正交化振型。

一般来说，一个结构离散化后的自由度数 n 是非常大的，其自振频率也有 n 个，但在实际工程中，一般只需求出少数几个最低频率就够了。

求解方程组(5-67)的问题称为求解广义特征值问题。目前已有各种有效的计算方法以及相应的标准程序可供选用，所以本书不再介绍。

在求出结构无阻尼自由振动的频率和振型之后，可用振型叠加法求解结构的振动方程(5-35)，也可用逐步积分法直接对式(5-35)求解，以求出结构各结点在强迫振动时的瞬态位移(随时间而变的位移)，并进而求得各单元在振动时的瞬态应力。振型叠加法和逐步积分法都已被编进通用的有限元程序中，计算时可根据需要选用。

5.5.2 特征值与振型的性质

1. 特征值 λ 的性质

特征值 λ 的性质在动力分析中非常重要，特征值有如下几个性质。

(1) 当 $\boldsymbol{K}$ 和 $\boldsymbol{M}$ 是实系数对称矩阵时，其特征值一定是实数。如果 $\boldsymbol{K}$ 为正定矩阵，则特征值 λ 一定是正实数；如果 $\boldsymbol{K}$ 为半正定矩阵时，则特征值 λ 一定是非负实数，并且特征向量 $\boldsymbol{\phi}$ 也是实向量。

(2) 当 $\boldsymbol{K}$ 和 $\boldsymbol{M}$ 是对称矩阵时，广义特征方程的不同特征根 λ_i 和 λ_j 所对应的特征向量具有正交性。

2. 正则振型矩阵

由于振型的各元素是相对值，设 $\boldsymbol{\phi}_i$ 是方程(5-67)的解，则 $\boldsymbol{\Phi}_i = \alpha\boldsymbol{\phi}_i$ 也是该方程的解，显然有如下关系式成立：

$$\boldsymbol{K}\alpha\boldsymbol{\phi}_i = \omega_i^2\boldsymbol{M}\alpha\boldsymbol{\phi}_i$$

或

$$\boldsymbol{K}\boldsymbol{\Phi}_i = \omega_i^2\boldsymbol{M}\boldsymbol{\Phi}_i \tag{5-70}$$

式中，α 为一非零常数。

由于振型的幅值是任意的，仅有形状是唯一的，为了便于分析和比较，通常将振型规格化。规格化常用的方法有以下三种。

(1) 以第一个元素为1进行规格化。

(2) 以振型中的最大元素为1进行规格化。

(3) 以特性矩阵 $\boldsymbol{K}$、$\boldsymbol{M}$ 进行规格化，即使振型满足：

$$\begin{cases}\boldsymbol{\Phi}_i^{\mathrm{T}}\boldsymbol{M}\boldsymbol{\Phi}_i = 1\\ \boldsymbol{\Phi}_i^{\mathrm{T}}\boldsymbol{K}\boldsymbol{\Phi}_i = \omega_i^2\end{cases} \tag{5-71}$$

这时振型向量的各个元素应除以$\sqrt{\boldsymbol{\Phi}_i^{\mathrm{T}}\boldsymbol{M}\boldsymbol{\Phi}_i}$。

3. 振型的正交性

多自由度系统的主振型关于刚度矩阵和质量矩阵具有正交关系，这是系统的固有属性。设某n个自由度体系的特征值问题有s个特征值，$\boldsymbol{\Phi}_i$为第i个规格化振型，则有如下关系：

$$\boldsymbol{K\Phi}=\boldsymbol{M\Phi\Omega}^2 \tag{5-72}$$

式中，

$$\boldsymbol{\Phi}=[\boldsymbol{\Phi}_1 \quad \boldsymbol{\Phi}_2 \quad \cdots \quad \boldsymbol{\Phi}_s]=\begin{bmatrix}\phi_{11} & \phi_{12} & \cdots & \phi_{1s}\\ \phi_{21} & \phi_{22} & \cdots & \phi_{2s}\\ \vdots & \vdots & & \vdots\\ \phi_{n1} & \phi_{n2} & \cdots & \phi_{ns}\end{bmatrix} \tag{5-73}$$

是$n\times s$阶振型矩阵(特征向量矩阵)。

$$\boldsymbol{\Omega}^2=\begin{bmatrix}\omega_1^2 & & & 0\\ & \omega_2^2 & & \\ & & \ddots & \\ 0 & & & \omega_s^2\end{bmatrix} \tag{5-74}$$

是$s\times s$阶特征值对角矩阵。

如果$\boldsymbol{\Phi}_i(i=1,2,3,\cdots,s)$为第三种规格化振型，则可由方程(5-67)得出振型关于$\boldsymbol{M}$和$\boldsymbol{K}$的正交性条件为：

$$\begin{aligned}\boldsymbol{\Phi}_i^{\mathrm{T}}\boldsymbol{M}\boldsymbol{\Phi}_j&=\delta_{ij}\\ \boldsymbol{\Phi}_i^{\mathrm{T}}\boldsymbol{K}\boldsymbol{\Phi}_j&=\omega^2\delta_{ij}\end{aligned} \tag{5-75}$$

式中，

$$\delta_{ij}=\begin{cases}1 & i=j\\ 0 & i\neq j\end{cases}$$

s个振型有

$$\boldsymbol{\Phi}^{\mathrm{T}}\boldsymbol{M\Phi}=\boldsymbol{I},\ \boldsymbol{\Phi}^{\mathrm{T}}\boldsymbol{K\Phi}=\boldsymbol{\Omega}^2$$

式中，$\boldsymbol{I}$为$s\times s$阶单位阵。

注意：①特征向量(振型)和频率肯定满足正交条件；②满足此正交条件的向量不一定就是特征向量；③只有当$s=n$时，满足此正交条件的向量才是特征向量。

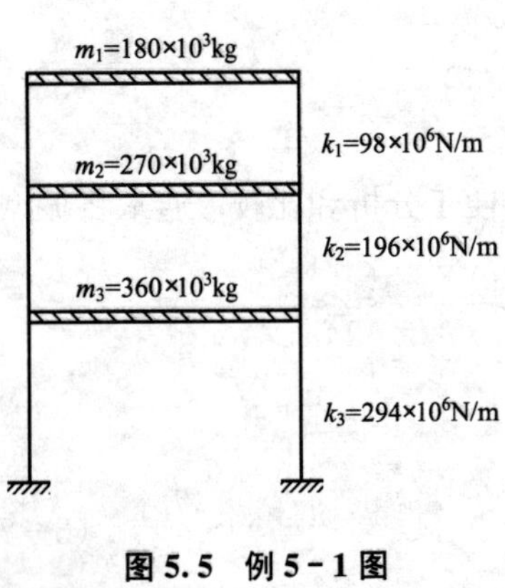

图5.5 例5-1图

例5-1 如图5.5所示三层刚架结构，各层的楼面质量分别为$m_1=180\times10^3$ kg、$m_2=270\times10^3$ kg、$m_3=360\times10^3$ kg，各层的侧移刚度分别为$k_1=98\times10^6$ N/m、$k_2=196\times10^6$ N/m、$k_3=294\times10^6$ N/m，试求刚架的固有频率与振型。

解：(1) 刚架的质量矩阵和刚度矩阵分别为：

$$M=\begin{bmatrix}1 & 0 & 0\\0 & 1.5 & 0\\0 & 0 & 2\end{bmatrix}\times180\times10^3,\ K=\begin{bmatrix}1 & -1 & 0\\-1 & 3 & -2\\0 & -2 & 5\end{bmatrix}\times98\times10^6$$

(2) 代入式(5-68)中，得：

$$K-\omega^2 M=98\times10^6\begin{bmatrix}1-\eta & -1 & 0\\-1 & 3-1.5\eta & -2\\0 & -2 & 5-2\eta\end{bmatrix}$$

式中，$\eta=180\omega^2/(98\times10^3)$。

将矩阵行列式展开得到关于 η 的一元三次方程，解得：

$$\eta_1=0.3514,\quad \eta_2=1.607,\quad \eta_3=3.542$$

所以

$$\omega_1=13.83\text{s}^{-1},\quad \omega_2=29.60\text{s}^{-1},\quad \omega_3=43.90\text{s}^{-1}$$

由式(5-67)可得三个主振型向量，用振型矩阵表示为：

$$\phi=\begin{bmatrix}1.0000 & 1.0000 & 1.0000\\0.6486 & -0.6070 & -2.5420\\0.3018 & -0.6797 & 2.4400\end{bmatrix}$$

5.6 动力问题求解

动力问题求解就是求解系统运动方程式(5-11)：

$$M\ddot{\delta}+C\dot{\delta}+K\delta=F$$

在满足初始条件 $\delta=\delta(0)$，$\dot{\delta}=\dot{\delta}(0)$时的解，即求结构在荷载 F 作用下的位移δ、速度$\dot{\delta}$以及加速度$\ddot{\delta}$ 。

求解结构的动力响应有两种基本方法：振型叠加法和直接积分法。前者用于解线性结构的动力响应；后者既可用于解线性结构也可在增量法中用于解非线性结构的动力响应。两种方法既有区别，又有联系，因振型叠加法必须先进行振型分析，故适用于只激发较少振型的动力响应问题，例如地震等，或者需要较长时间的时程分析；而对像冲击等瞬时激发振型较多，所需计算响应的时间又短促的情况，通常用直接积分法。如何选用两种方法完全由具体问题的数值计算效率决定。

5.6.1 振型叠加法

振型叠加法又称振型分解法，其基本思想是通过坐标变换，将一个多自由度体系的 n 个耦合运动方程分解为 n 个非耦合运动方程，问题的解为 n 个非耦合运动方程解的线性组合。

n 个自由度的结构一般有 n 个固有振型，可构成 n 个独立的位移模式。结构的任意位移状态可表示为这 n 个独立位移模式的线性组合：

$$\boldsymbol{\delta}=\boldsymbol{\Phi}\boldsymbol{Y} \tag{5-76}$$

式中，$\boldsymbol{\Phi}=[\boldsymbol{\Phi}_1 \quad \boldsymbol{\Phi}_2 \quad \cdots \quad \boldsymbol{\Phi}_n]$为振型矩阵；$\boldsymbol{Y}=[y_1 \quad y_2 \quad \cdots \quad y_n]^{\mathrm{T}}$为振型坐标或广义坐标向量，它是时间的函数。

从数学上看，式(5-76)表示的是基底变换，即将位移向量$\boldsymbol{\delta}$从有限元系统的结点位移基向量变换到以$\boldsymbol{\Phi}_i$为基的向量。将式(5-76)代入式(5-11)中，注意$\boldsymbol{\Phi}_i$不随时间变化，得：

$$\boldsymbol{M}\boldsymbol{\Phi}\ddot{\boldsymbol{Y}}+\boldsymbol{C}\boldsymbol{\Phi}\dot{\boldsymbol{Y}}+\boldsymbol{K}\boldsymbol{\Phi}\boldsymbol{Y}=\boldsymbol{F} \tag{5-77}$$

用$\boldsymbol{\Phi}_i$左乘式(5-77)两边各项，并考虑正交条件：

$$\boldsymbol{\Phi}_i^{\mathrm{T}}\boldsymbol{M}\boldsymbol{\Phi}_j=0 \quad (i\neq j)$$

$$\boldsymbol{\Phi}_i^{\mathrm{T}}\boldsymbol{K}\boldsymbol{\Phi}_j=0 \quad (i\neq j)$$

若采用$\boldsymbol{C}=\alpha\boldsymbol{M}+\beta\boldsymbol{K}$，则同时有

$$\boldsymbol{\Phi}_i^{\mathrm{T}}\boldsymbol{C}\boldsymbol{\Phi}_j=0 \quad (i\neq j)$$

于是可得n个解耦的二阶线性微分方程组：

$$\boldsymbol{M}_i\ddot{y}_i+\boldsymbol{C}_i\dot{y}_i+\boldsymbol{K}_i y_i=\boldsymbol{F}_i \tag{5-78}$$

或写作

$$\ddot{y}_i+2\xi_i\omega_i\dot{y}_i+\omega_i^2 y_i=\boldsymbol{F}_i/\boldsymbol{M}_i \tag{5-79}$$

式中，

$$\boldsymbol{M}_i=\boldsymbol{\Phi}_i^{\mathrm{T}}\boldsymbol{M}\boldsymbol{\Phi}_i$$

$$\boldsymbol{K}_i=\boldsymbol{\Phi}_i^{\mathrm{T}}\boldsymbol{K}\boldsymbol{\Phi}_i=\omega_i^2\boldsymbol{M}_i$$

$$\boldsymbol{C}_i=\boldsymbol{\Phi}_i^{\mathrm{T}}\boldsymbol{C}\boldsymbol{\Phi}_i=2\xi_i\omega_i\boldsymbol{M}_i$$

$$\boldsymbol{F}_i=\boldsymbol{\Phi}_i^{\mathrm{T}}\boldsymbol{F}$$

式中，ξ_i为第i型振型阻尼比。$\boldsymbol{M}_i$、$\boldsymbol{K}_i$、$\boldsymbol{C}_i$、$\boldsymbol{F}_i$相应地称为广义质量、广义刚度、广义阻尼和广义荷载。

初始条件$\boldsymbol{\delta}(0)$、$\dot{\boldsymbol{\delta}}(0)$也可通过变换：

$$\boldsymbol{\delta}(0)=\boldsymbol{\Phi}\boldsymbol{Y}(0)，\dot{\boldsymbol{\delta}}(0)=\boldsymbol{\Phi}\dot{\boldsymbol{Y}}(0)$$

将每式两边同乘$\boldsymbol{\Phi}_i^{\mathrm{T}}\boldsymbol{M}$，考虑$\boldsymbol{\Phi}$与$\boldsymbol{M}$的正交性质，可得：

$$y_i(0)=\boldsymbol{\Phi}_i^{\mathrm{T}}\boldsymbol{M}\boldsymbol{\delta}(0)/\boldsymbol{M}_i \quad (i=1,2,\cdots,n) \tag{5-80}$$

$$\dot{y}_i(0)=\boldsymbol{\Phi}_i^{\mathrm{T}}\boldsymbol{M}\dot{\boldsymbol{\delta}}(0)/\boldsymbol{M}_i \quad (i=1,2,\cdots,n) \tag{5-81}$$

这样，就将一组n个自由度的联立方程(5-35)分解为n个独立的单自由度运动方程式(5-80)和式(5-81)。解出每个振型坐标y_i的响应，然后叠加即可得到原坐标的由$\boldsymbol{\delta}$表示的响应。

归纳上述过程，可得振型叠加法的基本步骤为如下。

(1) 建立结构运动方程式。

(2) 求解结构自振频率ω_i和振型$\boldsymbol{\Phi}_i$($i=1, 2, 3, \cdots, m, m<n$)。

(3) 计算广义质量和广义荷载。

(4) 计算每个独立方程的动力响应$y_i(t)$［可用Duhamel(杜哈梅)积分式求解］。

(5) 计算结构动力响应$\boldsymbol{\delta}=\boldsymbol{\Phi}\boldsymbol{Y}$。

应该指出，结构对于大多数类型荷载的响应，一般低阶振型起的作用大，高阶振型起

的作用趋小；且有限元法对于低阶特征解近似性好，高阶则较差。因而，在满足一定精度的条件下，可舍去一些高阶振型的影响。例如，工程结构的地震响应仅要求考虑前十阶或十几阶低阶振型即可。

5.6.2 逐步积分法

逐步积分法与振型叠加法不同，逐步积分法是指在积分运动方程之前不进行方程形式的变换，而直接对时间进行逐步数值积分，因而无须先进行振型分析和对运动方程进行基底变换。

从本质上讲，逐步积分法是基于两个基本概念的：一是将在求解域内任何时刻 t 都应满足运动方程的要求代之以仅在一定条件下近似满足运动方程；二是在一定数目的时间间隔内，假设位移、速度和加速度的近似表达式。

1. 增量型运动方程

根据达朗伯原理，动力系统在任意时刻 t 和时刻 $t+\Delta t$，系统的弹性恢复力 F_s、阻尼力 F_d、外部激励力 F 和惯性力 F_i 处于平衡状态，即满足：

$$\boldsymbol{F}_i(t)+\boldsymbol{F}_d(t)+\boldsymbol{F}_s(t)+\boldsymbol{F}(t)=0$$

$$\boldsymbol{F}_i(t+\Delta t)+\boldsymbol{F}_d(t+\Delta t)+\boldsymbol{F}_s(t+\Delta t)+\boldsymbol{F}(t+\Delta t)=0$$

两式相减得：

$$\Delta\boldsymbol{F}_i(t)+\Delta\boldsymbol{F}_d(t)+\Delta\boldsymbol{F}_s(t)+\Delta\boldsymbol{F}(t)=0 \tag{5-82a}$$

假设在 Δt 时间内，阻尼系数 c 和刚度系数 k 为常数，则式(5－82a)可简化为：

$$\boldsymbol{M}\Delta\ddot{\boldsymbol{q}}+\boldsymbol{C}\Delta\dot{\boldsymbol{q}}+\boldsymbol{K}\boldsymbol{q}=\Delta\boldsymbol{F} \tag{5-82b}$$

即为增量型运动方程，$\boldsymbol{q}$ 为广义位移。

2. 线性加速度法

下面简要介绍线性加速度法的基本分析过程。

首先将整个时间段离散为有限个时间段 Δt，设在每个时间段 Δt 内，加速度的变化成线性关系，如图 5.6 所示，则有

$$\ddot{\boldsymbol{q}}_{t+\tau}=\ddot{\boldsymbol{q}}_t+\frac{\ddot{\boldsymbol{q}}_{t+\Delta t}-\ddot{\boldsymbol{q}}_t}{\Delta t}\tau \tag{a}$$

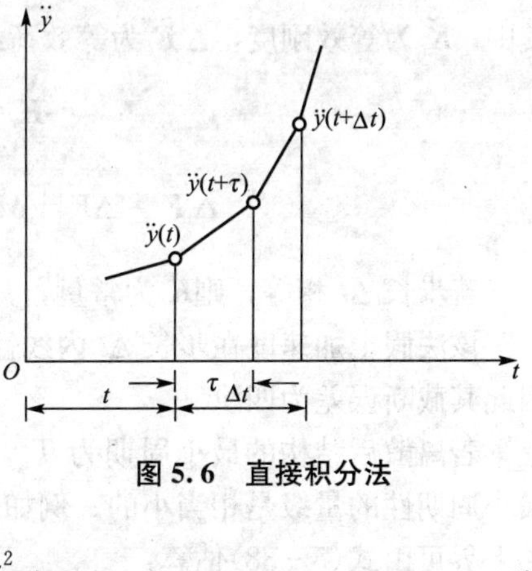

图 5.6 直接积分法

对 τ 积分，则 $t+\tau$ 时刻的速度 $\dot{\boldsymbol{q}}_{t+\tau}$ 和位移 $\boldsymbol{q}_{t+\tau}$ 分别为：

$$\dot{\boldsymbol{q}}_{t+\tau}=\ddot{\boldsymbol{q}}_t\tau+\frac{\ddot{\boldsymbol{q}}_{t+\Delta t}-\ddot{\boldsymbol{q}}_t}{\Delta t}\frac{\tau^2}{2}+C \tag{b}$$

$$\boldsymbol{q}_{t+\tau}=\ddot{\boldsymbol{q}}_t\frac{\tau^2}{2}+\frac{\ddot{\boldsymbol{q}}_{t+\Delta t}-\ddot{\boldsymbol{q}}_t}{\Delta t}\frac{\tau^3}{6}+C\tau+D \tag{c}$$

将 $\tau=0$ 时刻的速度和位移条件代入式(b)和式(c)，可求得积分常数为：

$$C=\dot{\boldsymbol{q}}_t,\quad D=\boldsymbol{q}_t \tag{d}$$

将式(d)分别代入式(b)和式(c)，并令 $\tau=\Delta t$，则得 $t+\Delta t$ 时刻的速度和位移分别为：

$$\dot{\boldsymbol{q}}_{t+\Delta t}=\dot{\boldsymbol{q}}_t+\frac{\ddot{\boldsymbol{q}}_t+\ddot{\boldsymbol{q}}_{t+\Delta t}}{2}\Delta t \tag{f}$$

$$\boldsymbol{q}_{t+\Delta t}=\boldsymbol{q}_t+\dot{\boldsymbol{q}}_t\Delta t+\frac{2\ddot{\boldsymbol{q}}_t+\ddot{\boldsymbol{q}}_{t+\Delta t}}{6}\Delta t^2 \tag{g}$$

由式(f)和式(g)可得速度和位移的增量表达式分别为：

$$\Delta\dot{\boldsymbol{q}}_t=\dot{\boldsymbol{q}}_{t+\Delta t}-\dot{\boldsymbol{q}}_t=\frac{\ddot{\boldsymbol{q}}_t+\ddot{\boldsymbol{q}}_{t+\Delta t}}{2}\Delta t \tag{h}$$

$$\Delta\boldsymbol{q}_t=\boldsymbol{q}_{t+\Delta t}-\boldsymbol{q}_t=\dot{\boldsymbol{q}}_t\Delta t+\frac{2\ddot{\boldsymbol{q}}_t+\ddot{\boldsymbol{q}}_{t+\Delta t}}{6}\Delta t^2 \tag{i}$$

又

$$\ddot{\boldsymbol{q}}_{t+\Delta t}=\ddot{\boldsymbol{q}}_t+\Delta\ddot{\boldsymbol{q}}_t \tag{j}$$

代入式(h)和式(i)并消去$\ddot{\boldsymbol{q}}_{t+\Delta t}$得：

$$\Delta\dot{\boldsymbol{q}}_t=\ddot{\boldsymbol{q}}_t\Delta t+\Delta\ddot{\boldsymbol{q}}_t\frac{\Delta t}{2} \tag{k}$$

$$\Delta\boldsymbol{q}_t=\dot{\boldsymbol{q}}_t\Delta t+\ddot{\boldsymbol{q}}_t\frac{\Delta t^2}{2}+\Delta\ddot{\boldsymbol{q}}_t\frac{\Delta t^2}{6} \tag{l}$$

由式(k)可得：

$$\Delta\ddot{\boldsymbol{q}}_t=\frac{6}{\Delta t^2}\Delta\boldsymbol{q}_t-\frac{6}{\Delta t}\dot{\boldsymbol{q}}_t-3\ddot{\boldsymbol{q}}_t \tag{5-83}$$

将式(5-83)代入式(h)得：

$$\Delta\dot{\boldsymbol{q}}_t=\frac{3}{\Delta t}\Delta\boldsymbol{q}_t-3\Delta\dot{\boldsymbol{q}}_t-\frac{\Delta t}{2}\ddot{\boldsymbol{q}}_t \tag{5-84}$$

将式(5-83)、式(5-84)代入增量型运动方程式(5-82)得：

$$\widetilde{\boldsymbol{K}}_t\Delta\boldsymbol{q}_t=\Delta\widetilde{\boldsymbol{F}}_t \tag{5-85}$$

其中，$\widetilde{\boldsymbol{K}}_t$为等效刚度，$\Delta\widetilde{\boldsymbol{F}}_t$为等效荷载增量，且分别为：

$$\widetilde{\boldsymbol{K}}_t=\boldsymbol{K}_t+\frac{6}{\Delta t^2}\boldsymbol{M}+\frac{3}{\Delta t}\boldsymbol{C}_t \tag{5-86}$$

$$\Delta\widetilde{\boldsymbol{F}}_t=\Delta\boldsymbol{F}_t+\boldsymbol{M}\left[\frac{6}{\Delta t}\dot{\boldsymbol{q}}_t+3\ddot{\boldsymbol{q}}_t\right]+\boldsymbol{C}_t\left[3\dot{\boldsymbol{q}}_t+\frac{\Delta t}{2}\ddot{\boldsymbol{q}}_t\right] \tag{5-87}$$

若步长Δt相等，则$\widetilde{\boldsymbol{K}}_t$为常量，只要分解一次，以后每次计算只是简单的回代。

该法假定加速度在步长Δt内线性变化，故$\boldsymbol{q}_{t+\Delta t}$的三阶导数为常量，更高阶微分为零，因此其截断误差为四阶。

若离散后结构的最小周期为T_1，则当步长$\Delta t\leqslant(1/5\sim1/6)T_1$时，该法才是稳定的。最小周期性的量级是相当小的。例如平面3结点三角形单元网格，如忽略阻尼，时间步长的上界可由式(5-88)估算：

$$\Delta t^2\leqslant\frac{\rho(1+\mu)}{E}\Delta x\Delta y \tag{5-88}$$

式中，E为弹性模量；μ为泊松比；ρ为材料密度；Δx、Δy为最小网格间距。

对于混凝土结构，若取$\Delta x=\Delta y=1\text{m}$。由式(5-88)得到的步长上界为0.0003s。可见，为了保证计算结果的稳定性，需要减小步长，耗费机时，否则计算结果将失去意义，因而该法需要改进，可采用Wilson-θ法较好地解决这一问题。

3. Newmark 法(纽马克法)

逐步积分法计算比较简单，且是有条件稳定的，数值计算表明其计算的位移偏大，而速度偏小，Newmark 法用 α 和 β 两个参数对逐步积分法中的位移增量式(k)和速度增量式(l)修正后得：

$$\Delta \dot{\boldsymbol{q}}_t = \ddot{\boldsymbol{q}}_t \Delta t + \beta \Delta t \Delta \ddot{\boldsymbol{q}}_t \tag{5-89}$$

$$\Delta \boldsymbol{q}_t = \dot{\boldsymbol{q}}_t \Delta t + \ddot{\boldsymbol{q}}_t \frac{\Delta t^2}{2} + \alpha \Delta \ddot{\boldsymbol{q}}_t \Delta t^2 \tag{5-90}$$

其余步骤与逐步积分法相同，由式(5-89)和式(5-90)得：

$$\Delta \ddot{\boldsymbol{q}}_t = \frac{6}{\alpha \Delta t^2} \Delta \boldsymbol{q}_t - \frac{6}{\alpha \Delta t} \dot{\boldsymbol{q}}_t - \frac{1}{2\alpha} \ddot{\boldsymbol{q}}_t \tag{5-91}$$

$$\Delta \dot{\boldsymbol{q}}_t = \frac{\beta}{\alpha \Delta t} \Delta \boldsymbol{q}_t - \frac{\beta}{\alpha} \Delta \dot{\boldsymbol{q}}_t - \left(\frac{\beta}{2\alpha}\right) \Delta t \ddot{\boldsymbol{q}}_t \tag{5-92}$$

将式(5-91)和式(5-92)代入增量平衡微分方程式(5-82)可得：

$$\widetilde{\boldsymbol{K}}_t \Delta \boldsymbol{q}_t = \Delta \widetilde{\boldsymbol{F}}_t$$

式中，

$$\widetilde{\boldsymbol{K}}_t = \boldsymbol{K}_t + \frac{1}{\alpha \Delta t^2} \boldsymbol{M} + \frac{\beta}{\alpha \Delta t} \boldsymbol{C}_t \tag{5-93}$$

$$\Delta \widetilde{\boldsymbol{F}}_t = \Delta \boldsymbol{F}_t + \boldsymbol{M}\left[\frac{1}{\alpha \Delta t} \dot{\boldsymbol{q}}_t + \frac{1}{2\alpha} \ddot{\boldsymbol{q}}_t\right] + \boldsymbol{C}_t\left[\frac{\beta}{\alpha} \dot{\boldsymbol{q}}_t + \left(\frac{\beta}{2\alpha} - 1\right) \Delta t \ddot{\boldsymbol{q}}_t\right] \tag{5-94}$$

求得位移增量 $\Delta \boldsymbol{q}_t$ 后，由式(5-92)得到速度增量 $\Delta \dot{\boldsymbol{q}}_t$，可得下一时段的初始值：

$$\boldsymbol{q}_{t+\Delta t} = \boldsymbol{q}_t + \Delta \boldsymbol{q}_t \tag{5-95}$$

$$\dot{\boldsymbol{q}}_{t+\Delta t} = \frac{\beta}{\alpha \Delta t} \Delta \boldsymbol{q}_t + \left(1 - \frac{\beta}{\alpha}\right) \dot{\boldsymbol{q}}_t - \left(\frac{\beta}{2\alpha} - 1\right) \Delta t \ddot{\boldsymbol{q}}_t \tag{5-96}$$

Newmark 法的关键是选取 α 和 β 值，当 α 和 β 满足 $\beta \geqslant 0.5$，$\alpha \geqslant \beta/2$ 时，Newmark 法是无条件稳定的。一般取 $\beta = 0.5$，通过调整 α 值以期达到对加速度的修正，当 $\alpha = 1/6$ 时即为逐步积分法。

4. Wilson-θ 法(威尔逊-θ 法)

Wilson-θ 法是对逐步积分法的另外一种修正，假设在较短时间间隔内加速度仍然按线性变化，则加速度线性变化的范围扩大为：

$$\zeta = \theta \Delta t, \quad \theta > 1.37 \tag{5-97}$$

将式(k)和式(l)中的 Δt 替换为 ζ，则经过时间 ζ 后的位移增量和速度增量分别为：

$$\hat{\Delta} \dot{\boldsymbol{q}}_t = \zeta \ddot{\boldsymbol{q}}_t + \frac{\zeta}{2} \Delta \ddot{\boldsymbol{q}}_t \tag{5-98}$$

$$\hat{\Delta} \boldsymbol{q}_t = \zeta \dot{\boldsymbol{q}}_t + \ddot{\boldsymbol{q}}_t \frac{\zeta^2}{2} + \hat{\Delta} \ddot{\boldsymbol{q}}_t \frac{\zeta^2}{6} \tag{5-99}$$

式中，$\hat{\Delta} \ddot{\boldsymbol{q}}_t$ 为经过时间 ζ 后的加速度增量。

同理，将式(5-85)中的 Δt 替换为 ζ 得：

$$\widetilde{\boldsymbol{K}}_t \hat{\Delta} \boldsymbol{q}_t = \hat{\Delta} \widetilde{\boldsymbol{F}}_t \tag{5-100}$$

其中，

$$\widetilde{\boldsymbol{K}}_t=\boldsymbol{K}_t+\frac{6}{\zeta^2}\boldsymbol{M}+\frac{3}{\zeta}\boldsymbol{C}_t \tag{5-101}$$

$$\Delta\widetilde{\boldsymbol{F}}_t=\Delta\boldsymbol{F}_t+\boldsymbol{M}\left[\frac{6}{\zeta}\dot{\boldsymbol{q}}_t+3\ddot{\boldsymbol{q}}_t\right]+\boldsymbol{C}_t\left[3\dot{\boldsymbol{q}}_t+\frac{\zeta}{2}\ddot{\boldsymbol{q}}_t\right] \tag{5-102}$$

由式(5-100)求出位移增量$\hat{\Delta}\boldsymbol{q}_t$，利用此位移增量和 t 时刻的速度$\dot{\boldsymbol{q}}_t$和加速度$\ddot{\boldsymbol{q}}_t$可得经过时间 ζ 后的加速度增量：

$$\hat{\Delta}\ddot{\boldsymbol{q}}_t=\frac{6}{\zeta^2}\hat{\Delta}\boldsymbol{q}_t-\frac{6}{\zeta}\dot{\boldsymbol{q}}_t-3\ddot{\boldsymbol{q}}_t \tag{5-103}$$

利用直线内插法计算出 Δt 时间内步长的加速度增量为：

$$\hat{\Delta}\ddot{\boldsymbol{q}}_t=\frac{1}{\theta}\hat{\Delta}\ddot{\boldsymbol{q}}_t \tag{5-104}$$

然后用式(k)和式(l)计算 Δt 时间内步长的速度增量和加速度增量，从而得到 $t+\Delta t$ 时刻的位移 $\boldsymbol{q}_{t+\Delta t}$和速度$\dot{\boldsymbol{q}}_{t+\Delta t}$作为下一步的初始条件。

Wilson-θ 法的稳定性表明，当 $\theta>1.37$ 时，它是无条件稳定的，通常取 $\theta=1.4$ 即可达到较好的收敛效果。

5.7 动力分析实例

例 5-2 试用有限元法列出如图 5.7 所示的简支梁的弯曲自由振动运动方程。已知梁长为 L，抗弯截面模量为 EI，单位长度的质量为$\bar{m}$。

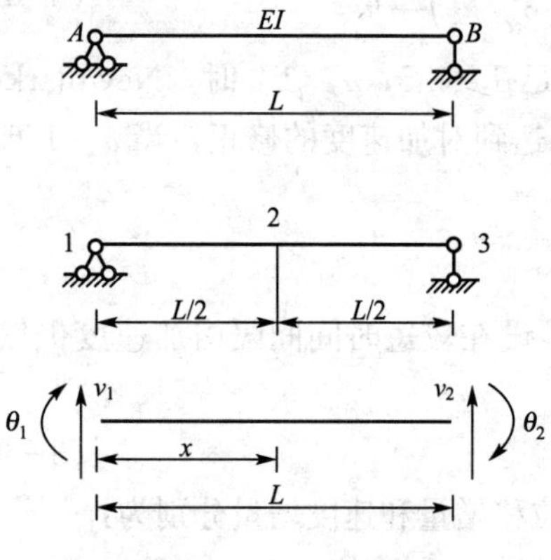

图 5.7 例 5-2 图

解：(1) 求单元刚度矩阵和质量矩阵。

将梁离散成两个单元，单元长为 $l=L/2$，取其中一单元，确定其 $\boldsymbol{N}$ 和 $\boldsymbol{B}$。

设单元结点位移矢量为 $\boldsymbol{q}=[v_1 \quad \theta_1 \vdots v_2 \quad \theta_2]^{\mathrm{T}}$，取单元位移函数为多项式函数，即

$$v(x)=a_1+a_2x+a_3x^2+a_4x^3$$

由于单元有四个结点位移，所以有四个待定常数，将上式写成矩阵形式为：

$$\boldsymbol{v}(x)=[1 \quad x \quad x^2 \quad x^3]\begin{bmatrix}a_1\\a_2\\a_3\\a_4\end{bmatrix}$$

边界条件：

$$v(x)|_{x=0}=v_1,\quad \frac{\mathrm{d}v}{\mathrm{d}x}=-\theta_1$$

$$v(x)|_{x=l}=v_2,\quad \frac{\mathrm{d}v}{\mathrm{d}x}=-\theta_2$$

将边界条件代入多项式位移函数，得出待定常数为：

$$a_1=v_1,\ a_2=\theta_1$$

$$a_3=-\frac{3}{l^2}v_1+\frac{2}{l}\theta_1+\frac{3}{l^2}v_2-\frac{2}{l}\theta_2,\ a_4=\frac{2}{l^3}v_1-\frac{1}{l^2}\theta_1-\frac{2}{l^3}v_2-\frac{1}{l^2}\theta_2$$

于是有

$$\boldsymbol{v}(x)=[1\quad x\quad x^2\quad x^3]\begin{bmatrix}1 & 0 & 0 & 0\\ 0 & -1 & 0 & 0\\ -\frac{3}{l^2} & \frac{2}{l} & \frac{3}{l^2} & \frac{1}{l}\\ \frac{2}{l^3} & -\frac{1}{l^2} & -\frac{2}{l^3} & -\frac{1}{l^2}\end{bmatrix}\begin{bmatrix}v_1\\ \theta_1\\ v_2\\ \theta_2\end{bmatrix}$$

$$=\left[1-3\frac{x^2}{l^2}+2\frac{x^3}{l^3}\quad -x+2\frac{x^2}{l}-\frac{x^3}{l^2}\quad 3\frac{x^2}{l^2}-2\frac{x^3}{l^3}\quad \frac{x^2}{l}-\frac{x^3}{l^2}\right]\begin{bmatrix}v_1\\ \theta_1\\ v_2\\ \theta_2\end{bmatrix}=\boldsymbol{N}\boldsymbol{q}^{ⓔ}$$

其中，

$$\boldsymbol{N}=[N_1\quad N_2\quad N_3\quad N_4]$$

$$N_1=1-3\frac{x^2}{l^2}+2\frac{x^3}{l^3},\quad N_2=-x+2\frac{x^2}{l}-\frac{x^3}{l^2}$$

$$N_3=3\frac{x^2}{l^2}-2\frac{x^3}{l^3},\quad N_4=\frac{x^2}{l}-\frac{x^3}{l^2}$$

梁的应变为：

$$\varepsilon=-y\frac{\mathrm{d}^2v}{\mathrm{d}x^2}=-y\frac{\mathrm{d}^2}{\mathrm{d}x^2}\boldsymbol{N}\boldsymbol{q}^{ⓔ}=\boldsymbol{B}\boldsymbol{q}^{ⓔ}$$

于是有

$$\boldsymbol{B}=-y\frac{\mathrm{d}^2}{\mathrm{d}x^2}\boldsymbol{N}=\left[\frac{6y}{l^2}-\frac{12xy}{l^3}\quad -\frac{4y}{l}+\frac{6xy}{l^2}\quad -\frac{6y}{l^2}+\frac{12xy}{l^2}\quad -\frac{2y}{l}+\frac{6xy}{l^2}\right]$$

由胡克定律 $\sigma=E\varepsilon$，$D=E$，可求得单元的刚度矩阵：

$$\boldsymbol{k}^{ⓔ}=\iiint_V \boldsymbol{B}^{\mathrm{T}}\boldsymbol{D}\boldsymbol{B}\,\mathrm{d}V=\int_0^l\left(\iint_S \boldsymbol{B}^{\mathrm{T}}\boldsymbol{E}\boldsymbol{B}\,\mathrm{d}S\right)\mathrm{d}x$$

因为

$$\iint_S y^2\,\mathrm{d}S=I$$

所以

$$\boldsymbol{k}^{ⓔ}=\frac{EI}{l^3}\begin{bmatrix} 12 & -6l & -12 & -6l \\ -6l & 4l^2 & 6l & 2l^2 \\ -12 & 6l & 12 & 6l \\ -6l & 2l^2 & 6l & 4l^3 \end{bmatrix}$$

单元质量矩阵为：

$$\boldsymbol{m}^{ⓔ}=\frac{\bar{m}l}{420}\begin{bmatrix} 156 & -22l & 54 & 13l \\ -22l & 4l^2 & -13l & -3l^2 \\ 54 & -13l & 156 & 22l \\ 13l & -3l^2 & 22l & 4l^2 \end{bmatrix}$$

(2) 求结构的总刚度矩阵和总质量矩阵。

对单元结点做图示编码，结构的总体位移列阵为：

$$\boldsymbol{q}=[v_1 \quad \theta_1 \quad v_2 \quad \theta_2 \quad v_3 \quad \theta_3]^{\mathrm{T}}$$

单元位移列阵为：

$$\boldsymbol{q}_1^{ⓔ}=[v_1 \quad \theta_1 \quad v_2 \quad \theta_2]^{\mathrm{T}}$$
$$\boldsymbol{q}_2^{ⓔ}=[v_2 \quad \theta_2 \quad v_3 \quad \theta_3]^{\mathrm{T}}$$

$$\boldsymbol{q}_1^{ⓔ}=\begin{bmatrix} v_1 \\ \theta_1 \\ v_2 \\ \theta_2 \\ \\ \end{bmatrix}=\begin{bmatrix} 1 & 0 & 0 & 0 & 0 & 0 \\ 0 & 1 & 0 & 0 & 0 & 0 \\ 0 & 0 & 1 & 0 & 0 & 0 \\ 0 & 0 & 0 & 1 & 0 & 0 \end{bmatrix}\begin{bmatrix} v_1 \\ \theta_1 \\ v_2 \\ \theta_2 \\ v_3 \\ \theta_3 \end{bmatrix}=\begin{bmatrix} \boldsymbol{I} & \boldsymbol{0} & \boldsymbol{0} \\ \boldsymbol{0} & \boldsymbol{I} & \boldsymbol{0} \end{bmatrix}\begin{bmatrix} v_1 \\ \theta_1 \\ v_2 \\ \theta_2 \\ v_3 \\ \theta_3 \end{bmatrix}=\boldsymbol{e}_1\boldsymbol{q}$$

其中，$\boldsymbol{e}_1$ 称为单元结点位移转换矩阵，表示为：

$$\boldsymbol{e}_1=\begin{bmatrix} \boldsymbol{I} & \boldsymbol{0} & \boldsymbol{0} \\ \boldsymbol{0} & \boldsymbol{I} & \boldsymbol{0} \end{bmatrix}$$

同样可得单元②的结点位移转换矩阵 $\boldsymbol{e}_2$：

$$\boldsymbol{e}_2=\begin{bmatrix} \boldsymbol{0} & \boldsymbol{I} & \boldsymbol{0} \\ \boldsymbol{0} & \boldsymbol{0} & \boldsymbol{I} \end{bmatrix}$$

其中，$\boldsymbol{0}$ 和 $\boldsymbol{I}$ 均为 2 阶矩阵。

两单元的刚度矩阵分别为：

$$\boldsymbol{k}^{①}=\left[\begin{array}{cc:cc} \frac{12EI}{l^3} & -\frac{6EI}{l^2} & -\frac{12EI}{l^3} & -\frac{6EI}{l^2} \\ -\frac{6EI}{l^2} & \frac{4EI}{l} & \frac{6EI}{l^2} & \frac{2EI}{l} \\ \hdashline -\frac{12EI}{l^3} & \frac{6EI}{l^2} & \frac{12EI}{l^3} & \frac{6EI}{l^2} \\ -\frac{6EI}{l^2} & \frac{2EI}{l} & \frac{6EI}{l^2} & \frac{4EI}{l} \end{array}\right]=\left[\begin{array}{c:c} \boldsymbol{k}_{11}^{①} & \boldsymbol{k}_{12}^{①} \\ \boldsymbol{k}_{21}^{①} & \boldsymbol{k}_{22}^{①} \end{array}\right]$$

$$\boldsymbol{k}^{\text{②}}=\left[\begin{array}{cc|cc} \frac{12EI}{l^3} & -\frac{6EI}{l^2} & -\frac{12EI}{l^3} & -\frac{6EI}{l^2} \\ -\frac{6EI}{l^2} & \frac{4EI}{l} & \frac{6EI}{l^2} & \frac{2EI}{l} \\ \hline -\frac{12EI}{l^3} & \frac{6EI}{l^2} & \frac{12EI}{l^3} & \frac{6EI}{l^2} \\ -\frac{6EI}{l^2} & \frac{2EI}{l} & \frac{6EI}{l^2} & \frac{4EI}{l} \end{array}\right]=\begin{bmatrix} \boldsymbol{k}_{11}^{\text{②}} & \boldsymbol{k}_{12}^{\text{②}} \\ \boldsymbol{k}_{21}^{\text{②}} & \boldsymbol{k}_{22}^{\text{②}} \end{bmatrix}$$

总刚度矩阵 $\boldsymbol{K}$ 为：

$$\boldsymbol{K}=\boldsymbol{e}_1^{\mathrm{T}}\boldsymbol{k}^{\text{①}}\boldsymbol{e}_1+\boldsymbol{e}_2^{\mathrm{T}}\boldsymbol{k}^{\text{②}}\boldsymbol{e}_2$$

采用分块矩阵乘法得：

$$\boldsymbol{e}_1^{\mathrm{T}}\boldsymbol{K}^{\text{①}}\boldsymbol{e}_1=\begin{bmatrix} \boldsymbol{k}_{11}^{\text{①}} & \boldsymbol{k}_{12}^{\text{①}} & 0 \\ \boldsymbol{k}_{21}^{\text{①}} & \boldsymbol{k}_{22}^{\text{①}} & 0 \\ 0 & 0 & 0 \end{bmatrix}$$

$$\boldsymbol{e}_1^{\mathrm{T}}\boldsymbol{K}^{\text{②}}\boldsymbol{e}_1=\begin{bmatrix} 0 & 0 & 0 \\ 0 & \boldsymbol{k}_{11}^{\text{②}} & \boldsymbol{k}_{12}^{\text{②}} \\ 0 & \boldsymbol{k}_{21}^{\text{②}} & \boldsymbol{k}_{22}^{\text{②}} \end{bmatrix}$$

叠加以上结果，得到：

$$\boldsymbol{K}=\left[\begin{array}{cc|cc|cc} \frac{12EI}{l^3} & -\frac{6EI}{l^2} & -\frac{12EI}{l^3} & -\frac{6EI}{l^2} & 0 & 0 \\ \frac{6EI}{l^2} & \frac{4EI}{l} & \frac{6EI}{l^2} & \frac{2EI}{l} & 0 & 0 \\ \hline -\frac{12EI}{l^3} & \frac{6EI}{l^2} & \frac{24EI}{l^3} & 0 & -\frac{12EI}{l^3} & -\frac{6EI}{l^2} \\ -\frac{6EI}{l^2} & \frac{2EI}{l} & 0 & \frac{8EI}{l} & \frac{6EI}{l^2} & \frac{2EI}{l} \\ \hline 0 & 0 & -\frac{12EI}{l^3} & \frac{6EI}{l^2} & \frac{12EI}{l^3} & \frac{6EI}{l^2} \\ 0 & 0 & -\frac{6EI}{l^2} & \frac{2EI}{l} & \frac{6EI}{l^2} & \frac{4EI}{l} \end{array}\right]$$

$$\boldsymbol{M}=\frac{\bar{m}l}{420}\left[\begin{array}{cc|cc|cc} 156 & -22l & 54 & 13l & 0 & 0 \\ -22l & 4l^2 & -13l & -3l^2 & 0 & 0 \\ \hline 54 & -13l & 312 & 0 & 54 & 13l \\ 13l & -3l^2 & 0 & 8l^2 & -13l & -3l^2 \\ \hline 0 & 0 & 54 & -13l & 156 & 22l \\ 0 & 0 & 13l & -3l^2 & 22l & 4l^2 \end{array}\right]$$

(3) 求运动方程。

用后处理法引入支承条件，因为简支梁在 $x=0$ 和 $x=l$ 处点的位移为 $v_1=v_3=0$，因此得简支梁的振动方程式：

$$\frac{\bar{m}l}{420}\begin{bmatrix}4l^2 & -13l & -3l^2 & 0\\ -13l & 312 & 0 & 13l\\ -3l^2 & 0 & 8l^2 & -3l^2\\ 0 & 13l & -3l^2 & 4l^2\end{bmatrix}\begin{bmatrix}\ddot{\theta}_1\\ \ddot{v}_2\\ \ddot{\theta}_2\\ \ddot{\theta}_3\end{bmatrix}+\frac{EI}{l^3}\begin{bmatrix}4l^2 & 6l & 2l^2 & 0\\ 6l & 24 & 0 & -6l\\ 2l^2 & 0 & 8l^2 & 2l^2\\ 0 & -6l & 2l^2 & 4l^2\end{bmatrix}\begin{bmatrix}\theta_1\\ v_2\\ \theta_2\\ \theta_3\end{bmatrix}=0$$

将 $l=L/2$ 代入上式，得到：

$$\frac{\bar{m}l}{3360}\begin{bmatrix}4L^2 & -26L & -3L^2 & 0\\ -26L & 1248 & 0 & 26L\\ -3L^2 & 0 & 8L^2 & -3L^2\\ 0 & 26L & -3L^2 & 4L^2\end{bmatrix}\begin{bmatrix}\ddot{\theta}_1\\ \ddot{v}_2\\ \ddot{\theta}_2\\ \ddot{\theta}_3\end{bmatrix}+\frac{EI}{L^3}\begin{bmatrix}8L^2 & 24L & 4L^2 & 0\\ 24L & 192 & 0 & -24L\\ 4L^2 & 0 & 16L^2 & 4L^2\\ 0 & -24L & 4L^2 & 8L^2\end{bmatrix}\begin{bmatrix}\theta_1\\ v_2\\ \theta_2\\ \theta_3\end{bmatrix}=0$$

例 5-3 设有悬臂梁长为 $2l$，弯曲刚度为 EI，如图 5.8(a)所示。忽略其轴向变形，用有限元法求其固有频率。

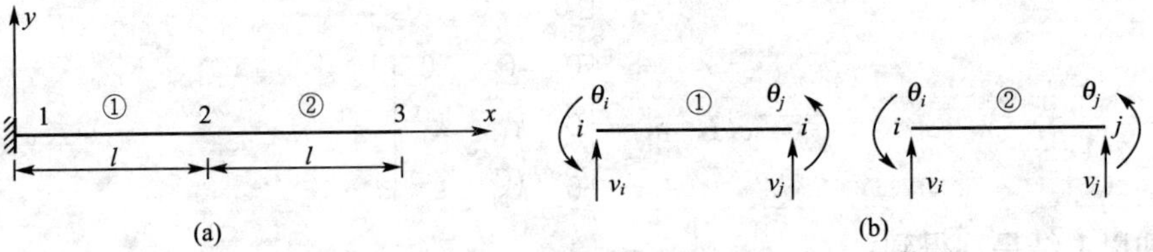

图 5.8 例 5-3 图

解：将此悬臂梁分成大小一样的两个梁单元[图 5.8(b)]，由于忽略其轴向变形，所以每个结点只有两个位移分量，整个悬臂梁的结点位移向量为：

$$\boldsymbol{\delta}=[v_1 \quad \theta_1 \quad v_2 \quad \theta_2 \quad v_3 \quad \theta_3]^{\mathrm{T}}$$

梁单元的一致质量矩阵由式(5-39)给出。集合两个单元的质量矩阵$\boldsymbol{m}^{①}$和$\boldsymbol{m}^{②}$，得到整体质量矩阵为：

$$\boldsymbol{M}=\frac{m}{420}\begin{bmatrix}156 & 22l & 54 & -13l & 0 & 0\\ 22l & 4l^2 & 13l & -3l^2 & 0 & 0\\ 54 & 13l & 312 & 0 & 54 & -13l\\ -13l & -3l^2 & 0 & 8l^2 & 13l & -3l^2\\ 0 & 0 & 54 & 13l & 156 & -22l\\ 0 & 0 & -13l & -3l^2 & -22l & 4l^2\end{bmatrix}$$

悬臂梁的整体刚度矩阵为：

$$\boldsymbol{K}=\frac{EI}{l^3}\begin{bmatrix}12 & 6l & -12 & 6l & 0 & 0\\ 6l & 4l^2 & -6l & 2l^2 & 0 & 0\\ -12 & -6l & 24 & 0 & -12 & 6l\\ 6l & 2l^2 & 0 & 8l^2 & -6l & 2l^2\\ 0 & 0 & -12 & -6l & 12 & -6l\\ 0 & 0 & 6l & 2l^2 & -6l & 4l^2\end{bmatrix}$$

于是，悬臂梁的无阻尼自由振动方程为：

$$\frac{m}{420}\begin{bmatrix} 156 & 22l & 54 & -13l & 0 & 0 \\ 22l & 4l^2 & 13l & -3l^2 & 0 & 0 \\ 54 & 13l & 312 & 0 & 54 & -13l \\ -13l & -3l^2 & 0 & 8l^2 & 13l & -3l^2 \\ 0 & 0 & 54 & 13l & 156 & -22l \\ 0 & 0 & -13l & -3l^2 & -22l & 4l^2 \end{bmatrix}\begin{bmatrix} \ddot{v}_1 \\ \ddot{\theta}_1 \\ \ddot{v}_2 \\ \ddot{\theta}_2 \\ \ddot{v}_3 \\ \ddot{\theta}_3 \end{bmatrix}+$$

$$\frac{EI}{l^3}\begin{bmatrix} 12 & 6l & -12 & 6l & 0 & 0 \\ 6l & 4l^2 & -6l & 2l^2 & 0 & 0 \\ -12 & -6l & 24 & 0 & -12 & 6l \\ 6l & 2l^2 & 0 & 8l^2 & -6l & 2l^2 \\ 0 & 0 & -12 & -6l & 12 & -6l \\ 0 & 0 & 6l & 2l^2 & -6l & 4l^2 \end{bmatrix}\begin{bmatrix} v_1 \\ \theta_1 \\ v_2 \\ \theta_2 \\ v_3 \\ \theta_3 \end{bmatrix}=0$$

考虑到边界条件 $v_1=0$，$\theta_1=0$，上面的六阶方程组可缩减为四阶，即

$$\frac{m}{420}\begin{bmatrix} 312 & 0 & 54 & -13l \\ 0 & 8l^2 & 13l & -3l \\ 54 & 13l & 156 & -22l \\ -13l & -3l^2 & -22l & 4l^2 \end{bmatrix}\begin{bmatrix} \ddot{v}_2 \\ \ddot{\theta}_2 \\ \ddot{v}_3 \\ \ddot{\theta}_3 \end{bmatrix}+\frac{EI}{l^3}\begin{bmatrix} 24 & 0 & -12 & 6l \\ 0 & 8l^2 & -6l & 2l^2 \\ -12 & -6l & 12 & -6l \\ 6l & 2l^2 & -6l & 4l^2 \end{bmatrix}\begin{bmatrix} v_2 \\ \theta_2 \\ v_3 \\ \theta_3 \end{bmatrix}=0$$

上式的频率方程为：

$$\begin{vmatrix} 24-312\lambda & 0 & -(12+54\lambda) & (6+13\lambda)l \\ 0 & (8-8\lambda)l^2 & -(6+13\lambda)l & (2+3\lambda)l^2 \\ -(12+54\lambda) & -(6+13\lambda)l & 12-156\lambda & (-6+22\lambda)l \\ (6+13\lambda)l & (2+3\lambda)l^2 & (-6+22\lambda)l & (4-4\lambda)l^2 \end{vmatrix}=0$$

式中，

$$\lambda=\frac{\bar{m}l^4\omega^2}{420EI}$$

其中$\bar{m}$是单位长度上的质量。

求解频率方程，可求得悬臂梁的固有频率的近似值为：

$$\omega_1=3.519\sqrt{\frac{EI}{\bar{m}(2l)^4}},\quad \omega_2=22.22\sqrt{\frac{EI}{\bar{m}(2l)^4}}$$

$$\omega_3=75.16\sqrt{\frac{EI}{\bar{m}(2l)^4}},\quad \omega_4=218.1\sqrt{\frac{EI}{\bar{m}(2l)^4}}$$

均匀悬臂梁的前二阶固有频率的精确值为：

$$\omega_1=3.515\sqrt{\frac{EI}{\bar{m}(2l)^4}},\quad \omega_2=22.04\sqrt{\frac{EI}{\bar{m}(2l)^4}}$$

可见，最低阶固有频率近似值的误差约为0.1%，而第二阶固有频率近似值的误差约为0.8%。一般来说，越高阶的频率，误差就越大。

本章小结

本章简要介绍了结构动力方程的推导过程及常见杆单元、三角形单元、矩形单元及薄板单元的协调质量矩阵、集中质量矩阵等的推导过程，介绍了振型的基本特性以及简化和求解结构动力方程的基本方法。

通过本章学习，学生应了解结构动力分析的基本内容、结构振动的特性，熟悉结构振动固有频率和动力响应的有限元分析方法，掌握运用振型叠加法进行结构的动力分析方法。

习　　题

5.1　求图5.9所示的两端简支梁的固有频率和振型(求五阶)，要求至少取4个单元进行计算。已知l=800mm，a=20mm，b=10mm，弹性模量E=210GPa，材料容重ρ=7.8×10^4kN/m^3，重力加速度取g=9.8m/s^2。

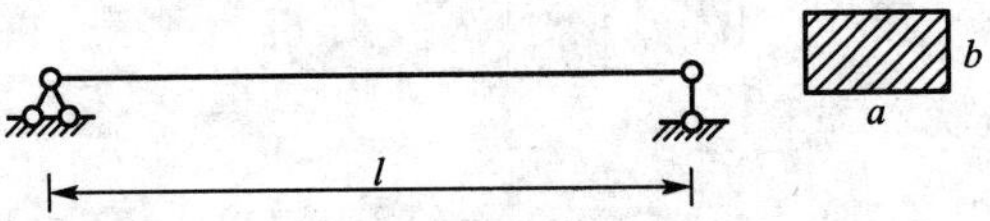

图5.9　习题5.1图

5.2　求图5.10所示的一两端简支板，板厚1mm，长度a=130mm，宽度b=88mm，已知弹性模量E=210GPa，材料容重ρ=7.8×10^4kN/m^3，重力加速度取g=9.8m/s^2。求其五阶固有频率和主振型。

5.3　如图5.11所示结构，试求其自振频率。

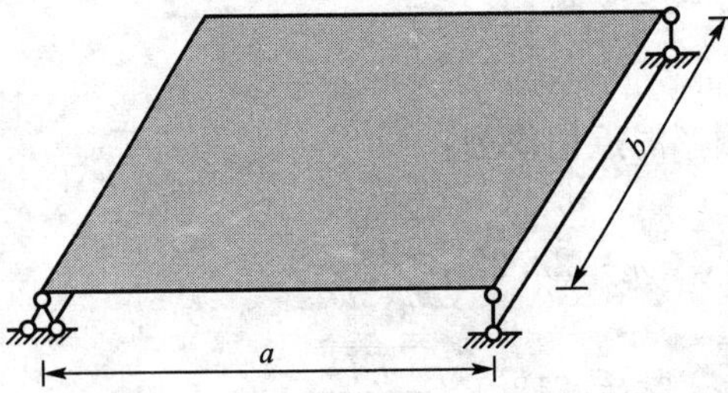

图5.10　习题5.2图

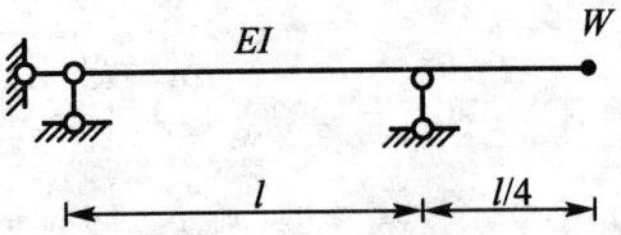

图5.11　习题5.3图

5.4　如图5.12所示悬壁深梁，荷载均匀分布在自由端截面上。采用图示单元，设μ=1/3，厚度为t。写出梁的动力学方程(用协调质量矩阵)。

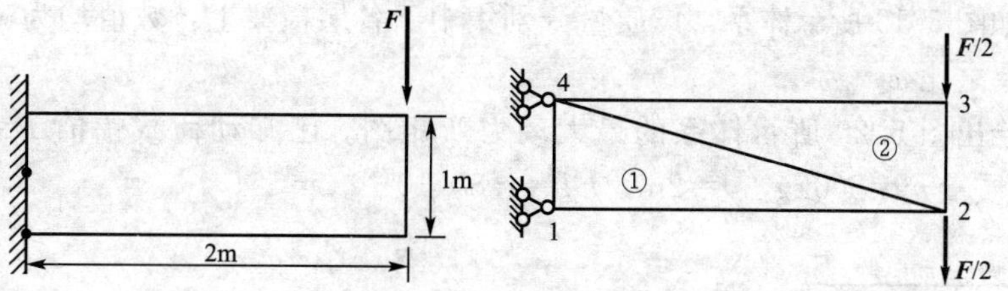

图 5.12　习题 5.4 图

5.5　如图 5.13 所示刚架，忽略轴向变形和转动惯量，用堆聚质量矩阵写出动力学方程，并计算其固有频率。

5.6　图 5.14 所示体系受动力荷载作用，不考虑阻尼，不计杆重，求发生共振时干扰力的频率 θ。

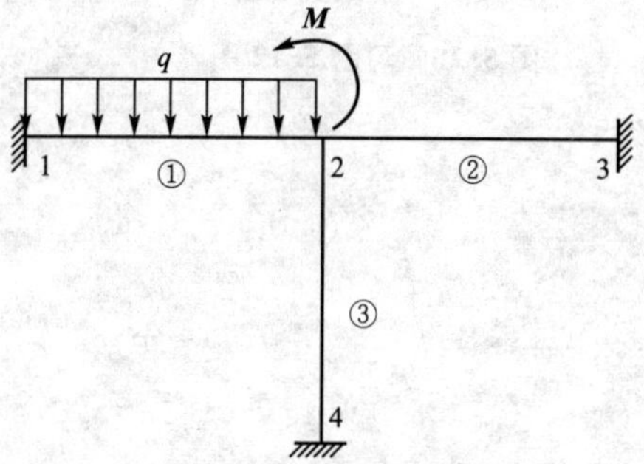

图 5.13　习题 5.5 图

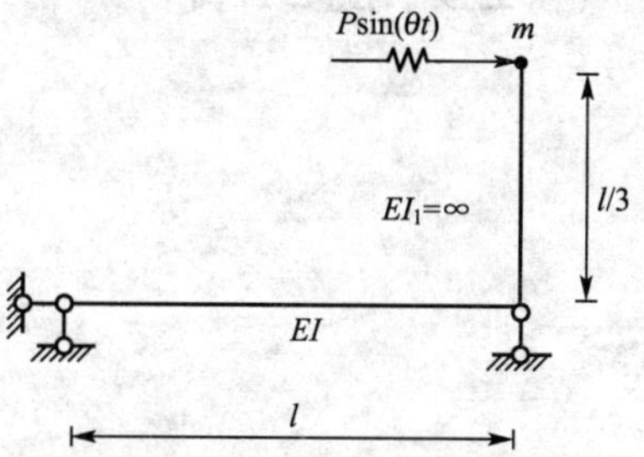

图 5.14　习题 5.6 图

5.7　求图 5.15 所示体系的自振频率，并画出主振型图。

5.8　求图 5.16 所示体系的自振频率和主振型，并作出主振型图。已知 $m_1=m_2=m$，$EI=$常数。

5.9　求图 5.17 所示体系的频率方程。

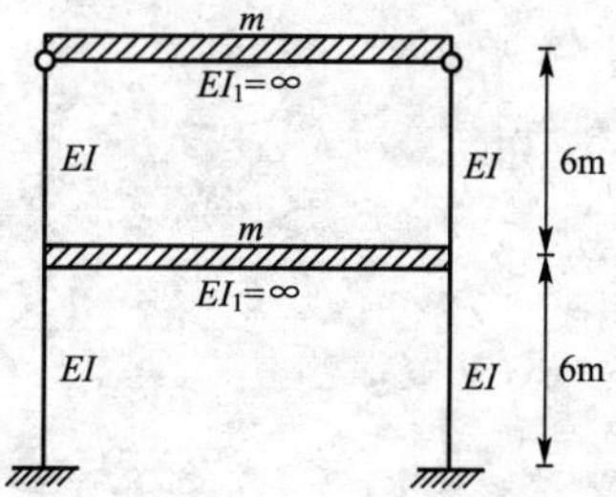

图 5.15　习题 5.7 图

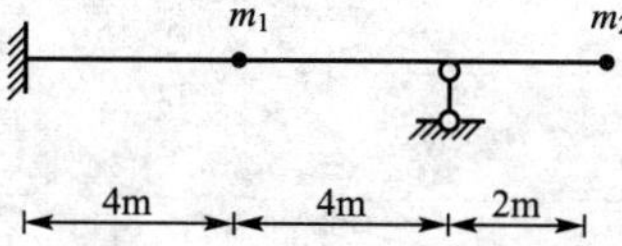

图 5.16　习题 5.8 图

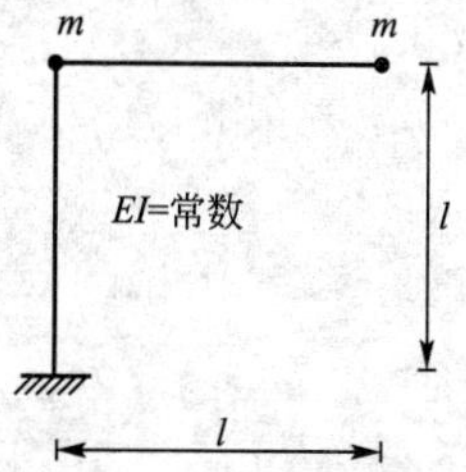

图 5.17　习题 5.9 图

5.10　求图 5.18 所示体系的自振频率和主振型。不计自重，$EI=$常数。

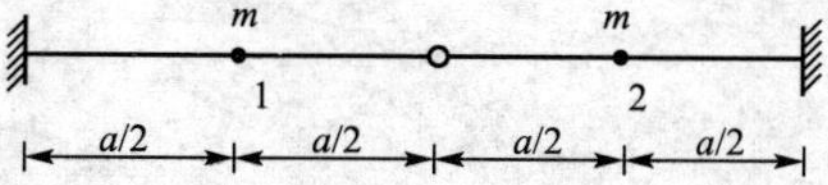

图 5.18　习题 5.10 图

5.11　如图5.19所示体系，设质量分别集中于各层横梁上，数值均为m。求第一与第二自振频率之比$\omega_1 : \omega_2$。

5.12　绘出图5.20所示体系的最大动力弯矩图。已知动荷载幅值$P=10\text{kN}$，$\theta=20.944\text{s}^{-1}$，质量$m=500\text{kg}$，$a=2\text{m}$，$EI=4.8\times10^6\text{N}\cdot\text{m}^2$。

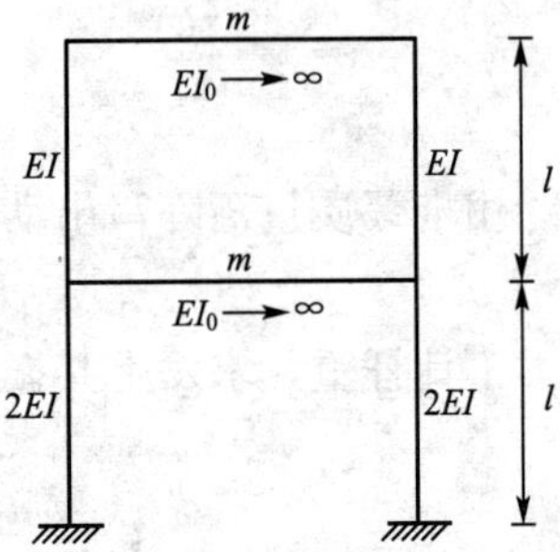

图5.19　习题5.11图

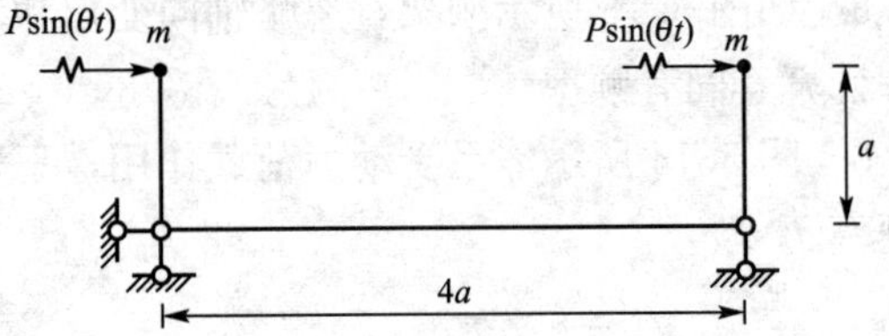

图5.20　习题5.12图

第6章 有限单元法分析的几个问题

教学目标

本章主要介绍有限单元法分析中经常遇到的几个问题，包括约束条件的处理、不同单元的组合等工程实际中经常遇到的问题。通过本章的学习，应达到以下目标。

(1) 掌握 C_0 类单元形函数构造的几何方法。

(2) 了解有限单元法分析结果的精度。

(3) 掌握不同单元组合时的处理方法。

(4) 掌握约束条件的处理方法。

教学要求

知识要点	能力要求	相关知识
形函数构造的几何方法	(1) 掌握几何构造方法 (2) 掌握完备性和协调性检验方法	(1) C_0 类单元的概念 (2) 几何构造法 (3) 完备性检验 (4) 协调性检验
有限元分析结果的精度	(1) 了解误差的来源 (2) 掌握精度估计的方法 (3) 了解有限元解的性质 (4) 掌握共用结点上应力的处理方法 (5) 了解提高精度的方法	(1) 误差来源 (2) 位移解和应力解的误差估计 (3) 有限单元法分析结果的下限性质 (4) 应力的平均与加权平均处理 (5) 提高精度的 h 法、p 法、反馈法
不同单元的组合	(1) 了解不同单元组合的形式 (2) 掌握不同单元组合的处理方法 (3) 能够编制相应的处理程序	(1) 相邻单元有共同结点 (2) 相邻单元有非共同结点 (3) 梁单元与平面单元的连接
约束条件的处理	(1) 了解用修改整体刚度矩阵的方法处理约束条件 (2) 掌握用虚拟单元处理不同约束的方法	(1) 斜支承的处理方法 (2) 接触面的处理方法 (3) 弹性支承的处理方法 (4) 铰结点的处理方法

基本概念

C_0类单元；完备性检验；协调性检验；精度估计；约束条件；虚拟单元。

引例

在工程实际中，经常会遇到一些特殊的结构，如桌面上放置一台电机，当我们需要运用有限单元法对其进行分析时，可以将桌腿用梁单元进行离散，而对于桌面，则必须用薄板单元或三维体单元进行离散，这样就涉及不同单元的组合问题。

在分析中，经常会遇到支座位于倾斜面上的情况，又如在对刚架结构进行分析时，经常会遇到铰结点的情况。当处理弹性地基时，又会遇到弹性支承的约束条件。在对基桩进行分析时，不可避免地要处理桩土接触面的情况。所有这些问题中，约束条件怎么处理是我们必须要考虑的一个问题。

此外，当我们根据整体刚度方程得到结点的位移分量后，还必须计算结点或单元上的应力和应变分量，同一个结点或公共边界上的点根据单元的物理方程计算出来的应力值通常是不同的，这时必须采取数学的方法进行处理。

6.1 构造C_0类单元形函数的几何法

所谓C_0类单元是指在势能(泛函)的表达式中位移函数出现的最高阶导数是1阶，在单元交界面上具有0阶的连续导数，也就是说在单元结点上只要求位移函数连续，不要求其一阶导数连续，如前面介绍的桁架单元、平面连续体单元、空间连续体单元均是C_0类单元。与C_0类单元对应，如果在势能的表达式中位移函数出现的最高阶导数是2阶，在单元交界面上具有1阶的连续导数，则此类单元称为C_1类单元，如梁单元、板单元、壳单元等。

对于C_0类单元，其形函数在单元结点上的值为1或0，即

$$N_r(x_s,\ y_s)=\begin{cases}1 & (r=s)\\ 0 & (r\neq s)\end{cases} \tag{6-1}$$

或

$$N_r(\xi_s,\ \eta_s)=\begin{cases}1 & (r=s)\\ 0 & (r\neq s)\end{cases}$$

或

$$N_r[(L_i)_s,\ (L_j)_s,\ (L_m)_s]=\begin{cases}1 & (r=s)\\ 0 & (r\neq s)\end{cases}$$

根据上述性质，首先用几何方法构造形函数，然后再利用位移函数的完备性和协调性条件进行检验。

假设单元有n个结点，r为其中任意一个结点，若要确定形函数$N_r(x,\ y)$或$N_r(\xi,\ \eta)$或$N_r(L_i,\ L_j,\ L_m)$，则首先构造一组不可约的曲线(设m条)$F_k(x,\ y)=0$或$F_k(\xi,\ \eta)$或$F_k(L_i,\ L_j,\ L_m)(k=1,\ 2,\ \cdots,\ m)$，这一组曲线均不通过结点$r$，但是通过其他所有

的结点。注意这里的“所有”不是每一条曲线都通过所有其他结点，而是这一组曲线通过其他所有的结点，曲线通过的结点可以重合，但是这一组曲线应该是不可约的。那么形函数 $N_r(x,\ y)$可以由式(6-2)得到：

$$N_r(x,y)=\frac{\prod_{k=1}^{m}F_k(x,y)}{\prod_{k=1}^{m}F_k(x_i,y_i)} \tag{6-2}$$

或

$$N_r(\xi,\eta)=\frac{\prod_{k=1}^{m}F_k(\xi,\eta)}{\prod_{k=1}^{m}F_k(\xi_i,\eta_i)}\qquad N_r(L_i,L_j,L_m)=\frac{\prod_{k=1}^{m}F_k(L_i,L_j,L_m)}{\prod_{k=1}^{m}F_k[(L_i)_r,(L_j)_r,(L_m)_r]}$$

从式(6-2)可以看到，当 $r\neq j$ 时，结点 j 是位于上述某条曲线 k 上的一点，因此有 $F_k=0$，而结点 r 不在所有曲线上，故 F_k一定不为 0，因此可以满足式(6-1)的要求。根据式(6-2)求得形函数后，还必须检查相应的位移函数是否满足完备性和协调性的要求，只有满足要求的函数才可以作为形函数使用。

若要满足位移函数的完备性，则其形函数必须满足以下条件：

$$\begin{cases}\sum_{r=1}^{n}N_r(x,y)=1\\ \sum_{r=1}^{n}N_r(x,y)x_r=x\\ \sum_{r=1}^{n}N_r(x,y)y_r=y\end{cases} \tag{6-3}$$

若将形函数写成直角坐标的形式，即

$$N_r(x,\ y)=A_r+B_rx+C_ry+D_rx^2+E_rxy+F_ry^2+\cdots \tag{6-4}$$

则式(6-3)等价于：

$$\sum_{r=1}^{n}A_r(x,y)=1,\quad \sum_{r=1}^{n}A_r(x,y)x_r=0,\quad \sum_{r=1}^{n}A_r(x,y)y_r=0 \tag{6-5}$$

$$\sum_{r=1}^{n}B_r(x,y)=0,\quad \sum_{r=1}^{n}B_r(x,y)x_r=1,\quad \sum_{r=1}^{n}B_r(x,y)y_r=0$$

$$\sum_{r=1}^{n}C_r(x,y)=1,\quad \sum_{r=1}^{n}C_r(x,y)x_r=0,\quad \sum_{r=1}^{n}C_r(x,y)y_r=1$$

$$\sum_{r=1}^{n}D_r(x,y)=0,\quad \sum_{r=1}^{n}D_r(x,y)x_r=0,\quad \sum_{r=1}^{n}D_r(x,y)y_r=0$$

$$\sum_{r=1}^{n}E_r(x,y)=0,\quad \sum_{r=1}^{n}E_r(x,y)x_r=0,\quad \sum_{r=1}^{n}E_r(x,y)y_r=0$$

…

例 6-1 求图 6.1 所示三角形单元的形函数。

(1) 形函数的构造

如图 6.1 所示，欲求 i 结点形函数 $N_i(x,\ y)$，则可以由 j 结点和 m 结点组成一条直

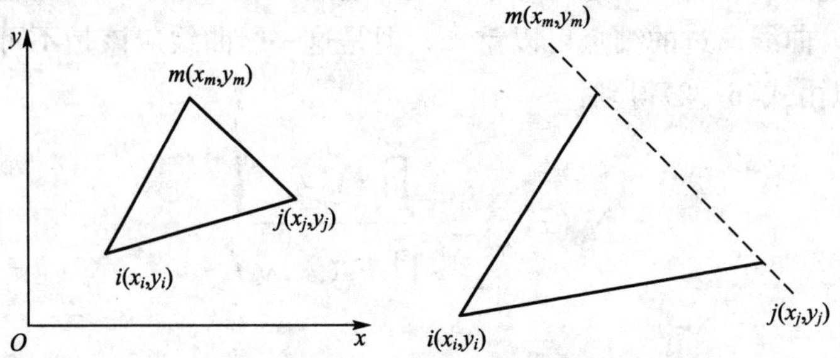

图 6.1　平面 3 结点三角形单元形函数的构造

线，其直线方程为：

$$\frac{y-y_j}{x-x_j}=\frac{y-y_m}{x-x_m}$$

即 $F_1(x,\ y)=(y-y_j)(x-x_m)-(y-y_m)(x-x_j)=0$

因此有：

$$N_i(x,\ y)=\frac{F_k(x,\ y)}{F_k(x_i,\ y_i)}=\frac{(y-y_m)(x-x_j)-(y-y_j)(x-x_m)}{(y_i-y_m)(x_i-x_j)-(y_i-y_j)(x_i-x_m)}$$

$$=\frac{(x_jy_m-x_my_j)+(y_j-y_m)x+(-x_j+x_m)y}{(x_jy_m-x_my_j)+(x_my_i-x_iy_m)+(x_iy_j-x_jy_i)}$$

$$=\frac{a_i+b_ix+c_iy}{2A}$$

可以看到，上式即为式(2-10)。同理可以求得：

$$N_j(x,\ y)=\frac{a_j+b_jx+c_jy}{2A}$$

$$N_m(x,\ y)=\frac{a_m+b_mx+c_my}{2A}$$

(2) 完备性的检验

$$\sum_{r=1}^{n}N_r(x,y)=N_i(x,y)+N_j(x,y)+N_m(x,y)$$

$$=\frac{1}{2A}[(a_i+a_j+a_m)+(b_i+b_j+b_m)x+(c_i+c_j+c_m)y]$$

$$=1$$

$$\sum_{r=1}^{n}N_r(x,y)x_r=N_i(x,y)x_i+N_j(x,y)x_j+N_m(x,y)x_mx$$

$$=\frac{1}{2A}[(a_ix_i+a_jx_j+a_mx_m)+(b_ix_i+b_jx_j+b_mx_m)x+(c_ix_i+c_jx_j+c_mx_m)y]$$

$$=\frac{1}{2A}\{[(x_jy_m-x_my_j)x_i+(x_my_j-x_jy_m)x_j+(x_iy_j-x_jy_i)x_m]+$$
$$[(y_j-y_m)x_i+(y_j-y_m)x_j+(y_j-y_m)x_m]x+$$
$$[(-x_j+x_m)x_i+(-x_m+x_i)x_j+(-x_i+x_j)x_m]y\}$$

$$=x$$

同理可以验证：

$$\sum_{r=1}^{n} N_r(x,y)y_r = y$$

关于协调性，由于形函数是坐标变量的一次式，因此其协调性自然满足。上述关系如果采用面积坐标来推导，将更加简单，这里不再推导，读者可以自行推导。

例 6-2 求图 6.2 所示 4 结点矩形单元的形函数。

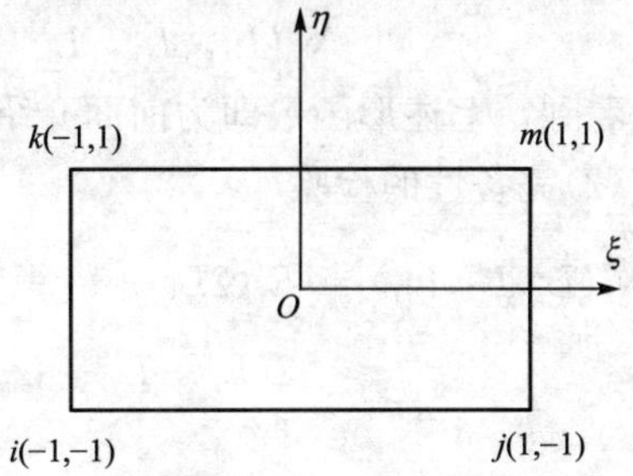

图 6.2 平面 4 结点矩形单元形函数的构造

如图 6.2 所示，欲求 i 结点的形函数 $N_i(x, y)$，则可以构造两条直线，一条经过 j 结点和 m 结点，其直线方程为 $F_1(\xi, \eta)=\xi-1=0$；另一条经过 m 结点和 k 结点，其直线方程为 $F_2(\xi, \eta)=\eta-1=0$。因此有：

$$\begin{aligned} N_i(x, y) &= \frac{F_1(x, y)F_2(x, y)}{F_1(x, y)F_2(x_i, y_i)} = \frac{(\xi-1)(\eta-1)}{(\xi_i-1)(\eta_i-1)} \\ &= \frac{1}{4}(1-\xi)(1-\eta) \\ &= \frac{1}{4}(1+\xi_i\xi)(1+\eta_i\eta) \end{aligned}$$

同理可以得到其他结点的形函数，它们可以统一写成：

$$N_r(x, y) = \frac{1}{4}(1+\xi_r\xi)(1+\eta_r\eta) \qquad (r=i, j, m, k)$$

上式即为我们前面介绍的式(2-35)。关于其完备性和协调性的检验这里不再验证，有兴趣的读者可以自行完成。

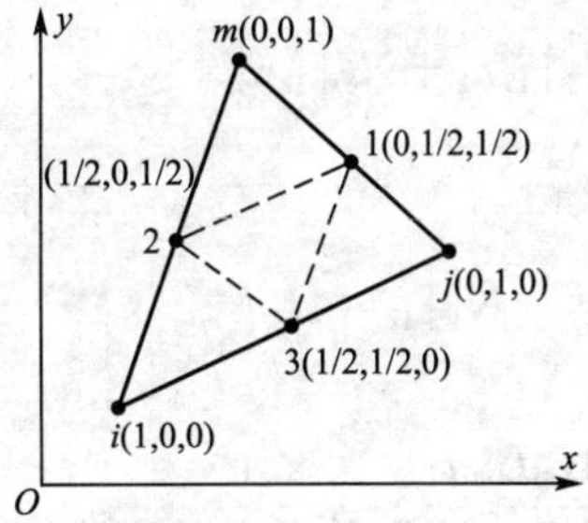

图 6.3 平面 6 结点三角形单元形函数的构造

例 6-3 在面积坐标系下求图 6.3 所示 6 结点三角形单元的形函数。

(1) 构造形函数

如图所示，欲构造 i 结点的形函数 $N_i(L_i, L_j, L_m)$，同样可以构造两条直线，一条经过 j 结点、m 结点和 1 结点，其直线方程为 $F_1(L_i, L_j, L_m)=L_i=0$；另一条经过 2 结点和 3 结点，其直线方程为 $F_2(L_i, L_j, L_m)=L_i-\frac{1}{2}=0$。因此有：

$$\begin{aligned} N_i(L_i, L_j, L_m) &= \frac{F_1(L_i, L_j, L_m)F_2(L_i, L_j, L_m)}{F_1\left[(L_i)_i, (L_j)_i, (L_m)_i\right] F_2\left[(L_i)_i, (L_j)_i, (L_m)_i\right]} = \frac{L_i(L_i-1/2)}{1\times 1/2} \\ &= L_i(2L_i-1) \end{aligned}$$

同理可以构造 j 结点、m 结点的形函数，有

$$N_j(L_i, L_j, L_m)=L_j(2L_j-1), \quad N_m(L_i, L_j, L_m)=L_m(2L_m-1)$$

欲构造 1 结点的形函数 $N_1(L_i, L_j, L_m)$，同样可以构造两条直线，一条经过 m 结点、i 结点和 2 结点，其直线方程为 $F_1(L_i, L_j, L_m)=L_j=0$；另一条经过 i 结点、j 结点和 3 结点，其直线方程为 $F_2(L_i, L_j, L_m)=L_m=0$。因此有：

$$N_1(L_i, L_j, L_m)=\frac{F_1(L_i, L_j, L_m)F_2(L_i, L_j, L_m)}{F_1[(L_i)_1, (L_j)_1, (L_m)_1]F_2[(L_i)_1, (L_j)_1, (L_m)_1]}=\frac{L_jL_m}{(1/2)\times(1/2)}$$
$$=4L_jL_m$$

同理可以构造2结点、3结点的形函数，有

$$N_2(L_i, L_j, L_m)=4L_mL_i, N_3(L_i, L_j, L_m)=4L_iL_j$$

可以看到，上述形函数即为前面介绍的式(2-49)。

(2)完备性的检验

$$\begin{aligned}\sum_{r=1}^{n}N_r(L_i,L_j,L_m) &= L_i(2L_i-1)+L_j(2L_j-1)+L_m(2L_m-1)+4L_jL_m+4L_mL_i+4L_iL_j\\ &= 2(L_i+L_j+L_m)^2-(L_i+L_j+L_m)\\ &= 1\end{aligned}$$

$$\sum_{r=1}^{n}N_r(L_i,L_j,L_m)(L_i)_r = N_i(L_i)_i+N_j(L_i)_j+N_m(L_i)_m+N_1(L_i)_1+N_2(L_i)_2+N_3(L_i)_3$$
$$= L_i(2L_i-1)\times1+L_j(2L_j-1)\times0+L_m(2L_m-1)\times0+4L_jL_m\times0+4L_mL_i\times\frac{1}{2}+4L_iL_j\times\frac{1}{2}$$
$$= L_i(2L_i-1)+2L_mL_i+2L_iL_j$$
$$= L_i(2L_i-1)+2L_i(1-L_i-L_j)+2L_iL_j$$
$$= L_i$$

同理有：

$$\sum_{r=1}^{n}N_r(L_i,L_j,L_m)(L_j)_r=L_j,\quad \sum_{r=1}^{n}N_r(L_i,L_j,L_m)(L_m)_r=L_m$$

(3)协调性的检验

在$j1m$边上，$L_i=0$，其位移为：

$$u|_{12}=N_i|_{12}u_i+N_j|_{12}u_j+N_m|_{12}u_m+N_1|_{12}u_1+N_2|_{12}u_2+N_3|_{12}u_3$$

因

$$N_i|_{12}=N_2|_{12}+N_3|_{12}=0$$
$$N_j|_{12}=L_j(2L_j-1),\quad N_m|_{12}=L_m(2L_m-1),\quad N_1|_{12}=4L_jL_m$$

故有

$$u|_{12}=L_j(2L_j-1)u_j+L_m(2L_m-1)u_m+4L_jL_mu_1$$

从上式可以看到，$j1m$边上的位移是L_j、L_m的二次函数，若$j1m$边为单元公共边界，其上的位移可由j、m、1三个公共点的位移确定为二次变化，故能够保证位移函数在$j1m$边上的协调性。类似地，可以证明位移函数其他边上也是协调的。

6.2 有限单元法分析结果的精度

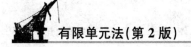

有限单元法分析作为一种数值求解方法，不可避免地会产生误差，其误差主要来源于两方面：一方面，将连续体离散成有限个单元后，会产生离散误差，一般情况下，这种误差会随着网格划分越来越密而减少，也就是说，其计算结果将越来越趋近于真实解；另一方面，受实数在计算机里的存储方式的限制，如实数1.0，在计算机里可能认为是0.999999999，也可能认为是1.000000001，因此不可避免地产生计算误差，这种误差是很

难消除的，不过随着计算机技术的进步，其误差也会越来越小。下面我们对有限单元法分析的结果进行讨论。

6.2.1 求解精度的估计

以平面问题为例，单元的位移场$u(x, y)$可以按照多元函数的 Taylor 公式展开成如下的形式：

$$u(x, y)=u(x_i, y_i)+\left(\Delta x\frac{\partial}{\partial x}+\Delta y\frac{\partial}{\partial y}\right)u(x_i, y_i)+\frac{1}{2!}\left(\Delta x\frac{\partial}{\partial x}+\Delta y\frac{\partial}{\partial y}\right)^2u(x_i, y_i)+\frac{1}{3!}\left(\Delta x\frac{\partial}{\partial x}+\Delta y\frac{\partial}{\partial y}\right)^3u(x_i, y_i)+\cdots \tag{6-6}$$

如果设单元的尺寸为h，则式(6－6)中的Δx、Δy与h是同一数量级。若单元的位移函数采用p阶完全多项式，则其存在p阶偏导数，因此能够逼近上述 Taylor 级数的前p阶多项式，其误差估计为$O(h^{p+1})$，也就是说，其位移函数的误差将是$O(h^{p+1})$量级。以平面3结点三角形为例，由于位移函数为线性插值函数，因此多项式阶数$p=1$，因此$u(x, y)$的误差为$O(h^2)$量级，可以预计其收敛速度也是$O(h^2)$量级。或者说，在第一次有限元分析的基础上，若再将单元的尺寸减小一半后重新进行分析，则$u(x, y)$的误差是前一次分析误差的$(1/2)^2=1/4$。

按照同样的推论，也可以对应力和应变等进行分析。若应变是位移的m阶偏导数给出，则它的误差是$O(h^{p-m+1})$量级，如采用平面3结点三角形单元进行分析时，由于$p=m=1$，因此其应变的误差是$O(h)$量级。

若单元的位移函数满足完备性和协调性，当单元尺寸$h\to 0$时，有限元分析结果是单调收敛的，其将趋向于真实解，因此可以根据两次分析的结果估计准确值。设第一次分析的结果为$u_i^{(1)}$，单元尺寸为h，第二次分析时将单元尺寸减小一半，即变为$h/2$，此时计算结果为$u_i^{(2)}$。若单元的收敛速度为$O(h^s)$，则可以根据式(6－7)对准确解u_i进行估计：

$$\frac{u_i^{(1)}-u_i}{u_i^{(2)}-u_i}=\frac{O(h^s)}{O((h/2)^s)}=2^s \tag{6-7}$$

如对于平面3结点三角形单元，有$s=2$，因此根据式(6－7)可以得到：

$$\frac{u_i^{(1)}-u_i}{u_i^{(2)}-u_i}=4$$

即

$$u_i=\frac{1}{3}(4u_i^{(2)}-u_i^{(1)})$$

以上分析仅仅考虑了网格化所带来的离散误差，对于计算机运算所带来的数值计算误差这里不进行讨论。

6.2.2 分析结果的性质

系统的总势能可以表达为：

$$\Pi=U-W=\frac{1}{2}\boldsymbol{\delta}^{\mathrm{T}}\boldsymbol{K}\boldsymbol{\delta}-\boldsymbol{\delta}^{\mathrm{T}}\boldsymbol{F} \tag{6-8}$$

这里 $\boldsymbol{\delta}$ 为结点位移矩阵，$\boldsymbol{K}$ 为刚度矩阵，$\boldsymbol{F}$ 为荷载矩阵。根据极小势能原理 $\Delta\Pi=0$，可以得到有限单元法分析的刚度方程：

$$\boldsymbol{K\delta}=\boldsymbol{F} \tag{6-9}$$

将式(6-9)代入式(6-8)可以得到：

$$\Pi=\frac{1}{2}\boldsymbol{\delta}^{\mathrm{T}}\boldsymbol{K\delta}-\boldsymbol{\delta}^{\mathrm{T}}\boldsymbol{K\delta}=-\frac{1}{2}\boldsymbol{\delta}^{\mathrm{T}}\boldsymbol{K\delta}=-U=-\frac{1}{2}W \tag{6-10}$$

实际上，系统只有在真实解(精确解)的情况下才能得到真正意义上的极小值(用 Π_{true} 表示)，而通过有限单元法分析得到的总势能是一种近似值(用 Π_{appr} 表示)，并且有：

$$\Pi_{\text{appr}}>\Pi_{\text{true}} \tag{6-11}$$

由式(6-10)可以知道，

$$U_{\text{appr}}<U_{\text{true}} \tag{6-12}$$

这里 U_{appr} 表示由计算的位移表达的应变能，U_{true} 表示由精确的位移表达的应变能。设对应于近似解的结点位移矩阵为 $\boldsymbol{\delta}_{\text{appr}}$，刚度矩阵为 $\boldsymbol{K}_{\text{appr}}$，则其刚度方程为：

$$\boldsymbol{K}_{\text{appr}}\boldsymbol{\delta}_{\text{appr}}=\boldsymbol{F} \tag{6-13}$$

同理，设对应于精确解的结点位移矩阵为 $\boldsymbol{\delta}_{\text{true}}$，刚度矩阵为 $\boldsymbol{K}_{\text{true}}$，则其刚度方程为：

$$\boldsymbol{K}_{\text{true}}\boldsymbol{\delta}_{\text{true}}=\boldsymbol{F} \tag{6-14}$$

对应的应变能为：

$$\begin{aligned}U_{\text{appr}}&=\frac{1}{2}\boldsymbol{\delta}_{\text{appr}}{}^{\mathrm{T}}\boldsymbol{K}_{\text{appr}}\boldsymbol{\delta}_{\text{appr}}\\U_{\text{true}}&=\frac{1}{2}\boldsymbol{\delta}_{\text{true}}{}^{\mathrm{T}}\boldsymbol{K}_{\text{true}}\boldsymbol{\delta}_{\text{true}}\end{aligned} \tag{6-15}$$

将式(6-15)代入式(6-12)，并结合式(6-13)和式(6-14)有：

$$\boldsymbol{\delta}_{\text{appr}}<\boldsymbol{\delta}_{\text{true}} \tag{6-16}$$

由式(6-16)可以看到，近似解的位移要小于精确解的位移，这就是有限单元法分析结果的性质。

上述性质可以从物理上进行解释：连续体从理论上来说具有无穷多个自由度，采用有限单元法进行离散以后，由于只考虑了结点位移，其自由度变成有限个了。也就是说，离散以后使用了有限个自由度来近似描述原来具有无限个自由度的系统，由于系统承受的荷载不变，必然会使原系统的刚度增大，即刚度矩阵的整体数值要变大，由刚度方程可知，所求得的位移在总体上将变小。

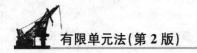

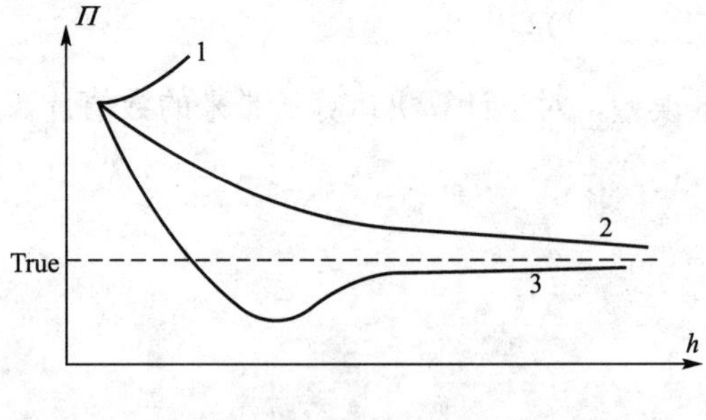

图 6.4　位移函数几种可能的收敛情况

1—发散；2—协调单元；3—非协调单元

需要说明的是，因为位移函数的收敛准则包含完备性和协调性两个条件，其中的完备性(包含刚体位移和常量应变)很容易得到满足，而协调性(位移的连续性)则比较难满足，因此通常讨论位移函数时是讨论它的协调性。上面介绍的性质是针对协调单元来说的。对于非协调单元，由于其违反了极小势能原理的前提之一(即位移的连续性要求)，其解也不具有上述性质，随着单元尺寸的变小，其势能变化如

图 6.4 中曲线 3 所示。但是在有些情况下，使用非协调单元也可以得到工程上满意的结果，甚至有时得到的结果比协调单元的精度还要高，这是因为位移不协调所造成的误差与来自其他方面的误差相互抵消所造成的。

6.2.3 共用结点上应力的处理

根据整体刚度方程计算出结点位移后，对于每个单元可以根据方程：

$$\boldsymbol{\sigma}=\boldsymbol{DB\delta}^{ⓔ}=\boldsymbol{S\,\delta}^{ⓔ} \tag{6-17}$$

计算出单元上任意点的应力。通常我们是计算其结点处的应力，由于单元的一个结点可能是多个单元的共用结点，这样，同一个结点根据式(6-17)计算出来的应力值通常是不同的，因此有必要对计算结果进行处理。通常的处理方法是将各单元在共用结点上计算的应力进行平均或加权平均。

1. 绕结点平均法

绕结点平均处理就是将同一结点周围各单元计算的应力取算术平均，作为该结点的应力值。如果 i 结点周围有 n 个单元，则 i 结点的应力为：

$$\boldsymbol{\sigma}_i=\frac{1}{n}\sum_{j=1}^{n}\boldsymbol{\sigma}_i^j \tag{6-18}$$

如图 6.5 所示中的结点 1 和结点 2，其应力值为：

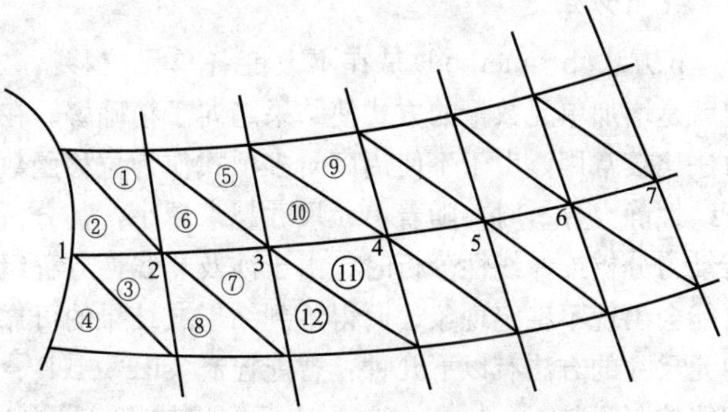

图 6.5 共用结点上应力处理

$$\boldsymbol{\sigma}_1=\frac{1}{3}[\boldsymbol{\sigma}^{②}+\boldsymbol{\sigma}^{③}+\boldsymbol{\sigma}^{④}]$$

$$\boldsymbol{\sigma}_2=\frac{1}{6}[\boldsymbol{\sigma}^{①}+\boldsymbol{\sigma}^{②}+\boldsymbol{\sigma}^{③}+\boldsymbol{\sigma}^{⑥}+\boldsymbol{\sigma}^{⑦}+\boldsymbol{\sigma}^{⑧}]$$

2. 绕结点加权平均法

通常围绕某结点的单元形状和大小不一样，因此上述绕结点平均法计算的应力值误差比较大，一种更加合理的处理方法是考虑单元的大小，按单元的面积或体积进行加权平均。同样，如果 i 结点周围有 n 个单元，则 i 结点的应力为：

$$\boldsymbol{\sigma}_i=\sum_{j=1}^{n}\eta^j\boldsymbol{\sigma}_i^j \tag{6-19}$$

这里 η^j 表示单元 j 的权系数，有

$$\eta^j=\frac{A^j}{\sum_{j=1}^{n}A^j} \quad 或 \quad \eta^j=\frac{V^j}{\sum_{j=1}^{n}V^j}$$

式中，A 表示单元的面积，V 表示单元的体积。加权平均法考虑了单元大小对计算结果的影响，相对来说比直接平均法计算的结果要好。当各单元的面积或体积相等时，加权平均法处理结果与直接平均法处理结果相等。

应当说明的是，当共用结点位于连续体内部(即内结点)时，上述处理方法具有较好的表征性，但在边界结点处可能比较差，所以边界结点处的应力可以用插值法由内结点的应力推算。如图6.5中1结点的应力可由2、3、4号结点的应力用抛物线插值公式计算。

此外，若需要计算单元共用边界上某点应力，则可以进行类似的处理，即首先根据单元应力计算公式(6-17)计算每个单元在该点的应力值，然后采用直接平均或加权平均的方法计算该点的应力值。至于应变值的计算，其与应力的处理方式是一样的。

6.2.4 提高精度的方法

运用有限单元法对结构体进行分析不可避免的会产生误差，其误差大小会直接影响到计算结果的可靠性，因此，在进行分析时必须尽可能地控制误差，提高计算精度。通常用来提高计算精度方法有如下几种。

1. h方法

h方法(h-method)是在不改变各单元位移函数的情况下，通过逐步减小单元尺寸，也就是增加单元数量的方式使结果趋向于精确解。在有限单元法分析的实际应用中，这种方法比较常用，由于不使用高阶多项式作为位移函数，其数值稳定性和可靠性较好。在进行线性静力分析时，随着单元尺寸越来越小，其分析结果将越来越趋向于精确解。但在进行动力分析或非线性分析时，由于涉及非线性方程组的求解，当单元尺寸小到一定程度时可能会出现不稳定现象，而得不到结果或结果的可靠性比较差。在Ansys平台上面，控制单元尺寸的方法有以下几种：智能控制(size level)、定义单元边长、定义单元数量。对于智能控制，其size level值越大表示网格越粗，最大为10，最小为1，如图6.6所示显示了几种不同size level值的网格划分效果，网格划分时使用自由网格划分方法(Free)。

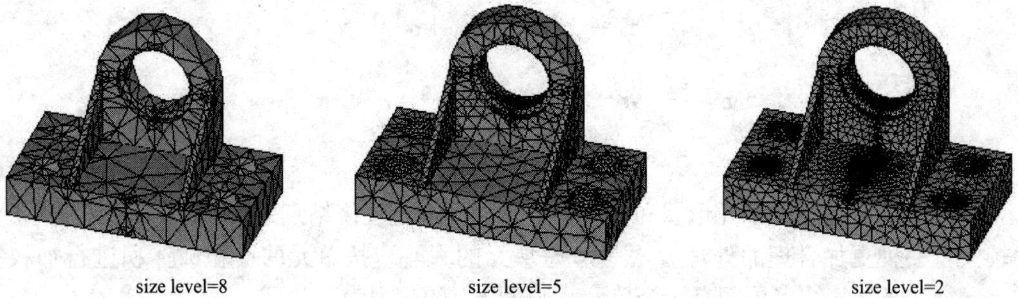

图6.6 用不同尺寸的单元进行网格划分

2. p方法

p方法(p-method)是在网格划分固定不变的情况下，通过增加单元位移函数的阶次，也就是增加单元结点数目的方式来提高计算精度。前面已指出，计算的位移误差估计为$O(h^{p+1})$，即位移函数阶数越高，其误差越小。如开始时采用3结点三角形单元，然后采用6结点三角形单元或10结点三角形单元。实践表明，p方法的收敛性大大优于h方法。由于p方法采用高阶多项式作为位移函数，会出现数值稳定性问题，另外，由于计算机容量和速度的限制，多项式的阶次不能太高。尤其是在进行振动和稳定问题求解高阶特征值时，无论采用 h 方法还是 p 方法均不能令人满意，这是由于多项式插值本身的局限性造成的。

3. 自适应方法

自适应方法(adaptive method)是运用反馈原理，利用上一步的计算结果来修改有限元模型。它是一种需要多次计算的方法，可以分别和 h 方法、p 方法、h－p 方法结合，分别称为 h 自适应方法、p 自适应方法、h－p 自适应方法。自适应方法由误差指示算子(error indicator)来监控，其收敛速度由误差估计(error estimation)算子来表征。

自适应方法是一种能自动调整其算法以改进求解过程的数值方法，其包括多种技术，如误差估计、自适应网格改进、非线性问题中荷载增量的确定、瞬态问题中时间步长的调整等。其分析过程如图 6.7 所示。

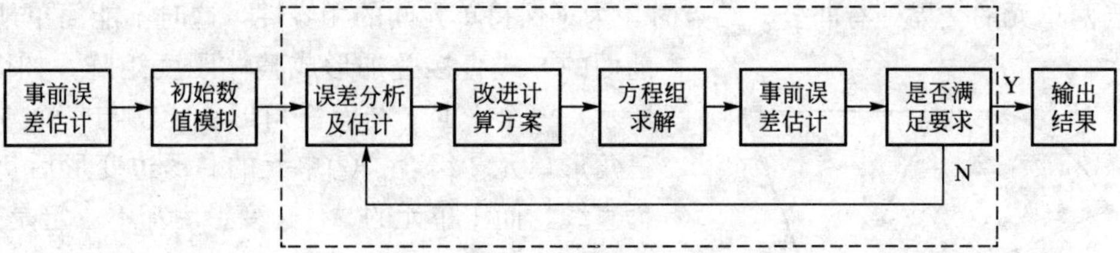

图 6.7 自适应方法分析过程

6.3 不同单元的组合

在对实际工程结构进行分析计算时，由于结构的复杂性，仅用一种类型的单元对结构进行离散往往很困难。如某些形状复杂的结构，有些区域可以采用矩形单元，但在边界复杂的区域只能使用三角形单元；对于桌子，当四条腿比较细时可以用梁单元，桌面可以用二维单元或三维单元；有些厚度不均匀的空间结构，可以在比较厚的部位用三维单元而在比较薄的部位采用壳单元；梁与板的组合更是工程上常见的结构。因此，在实际分析计算时必须考虑不同单元之间的组合问题。

1. 相邻单元具有共同结点

当相邻的两个单元具有共同的结点并且结点的自由度相同时，依然可以按照前面介绍的形成整体刚度矩阵的方法将单元刚度矩阵的元素放入整体刚度矩阵中。如图 6.8 所示的结构由两个 3 结点三角形单元和一个 4 结点矩形单元组成，其单元刚度矩阵分别可以表示成如下的形式：

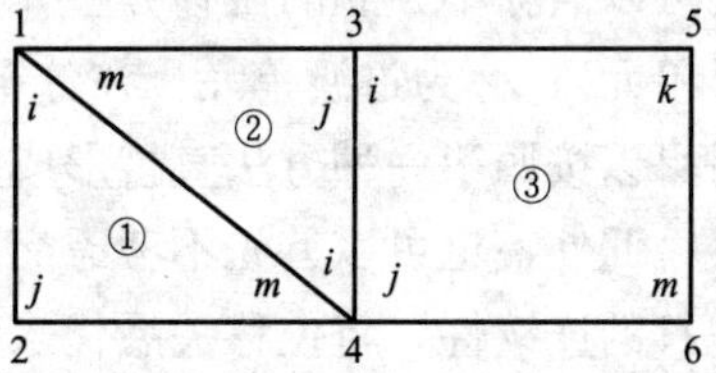

图 6.8 相邻单元有共同结点的组合

$$
\boldsymbol{k}^{①}=\overset{\begin{matrix}1 & \quad 2 & \quad 4\end{matrix}}{\begin{bmatrix} k_{ii} & k_{ij} & k_{im} \\ k_{ji} & k_{jj} & k_{jm} \\ k_{mi} & k_{mj} & k_{mm} \end{bmatrix}}\begin{matrix}1\\2\\4\end{matrix}
\quad
\boldsymbol{k}^{②}=\overset{\begin{matrix}4 & \quad 3 & \quad 1\end{matrix}}{\begin{bmatrix} k_{ii} & k_{ij} & k_{im} \\ k_{ji} & k_{jj} & k_{jm} \\ k_{mi} & k_{mj} & k_{mm} \end{bmatrix}}\begin{matrix}4\\3\\1\end{matrix}
\quad
\boldsymbol{k}^{③}=\overset{\begin{matrix}3 & \quad 4 & \quad 6 & \quad 5\end{matrix}}{\begin{bmatrix} k_{ii} & k_{ij} & k_{im} & k_{ik} \\ k_{ji} & k_{jj} & k_{jm} & k_{jk} \\ k_{mi} & k_{mj} & k_{mm} & k_{mk} \\ k_{ki} & k_{kj} & k_{km} & k_{kk} \end{bmatrix}}\begin{matrix}3\\4\\6\\5\end{matrix}
$$

则其整体刚度矩阵为：

$$
\begin{array}{c}
\begin{matrix} \quad 1 & \quad 2 & \quad 3 & \qquad 4 & \qquad 5 & \quad 6 \end{matrix} \\
\boldsymbol{K}=\left[\begin{array}{c:c:c:c:c:c}
k_{ii}^{\textcircled{1}}+k_{mm}^{\textcircled{2}} & k_{ij}^{\textcircled{1}} & k_{mj}^{\textcircled{2}} & k_{im}^{\textcircled{1}} & +k_{mi}^{\textcircled{2}} & 0 \\ \hdashline
k_{ji}^{\textcircled{1}} & k_{jj}^{\textcircled{1}} & 0 & k_{jm}^{\textcircled{1}} & 0 & 0 \\ \hdashline
k_{jm}^{\textcircled{2}} & 0 & k_{jj}^{\textcircled{2}}+k_{ii}^{\textcircled{3}} & k_{ji}^{\textcircled{2}}+k_{ij}^{\textcircled{3}} & k_{ik}^{\textcircled{3}} & k_{jm}^{\textcircled{3}} \\ \hdashline
k_{mi}^{\textcircled{1}}+k_{im}^{\textcircled{2}} & k_{mj}^{\textcircled{1}} & k_{ij}^{\textcircled{2}}+k_{jj}^{\textcircled{3}} & k_{mm}^{\textcircled{1}}+k_{ii}^{\textcircled{2}}+k_{jj}^{\textcircled{3}} & k_{jk}^{\textcircled{3}} & k_{jm}^{\textcircled{3}} \\ \hdashline
0 & 0 & k_{ki}^{\textcircled{3}} & k_{kj}^{\textcircled{3}} & k_{kk}^{\textcircled{3}} & k_{km}^{\textcircled{3}} \\ \hdashline
0 & 0 & k_{mi}^{\textcircled{3}} & k_{mj}^{\textcircled{3}} & k_{mk}^{\textcircled{3}} & k_{mm}^{\textcircled{3}}
\end{array}\right]\begin{matrix} 1 \\ 2 \\ 3 \\ 4 \\ 5 \\ 6 \end{matrix}
\end{array}
$$

2. 相邻单元具有非共同结点

当两单元的交界处有非公共结点时，为了保持单元间的相容性，这时不能简单地按照前面的方式直接叠加形成整体刚度矩阵。如图 6.9 所示，一个平面 6 结点三角形单元①与一个 3 结点三角形单元②组合。②单元的 AB 边变形后仍保持为直线，而①单元的 AB 边变形后却不一定是直线。这样，为了保证 ①、②单元之间位移的连续性，对 ① 单元的变形必须加以限制，使 ACB 边变形后仍保持为直线，记：

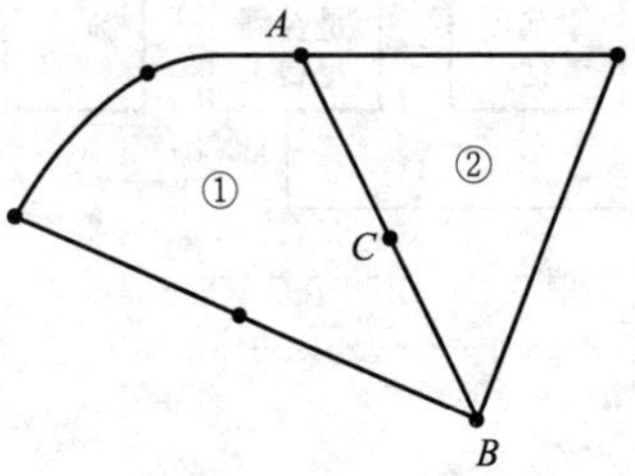

图 6.9　相邻单元有非共同结点的组合

$$\alpha=\frac{BC}{AB},\quad \beta=\frac{AC}{AB}$$

则要求 C 点的位移与 A、B 点的位移之间满足如下关系：

$$u_C=\alpha u_A+\beta u_B,\quad v_C=\alpha v_A+\beta v_B$$

由此可见，C 点的位移不是独立的位移分量了，它是由 A、B 点的位移确定的。

通常情况下，高精度单元与低精度单元相结合时，在公共边界处必须将高精度单元的位移函数降为低精度单元的位移函数，以保证边界处位移的连续性。将上式代入①单元的位移插值函数：

$$\boldsymbol{d}^{\text{ⓔ}}=\boldsymbol{N}\boldsymbol{\delta}^{\text{ⓔ}}$$

则可以消除不独立的位移分量 u_C、v_C，这样就构造了一个去掉 C 结点的单元(5 结点三角形单元)，称为过渡单元。在分析中采用过渡单元后，在单元交界处位移将是连续的，这时可以按照第一种方法直接形成整体刚度矩阵。

此外，也可以首先不考虑交界处位移的连续性，待形成整体刚度矩阵后再考虑 C 结点位移的连续性，将位移关系代入整体刚度方程消去位移分量 u_C、v_C，得到一个降阶的整体刚度方程。

3. 梁单元与平面单元的连接

由于平面梁单元每个结点有 3 个自由度(u、v、θ)，而平面单元每个结点只有 2 个自由度(u、v)，因此当这两种单元连接时，为了保持位移的连续性，需要根据具体情况进行适当的变换后才能集成整体刚度矩阵。

如图 6.10 所示的结构由 1 个梁单元和几个矩形单元组成。其中梁单元的一个截面连接了矩形单元①的结点 1、2，另一个截面连接了矩形单元②的结点 3、4，对于梁单元来说，其结点通常定义在截面的中心，即图中 A、B 两点。因此分析时必须找出 A、B 点位移与结点 1、2、3、4 的位移之间的关系。

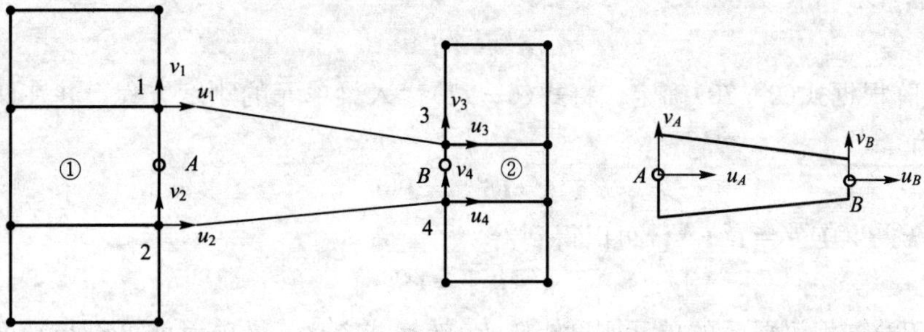

图 6.10　梁单元与平面单元的组合

由于 A 点处在 1、2 点的中间，B 点处在 3、4 点的中间，因此 A、B 点的线位移与结点 1、2、3、4 的位移之间的关系为：

$$\begin{cases} u_A=\dfrac{1}{2}(u_1+u_2) \\ v_A=\dfrac{1}{2}(v_1+v_2) \end{cases},\quad \begin{cases} u_B=\dfrac{1}{2}(u_3+u_4) \\ v_B=\dfrac{1}{2}(v_3+v_4) \end{cases}$$

对于转角位移，如图 6.11 所示，设变形后 1、2 点分别移到了 $1'$、$2'$点，A 点移到了 A' 点，若设 1、2 点之间的距离为 h_A，则 A 点的转角位移为：

$$\theta_A=\frac{u_2-u_1}{h_A}$$

同理 B 点的转角位移为：

$$\theta_B=\frac{u_4-u_3}{h_B}$$

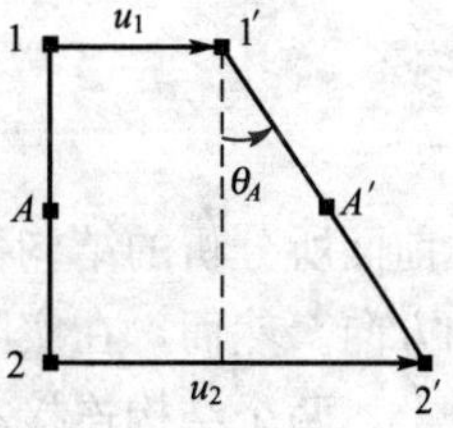

图 6.11　转角位移的计算

这里 h_B 为 3、4 点之间的距离。将上面几个等式写成矩阵形式有：

$$\begin{bmatrix} u_A \\ v_A \\ \theta_A \\ u_B \\ v_A \\ \theta_B \end{bmatrix}=\begin{bmatrix} \frac{1}{2} & 0 & \frac{1}{2} & 0 & 0 & 0 & 0 & 0 \\ 0 & \frac{1}{2} & 0 & \frac{1}{2} & 0 & 0 & 0 & 0 \\ \frac{-1}{h_A} & 0 & \frac{1}{h_A} & 0 & 0 & 0 & 0 & 0 \\ 0 & 0 & 0 & 0 & \frac{1}{2} & 0 & \frac{1}{2} & 0 \\ 0 & 0 & 0 & 0 & 0 & \frac{1}{2} & 0 & \frac{1}{2} \\ 0 & 0 & 0 & 0 & \frac{-1}{h_B} & 0 & \frac{1}{h_B} & 0 \end{bmatrix}\begin{bmatrix} u_1 \\ v_1 \\ u_2 \\ v_2 \\ u_3 \\ v_3 \\ u_4 \\ v_4 \end{bmatrix} \tag{6-20}$$

这样，式(6－20)给出了梁单元常规结点位移：

$$\boldsymbol{\delta}^{ⓔ}=[u_A \quad v_A \quad \theta_A \quad u_B \quad v_A \quad \theta_B]^{\mathrm{T}}$$

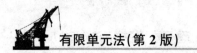

与梁单元新结点位移：

$$\boldsymbol{\delta}'^{ⓔ}=[u_1 \quad v_1 \quad u_2 \quad v_2 \quad u_3 \quad v_3 \quad u_4 \quad v_4]^{\mathrm{T}}$$

之间的关系：

$$\boldsymbol{\delta}^{ⓔ}=\boldsymbol{T}\boldsymbol{\delta}'^{ⓔ} \tag{6-21}$$

式中，$\boldsymbol{T}$ 矩阵根据式(6-20)确定。将式(6-21)代入梁单元的刚度方程，并在两边左乘矩阵 $\boldsymbol{T}^{\mathrm{T}}$，则有

$$\boldsymbol{T}^{\mathrm{T}}\boldsymbol{k}^{ⓔ}\boldsymbol{T}\boldsymbol{\delta}'^{ⓔ}=\boldsymbol{T}^{\mathrm{T}}\boldsymbol{F}^{ⓔ}$$

设 $\boldsymbol{k}'^{ⓔ}=\boldsymbol{T}^{\mathrm{T}}\boldsymbol{k}^{ⓔ}\boldsymbol{T}$，$\boldsymbol{F}'^{ⓔ}=\boldsymbol{T}^{\mathrm{T}}\boldsymbol{F}^{ⓔ}$，可以得到：

$$\boldsymbol{k}'^{ⓔ}\boldsymbol{\delta}'^{ⓔ}=\boldsymbol{F}'^{ⓔ} \tag{6-22}$$

通过式(6-22)，把梁单元的单元刚度矩阵 $\boldsymbol{k}^{ⓔ}$ 转换成 $\boldsymbol{k}'^{ⓔ}$，梁单元就可以与平面单元进行组合了。

由上述转换关系可以看出，这种转换与前面介绍的梁单元从局部坐标变换到整体坐标的转换方式有类似的地方，可以理解为一种广义的坐标变换。对于梁单元与空间体单元连接时的转换有类似的关系，这里不再推导，请大家自已完成推导过程。

此外，关于梁单元与板单元或壳单元的组合问题比较复杂，有兴趣的读者可以参考有关文献。

6.4 约束方式的模拟

前面所分析的结构都是一些基本结构，其位移的约束形式只考虑了沿整体坐标系的坐标轴方向。然而，在实际的工程结构中经常遇到一些特殊的约束形式，如约束支座固定在斜坡上，两个结构连接在一起却可以沿着接触面滑动，弹簧支座的约束，两根杆件通过圆柱铰接点连接等。下面将对几种常遇到的约束形式进行讨论。

1. 斜支承的处理

如图6.12所示的 AB 杆，在 B 点处有一倾斜的支座约束，使得 B 点在 y' 方向上不能移动，但在 x' 方向可以自由移动，即 B 点在 y' 方向的位移为零，在 x' 方向的位移不受限制。要处理这类约束问题，需要对 B 点的位移进行坐标转换。

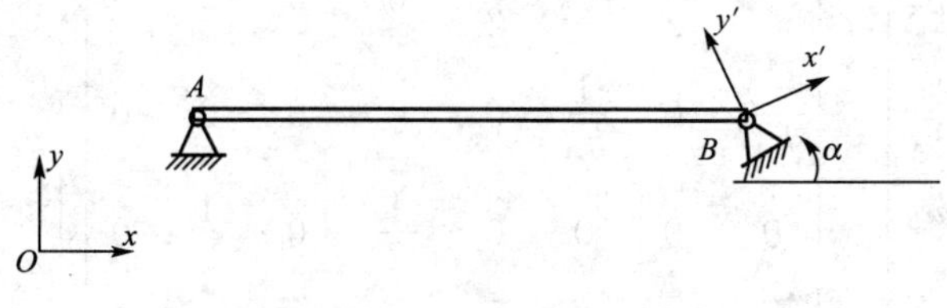

图6.12 斜支承的处理

设 B 点沿整体坐标系 x、y 轴方向的位移为 u_B、v_B，沿局部坐标系 x'、y' 的位移为 u'_B、v'_B，则可以得到他们之间的关系：

$$\begin{bmatrix} u_B \\ v_B \end{bmatrix}=\begin{bmatrix} \cos\alpha & -\sin\alpha \\ \sin\alpha & \cos\alpha \end{bmatrix}\begin{bmatrix} u'_B \\ v'_B \end{bmatrix} \tag{6-23}$$

记为：

$$\boldsymbol{\delta}_B=\boldsymbol{T}\boldsymbol{\delta}_B' \tag{6-24}$$

其中 $\boldsymbol{T}$ 矩阵由式(6-23)确定。将整体位移矩阵分成两个子块，一块为 $\boldsymbol{\delta}_B$，剩下的位移分量记为 $\boldsymbol{\delta}_A$，对应的结点荷载记为 $\boldsymbol{F}_B$、$\boldsymbol{F}_A$，则整体刚度方程可以写成如下的分块形式：

$$\begin{bmatrix}\boldsymbol{K}_{BB} & \boldsymbol{K}_{BA}\\ \boldsymbol{K}_{AB} & \boldsymbol{K}_{AA}\end{bmatrix}\begin{bmatrix}\boldsymbol{\delta}_B\\ \boldsymbol{\delta}_A\end{bmatrix}=\begin{bmatrix}\boldsymbol{F}_B\\ \boldsymbol{F}_A\end{bmatrix} \tag{6-25}$$

将式(6-24)代入式(6-25)并进行整理可以得到：

$$\begin{bmatrix}\boldsymbol{K}_{BB}\boldsymbol{T} & \boldsymbol{K}_{BA}\\ \boldsymbol{K}_{AB}\boldsymbol{T} & \boldsymbol{K}_{AA}\end{bmatrix}\begin{bmatrix}\boldsymbol{\delta}_B'\\ \boldsymbol{\delta}_A\end{bmatrix}=\begin{bmatrix}\boldsymbol{F}_B\\ \boldsymbol{F}_A\end{bmatrix} \tag{6-26}$$

为了保持整体刚度矩阵的对称性，对式(6-26)中第一式前乘 $\boldsymbol{T}^{\mathrm{T}}$ 矩阵，得：

$$\begin{bmatrix}\boldsymbol{T}^{\mathrm{T}}\boldsymbol{K}_{BB}\boldsymbol{T} & \boldsymbol{T}^{\mathrm{T}}\boldsymbol{K}_{BA}\\ \boldsymbol{K}_{AB}\boldsymbol{T} & \boldsymbol{K}_{AA}\end{bmatrix}\begin{bmatrix}\boldsymbol{\delta}_B'\\ \boldsymbol{\delta}_A\end{bmatrix}=\begin{bmatrix}\boldsymbol{F}_B'\\ \boldsymbol{F}_A\end{bmatrix} \tag{6-27}$$

其中，

$$\boldsymbol{F}_B'=\boldsymbol{T}^{\mathrm{T}}\boldsymbol{F}_B$$

经过这样的处理后，引入 B 点的约束条件就与前面介绍的方法一样了。不过上面的处理方式比较费时，不利于计算机处理。因此，实际计算时可以在形成单元刚度矩阵和结点荷载之后，对 B 点进行坐标变换，把变换后的单元刚度矩阵和结点荷载矩阵叠加到整体刚度矩阵和整体荷载矩阵中的相应位置。若结构有多个斜支承约束，可以进行类似的处理。

2. 接触面处理

在工程分析计算中，经常遇到两部分物体相互接触的情况，如考虑桩土之间的相互作用，桩与土的接触面。在处理这类问题时，接触面两侧应各自有对应的结点，并且结点是成对设置的，如图 6.13 所示。

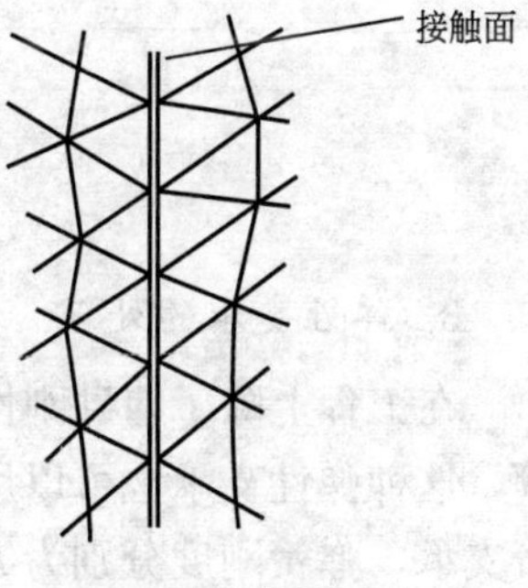

图 6.13 接触面处理

设结构离散后总自由度为 n，其整体刚度方程为：

$$\boldsymbol{K}\boldsymbol{\delta}=\boldsymbol{F}$$

若将有关联的结点位移间的约束写为 m 个线性方程：

$$\boldsymbol{K}'\boldsymbol{\delta}=0$$

这里 $\boldsymbol{K}'$ 为 $m\times n$ 阶矩阵。由于受 m 个条件限制，故 $\boldsymbol{\delta}$ 中有 m 个结点位移分量不独立。将不独立的位移分量记为 $\boldsymbol{\delta}_D$，其余独立的结点位移分量记为 $\boldsymbol{\delta}_I$，则上式可以改写为：

$$\begin{bmatrix}\boldsymbol{K}_D & \boldsymbol{K}_I\end{bmatrix}\begin{bmatrix}\boldsymbol{\delta}_D\\ \boldsymbol{\delta}_I\end{bmatrix}=0$$

其中，$\boldsymbol{K}_D$ 为 m 阶方阵。从上式可以得到：

$$\boldsymbol{\delta}_D=-\boldsymbol{K}_D^{-1}\boldsymbol{K}_I\boldsymbol{\delta}_I$$

因此可以得到全部结点位移与独立结点位移之间的关系：

$$\boldsymbol{\delta}=\begin{bmatrix}\boldsymbol{\delta}_I\\ \boldsymbol{\delta}_D\end{bmatrix}=\begin{bmatrix}\boldsymbol{I}\\ -\boldsymbol{K}_D^{-1}\boldsymbol{K}_I\end{bmatrix}\boldsymbol{\delta}_I=\boldsymbol{T}\boldsymbol{\delta}_I \tag{6-28}$$

这里 $\boldsymbol{T}$ 由式(6-28)确定，$\boldsymbol{I}$ 为 $n-m$ 阶单位矩阵。将式(6-28)代入整体刚度方程并进行转换可以得到：

$$T^{T}KT\delta_{I}=T^{T}F$$

设

$$K_{I}=T^{T}KT,\ F_{I}=T^{T}F, \tag{6-29}$$

则

$$K_{I}\delta_{I}=F_{I} \tag{6-30}$$

式(6-30)即为对应于独立结点与结点荷载的刚度方程，它是 $n-m$ 阶方程，也就是说对原刚度方程进行了降阶处理，处理后的系数矩阵仍具有对称性。

前面的处理方法是按照位移约束条件对整体刚度方程进行修改。除此之外，可以在约束点处沿法线方向增加一拉压杆单元，并取拉压杆单元的轴向刚度非常大，即 EA/l 取一大数，如 10^{20} 或 10^{30}，将增加的拉压杆单元组合到原结构后，固定新增加的结点。如图 6.12所示，增加一结点 C，使 BC 组成拉压杆单元，C 点固定[图 6.14(a)]。又如，在某些分析中要求结构上 A、B 两点之间没有相对位移。此时，可以在 A、B 两点之间增加一个轴向刚度非常大的拉压杆单元[图 6.14(b)]，这种增加的单元有时称为伪单元。上述接触面对应两个结点之间也可以采用增加一伪单元的形式进行处理。

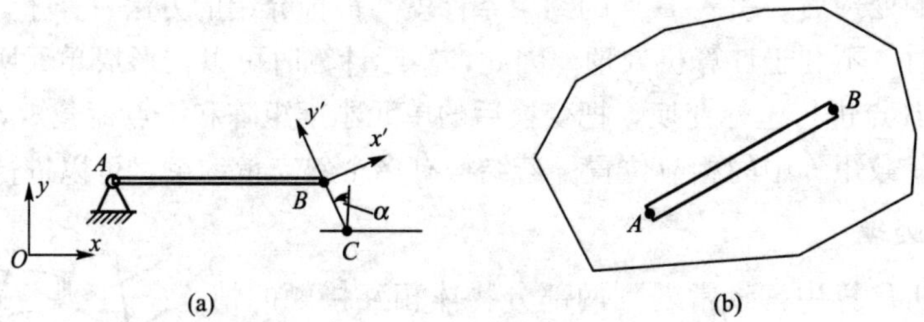

图 6.14　增加伪单元

3. 弹性支承的处理

在工程上除了遇到刚性支承外，还经常遇到弹性支承的情况，如弹性地基、减振弹簧等，这种弹性支承也可以用桁架单元来模拟。如图 6.15(a)所示的梁，在 B 点和 C 点为弹簧支承，弹簧刚度分别为 k_1、k_2，则可以将这两处支承用桁架单元来模拟，如图 6.15(b)所示，在 B 点处增加一桁架单元 BB'，使其刚度矩阵元素 $EA/l=k_1$；在 C 点处增加一桁架单元 CC'，使其刚度矩阵元素 $EA/l=k_2$。

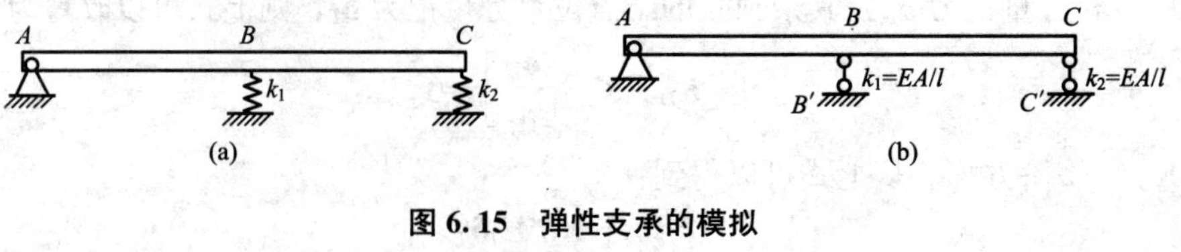

图 6.15　弹性支承的模拟

4. 铰结点的处理

在工程上除了遇到前面介绍的几种约束形式外，往往会遇到刚结点与铰结点同时存在于结构的某一位置的情形(图 6.16)。

对于铰结点处，由于其转角位移不一样，因此通常需要在该处用两个结点号，如果按

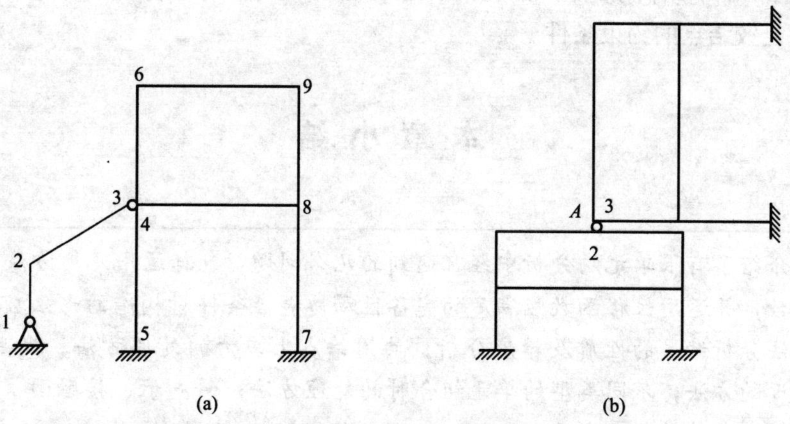

图 6.16 铰结点的模拟

照先处理法的思路，在该处水平方向的位移码采用同一编号，同样垂直方向的位移码也采用同一编号，但转角位移码则分别采用不同的编号，这时可以很好地进行求解。但采用后处理法时，上述方法就不适应了。此时可以在铰结点处增加抗压刚度无穷大而弯曲刚度为零的垂直与水平两根虚拟的刚架单元。这样处理后，所有结点都可以作为刚结点进行分析。例如图 6.16(b)中的 A 处的铰结点，编号分别为 2、3，则加在 2、3 结点间的水平方向的虚拟刚架单元其单元刚度矩阵在整体坐标系下为：

$$\boldsymbol{k}^{ⓔ}=\begin{bmatrix} N & 0 & 0 & -N & 0 & 0 \\ 0 & 0 & 0 & 0 & 0 & 0 \\ 0 & 0 & 0 & 0 & 0 & 0 \\ -N & 0 & 0 & N & 0 & 0 \\ 0 & 0 & 0 & 0 & 0 & 0 \\ 0 & 0 & 0 & 0 & 0 & 0 \end{bmatrix}$$

而加在 2、3 结点间的垂直方向的虚拟刚架单元其单元刚度矩阵在整体坐标系下为：

$$\boldsymbol{k}^{ⓔ}=\begin{bmatrix} 0 & 0 & 0 & 0 & 0 & 0 \\ 0 & N & 0 & 0 & -N & 0 \\ 0 & 0 & 0 & 0 & 0 & 0 \\ 0 & 0 & 0 & 0 & 0 & 0 \\ 0 & -N & 0 & 0 & N & 0 \\ 0 & 0 & 0 & 0 & 0 & 0 \end{bmatrix}$$

这里 N 为一非常大的数，表示虚拟单元的抗压刚度。这样处理后将单元刚度矩阵元素加入整体刚度矩阵中，在整体刚度方程中含有大数的四个方程为：

$$\begin{cases} \cdots+(K_{44}+N)u_2+\cdots+(K_{47}-N)u_3+\cdots=\cdots \\ \cdots+(K_{55}+N)v_2+\cdots+(K_{58}-N)v_3+\cdots=\cdots \\ \cdots+(K_{74}-N)u_2+\cdots+(K_{77}+N)u_3+\cdots=\cdots \\ \cdots+(K_{85}-N)v_2+\cdots+(K_{88}+N)v_3+\cdots=\cdots \end{cases}$$

式中，K_{ij} 是原结构整体刚度矩阵的元素，当 N 足够大时，可以得到 $u_2=u_3$ 和 $v_2=v_3$，这样也可以满足铰结点的约束条件。

本章小结

主要介绍了有限单元法分析中经常遇到的几个问题，包括运用几何方法构造 C_0 类单元形函数，并运用位移函数应满足的完备性和协调性条件对构造的形函数进行检验；有限单元法分析结果的性质及精度分析；共用结点上应力的处理方法；提高有限单元法计算精度的方法；不同类型的单元组合时的处理方法；斜支承、接触面、弹性支承、铰结点等约束条件的处理方法。

根据 C_0 类单元形函数的性质之一，即本结点上形函数的值为1，其他结点上形函数的值为0这一性质，运用几何方法构造形函数，然后对形函数进行完备性和协调性检验。利用这一方法可以快速确定复杂单元的形函数。

有限单元法求解的位移值总体上比精确值要小，这是由于将无限自由度的连续体离散成有限自由度的单元体后整体刚度矩阵增加所引起的。通常可以用h法、p法或反馈法来提高分析结果的精度。

当不同类型的单元组合使用时，在两种类型的单元结合处，高精度单元必须向低精度单元转化，以满足位移的相容性条件。

可以通过增加虚拟单元的形式来处理不同的约束条件，这一方法对于利用计算机编程计算具有较好的通用性。

习　题

6.1　一般情况下，有限单元法总是过高计算了结构的刚度，因而求得的位移一般小于真实解，为什么？如果单元不满足协调性要求，情况如何？为什么？

6.2　什么是 C_0 类单元和 C_1 类单元？举例说明。

6.3　求图6.17所示5结点矩形单元的形函数。

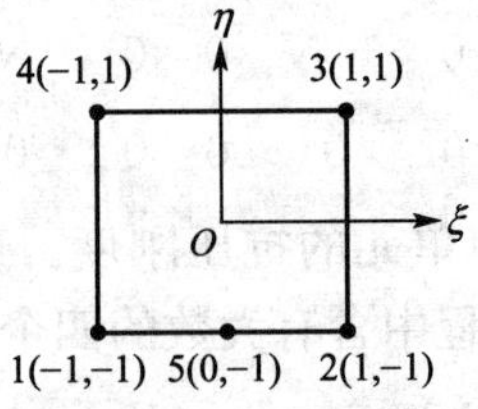

图6.17　习题6.3图

6.4　运用几何方法构造8结点矩形单元的形函数，并检验其完备性和协调性。

6.5　试推导梁单元与空间体单元连接时的转换关系。

附录 A　弹性力学基本知识

在有限单元法分析中，需要用到弹性力学中的一些基本知识。因此，本部分介绍一下弹性力学的基本方程和能量原理。

A.1　基本方程

1. 平衡(运动)微分方程

平衡(运动)微分方程是从微观上描述物体在外力作用下的运动状态的方程，表现的是应力、体力和位移之间的关系，其方程如下所示：

$$\begin{cases} \dfrac{\partial \sigma_x}{\partial x}+\dfrac{\partial \tau_{xy}}{\partial y}+\dfrac{\partial \tau_{xz}}{\partial z}+f_x=\rho\dfrac{\partial^2 u}{\partial t^2} \\ \dfrac{\partial \tau_{xy}}{\partial x}+\dfrac{\partial \sigma_y}{\partial y}+\dfrac{\partial \tau_{yz}}{\partial z}+f_y=\rho\dfrac{\partial^2 v}{\partial t^2} \\ \dfrac{\partial \tau_{zx}}{\partial x}+\dfrac{\partial \tau_{zy}}{\partial y}+\dfrac{\partial \sigma_z}{\partial z}+f_z=\rho\dfrac{\partial^2 w}{\partial t^2} \end{cases} \tag{A-1}$$

当物体处于平衡状态时，式(A-1)右边为0，即为静力学分析时的平衡微分方程。若用矩阵形式表示位移、体积力、应力，则分别为：

$$\begin{aligned} \boldsymbol{d}&=[u \quad v \quad w]^{\mathrm{T}} \\ \boldsymbol{f}_V&=[f_x \quad f_y \quad f_z]^{\mathrm{T}} \\ \boldsymbol{\sigma}&=[\sigma_x \quad \sigma_y \quad \sigma_z \quad \tau_{xy} \quad \tau_{yz} \quad \tau_{xz}]^{\mathrm{T}} \end{aligned} \tag{A-2}$$

同时，若引入如下微分算子矩阵：

$$\boldsymbol{A}=\begin{bmatrix} \dfrac{\partial}{\partial x} & 0 & 0 & \dfrac{\partial}{\partial y} & 0 & \dfrac{\partial}{\partial z} \\ 0 & \dfrac{\partial}{\partial y} & 0 & \dfrac{\partial}{\partial x} & \dfrac{\partial}{\partial z} & 0 \\ 0 & 0 & \dfrac{\partial}{\partial z} & 0 & \dfrac{\partial}{\partial y} & \dfrac{\partial}{\partial x} \end{bmatrix} \tag{A-3}$$

则根据矩阵乘法规则不难证明，体内一点的运动方程可用如下矩阵方程表示：

$$\boldsymbol{A\sigma}+\boldsymbol{f}_V=\rho\frac{\partial^2 \boldsymbol{d}}{\partial t^2} \tag{A-4}$$

2. 几何方程

几何方程是描述发生变形后的应变与位移之间的关系的方程，在小变形假设条件下，它们之间的关系为

$$\begin{cases}\varepsilon_x=\dfrac{\partial u}{\partial x} & \gamma_{xy}=\dfrac{\partial u}{\partial y}+\dfrac{\partial v}{\partial x}\\ \varepsilon_y=\dfrac{\partial v}{\partial y} & \gamma_{yz}=\dfrac{\partial v}{\partial z}+\dfrac{\partial w}{\partial y}\\ \varepsilon_z=\dfrac{\partial w}{\partial z} & \gamma_{zx}=\dfrac{\partial w}{\partial x}+\dfrac{\partial u}{\partial z}\end{cases} \tag{A-5}$$

记应变矩阵

$$\boldsymbol{\varepsilon}=[\varepsilon_x\quad\varepsilon_y\quad\varepsilon_z\quad\gamma_{xy}\quad\gamma_{yz}\quad\gamma_{zx}]^{\mathrm{T}} \tag{A-6}$$

则由矩阵乘法不难验证几何方程可用如下矩阵方程表示：

$$\boldsymbol{\varepsilon}=\boldsymbol{A}^{\mathrm{T}}\boldsymbol{d} \tag{A-7}$$

式中，$\boldsymbol{A}^{\mathrm{T}}$ 为微分算子 $\boldsymbol{A}$ 的转置矩阵。

3. 物理方程

物理方程是描述应力与应变之间的关系的方程，工程上常称为本构关系。不同材料其本构关系往往不同，对于各向同性线性材料，任一点处的应力-应变可由广义胡克(Hooke)定律给出，即

$$\begin{cases}\varepsilon_x=\dfrac{1}{E}\left[\sigma_x-\mu(\sigma_y+\sigma_z)\right] & \gamma_{xy}=\dfrac{2(1+\mu)}{E}\tau_{xy}\\ \varepsilon_y=\dfrac{1}{E}\left[\sigma_y-\mu(\sigma_x+\sigma_z)\right] & \gamma_{yz}=\dfrac{2(1+\mu)}{E}\tau_{yz}\\ \varepsilon_z=\dfrac{1}{E}\left[\sigma_z-\mu(\sigma_y+\sigma_x)\right] & \gamma_{zx}=\dfrac{2(1+\mu)}{E}\tau_{zx}\end{cases} \tag{A-8}$$

当记

$$\boldsymbol{D}^{-1}=\frac{1}{E}\begin{bmatrix}1 & -\mu & -\mu & 0 & 0 & 0\\ -\mu & 1 & -\mu & 0 & 0 & 0\\ -\mu & -\mu & 1 & 0 & 0 & 0\\ 0 & 0 & 0 & 2(1+\mu) & 0 & 0\\ 0 & 0 & 0 & 0 & 2(1+\mu) & 0\\ 0 & 0 & 0 & 0 & 0 & 2(1+\mu)\end{bmatrix} \tag{A-9}$$

时，本构关系可用如下矩阵方程表示：

$$\boldsymbol{\varepsilon}=\boldsymbol{D}^{-1}\boldsymbol{\sigma} \tag{A-10}$$

或

$$\boldsymbol{\sigma}=\boldsymbol{D}\boldsymbol{\varepsilon} \tag{A-11}$$

这里 $\boldsymbol{D}$ 为弹性矩阵，其表达式为：

$$
\boldsymbol{D}=\frac{E(1-\mu)}{(1+\mu)(1-2\mu)}\begin{bmatrix} 1 & \frac{\mu}{1-\mu} & \frac{\mu}{1-\mu} & 0 & 0 & 0 \\ \frac{\mu}{1-\mu} & 1 & \frac{\mu}{1-\mu} & 0 & 0 & 0 \\ \frac{\mu}{1-\mu} & \frac{\mu}{1-\mu} & 1 & 0 & 0 & 0 \\ 0 & 0 & 0 & \frac{1-2\mu}{2(1-2\mu)} & 0 & 0 \\ 0 & 0 & 0 & 0 & \frac{1-2\mu}{2(1-2\mu)} & 0 \\ 0 & 0 & 0 & 0 & 0 & \frac{1-2\mu}{2(1-2\mu)} \end{bmatrix} \tag{A-12}
$$

4. 边界条件

边界条件是求解弹性力学问题必不可少的条件，主要用来确定偏微分方程求解过程中的积分常数，包括应力边界条件和位移边界条件。其应力边界条件为：

$$
\begin{cases} f_{Sx}=\sigma_x l+\tau_{xy}m+\tau_{xz}n \\ f_{Sy}=\tau_{yx}l+\sigma_y m+\tau_{yz}n \\ f_{Sz}=\tau_{zx}l+\tau_{zy}m+\sigma_z n \end{cases} \tag{A-13}
$$

用矩阵形式表示为：

$$
\boldsymbol{L\sigma}-\boldsymbol{f}_s=0 \tag{A-14}
$$

式中，$\boldsymbol{L}$ 为方向余弦矩阵。

位移边界条件为：

$$
\begin{cases} u=\bar{u} \\ v=\bar{v} \\ w=\bar{w} \end{cases} \tag{A-15}
$$

用矩阵表示为：

$$
\boldsymbol{d}-\bar{\boldsymbol{d}}=0 \tag{A-16}
$$

A.2 能量原理

1. 应变能和外力做功

弹性体在外力的作用下产生变形，则在其内部将具有应变能(又称为变形能或形变势能)，其表达式为：

$$
U=\frac{1}{2}\int_V \boldsymbol{\varepsilon}^{\mathrm{T}}\boldsymbol{\sigma}\mathrm{d}V \tag{A-17}
$$

若弹性体受到体力和面力作用，其内部会产生变形，则外力所做的功为：

$$
W=\int_V (f_x u+f_y v+f_z w)\mathrm{d}V+\int_S (f_{Sx}u+f_{Sy}v+f_{Sz}w)\mathrm{d}S
$$

用矩阵表示为：

$$W=\int_V \boldsymbol{d}^{\mathrm{T}}\boldsymbol{f}_v\mathrm{d}V+\int_S \boldsymbol{d}^{\mathrm{T}}\boldsymbol{f}_s\mathrm{d}S \tag{A-18}$$

2. 虚位移原理与虚功方程

弹性体在虚位移过程中，形变势能的增加等于外力势能的减少，也就是等于外力所做的功。

外力的虚功为：

$$\Delta W=\int_V \Delta\boldsymbol{d}^{\mathrm{T}}\boldsymbol{f}_v\mathrm{d}V+\int_S \Delta\boldsymbol{d}^{\mathrm{T}}\boldsymbol{f}_s\mathrm{d}S \tag{A-19}$$

虚应变能为：

$$\Delta U=\int_V \Delta\boldsymbol{\varepsilon}^{\mathrm{T}}\boldsymbol{\sigma}\mathrm{d}V \tag{A-20}$$

这里 $\Delta\boldsymbol{d}^{\mathrm{T}}$ 表示产生的虚位移，$\Delta\boldsymbol{\varepsilon}$ 表示虚应变。根据虚功方程，有

$$\Delta W=\Delta U \tag{A-21}$$

3. 极小势能原理

在给定的外力作用下，在满足位移边界条件的所有各组位移状态中，实际存在的一组位移应使总势能成为极小值。在外力作用下，由于外力做了功，消耗了外力势能，因此弹性体的外力势能为：

$$V=-W$$

系统的总势能为：

$$\Pi=U+V=U-W \tag{A-22}$$

要使上述泛函存在极小值，则泛函的变分应为 0，即

$$\delta\Pi=\delta(U-W)=0 \tag{A-23}$$

应该说明的是，极小势能原理和虚功方程是等价的，通过运算，可以由极小势能原理(或虚功方程)导出平衡微分方程与应力边界条件。

附录 B　线性方程组的求解

在有限单元法分析中，当得到结构的整体刚度方程后，需要考虑怎样来求解这一方程组，在线性静力分析中它是一线性方程组。线性方程组的解法可以分为两大类，即直接解法和迭代解法。直接解法的特点是对于一个给定的线性方程组，事先可以按规定的算法计算其所需要的算术运算，直接给出最后的结果。迭代解法的特点是首先假设一个初始解，然后按照一定的算法进行迭代，在迭代过程中进行误差检查，直至满足精度要求，并输出最后的解答。

给定含有 n 个未知量 x_1、x_2、…、x_n的 n 阶线性方程：

$$\begin{cases} a_{11}x_1+a_{12}x_2+a_{13}x_3+\cdots a_{1i}x_i+\cdots+a_{1n}x_n=b_1 \\ a_{21}x_1+a_{22}x_2+a_{23}x_3+\cdots a_{2i}x_i+\cdots+a_{2n}x_n=b_2 \\ a_{31}x_1+a_{32}x_2+a_{33}x_3+\cdots a_{3i}x_i+\cdots+a_{3n}x_n=b_3 \\ \vdots \\ a_{i1}x_1+a_{i2}x_2+a_{i3}x_3+\cdots a_{ii}x_i+\cdots+a_{in}x_n=b_i \\ \vdots \\ a_{n1}x_1+a_{n2}x_2+a_{n3}x_3+\cdots a_{ni}x_i+\cdots+a_{nn}x_n=b_n \end{cases} \tag{B-1}$$

下面考虑方程组(B-1)的求解方法。

B.1　Gauss(高斯)消元法

Gauss 消元法是最基本的求解方法，当方程组的阶数比较小时，其计算效率和效果均比较理想。它分为两步完成对方程组的求解，第一步是消元的过程，将方程组(B-1)的系数矩阵化为上三角或下三角矩阵；第二步是回代，从上三角矩阵的底部开始往回代，依次解出 $x_n \sim x_1$。

1. 消元

首先，从方程组(B-1)的第 1 个方程解出 x_1的表达式：

$$x_1=\frac{1}{a_{11}}\left[b_1-(a_{12}x_2+a_{13}x_3+\cdots a_{1i}x_i+\cdots+a_{1n}x_n)\right] \tag{B-2}$$

将式(B-2)依次代入方程组(B-1)的第 2～n 个方程，这样就可以消去后面 $n-1$ 个方程中未知量 x_1。如代入第 2 个方程，有

$$\frac{a_{21}}{a_{11}}\left[b_1-(a_{12}x_2+a_{13}x_3+\cdots a_{1i}x_i+\cdots+a_{1n}x_n)\right]+a_{22}x_2+a_{23}x_3+\cdots a_{2i}x_i+\cdots+a_{2n}x_n=b_2$$

设 $L_{21}=a_{21}/a_{11}$，这时方程 $x_2 \sim x_n$前面的系数分别为：

$$a_{22}-L_{21}a_{12}$$
$$a_{23}-L_{21}a_{13}$$
$$\cdots$$
$$a_{2n}-L_{21}a_{1n}$$

右边的常数项为：$b_2-L_{21}b_1$，实际编程计算时，新的系数依然保存在原来的数组中，因此

依然记为 a_{2i} 和 b_2。对于其他方程进行类似的处理，这样方程组(B-1)就变成：

$$\begin{cases} a_{11}x_1+a_{12}x_2+a_{13}x_3+\cdots a_{1i}x_i+\cdots+a_{1n}x_n=b_1 \\ a_{22}x_2+a_{23}x_3+\cdots a_{2i}x_i+\cdots+a_{2n}x_n=b_2 \\ a_{32}x_2+a_{33}x_3+\cdots a_{3i}x_i+\cdots+a_{3n}x_n=b_3 \\ \vdots \\ a_{i2}x_2+a_{i3}x_3+\cdots a_{ii}x_i+\cdots+a_{in}x_n=b_i \\ \vdots \\ a_{n2}x_2+a_{n3}x_3+\cdots a_{ni}x_i+\cdots+a_{nn}x_n=b_n \end{cases} \tag{B-3}$$

注意方程组(B-3)中从第2个方程开始其系数和右边的常数均与(B-1)中对应的数不同。这样就完成了一次消元。然后，从方程组(B-3)的第2个方程解出 x_2 的表达式：

$$x_2=\frac{1}{a_{22}}[b_2-(a_{23}x_3+\cdots a_{2i}x_i+\cdots+a_{2n}x_n)] \tag{B-4}$$

将式(B-4)依次代入方程组(B-3)的第3～n个方程，这样就可以消去后面 $n-2$ 个方程中的未知量 x_2。经过 $n-1$ 迭代后，就可以得到如下的方程组：

$$\begin{cases} a_{11}x_1+a_{12}x_2+a_{13}x_3+\cdots a_{1i}x_i+\cdots+a_{1n}x_n=b_1 \\ a_{22}x_2+a_{23}x_3+\cdots a_{2i}x_i+\cdots+a_{2n}x_n=b_2 \\ a_{33}x_3+\cdots a_{3i}x_i+\cdots+a_{3n}x_n=b_3 \\ \vdots \\ a_{ii}x_i+\cdots+a_{in}x_n=b_i \\ \vdots \\ a_{nn}x_n=b_n \end{cases} \tag{B-5}$$

上述过程即是Gauss消元法的第一步，每次迭代其系数和常数可以表示为：

$$a_{ij}^{(m)}=a_{ij}^{(m-1)}-\frac{a_{im}^{(m-1)}}{a_{mm}^{(m-1)}}a_{mj}^{(m-1)} \tag{B-6}$$

$$b_i^{(m)}=b_i^{(m-1)}-\frac{a_{im}^{(m-1)}}{a_{mm}^{(m-1)}}b_m^{(m-1)}$$

$$(m=1,\ 2,\ \cdots,\ n-1;\quad i,\ j=m+1,\ m+2,\ \cdots,\ n)$$

这里上标 $(m-1)$ 表示消元前的系数，(m) 表示消元后的新系数。

2. 回代

从方程组(B-5)可以看出，从第 n 个方程可以解出 x_n，然后代入第 $n-1$ 个方程，可以解出 x_{n-1}，这样依次往回迭代，最终可以求出全部未知数。用公式可以表示为：

$$\begin{aligned} x_n &= \frac{b_n^{(n-1)}}{a_{nn}^{(n-1)}} \\ x_i &= \frac{1}{a_{ii}^{(n-1)}}\left[b_i^{(n-1)}-\sum_{j=i+1}^{n}a_{ij}^{(n-1)}x_j\right]\quad (i=n-1,n-2,\cdots,1) \end{aligned} \tag{B-7}$$

3. Gauss主元消元法

从前述Gauss消元法的过程可以看出，在消去元素 x_i 时，必须除以 x_i 的系数 a_{ii}，因此当系数 $a_{ii}=0$ 时，计算不能正常进行，这时需要在第 $i\sim n$ 个方程中寻找 x_i 的系数不为0

的方程，而如果$|a_{ii}| \ll 1.0$，那么它作为除数就会引起其他元素非常大，这样会引起比较大的误差，甚至使方程不能求解。因此必须对 Gauss 消元法进行改进，其方法有三种：在系数矩阵的某一列选择绝对值最大的元素，称为列主元消元法；在系数矩阵的某一行选择绝对值最大的元素，称为行主元消元法；在系数矩阵的所有元素中选择绝对值最大的元素，称为全选主元消元法。下面对列主元消元法进行介绍。

当我们需要消去元素 x_i 时，则从 $a_{ji}(j=i, i+1, \cdots, n)$中寻找绝对值最大的元素，设为 a_{ki}，然后将第 k 个方程与第 i 个方程的位置进行交换，再进行消元。在计算机实现时，实际上是交换系数矩阵 k 行与第 i 行的元素，以及常量矩阵第 k 个元素与第 i 个元素。用公式表示为：

$$a_{kj} \leftrightarrow a_{ij} \quad (j=i, i+1, \cdots, n)$$

$$b_k \leftrightarrow b_i$$

4. Gauss 列主元消元法程序

```
int equation_solve_gauss (float**a,int n,float*b,int method)
/*------------------------------------------------------------------------------------------
    高斯列主元消去法求解常系数线性方程组  ax=b
--------------------------------------------------------------------------------------------
    输入:
         a:二维数组,存放方程组的系数矩阵,返回时被破坏
         b:一维数组,存放方程组右边的常量,返回时存放方程组的解
         n:方程组的阶数
    method:=0,高斯消去法;其他,高斯列主元消去法
    输出:
         b:方程组的解
    返回:
        如果方程组无解,返回-1;如果方程组有解,返回 0
-------------------------------------------------------------------------------------------*/
{
    int i,j,k,  res=0;
    float tmp,lik;

    for(k=0;k<n-1;k++){
        if(method){                    // 选列主元
        res=select_main_column(a,b,n,m);
        if(res== -1) return res;
    } // 完成选列主元

    // 开始消元
    for(i=k+1;i<n;i++){                          // 方程循环,从 k+1 个方程开始
        lik=a[i][k]/a[k][k];
        a[i][k]=0.0;                              // 每个方程主对角线前面的系数都为 0
        for(j=k+1;j<n;j++){                      // 计算方程的每个系数
```

```
                a[i][j]=a[i][j]-lik*a[k][j];
            }
            b[i]=b[i]-lik*b[k];                    //计算方程右边的常量
        }
    } //完成消元

    //回代
    b[n-1]=b[n-1]/a[n-1][n-1];
    for(i=n-2;i>=0;i--){
        tmp=0.0;
        for(j=i+1;j<n;j++)  tmp=tmp+a[i][j]*b[j];
        b[i]=(b[i]-tmp)/a[i][i];
    }  //完成回代

    return res;
}
```

其中选择主元的函数

```
int select_main_column(float**a,float*b,int n,int m)
/*---------------------------------------------------------------------------------------
    选列主元
---------------------------------------------------------------------------------------
    输入:
        a:二维数组,存放方程组的系数矩阵
        b:一维数组,存放方程组右边的常量
        n:方程组的阶数
        m:从 a[m][m]~a[n][m] 中选择主元
    返回:
      如果无主元,返回-1;否则,返回 0,返回时已交换主元位置
---------------------------------------------------------------------------------------*/
{
    int i,j,is;
    float fmax,tmp;

    //找绝对值最大的数
    fmax=-1.0;
    for(i=m;i<n;i++){
        tmp=fabs(a[i][m]);
        if(fmax<tmp){
            fmax=tmp;
            is=i;        //最大值所在的行号
        }
    }
```

```
    //最大值如果为零,则方程组无解,退出
    if(fmax<=0.0){
        printf("No solution for the equation!!!\n");
        return-1;
    }
    //交换两行数据的位置
    if(is!=m){
        for(j=m;j<n;j++){                    //交换系数矩阵两行数据
            swap(&a[is][j],&a[m][j]);
        }
        swap(&b[is],&b[m]);                  //交换方程右边常量两行数据
    }
    return 0;
}
```

上面用到的交换两个数据的函数如下：

```
void  swap(float*a,float*b)
/*-------------------------------------------------------------------------
    功能:交换两个实型数据
---------------------------------------------------------------------------
    输入:
        a:指向第一个数据地址的指针,返回时空间保存的是第二个数据
        b:指向第二个数据地址的指针,返回时空间保存的是第一个数据
-------------------------------------------------------------------------*/
{
    float tmp;
    tmp=*a;
    *a=*b;
    *b=tmp;
}
```

B.2　Gauss-Jordan(高斯—约当)消元法

前面介绍的Gauss消元法是将系数矩阵转化成上三角或下三角矩阵，然后进行回代求解。如果能够将系数矩阵消元成一个单元矩阵，这样右端的常数项就是方程组的解，这就是Gauss-Jordan消元法，因此，Gauss-Jordan消元法没有回代的过程。下面介绍一下其消元的过程。

1. 第一次消元

第一步：对于方程组(B-1)中的第1个方程，两边除以a_{11}，使x_1的系数为1，这一过程表示为：

$$a_{1i}^{(1)}=a_{1i}^{(0)}/a_{11}^{(0)},\quad b_1^{(1)}=b_1^{(0)}/a_{11}^{(0)}\quad (i=1,\ 2,\ \cdots,\ n)$$

这里上标(0)表示原系数矩阵元素，(1)表示第一次消元更新后的系数(仍保存在原来的

位置)。

第二步：对剩下的 $n-1$ 个方程，将 x_1 的系数消去，即使其系数为0。为此，在消第2个方程 x_1 的系数时需要将第1个方程两边乘以系数 a_{21}，然后第2个方程减去第1个方程，新方程的系数为：

$$a_{2j}^{(1)}=a_{2j}^{(0)}-a_{21}^{(0)}a_{1j}^{(1)},\ b_2^{(1)}=b_2^{(0)}-a_{21}^{(0)}b_1^{(1)}\quad (j=1,\ 2,\ \cdots,\ n)$$

类似地，消第3个方程 x_1 的系数时需要将第1个方程两边乘以系数 a_{31}，然后第3个方程减去第1个方程，新方程的系数为：

$$a_{3j}^{(1)}=a_{3j}^{(0)}-a_{31}^{(0)}a_{1j}^{(1)},\ b_3^{(1)}=b_3^{(0)}-a_{31}^{(0)}b_1^{(1)}\quad (j=1,\ 2,\ \cdots,\ n)$$

依次对每个方程进行处理后，最终得到一个新的方程组：

$$\begin{cases} x_1+a_{12}^{(1)}x_2+a_{13}^{(1)}x_3+\cdots a_{1i}^{(1)}x_i+\cdots+a_{1n}^{(1)}x_n=b_1^{(1)} \\ \qquad a_{22}^{(1)}x_2+a_{23}^{(1)}x_3+\cdots a_{2i}^{(1)}x_i+\cdots+a_{2n}^{(1)}x_n=b_2^{(1)} \\ \qquad a_{32}^{(1)}x_2+a_{33}^{(1)}x_3+\cdots a_{3i}^{(1)}x_i+\cdots+a_{3n}^{(1)}x_n=b_3^{(1)} \\ \qquad \vdots \\ \qquad a_{i2}^{(1)}x_2+a_{i3}^{(1)}x_3+\cdots a_{ii}^{(1)}x_i+\cdots+a_{in}^{(1)}x_n=b_i^{(1)} \\ \qquad \vdots \\ \qquad a_{n2}^{(1)}x_2+a_{n3}^{(1)}x_3+\cdots a_{ni}^{(1)}x_i+\cdots+a_{nn}^{(1)}x_n=b_n^{(1)} \end{cases} \tag{B-8}$$

注意(B-8)中的系数和右边的常数项均与(B-1)的对应项不同了。经过上面两步，就完成了一次消元过程。

2. 第二次消元

第一步：将方程组(B-8)中第2个方程两边除以系数 $a_{22}^{(1)}$，使 x_2 的系数为1，这一过程表示为：

$$a_{2i}^{(2)}=a_{2i}^{(1)}/a_{22}^{(1)},\quad b_2^{(2)}=b_2^{(1)}/a_{22}^{(1)}\quad (i=2,\ \cdots,\ n)$$

上标(2)表示第二次消元更新后的系数。

第二步：对剩下的 $n-1$ 个方程，将 x_2 的系数消去，即使其系数为0。为此，在消第1个方程 x_2 的系数时需要将第2个方程两边乘以系数 $a_{12}^{(1)}$，然后第1个方程减去第2个方程，新方程的系数为：

$$a_{1j}^{(2)}=a_{1j}^{(1)}-a_{12}^{(1)}a_{2j}^{(2)},\quad b_1^{(2)}=b_1^{(1)}-a_{12}^{(1)}b_1^{(2)}\quad (j=2,\ \cdots,\ n)$$

类似地，消第3个方程 x_2 的系数时需要将第2个方程两边乘以系数 $a_{32}^{(1)}$，然后第3个方程减去第2个方程，新方程的系数为：

$$a_{3j}^{(2)}=a_{3j}^{(1)}-a_{32}^{(1)}a_{2j}^{(2)},\quad b_3^{(2)}=b_3^{(1)}-a_{32}^{(1)}b_2^{(2)}\quad (j=2,\ \cdots,\ n)$$

依次对每个方程进行处理后，最终得到一个新的方程组：

$$\begin{cases} x_1+\ 0\ +a_{13}^{(2)}x_3+\cdots a_{1i}^{(2)}x_i+\cdots+a_{1n}^{(2)}x_n=b_1^{(2)} \\ \qquad x_2+a_{23}^{(2)}x_3+\cdots a_{2i}^{(2)}x_i+\cdots+a_{2n}^{(2)}x_n=b_2^{(2)} \\ \qquad\quad a_{33}^{(2)}x_3+\cdots a_{3i}^{(2)}x_i+\cdots+a_{3n}^{(2)}x_n=b_3^{(2)} \\ \qquad\quad \vdots \\ \qquad\quad a_{i3}^{(2)}x_3+\cdots a_{ii}^{(2)}x_i+\cdots+a_{in}^{(2)}x_n=b_i^{(2)} \\ \qquad\quad \vdots \\ \qquad\quad a_{n3}^{(2)}x_3+\cdots a_{ni}^{(2)}x_i+\cdots+a_{nn}^{(2)}x_n=b_n^{(2)} \end{cases} \tag{B-9}$$

这样经过 n 次消元后，方程组的系数矩阵将变成一个单位矩阵，右端的常数项就是方程组的解。

3. 第 m 次消元

第一步：用该消元行的主元 $a_{mm}^{(m-1)}$ 除该行的所有元素，这样主元就变成了 1，即：

$$\begin{cases} a_{mj}^{(m)} = a_{mj}^{(m-1)} / a_{mm}^{(m-1)} \\ b_m^{(m)} = b_m^{(m-1)} / a_{mm}^{(m-1)} \end{cases} \quad (j=m,\ m+1,\ \cdots,\ n) \tag{B-10}$$

第二步：用第 m 行消去剩余 $n-1$ 行的第 m 列的元素，可以表示为：

$$\begin{cases} a_{ij}^{(m)} = a_{ij}^{(m-1)} - a_{im}^{(m-1)} a_{mj}^{(m)} \\ b_i^{(m)} = b_i^{(m-1)} - a_{im}^{(m-1)} b_m^{(m)} \end{cases} \quad \begin{pmatrix} i=1,\ 2,\ \cdots,\ n \quad 且\ i\neq m \\ j=m,\ m+1,\ \cdots,\ n \end{pmatrix} \tag{B-11}$$

需要注意的是：与 Gauss 消元法类似，因为在消元过程中需要除以主元 a_{mm}，为了减少计算误差，因此在消元以前必须选择主元，其方式也与 Gauss 消元法完全一致。

4. Gauss - Jordan 消元法程序

```
int equation_solve_gauss_jordan(float**a,int n,float*b,int method)
/*-----------------------------------------------------------------------
    高斯-约当消去法求解常系数线性方程组   ax=b
-------------------------------------------------------------------------
    输入:
            a:二维数组,存放方程组的系数矩阵,返回时被破坏
            b:一维数组,存放方程组右边的常量,返回时存放方程组的解
            n:方程组的阶数
      method:=0,不选主元;=1 列主元
    输出:
            b:方程组的解
    返回:
      如果方程组无解,返回-1;如果方程组有解,返回 0
-----------------------------------------------------------------------*/
{
    int i,j,m,is;
    float tmp,fmax,lik;

    for(m=0;m<n;m++){
        if(method){      //选列主元
          res=select_main_column(a,b,n,m);
            if(res==-1) return res;
        }
        //除以主元 a[m][m]
        tmp=a[m][m];
        for(j=m;j<n;j++){
            a[m][j]=a[m][j]/tmp;
        }
        b[m]=b[m]/tmp;
```

```
        //开始消元
        for(i=0;i<n;i++){
            tmp=a[i][m];
            if(i!=m){
                for(j=m;j<n;j++){
                    a[i][j]=a[i][j]-tmp*a[m][j];
                }
                b[i]=b[i]-tmp*b[m];
            }
        }
    }
    return res;
}
```

B.3 雅可比(Jacobi)迭代法

前面介绍的直接解法一般只能求解线性方程组，而迭代解法不仅可以求解线性方程组，而且可以求解非线性方程组。在迭代法中，雅可比法是最简单的一种迭代法。

将方程组(B-1)中第 i 个方程表示为 x_i 的表达式：

$$x_i = \frac{1}{a_{ii}}\left(b_i - \sum_{j=1,j\neq i}^{n} a_{ij}x_j\right) \quad (i=1,2,\cdots,n)$$

雅可比迭代法即是由一组 x_i 的初始值 $x_i^{(0)}$ 按照式(B-12)进行迭代：

$$x_i^{(k+1)} = \frac{1}{a_{ii}}\left(b_i - \sum_{j=1,j\neq i}^{n} a_{ij}x_j^{(k)}\right) \quad (i=1,2,\cdots,n) \tag{B-12}$$

其中上标(k)为迭代次数。为了便于编程计算，上式还可以写成如下形式：

$$x_i^{(k+1)} = x_i^{(k)} + \frac{1}{a_{ii}}\left(b_i - \sum_{j=1}^{n} a_{ij}x_j^{(k)}\right) \quad (i=1,2,\cdots,n) \tag{B-13}$$

迭代一直到满足精度要求为止。迭代精度可以采用以下准则：

$$\|\boldsymbol{x}^{(k+1)} - \boldsymbol{x}^{(k)}\| < \varepsilon \|\boldsymbol{x}^{(k)}\| \tag{B-14}$$

式中，ε 是允许的误差；$\|\boldsymbol{x}^k\|$表示向量的范数，如 $\|\boldsymbol{x}^{(k)}\|_2 = \left(\sum_{i=1}^{n}(x_i^{(k)})^2\right)^{\frac{1}{2}}$。

雅可比迭代法公式比较简单，迭代思路清晰，但使用时必须注意迭代的收敛性。当方程组中的系数矩阵 **A** 为严格对角优势矩阵时，即 **A** 的每一行对角元素的绝对值都大于同行其他元素绝对值之和，则可证明雅可比迭代法是收敛的。

下面是雅可比迭代法的计算函数。

```
int equation_solve_jacobi(float**a,int n,float*b,float err,int imax)
/*---------------------------------------------------------------------------------------
                Jacobi 迭代法求解常系数线性方程组  ax=b
-----------------------------------------------------------------------------------------
    输入:
```

```
    a:二维数组,存放方程组的系数矩阵,返回时被破坏
    b:一维数组,存放方程组右边的常量,返回时存放方程组的解
    n:方程组的阶数
  err:迭代误差,可以省略,此时默认为 0.000001
 imax:最大迭代次数,可以省略,此时默认为 100
返回:
   如果方程组无解,返回-1;如果方程组有解,返回 0
------------------------------------------------------------------------------------------*/
{
    int  i,j,k,is,js;
    float tmp,sum,fmax;
     float p;                       // 统计绝对误差
     int  num=0;                    // 用于统计迭代次数
     float* x0,* x1;                // 用于存放初始解和新解

    x0=(float*)malloc(n*sizeof(float));
    x1=(float*)malloc(n*sizeof(float));

    //  设置方程组的初始解
    for(i=0;i<n;i++) x0[i]=b[i]/a[i][i];

    //  迭代求解
    num=0;
    p=1.0+err;
    while(p>err && num<imax){
        p=0.0;
        num++;
        for(i=0;i<n;i++){
            sum=0.0;
            for(j=0;j<n;j++)  sum+=a[i][j]*x0[j];
            x1[i]=x0[i]+(b[i]-sum)/a[i][i];
        }
        // 计算误差
        sum=tmp=0.0;
        for(i=0;i<n;i++) sum+=x0[i]*x0[i];
        for(i=0;i<n;i++) tmp+=(x1[i]-x0[i])*(x1[i]-x0[i]);
        p=sqrt(tmp)/sqrt(sum);
        // 以新的解替换原来的解
        for(i=0;i<n;i++) x0[i]=x1[i];
        // 输出信息
        printf("迭代次数:%-3d",num);
        for(i=0;i<n;i++)  printf("%-12g",x1[i]);
        printf("%-12g\n",p);
```

```
    }
    //  将方程的解存放在数组 b 中
    for(i=0;i<n;i++)b[i]=x1[i];
    //  释放临时工作空间
    free(x0);
   free(x1);
    free(loc);
    return 0;
}
```

运用雅可比迭代法计算 $\boldsymbol{x}^{(k+1)}$ 的过程中，采用的都是上一步的结果 $\boldsymbol{x}^{(k)}$，实际上，在计算 $x_i^{(k+1)}$ 时，已经计算得到了新的分量 $x_1^{(k+1)}$、$x_2^{(k+1)}$、…、$x_{i-1}^{(k+1)}$，有理由认为新解应该有所改善，因此可以用已经计算出来的新的量代替原来的量以提高计算效率，这就是高斯-赛德尔迭代法(Gauss - Seidel Method)。其计算公式为：

$$x_i^{(k+1)} = x_i^{(k)} + \frac{1}{a_{ii}}\left(b_i - \sum_{j=1}^{i-1} a_{ij}x_j^{(k+1)} - \sum_{j=i}^{n} a_{ij}x_j^{(k)}\right) \quad (i = 1,2,\cdots,n) \tag{B-15}$$

B.4 共轭梯度法

共轭梯度法(Conjugate Gradient Method)是求解线性方程组的一种有效的迭代法。在用里兹法求解泛函极值问题时，从极值条件可以得到作为求解方程的线性代数方程组。梯度法的思想是用迭代法逐步逼近泛函的极值。根据求解过程中搜索的方向，有梯度法和共轭梯度法。梯度法是每次搜索都是沿梯度方向进行，而共轭梯度法是沿与前一次搜索方向相互正交的所谓共轭梯度方向进行。

线性方程组 $\boldsymbol{Ax}=\boldsymbol{b}$ 是对应二次函数：

$$f(\boldsymbol{x})=\frac{1}{2}\boldsymbol{x}^{\mathrm{T}}\boldsymbol{Ax}-\boldsymbol{b}^{\mathrm{T}}\boldsymbol{x}$$

的极值条件，用共轭梯度法求解函数 $f(\boldsymbol{x})$的极值问题的步骤如下：

(1)设 $\boldsymbol{x}$ 的初始值 $\boldsymbol{x}_0$。

(2)计算 $f(\boldsymbol{x})$在 $\boldsymbol{x}_0$的梯度$\left.\frac{\partial f(\boldsymbol{x})}{\partial \boldsymbol{x}}\right|_{\boldsymbol{x}=\boldsymbol{x}_0}=\boldsymbol{Ax}_0-\boldsymbol{b}$。

(3)设 $\boldsymbol{r}_0=\boldsymbol{b}-\boldsymbol{Ax}_0$，$\boldsymbol{p}_0=\boldsymbol{r}_0$。

(4)沿 $\boldsymbol{p}_0$方向进行一维搜索，寻找 $\min f(\boldsymbol{x})$，即设

$$\boldsymbol{x}_1=\boldsymbol{x}_0+\alpha_0\boldsymbol{p}_0=\boldsymbol{x}_0+\alpha_0\boldsymbol{r}_0$$

其中，$\alpha_0=\frac{\boldsymbol{r}_0{}^{\mathrm{T}}\boldsymbol{r}_0}{\boldsymbol{r}_0{}^{\mathrm{T}}\boldsymbol{Ar}_0}$。

(5)计算 $\boldsymbol{r}_1=\boldsymbol{b}-\boldsymbol{Ax}_1$。

(6)设 $\boldsymbol{p}_1=\boldsymbol{r}_1+\beta_0\boldsymbol{p}_0$，这里 $\beta_0=-\frac{\boldsymbol{p}_0^{\mathrm{T}}\boldsymbol{Ar}_0}{\boldsymbol{p}_0^{\mathrm{T}}\boldsymbol{Ap}_0}$。

(7)沿 $\boldsymbol{p}_1$方向进行一维搜索，寻找 $\min f(\boldsymbol{x})$，即设

$$\boldsymbol{x}_2=\boldsymbol{x}_1+\alpha_1\boldsymbol{p}_1$$

其中，$\alpha_1=\dfrac{\boldsymbol{p}_1^{\mathrm{T}}\boldsymbol{r}_1}{\boldsymbol{p}_1^{\mathrm{T}}\boldsymbol{A}\boldsymbol{p}_1}$。

(8)以 $\boldsymbol{x}_2$ 代替步骤(5)中的 $\boldsymbol{x}_1$，重复(5)、(6)、(7)步，直至满足收敛要求。

其计算程序如下：

```
int equation_solve_conj_grad(float**a,int n,float*b,float eps,int imax)
/*-----------------------------------------------------------------------------------------
    共轭梯度法求解常系数线性方程组  ax=b
-----------------------------------------------------------------------------------------
    输入:
        a:二维数组,存放方程组的系数矩阵,返回时被破坏
        b:一维数组,存放方程组右边的常量,返回时存放方程组的解
        n:方程组的阶数
      eps:迭代误差
     imax:最大迭代次数
    返回:
      如果方程组无解,返回-1;如果方程组有解,返回 0
-----------------------------------------------------------------------------------------*/
{
    int  i,j;
    float tmp,sum1,sum2,alpha,beta;
    int  iter=0;                //用于统计迭代次数
    float*x,*r,*p;              //用于存放方程组的解,梯度,搜索方向
    //  分配临时工作空间
    x=(float*)malloc(n*sizeof(float));
    p=(float*)malloc(n*sizeof(float));
    r=(float*)malloc(n*sizeof(float));
    //  设置方程组的初始解
    for(i=0;i<n;i++) x[i]=  b[i]/a[i][i];
    //初始残差
    for(i=0;i<n;i++){
        sum1=0.0;
        for(j=0;j<n;j++)  sum1+=a[i][j]*x[j];
        r[i]=b[i]-sum1;
    }
    //初始搜索方向
    for(i=0;i<n;i++) p[i]=r[i];
    sum1=0.0;
    for(i=0;i<n;i++)sum1+=r[i]*r[i];
    //开始迭代求解
    while((sum1>eps) &&(iter<imax) && (iter<n) ){
        //计算步长 alpha 的值
        sum2=0.0;
```

```
        for(i=0;i<n;i++){
            tmp=0.0;
            for(j=0;j<n;j++) tmp+=a[i][j]*p[j];
            sum2+=p[i]*tmp;
        }
        alpha=sum1/sum2;
        //更新解
        for(i=0;i<n;i++) x[i]=x[i]+alpha*p[i];
        //更新残差
        for(i=0;i<n;i++){
            tmp=0.0;
            for(j=0;j<n;j++) tmp+=a[i][j]*x[j];
            r[i]=b[i]-tmp;
        }
        //计算 beta
        sum2=0.0;
        for(i=0;i<n;i++) sum2+=r[i]*r[i];
        beta=sum2/sum1;
        //更新搜索方向
        for(i=0;i<n;i++)p[i]=r[i]+beta*p[i];
        sum1=sum2;
        iter++;
    }
    // 将方程的解存放在数组 b 中
    for(i=0;i<n;i++) b[i]=x[i];
    //释放临时工作空间
    free(x);
    free(r);
    free(p);
    return 0;
}
```

例 B-1 求解线性方程组 $\boldsymbol{A}\boldsymbol{x}=\boldsymbol{b}$，其中：

$$\boldsymbol{A}=\begin{bmatrix}4 & -3 & 1 & 0\\ -3 & 7 & -3 & 1\\ 1 & -3 & 7 & -3\\ 0 & 1 & -3 & 3\end{bmatrix}\qquad \boldsymbol{b}=\begin{bmatrix}1\\6\\4\\5\end{bmatrix}$$

此方程的精确解为：$x_1=1$，$x_2=2$，$x_3=3$、$x_4=4$，用雅可比迭代法求解时不收敛；用高斯-赛德尔迭代法求解，经过 23 次迭代，计算得到 $x_1=1$，$x_2=2$，$x_3=3$、$x_4=4$，此时误差为 6.15594e−008；用共轭梯度法求解，经过 4 次迭代，计算得到 $x_1=1$，$x_2=2$，$x_3=3$、$x_4=4$，此时误差为 3.02407e−011。

由此可以看到，共轭梯度法收敛速度更快。从理论上来说，共轭梯度法最多经过 n(n 为方程组阶数)次迭代就可以达到精确解。

参考文献

[1] 王焕定，王伟．有限单元法教程［M］．2版．哈尔滨：哈尔滨工业大学出版社，2003.
[2] 傅永华．有限元分析基础［M］．武汉：武汉大学出版社，2003.
[3] 王勖成．有限单元法［M］．北京：清华大学出版社，2003.
[4] 王勖成，邵敏．有限单元法基本原理和数值方法［M］．2版．北京：清华大学出版社，1997.
[5] 李景湧．有限元法［M］．北京：北京邮电大学出版社，1999.
[6] 曾攀．有限元分析及应用［M］．北京：清华大学出版社，2004.
[7] 宋天霞．有限元法理论及应用教程［M］．武汉：华中理工大学出版社，1990.
[8] 屈钧利，韩江水．工程结构的有限元方法［M］．西安：西北工业大学出版社，2004.
[9] 李人宪．有限元法基础［M］．2版．北京：国防工业出版社，2004.
[10] 王元汉，李丽娟，李银平．有限元法基础与程序设计［M］．广州：华南理工大学出版社，2002.
[11] 朱加铭，欧贵宝，何蕴增．有限元与边界元法［M］．哈尔滨：哈尔滨工程大学出版社，2002.
[12] 王焕定，焦兆平．有限单元法基础［M］．北京：高等教育出版社，2002.
[13] 丁皓江，何福保，谢贻权，等．弹性和塑性力学中的有限单元法［M］．2版．北京：机械工业出版社，1989.
[14] 沈养中，李桐栋．工程结构有限元计算［M］．北京：科学出版社，2001.
[15] 徐芝纶．弹性力学［M］．3版．北京：高等教育出版社，1990.
[16] 刘尔烈，崔恩第，徐振铎．有限元方法及程序设计［M］．天津：天津大学出版社，2004.
[17] 卓家寿．弹性力学中的有限元法［M］．北京：高等教育出版社，1987.
[18] 华东水利学院．弹性力学问题的有限单元法（修订版）［M］．北京：水利电力出版社，1978.
[19] ［英］O. C. Zienkiewicz，［英］R. L. Taylor. The Finite Element Method（Fifth edition）［M］. Published by Butterworth-Heinemann，2000.
[20] ［美］Tirupathi R. Chandrupatla，［美］Ashok D. Belegundu. 工程中的有限元方法［M］．3版．曾攀，译．北京：清华大学出版社，2006.
[21] ［美］Singiresu S. Rao. The Finite Element Method in Engineering（Fourth Edition）［M］. Published by Elsevier Science & Technology Books，2004.

北京大学出版社土木建筑系列教材(已出版)

序号	书名	主编	定价	序号	书名	主编	定价
1	建筑设备(第2版)	刘源全 张国军	46.00	49	工程财务管理	张学英	38.00
2	土木工程测量(第2版)	陈久强 刘文生	40.00	50	土木工程施工	石海均 马哲	40.00
3	土木工程材料	柯国军	35.00	51	土木工程制图	张会平	34.00
4	土木工程计算机绘图	袁果 张渝生	28.00	52	土木工程制图习题集	张会平	22.00
5	工程地质(第2版)	何培玲 张婷	26.00	53	土木工程材料	王春阳 裴锐	40.00
6	建设工程监理概论(第2版)	巩天真 张泽平	30.00	54	结构抗震设计	祝英杰	30.00
7	工程经济学(第2版)	冯为民 付晓灵	42.00	55	土木工程专业英语	霍俊芳 姜丽云	35.00
8	工程项目管理(第2版)	仲景冰 王红兵	45.00	56	混凝土结构设计原理	邵永健	40.00
9	工程造价管理	车春鹂 杜春艳	24.00	57	土木工程计量与计价	王翠琴 李春燕	35.00
10	工程招标投标管理(第2版)	刘昌明 宋会莲	30.00	58	房地产开发与管理	刘薇	38.00
11	工程合同管理	方俊 胡向真	23.00	59	土力学	高向阳	32.00
12	建筑工程施工组织与管理(第2版)	余群舟	31.00	60	建筑表现技法	冯柯	42.00
13	建设法规(第2版)	肖铭 潘安平	32.00	61	工程招投标与合同管理	吴芳 冯宁	39.00
14	建设项目评估	王华	35.00	62	工程施工组织	周国恩	28.00
15	工程量清单的编制与投标报价	刘富勤 陈德方	25.00	63	建筑力学	邹建奇	34.00
16	土木工程概预算与投标报价	叶良 刘薇	28.00	64	土力学学习指导与考题精解	高向阳	26.00
17	室内装饰工程预算	陈祖建	30.00	65	建筑概论	钱坤	28.00
18	力学与结构	徐吉恩 唐小弟	42.00	66	岩石力学	高玮	35.00
19	理论力学(第2版)	张俊彦 黄宁宁	40.00	67	交通工程学	李杰 王富	39.00
20	材料力学	金康宁 谢群丹	27.00	68	房地产策划	王直民	42.00
21	结构力学简明教程	张系斌	20.00	69	中国传统建筑构造	李合群	35.00
22	流体力学	刘建军 章宝华	20.00	70	房地产开发	石海均 王宏	34.00
23	弹性力学	薛强	22.00	71	室内设计原理	冯柯	28.00
24	工程力学	罗迎社 喻小明	30.00	72	建筑结构优化及应用	朱杰江	30.00
25	土力学	肖仁成 俞晓	18.00	73	高层与大跨建筑结构施工	王绍君	45.00
26	基础工程	王协群 章宝华	32.00	74	工程造价管理	周国恩	42.00
27	有限单元法(第2版)	丁科 殷水平	30.00	75	土建工程制图	张黎骅	29.00
28	土木工程施工	邓寿昌 李晓目	42.00	76	土建工程制图习题集	张黎骅	26.00
29	房屋建筑学	聂洪达 郄恩田	36.00	77	材料力学	章宝华	36.00
30	混凝土结构设计原理	许成祥 何培玲	28.00	78	土力学教程	孟祥波	30.00
31	混凝土结构设计	彭刚 蔡江勇	28.00	79	土力学	曹卫平	34.00
32	钢结构设计原理	石建军 姜袁	32.00	80	土木工程项目管理	郑文新	41.00
33	结构抗震设计	马成松 苏原	25.00	81	工程力学	王明斌 庞永平	37.00
34	高层建筑施工	张厚先 陈德方	32.00	82	建筑工程造价	郑文新	38.00
35	高层建筑结构设计	张仲先 王海波	23.00	83	土力学(中英双语)	郎煜华	38.00
36	工程事故分析与工程安全	谢征勋 罗章	22.00	84	土木建筑CAD实用教程	王文达	30.00
37	砌体结构	何培玲	20.00	85	工程管理概论	郑文新 李献涛	26.00
38	荷载与结构设计方法	许成祥 何培玲	20.00	86	景观设计	陈玲玲	49.00
39	工程结构检测	周详 刘益虹	20.00	87	色彩景观基础教程	阮正仪	42.00
40	土木工程课程设计指南	许明 孟茁超	25.00	88	工程力学	杨云芳	42.00
41	桥梁工程	周先雁 王解军	52.00	89	工程设计软件应用	孙香红	39.00
42	房屋建筑学(上：民用建筑)	钱坤 王若竹	32.00	90	城市轨道交通工程建设风险与保险	吴宏建 刘宽亮	68.00
43	房屋建筑学(下：工业建筑)	钱坤 吴歌	26.00	91	混凝土结构设计原理	熊丹安	32.00
44	工程管理专业英语	王竹芳	24.00	92	城市详细规划原理与设计方法	姜云	36.00
45	建筑结构CAD教程	崔钦淑	36.00	93	工程经济学	都沁军	42.00
46	建设工程招投标与合同管理实务	崔东红	38.00	94	结构力学	边亚东	42.00
47	工程地质	倪宏革 时向东	25.00	95	房地产估价	沈良峰	45.00
48	工程经济学	张厚钧	36.00	96	土木工程结构试验	叶成杰	39.00

请登陆 www.pup6.cn 免费下载本系列教材的电子书(PDF版)、电子课件和相关教学资源。

欢迎免费索取样书，并欢迎到北大出版社来出版您的大作，可在 www.pup6.cn 在线申请样书和进行选题登记，也可下载相关表格填写后发到我们的邮箱，我们将及时与您取得联系并做好全方位的服务。

联系方式：010-62750667，donglu2004@163.com，linzhangbo@126.com，欢迎来电来信咨询。